中国环境保护产业发展报告

（2020）

中国环境保护产业协会　编著

气象出版社
China Meteorological Press

内 容 简 介

　　《中国环境保护产业发展报告（2020）》是中国环境保护产业协会下属各分支机构专家对2019年环境保护产业各领域发展状况的总结、分析，综合反映了中国环境保护产业的技术装备水平、专业领域的现状、总体技术发展、新技术应用、行业市场特点等，以及行业骨干企业的发展状况；提出了发展环保产业的相关对策建议；对行业的发展趋势进行了展望。

图书在版编目（CIP）数据

中国环境保护产业发展报告. 2020 / 中国环境保护
产业协会编著. -- 北京：气象出版社， 2020.11
　　ISBN 978-7-5029-7343-8

　　Ⅰ.①中… Ⅱ.①中… Ⅲ.①环境保护－产业发展－
研究报告－中国－2020 Ⅳ.①X-12

中国版本图书馆CIP数据核字（2020）第243762号

中国环境保护产业发展报告（2020）
ZHONGGUO HUANJING BAOHU CHANYE FAZHAN BAOGAO（2020）

出版发行：气象出版社

地　　址：北京市海淀区中关村南大街46号　　　　　　**邮政编码**：100081
电　　话：010-68407112（总编室）　010-68408042（发行部）
网　　址：http://www.qxcbs.com　　　　　　**E-mail**：qxcbs@cma.gov.cn
责任编辑：张锐锐　吕厚荃　　　　　　　　　　**终　　审**：吴晓鹏
责任校对：张硕杰　　　　　　　　　　　　　　**责任技编**：赵相宁
封面设计：地大彩印设计中心
印　　刷：三河市君旺印务有限公司
开　　本：889 mm×1194 mm　　　　　　　　　**印　　张**：22
字　　数：415千字
版　　次：2020年11月第1版　　　　　　　　　**印　　次**：2020年11月第1次印刷
定　　价：100.00元

编 委 会

主　　编：易　斌　　滕建礼
副 主 编：王玉红
常务编委：王莺莺　　王晓玲　　孙　凯
编　　委（按姓氏笔画排序）：

丁　聪	卜凡阳	王计广	王志凯	王艳伟
王海新	王喜芹	云祉婷	方茂东	卢　静
卢熙宁	田　恬	司传海	邢轶兰	朱亦丹
刘　涛	刘阳生	刘苏阳	刘丽丽	刘金洁
刘学军	刘海龙	衣　静	许丹宇	许华磊
许晓芳	孙优娜	苏　艺	李　屹	李书鹏
李金惠	李京芬	辛　璐	宋七棣	迟　颖
张　纯	张　圆	张　静	张　璇	张　磊
张希柱	陈志炜	陈丽艳	陈宣颖	岳仁亮
孟　晨	赵　雪	赵云皓	郝郑平	胡　安
胡汉芳	胡华清	胡钟莘莘	柳静献	郦建国
段晓雨	姚　群	徐志杰	栾志强	高晓晶
程　茜	程　琳	谢振凯	路光杰	黎　峥
魏志勇				

编写说明

《中国环境保护产业发展报告》由中国环境保护产业协会编制,每年出版1册。

《中国环境保护产业发展报告（2020）》是中国环境保护产业协会下属各分支机构专家对2019年环保产业各领域发展状况的总结、分析,综合反映了中国环境保护产业的技术装备水平、专业领域现状、总体技术发展、新技术应用、行业市场特点,以及行业骨干企业发展状况;提出了发展环保产业的相关对策与建议;对行业的发展趋势进行了展望。

全书共收录了17篇报告。其中,2019年中国环境保护产业发展综述由王玉红、王莺莺、孟晨、王晓玲、李屹撰写;水污染治理行业2019年发展报告由许丹宇、段晓雨、张磊、张圆、胡华清撰写;电除尘行业2019年发展报告由刘学军、胡汉芳、郦建国、陈丽艳撰写;有机废气治理行业2019年发展报告由栾志强、王喜芹、郝郑平、李京芬撰写;袋式除尘行业2019年发展报告由姚群、宋七棣、陈志炜、柳静献撰写;脱硫脱硝行业2019年发展报告由田恬、程茜、赵雪、路光杰撰写;固体废物处理利用行业2019年发展报告由李金惠、刘丽丽、许晓芳撰写;噪声与振动控制行业2019年发展报告由朱亦丹、魏志勇撰写;环境监测仪器行业2019年发展报告由迟颖、胡安、王海新、许华磊撰写;机动车污染防治行业2019年发展报告由方茂东、王计广、谢振凯撰写;土壤与地下水修复行业2019年发展报告由李书鹏、刘阳生、邢轶兰、王艳伟、卜凡阳、张璇、胡钟莘莘、衣静撰写;环境影响评价行业2019年发展报告由陈宣颖、苏艺、张希柱、孙优娜、刘海龙、刘金洁撰写;室内环境控制与健康行业2019年发展报告由岳仁亮、张静撰写;环境监测服务行业2019年发展报告由高晓晶、张纯、司传海、丁聪撰写;冶金环保行业2019年发展报告由刘涛、卢熙宁、程琳撰写;2019年中国环保产业政策综述由赵云皓、辛璐、卢静、徐志杰、王志凯撰写;2019年中国环保产业投融资专题分析由刘苏阳、黎峥、云祉婷撰写。

注:报告中涉及的全国数据,除特殊注明外,均未包括香港特别行政区、澳门特别行政区和台湾省数据。

目 录

2019 年中国环境保护产业发展综述

2019 年是新中国成立 70 周年，也是打好污染防治攻坚战、决胜全面建成小康社会的关键之年。全国环保产业营收继续保持较快增长态势，据中国环境保护产业协会估算，2019 年全国环保产业营收达 1.77 万亿元，同比增长约 11.5%；《2019 年国民经济和社会发展统计公报》显示，全国生态保护和环境治理投资增长 37.2%，比各行业投资平均增速高 31.8%。截至 2019 年年底，全国河湖和近岸海域水环境质量、地级及以上城市大气环境质量持续改善，主要污染物排放总量持续下降；"十三五"规划明确的生态环保 9 项约束性指标有 7 项已提前完成。

1 中国环保产业发展的总体情况

1.1 法律法规出台催生新市场，政策标准加严促使行业发展进步

2019 年，我国出台的与生态环境领域相关的需求拉动型政策 20 项、激励促进型政策 39 项、规范引导型政策 92 项、创新鼓励型政策 21 项、技术规范政策 107 项。

2019 年，国务院出台了一系列政策法规带动行业发展，1 月 23 日，国务院办公厅正式发布《"无废城市"建设试点工作方案》；10 月 23 日，国务院发布《优化营商环境条例》；12 月 4 日，中共中央、国务院发布《关于营造更好发展环境支持民营企业改革发展的意见》。2019 年，生态环境部等有关部门也出台了一系列政策加速治理市场的释放，3 月 28 日，生态环境部、自然资源部、住房城乡建设部、水利部、农业农村部联合发布《关于印发地下水污染防治实施方案的通知》；4 月 13 日，财政部、税务总局、国家发展改革委、生态环境部联合发布《关于从事污染防治的第三方企业所得税政策问题的公告》；6 月 26 日，生态环境部印发《重点行业挥发性有机物综合治理方案》；7 月 1 日，生态环境部、国家发展改革委、工业和信息化部、财政部联合发布《工业炉窑大气污染综合治理方案》；11 月 21 日，生态环境部出台《生活垃圾焚烧发电厂自动监测数据应用管理规定》。这些政策的出台加速了钢铁行业、工业炉窑、有机废气等领域治理市场的释放，有利于机动车污染防治、地下水修复和危废处理处置方面加快补短板，为今后一个时期环保产业发展，特别是污水处理等技术和市场等相对成熟领域的后续发展指明了提质增效的方向。同时，有助于环保企业更好地发挥创新活力，使行业步入长期稳定发展的轨道。

1.2 技术装备创新保持活跃，模式创新探索持续推进

技术是环保企业的核心竞争力。环保管理要求的提高助推了环保新技术、新工艺、新产品的广泛应用，2019 年，全行业工艺和技术装备水平稳步提升，部分领域已达到国际先进水平，企业在环保科技创新中的参与度和贡献度日益提升，并有打破领域界限，将环保技术与大数据、人工智能、新材料新能源等融合发展的趋势。2019 年，中国环境保护产业协会开启了我国环境保护产业领域的首个全国性行业科技奖项——环境技术进步奖的首届评选工作。该奖旨在充分发挥科技奖励对环保产业技术进步的促进作用，推动环保产业技术进步，助推环保产业创新发展和高质量发展。2019 年环境技术进步奖中特等奖和一等奖的获奖技术集中在非电行业和挥发性有机物（VOCs）治理领域，充分体现了《大气污染防治行动计划》和《打赢蓝天保卫战三年行动计划》在推动技术创新和进步方面的作用。

1.3 环保行业混改提速，创新型上市公司数量增多，产业集中度提高

2019 年，在政策层面对生态环境保护支持力度不减、国资介入环保领域的背景下，虽然受环保市场需求相对疲弱、融资端压力不减以及 2018 年政府和社会资本合作（PPP）项目规范清理和金融去杠杆所带来的震荡仍未完全消化等多重因素影响，但环保上市公司 2019 年总体保持向好态势。中国环境保护产业协会依据 A 股及港股上市公司公布的 2019 年年报，筛选出主营业务涉及环保的 A 股上市公司 100 家、港股上市公司 23 家，共 123 家上市公司进行了分析，涉及水污染防治、大气污染防治、固体废物处置与资源化、环境修复、环境监测等领域。这 123 家上市公司共实现营收 8240.68 亿元，同比增长 8.7%。此外，2019 年，科创版新增 9 家，包括三达膜、罗克佳华、京源环保等在内的环保公司；2018 年至 2019 年，实际转让或者签署股权转让协议的民营环保公司共 15 家，其中 12 家实控人授权方为央企；随着"互联网+"在各行业的兴起，阿里巴巴、腾讯等巨头民营企业初探环保产业，环保产业主体多元化发展趋势明显。

2 中国环保产业各领域市场发展概况

2.1 水污染防治

根据中国环境保护产业协会的统计分析，2019 年水污染防治领域 45 家 A 股上市公司和 10 家港股上市公司共实现营收 3066.57 亿元，同比增长 11.06%，总体规模有所扩张。

2019 年，水处理企业创新与发展能力继续增强，成为打好污染防治攻坚战七大战役中水源地保护、黑臭水体治理、长江保护修复、渤海综合治理、农业农村污染治理五大涉"水"攻坚战的重要支撑。

2019年，水污染防治行业发展呈现出以下五点主要趋势：一是在治理方式上，从关注"具体点源项目"向"区域保护、系统保护和全过程的保护"发展，如对山水林田湖草实行统筹治理，对流域上游、中游和下游实行一体化保护等；二是在控制程度上，从"达标排放"向"提标升级排放"到"低端中水或局部回用"，再到"高端规模化回用"的方向发展；三是在治理领域上，从"单一水污染物治理领域"向"污水、污泥、异味"跨介质污染协同控制的方向发展；四是在控制类别上，从"常规污染物控制"向"氮、磷、盐控制"，再到"生态安全控制"的方向发展；五是在系统控制上，从"工艺的人工 / 微机定量控制"向"部分处理设备的智能控制"，再到"污水厂工艺全程优化与精准控制"的方向发展。

2.2 大气污染防治

根据中国环境保护产业协会的统计分析，2019年大气污染防治领域22家A股上市公司和3家港股上市公司共实现营收1086.61亿元，虽然同比下滑4.3%，但其中22家A股上市公司利润总额同比大幅增长、利润率提高，效益表现明显提升；而3家港股上市公司利润总额、利润率都明显下降。

我国大气污染防治正从电力行业向非电行业推进。近两年，关于推进钢铁行业超低排放改造工作高质量开展的政策频出，冶金环保领域市场空间较大。随之而来，工业炉窑烟气治理也提上日程，超低排放限值概念被引入水泥行业，多地出台水泥行业大气污染物超低排放标准，非电行业大气污染物治理已从钢铁超低排放改造的"一枝独秀"向全面开展的方向发展。除尘器市场方面，电除尘技术在燃煤电厂烟气除尘中占据绝对地位，袋式除尘在非电行业迎来新机遇。机动车污染防治方面，2019年，国内部分省（区、市）提前实施新车国家第六阶段排放标准。严格源头控制、强化在用车监管、推进老旧柴油车深度治理、鼓励老旧车淘汰、加快油品质量升级、强化非道路移动机械管控是机动车污染防治工作开展的主要内容。有机废气治理市场方面，2019年政策重点是继续以重点区域（京津冀及周边地区、长三角地区、汾渭平原等区域）为主，持续开展大气污染防治行动，组织实施VOCs专项整治，重点区域VOCs全面执行大气污染物特别排放限值等。室内环境控制与健康市场方面，行业增速放缓，市场呈现出不同程度的下滑。但随着人们对室内空气污染的认识水平和重视程度的不断提高，国家对室内空气质量管理更趋严格。2019年，带自清洁、除尘净化、温湿双控等功能的健康空调与新风空气净化器的销量同比增长。

2.3 固体废物处理处置

根据中国环境保护产业协会的统计分析，2019年固废处置与资源化领域21家A股上市公司和 10 家港股上市公司共实现营收 3787.20 亿元，同比增长 13.30%，规模明显扩大，利润总额同比增长、利润率提高，效益表现总体有所提升。

我国固体废物处理处置行业 2019 年整体发展迅速，随着《固体废物污染环境防治法》《国家危险废物名录》等政策标准的修订，2019 年固体废物处理处置行业发展主要围绕四方面开展：一是"无废城市"建设工作继续推进，通过制度创新，加速固体废物环保产业的集中度发展步伐，形成了有利于骨干企业发展的政策和技术支持机制；提高了企业处理处置与利用能力及污染防治水平，培育了一批骨干企业。二是继续推进城乡生活垃圾分类，加快垃圾分类设施建设，形成与生活垃圾分类相适应的收运处理系统。三是加大固体废物治理投资与研发投入，引进先进设备和技术，提升固体废物资源化利用装备技术水平，提高综合利用率；加强国家之间、校地之间、校企间的技术转移及成果转化，促进固体废物处理、处置产业发展。四是大力推动固体废物处理利用的标准体系建设，根据产业需求和我国标准体系的特点，科学合理界定国家标准、行业标准、团体标准和企业标准的定位，以满足固体废物处理利用产业健康发展的需要。

2.4 土壤污染防治

根据中国环境保护产业协会的统计分析，2019 年环境修复领域 5 家 A 股上市公司实现营收 166.04 亿元，同比下滑 22.95%，主营业务收入和环保主营业务收入明显下滑，总体规模收缩，效益表现大幅下滑。

2019 年 1 月，《土壤污染防治法》正式颁布实施。《土壤污染防治法》突出"以提高环境质量为核心，实行最严格的环境保护制度"，为推进行业健康有序发展提供了强有力的制度保障。《土壤污染防治法》实施一年来，土壤污染防治管理工作取得了长足发展，2019 年相继出台各类配套政策、法规、标准、规范 50 余项，极大地促进了土壤修复行业的快速发展，既为行业发展提供了行动计划和规范指南，也为修复市场的长远发展提供了政策保障。

同时，土壤与地下水污染防治领域的各项重点工作也在稳步推进，修复市场呈现井喷式发展，仅 2019 年土壤与地下水修复从业企业增长近两倍，市场容量进一步释放，修复工程类合同额首次突破百亿元。另外，从中央土壤污染防治专项资金拨付情况来看，2019 年预算额经历两年下降后实现扭转，同比大幅增长 42.9%，增长至 50 亿元，且占污染防治资金（大气、水、土壤）的比重也由 2018 年的 7.95% 增长至 2019 年的 8.33%。

2.5 噪声污染防治

2019 年，生态环境部正式开展了《环境噪声污染防治法》的修订工作；《2019 年全国大气污染防治工作要点》中要求做好环境噪声管理工作；《2019年中国环境噪声污染防治报告》对地级及以上城市声功能区调整和划定工作起到了指导作用。

在生态环境部对噪声工作的重视下，各级地方政府根据地域噪声污染突出问题，出台了一系列符合当地实际情况的有关噪声污染防治的政策文件。如北京市住房城乡建设委员会会同北京市生态环境局、北京市城管执法局联合起草并公开了《关于加强房屋建筑和市政基础设施工程施工噪声污染防治工作的通知（征求意见稿）》；黑龙江省哈尔滨市印发《哈尔滨市2019年扰民噪声整治工作方案》；四川省攀枝花市批准施行《攀枝花市环境噪声污染防治条例》等。

据不完全统计，截至2019年12月底，全国营业范围中包含噪声振动控制的企业比2018年新增加1827家，增幅为16.6%。

2.6 环境监测

根据中国环境保护产业协会的统计分析，2019年环境监测与检测领域7家A股上市公司实现营收134.26亿元，同比增长5.7%，但环保主营业务收入同比下滑，利润总额和利润率双双下降，效益表现明显下滑。

2019年环境监测领域政策频出，同时面临"十三五"收官考核的压力，主要监测设备市场趋于成熟，大型项目需求放缓，市场对创新技术监测设备、新增要素监测设备、环境改善解决方案等的需求增加，因此环境监测市场2019年整体实现了平稳增长，销售额突破了109亿元，同比增长11%。其中，销售量占比最大的是烟气排放连续监测设备，占总体市场销量的30.96%。2019年环境监测市场主要呈现出以下特点：政府购买服务及数据模式逐渐增多；环境监测手段向多源融合方向发展；水质监测市场进入快速释放期；固废监测政策频发带动市场发展。

2.7 环境影响评价

2019年环境影响评价行业监管政策发生巨大变化。2018年12月29日，第十三届全国人民代表大会常务委员会第七次会议对《环境影响评价法》做出修改，从法律层面上取消了建设项目环境影响评价资质行政许可事项，并要求生态环境部制定建设项目环境影响报告书（表）编制监督管理办法及能力建设指南等配套文件。

经历了10个月的监管过渡期，2019年11月生态环境部正式启动环境影响评价信用平台，标志着环评进入信用管理的新时代。信用平台的上线是环评行业深化"放管服"改革的重要举措，通过信息公开为环评行业提供了大数据，使高效监管成为可能，使公众监督得以实现。2019年启动第二轮中央环保督察，环境保护继续保持高压态势，地方政府部门和工业园区、企业等各方环保服务需求量大，以"环保管家"为代表的综合性环境服务受到欢迎，诸多环评机构根据市场需求纷纷转型，开展各项环境咨询服务。

3 我国环保产业技术水平发展现状

3.1 水污染防治

好氧颗粒污泥技术成为行业研发热点，多家单位研发工作进展顺利，适合中国低碳源水质特点的颗粒污泥培养方法已基本形成，示范工程有望在 2020 年内投入运行。未来该技术的工程应用，对我国污水处理工程的提质增效将会起到极大的促进作用。城镇排水与污水处理系统高效监管平台逐步建成。监管平台明确监管指标体系，实现源头监控及报警、城镇污水处理厂运行质量监管、污水收集管网运行及维护管理监管、绩效评估以及基础数据库建设等，为城镇污水处理行业管理、城镇污水处理提质增效工作提供辅助决策，为流域水环境综合治理提供有力支撑。

3.2 大气污染防治

我国电除尘和袋除尘设计技术、制造装备和产业发展均已跻身国际先进水平，各种纤维、滤料、配件的性能都已达到国外同类产品的技术水准，众多具有自主知识产权的技术步入国际先进行列。脱硫脱硝方面，在火电行业，脱硝装置还原剂"液氨改尿素"成为趋势，脱硫废水零排放技术仍处于各种技术工业化示范应用阶段；在非电行业，钢铁超低排放全面开展，选择性催化还原技术（SCR）烟气脱硝技术市场占比高，干法 / 半干法脱硫技术成为钢铁企业烟气脱硫市场主流。有机废气治理方面，吸附、焚烧、催化燃烧和生物净化等传统的治理技术依然是 VOCs 治理的主流技术。机动车污染防治方面，随着国六排放标准的实施，车载加油油气回收系统（ORVR）、汽油机颗粒捕集器（GPF）等技术产品将成为轻型车上的标配装置。国家对非道路柴油机械排放控制持续加严，将极大促进非道路柴油机械排放控制技术和装置的发展应用。

3.3 固体废弃物处理处置

2019 年 12 月 2 日，生态环境部环境发展中心发布了《关于"无废城市"建设试点先进适用技术（第一批）评审结果的公示》，共包括 82 项技术，其中工业固体废物领域技术有 23 项，危险废物领域技术有 10 项，农业源固体废物领域技术有 8 项，生活源固体废物领域技术有 39 项，信息化管理领域技术有 2 项。2019 年 12 月 20 日，中国环境保护产业协会发布了《2019 年度环境技术进步奖获奖项目名单》，49 个项目入选 2019 年度环境技术进步奖获奖项目名单。固体废物领域相关的代表性技术主要有："典型有色金属高效回收及污染控制技术""区域性危险废物集中处置设施环境风险控制技术及应用示范"及"铸造废弃物处置和资源化利用关键技术开发"等。

3.4 土壤修复

2019 年，针对有机污染场地的原位热修复、异位热脱附、化学氧化修复，以及针对重金属污染的固化 / 稳定化仍是我国工业污染场地修复的主流技术。从污染物去除效果看，异位热脱附技术仍是效果最好的有机污染土壤处理技术。

受污染农用地主要采用污染源头防控和农用地安全利用技术进行处置。《土壤污染防治行动计划》发布实施后，生态环境部会同有关部门组织开展了涉镉等重金属重点行业企业排查整治行动。针对中、轻度污染风险农用地的安全利用技术主要包括农艺调控、植物阻控和原位稳定化技术；针对高污染风险农用地的风险管控技术为替代种植、粮食禁产区划分和限制性生产。

针对矿山的修复技术，主要包括露天废弃矿山生态重建技术、采煤塌陷区地貌重塑修复技术、尾矿库环境管控技术。

3.5 噪声污染防治

2019 年，为推动相关领域污染防治技术进步，满足污染治理对先进技术的需求，生态环境部组织筛选了一批固体废物处理处置和环境噪声与振动控制先进技术，编制了《国家先进污染防治技术目录（环境噪声与振动控制领域）》（2018 年），并予发布。2019 年，"噪声污染防治领域高阻尼复合隔声板研发及产业化应用""阵列式消声器"获得环境技术进步奖二等奖。

3.6 环境监测

2019 年，固定烟气污染源监测市场的发展整体平稳，钢铁等非电行业全面进入"超低"时代，带动了超低排放监测市场和逃逸氨监测市场的高速增长，引导了监测技术的创新及产品的迭代。在烟尘监测实际应用中，特别是在电力行业的实际应用中，激光散射法体现出了明显的技术先进性，应用广泛。此外各大企业纷纷布局加码 VOCs 监测仪器设备的研发，争取在 VOCs 监测市场中占有一定的份额。2019 年固定水质污染源监测市场基本与 2018 年保持一致，整体随着国家政策的积极引导、技术升级的大力驱动，进一步拉近了国产设备和进口设备之间的差距。水环境监测方面，针对常规固定监测站现场征地困难、建设资金需求大、布设密度高的细分市场需求，仪器厂家采用更加紧凑的集成优化方案，小型化、微量化预处理和检测模块，增加自动质控单元，系统整体向着小型化、低试剂使用量和高可靠性方向发展。

4 中国环保产业发展机遇

放眼 2020 年，在城镇污水治理领域，将实现从点源控制到面源控制、从被动防治到主动修复等方面的转变,合流制溢流污染和面源污染治理也将成为行业重点,为参与水环境治理的企业从领域、技术和工艺等方面都提供了新的发展空间。工业废水处理方面,围绕典型行业废水治理,将促进细分领域工业废水处理的核心设备、高端材料及药剂的生产制造。在流域性、区域性污染问题控制方面,水环境综合治理体系将进一步完善,特别是在水环境质量监测和监管方面。

大气污染防治方面,烟气脱硫脱硝改造重点将由电力行业转向非电行业,钢铁企业超低排放改造首当其冲。非电行业烟气治理正逐步走上更加规范、高质量的发展之路。伴随着我国VOCs相关政策标准管理体系逐渐完善,VOCs的减排与控制行业将延续精细化、规范化的发展方向。2020年将继续实施重点行业VOCs治理和工业园区综合整治工作,逐步提升污染源监管及监督性监测能力建设。移动源污染控制方面,机动车环保监管手段也将持续升级,针对国六阶段车辆的车载自动诊断系统（OBD）篡改、故障屏蔽、故障模拟等问题的检查设备将被大力研发和推广应用。在室内环境控制行业,空气净化器领域仍处于深度转型阶段,新风产品向空气解决方案方向发展,将实现舒适家居系统、智能控制系统、智能平台的深度融合。

固体废弃物处理处置方面,2020年我国固体废物处理利用行业将迎来高速发展时期,"无废城市"的建设进程加快,通过制度创新,提升固体废物处理利用的产业集中度,形成有利于骨干企业发展的政策和技术支持机制。各地将继续推进城乡生活垃圾分类,加快垃圾分类设施建设,形成与生活垃圾分类相适应的收运处理系统。企业将加大固体废物治理的投资与研发投入,引进先进设备和技术,提升固体废物资源化利用装备技术水平,提高综合利用率。在新冠肺炎疫情影响下,医疗废物处理领域将得到快速发展。

土壤修复方面,随着各地土壤详查的完成,工作重点将转入治理,修复项目有望加速释放。短期来看,江苏、山东、河北等省开展的化工园区整治将促进相关修复市场快速发展;长期来看,随着华东、西南等地区土壤详查和治理方案制定的完成,土壤修复需求逐步明确,有望支撑今后土壤修复市场的增长。由于技术约束相对较少,现阶段的土壤修复市场拓展能力至关重要,企业的经验、资质、综合技术能力、资金是市场能力的重要支撑。未来随着土壤环境监管要求进一步加严,龙头企业凭借优势将进一步扩大市场份额。具备专有技术或设备提供能力的中小型企业也将在市场中占据一席之地。

噪声与振动控制方面,未来一年的市场热点仍将集中在高速铁路、城市轨道交通等领域。随着我国经济结构的调整,工业领域环境噪声与振动控制需求将减少,预计噪声与振动控制行业的总产值将比2019年下降。

环境监测方面,2020年是"十三五"的收官之年,各地政府和企业面临环境治理成效考核压力，环境监测需求相应增加，市场增长空间较大。环境监测任务逐步向生态状况监测和环境风险预警领域拓展；从常规理化指标监测向有毒有害、生物、生态指标监测拓展，将促进细分技术领域专业化发展；空气站设备更换市场将逐步启动；以钢铁行业为代表的超低排放监测市场空间将进一步扩大；水环境监测市场空间巨大，小型／微型水质监测站的市场占比将大幅增长。

环境影响评价方面，在建设项目环境影响评价资质行政许可事项取消、环评市场整体萎缩的背景下，环评单位数量却出现爆发式增长，这一供需反向增长的现象，预示着2020年将是环评行业大浪淘沙的一年，信用好、质量优、经营能力强的单位将获得更多发展机会。环境影响评价信用平台的启动，在一定程度上起到了稳定市场的作用，但其管理成效还有待观察。

水污染治理行业 2019 年发展报告

1 行业发展概况

1.1 政策概况

生态环境保护已经成为我国推动经济高质量发展的重要力量和抓手，就环保产业而言，在紧跟政策导向的同时，环境管理制度体系的发展、环境标准体系的建设、科技创新与成果转化都是影响其进一步发展的重要因素。

在环境管理制度体系发展方面，2019 年 11 月，党的十九届四中全会《中共中央关于坚持和完善中国特色社会主义制度、推进国家治理体系和治理能力现代化若干重大问题的决定》明确提出"构建以排污许可制为核心的固定污染源监管制度体系"；同时，中央全面深化改革委员会审议通过了《关于构建现代环境治理体系的指导意见》，落实领导、企业、监管等七大体系的主体责任，形成导向清晰、决策科学、执行有力、激励有效、多元参与、良性互动的环境治理体系，为推动生态环境根本好转、建设美丽中国提供有力的制度保障。该体系围绕生态环境质量持续改善这一环境保护的核心任务，科学认识分析绿色发展过程与规律，有利于进一步促进和协调环境保护、绿色发展决策和经济社会发展之间的联系。

在环境标准体系建设方面，水环境标准体系得到持续性的研究与维护。2019 年生态环境部先后发布了制药工业（化学药品制剂制造、生物药品制品制造、中成药生产）、制革及毛皮加工工业、羽毛（绒）加工、水产品加工业等多个行业的排污许可证申请与核发技术规范，制定了纺织、酒类制造废水排放标准以及石油化学工业、炼焦化学工业的修改单，优化了对工业水污染物排放的管控方式，特别是《有毒有害水污染物名录（第一批）》的公布进一步强化了对环境风险的管控。此外，住房和城乡建设部、生态环境部、国家发展改革委联合发布《城镇污水处理提质增效三年行动方案（2019—2021 年）的通知》，重点地区提前完成污水厂排污许可证核发，有效助力长江修复、渤海综合整治与城市黑臭水体攻坚战。上述文件的制定有效支撑了"攻坚战"中"总量大幅减少，环境风险得到有效管控"的目标。

在科技创新与成果转化方面，生态环境部《2019 年国家先进污染防治技术目录（水污染防治领域）》、工业和信息化部《国家鼓励的工业节水工艺、技术和装备目录（2019年）》以及水利部《国家成熟适用节水技术推广目录（2019 年）》等文件从水污染防治、节水的工艺技术和装备以及水循环利用、雨水集蓄利用等方面，引导提高全国水污染治理与资源化利用技术和装备水平，鼓励环保设备制造和细分专业技术的发展。

1.2 主要政策发展

（1）为提升农村生活污水治理水平，进一步促进农村人居环境改善和美丽乡村建设，2019年7月，中央农村工作领导小组办公室、农业农村部、生态环境部、住房和城乡建设部等九部门联合印发了《关于推进农村生活污水治理的指导意见》，结合我国不同地区的发展水平现状，明确提出了到2020年农村污水治理需要达到的目标要求。同年11月，生态环境部发布了《农村黑臭水体治理工作指南》，明确了农村黑臭水体排查、治理方案编制、治理措施要求、试点示范内容以及治理效果评估、组织实施等方面的标准和要求，全面推动农村地区启动黑臭水体治理工作。要求形成一批可复制、可推广的农村黑臭水体治理模式，加快推进农村黑臭水体治理工作。此外，从2019年1月起，全国多地先后发布了关于农村生活污水处理设施水污染排放的地方标准或标准征求意见稿。

（2）围绕渤海流域，以查排口、控超标、清散乱、生态保护修复为重点，进一步强化渤海综合治理，天津市、山东省、辽宁省和河北省先后公开了关于打好渤海综合治理攻坚战的作战方案。2019年6月，为严格落实生态环境部等三部委联合印发的《渤海综合治理攻坚战行动计划》要求，环渤海"三省一市"政府全力推进渤海地区入海排污口排查整治工作，全面查清并有效管控渤海入海排污口。

（3）生态环境部、国家发展改革委联合印发《长江保护修复攻坚战行动计划》，提出到2020年年底，长江流域水质优良（达到或优于Ⅲ类）的国控断面比例达到85%以上，丧失使用功能（劣于Ⅴ类）的国控断面比例低于2%；长江经济带地级及以上城市建成区黑臭水体控制比例达90%以上；地级及以上城市集中式饮用水水源水质达到或优于Ⅲ类比例高于97%。

2019年5月，生态环境部组织召开2019年第一季度水环境达标滞后地区工作调度视频会，全面推进长江流域、渤海入海河流国控断面消除劣Ⅴ类，督促工作滞后地区按期完成目标任务。会议指出，在长江流域和渤海入海河流国控断面开展消"劣"行动，是落实长江大保护和渤海综合治理攻坚战的重要举措，也是打好污染防治攻坚战的重要标志，更是必须完成的政治任务。当前，长江流域总磷污染问题突出、城市基础设施短板明显、农业面源污染严重，渤海入海河流污染排放强度大、协同治污亟待加强，必须坚持问题导向，精准施策，以消"劣"为突破口，集中发力，倒逼区域流域内突出环境问题解决，确保水环境质量持续改善。

（4）2019年4月，住房和城乡建设部、生态环境部和国家发展改革委联合发布《城镇污水处理提质增效三年行动方案（2019—2021年）》，力促加快补齐城镇污水收集和处理设施短板，尽快实现污水管网全覆盖、全收集、全处理。方案明确提出，经过3年努力，地级及以上城市建成区基本无生活污水直排口；基本消除城中村、老旧城区和城乡接合部生活污水收集处理设施空白区；基本消除黑臭水体，城市生活污水集中收集效能显著提高；推进生活污水收集处理设施改造和建设、健全排水管理长效机制、完善激励支持政策、强化责任落实。

（5）2019年9月，国家发展改革委、生态环境部、工信部联合发布《污水处理及其再生利用行业清洁生产评价指标体系》，对污水处理及再生利用行业的清洁生产提出了明确的评价指标体系，指导和推动污水处理及其再生利用行业企业依法实施清洁生产，提高资源利用率，减少和避免污染物的产生，保护和改善环境。

（6）《吉林省辽河流域水环境保护条例》自2019年8月1日起施行。该条例所称辽河流域包括吉林省行政区域内东辽河、西辽河干流及其支流，招苏台河、叶赫河及其支流的集水区域，以及被确定为属于本流域的闭流区。根据条例，吉林省人民政府对国家水污染物排放标准中未作规定的项目，可以制定流域水污染物排放标准；对国家水污染物排放标准中已作规定的项目，可以制定严于国家水污染物排放标准的流域水污染物排放标准。

（7）其他省（区、市）及地区，围绕黄河流域、淮河流域以及西南、西北诸河，从陕西、宁夏、甘肃到山东、河南、安徽等地都制定了地方水污染治理行动方案。其中，陕西省出台了（DB 61/224—2018）《陕西省黄河流域污水综合治理排放标准》，并于2019年1月25日起正式实施。

2 行业发展分析

2.1 产业需求

2018年6月中共中央、国务院发布的《关于全面加强生态环境保护　坚决打好污染防治攻坚战的意见》明确了"全国地表水Ⅰ～Ⅲ类水体比例达到70%以上，劣Ⅴ类水体比例控制在5%以内；近岸海域水质优良（Ⅰ、Ⅱ类）比例达到70%左右；二氧化硫、氮氧化物排放量比2015年减少15%以上，化学需氧量、氨氮排放量减少10%以上"的目标。2019年以改善水生态环境质量为核心，以长江经济带保护修复和环渤海区域综合治理为重点，全面推进水污染防治攻坚战，做好"打黑、消劣、治污、保源、建制"工作，即打好城市黑臭水体治理攻坚战，基本消除重点区域劣Ⅴ类国控断面，强化污染源整治，保护饮用水水源，健全长效管理机制。

随着监管趋严，市政污水提标改造工作的推进，排放标准不断提升到一级A及以上，大量尚未达标的污水处理厂的改造需求不断释放。由于环保督察的常态化，促使环境保护税的征收及排污许可证等针对工业企业的环保政策集中落地，环保达标成为企业持续经营的基本前提，工业废水处理需求持续强劲，逐渐向低耗与高值利用的工业废水处理理念转变。同时持续开展的农业农村污染治理，乡村振兴战略及农村人居环境整治行动的实施，使得村镇污水处理市场需求快速增长，成为行业新亮点。

2.2 区域特征分析

2.2.1 全国水污染防治企业地区分布情况分析

近年来，随着《水污染防治行动计划》《城市黑臭水体整治排水口、管道及检查井治理技术指南》等一系列水环境治理政策的出台，为水环境的治理和改善提供了有力支撑。但不可否认的是，水环境行业市场发展仍面临巨大压力。据不完全统计，从地区分布来看，水污染防治企业分布在我国32个省（区、市）。其中，广东、重庆、江苏、浙江的企业数量较多，海南、西藏、青海、甘肃、宁夏的企业数量较少。各地中，长江经济带企业数量约占全国企业数量的一半。

2.2.2 全国水污染防治企业营业收入地区分布情况分析

2019年，列入统计的水污染防治企业营业收入的地区占比情况如图1所示。

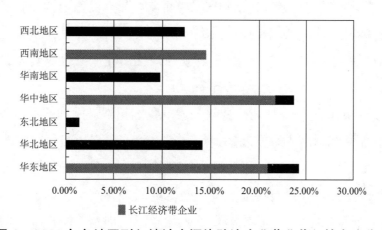

图1 2019年各地区列入统计水污染防治企业营业收入的占比分布

3 水污染治理重点领域技术发展评述

3.1 城镇污水

近年来，污水处理厂提标改造与提效改造全面开展，该工作对部分已建污水处理设施进行升级改造，进一步提高对主要污染物的削减能力。大力改造除磷脱氮功能欠缺、不具备生物处理能力的污水处理厂，重点改造设市城市和发达地区、重点流域以及重要水源地等敏感水域地区的污水处理厂，重点发展膜技术、脱氮除磷技术、高效节能曝气技术等。

城镇污水处理厂的提标改造和提效改造，其技术路线不能简单地建立在污水处理工艺单元的累加式长流程的工艺路线上，而应强调技术有效、经济合理，积极发展高效、低耗的污水处理新技术。我国在城镇生活污水处理与资源化领域开展了许多科技攻关，具体如下：

（1）在污水强化脱氮除磷、深度处理与再生利用等领域进行了许多新技术研究，例如，针对多数城市污水处理厂采用的传统活性污泥、吸附生物降解（AB）、厌氧—好氧生物脱氮（A/O）及厌氧—缺氧—好氧脱氮除磷（A²/O）等主体工艺，不能够保障水中氮、磷的达标排放，还存在工程造价高、能耗高、效率低等问题，从而研究了生物脱氮除磷强化技术以解决上述问题；为应对污水生物脱氮除磷、再生利用的需求，相关学者深入研究了污水处理中反硝化除磷、短程硝化反硝化、厌氧氨氧化、同时硝化反硝化等新技术；同时好氧颗粒污泥技术因为其中适合中国低碳源水质特点的颗粒污泥培养方法的基本形成而成为行业研发热点。

（2）围绕提标改造的要求，广泛应用膜技术、高效节能曝气技术、生物膜法污水处理工艺，物化—生化法脱氮除磷工艺，确保重点流域、环境敏感地区和二级污水处理厂升级改造。同时，推广应用臭氧氧化技术及大型臭氧发生器、好氧生物流化床成套装置、好氧膜生物反应器成套装置、溶气供氧生物膜与活性污泥法复合成套装置、污泥床、膨胀床复合厌氧成套装置等新设备、新装备等。

（3）积极开发污水处理厂提效改造新技术。我国超常规发展的污水处理事业，面临着亟待解决效能提升和适应未来发展的迫切需求，将迎来以可持续发展为核心的全新时期。在污水处理厂新功能需求下，相关污水处理技术也将面临新变革。2019年，重点进行了城市污水处理厂的优化运行和节能降耗技术的研发，主要包括：污水处理系统的在线监测技术、精确曝气技术、化学除磷及反硝化碳源的加药控制技术、污水处理工艺优化运行模型等。

3.2 工业及园区废水

工业领域一直是水污染治理关注的重点，我国政府相继出台了多项政策及行业标准用于指导水污染防治，在工业废水治理方面，化工、轻工、冶金、纺织印染、制药等典型行业的污染控制关键技术取得突破，建成了一批清洁生产与水循环利用示范工程，为流域主要污染物总量减排和水体污染趋势控制提供了技术支撑，有效促进了示范区负荷削减和水质改善。

3.2.1 重点行业废水

针对轻工行业废水排量大、高化学需氧量（COD）、水循环利用较差等特征，研发了造纸、皮革、食品加工等轻工行业节水减排和水循环利用关键技术。其中，发酵工程电渗析脱盐、赖氨酸结晶母液发酵造粒直接结晶法、造纸废水磁化—催化缩合深度处理、制革行业废水 A/O 复配脱氮处理等关键技术和清洁生产工艺具有创新性。

针对制药废水浓度大、毒性高、难生化处理等问题，研发了一批化学合成类、发酵类及制剂类制药行业水污染防治技术，集成研究了上流式厌氧污泥床（UASB）、复合厌氧反应器（UASB+AF）、膨胀颗粒污泥床（EGSB）、吸附生物降解法（AB 法）、生物接触氧化法、生物流化床法、序批式间歇活性污泥法（SBR 法）及其变形工艺（CASS、UNITANK）以及制药行业废水改良厌氧反应器 - 厌氧 / 好氧 - 芬顿 - 曝气生物滤池（IC-A/O-Fenton-BAF）一级 A 达标等适用性关键技术，研发了制药行业典型工艺废水深度处理与减排减毒的关键技术。

针对难降解印染废水，开发了一种新型厌氧与物化相结合的处理技术——内置式厌氧生物零价铁技术，可有效缩短厌氧颗粒化时间，控制了酸化的发生。应用此技术可大大提高 COD 和色度去除率以及废水可生化性，基本满足了后续生物处理的要求。

此外，对于工业废水及其中有毒有机污染物和重金属治理由原来的稀释混合生物处理为主逐渐转变为以废水分质处理为前提，以加强废水的预处理为基础的新型生物处理工艺，强化了对废水中有毒有机物的去除。

3.2.2 工业集聚区或园区综合废水处理

目前工业集聚区污水处理设施的建设、运行、管理暴露出诸多弊端，工业集聚区污水处理主要存在以下问题与难点：

（1）工业集聚区规划缺乏约束力，园区引进工业项目类型常常超出规划范围，影响了污水处理设施的正常运行。工业集聚区定位经常随经济发展形势而变，很少从循环经济和技术经济互补性角度考虑"三废"的出路。引进工业项目的变化使按照原来规划建设的集中废水处理设施正常运行变得困难，有些甚至无法正常运行。

（2）工业集聚区污水处理厂设计建设标准无法满足园区废水处理的要求。很多工业集聚区的污水处理厂建设时，没有从技术角度论证工业废水处理达标排放的可行性，而是采用城市污水处理厂的设计思路进行建设，很少从工业废水的特征污染物入手提出污染控制思路，缺少预处理环节和废水水质调控手段。这给工业集聚区污水处理厂的整体达标排放带来很大难度且存在安全隐患，致使有的工业集聚区污水处理厂从建成后就一直无法达标排放。

（3）工业集聚区污水收集管网不利于对接管企业进行监管。工业废水大多采用暗管或压力管经计量井进入排污总管，为个别企业违法偷排工业废水创造了条件。当大量特征污染物（如重金属、硝基化合物、杀菌剂等）短时间进入管网或者有些企业一段时间内严重超标排放时，易导致污水处理厂生化处理工艺彻底崩溃。一旦污水处理设施陷入瘫痪，通常需要1到2个月的恢复期才能正常运行。

（4）工业集聚区污水处理厂进水水质不能得到有效控制，不利于园区尾水的集中处理。在相关法规的硬性要求下，多数工业园区企业都有投资建设污水预处理设施，但设施建设与运行管理水平良莠不齐，多数处于废水全部指标或部分指标超标外排的状态。然而，由于政策法规和相关排放指标缺乏对有毒有害物质特别是有机毒物的细致规定，而传统环境监管只针对企业外排口废水的部分指标进行在线监控或定期抽查，致使不少企业盲目采取各种手段，甚至加水稀释，追求废水指标（特别是COD）的"达标排放"，导致废水中具有生物毒性、生物抑制性及难以生物降解的有机污染物，未经有效控制就进入园区集中污水处理厂。还有些企业排放的废水可生化性高，对工业集聚区污水处理厂的稳定运行有促进作用，但是为了满足统一的接管标准，建设了生化预处理设施，去除了碳源等有用成分，不利于园区污水处理厂的正常运行和整体的节能减排。

（5）企业废水预处理、工业废水排污管网管理和污水处理厂运行实行多头管理，不利于污水处理设施正常运行。目前，企业废水预处理装置由业主自行建设和运行管理；预处理装置排放口由生态环境部门监管；工业废水排入管网的许可办理由市政部门负责；污水处理厂排放口又由生态环境部门监管。

基于上述分析，工业集聚区污水治理与达标排放是一项系统工程，涉及企业废水及污染物产生情况、企业预处理设施的污染物削减情况、园区收集管网和监控平台的监控把关情况及园区末端污水处理厂建设运行情况四个关键环节，如果任一环节出现问题，都会导致园区末端集中污水处理厂无法稳定运行和达标排放。

工业聚集区污水集中治理，前提是做好水质管控工作。明确每家企业产生的特征污染物质和生物毒性，严控园区集中式污水处理厂的进水水质。尤其是难生物降解的综合废水，一般是先进行一级物化处理，提高废水的可生化性，其中生化处理单元，建议采用生物强化手段，以提高生化处理单元效率，然后再进行二级物化处理，进一步降低污染物浓度。常采用的物化方法包括吸附、混凝、离子交换、高级氧化、膜分离、电解等。总体来说，即便采用这种流程长、投资大、运行费用高的处理工艺，园区集中式污水处理厂依然存在排水不稳定等问题，不能保证废水的稳定达标。因此，研发高效、低耗的针对难处理废水的治理技术和装备一直是工业废水及园区综合废水处理发展的重点和方向。

3.3 农村生活污水

农村生活污水处理事业的发展难点在于没有明确污染治理的责任主体，没有建立符合市场经济的付费制度，没有建立可持续发展的村镇生活污水处理设施建设投资和日常运行管理费用的有效机制。从目前已有工程实践来看，我国农村生活污水的处理可以考虑进一步向高端水处理技术和物联网监控技术方向发展。生活污水高端处理技术是指高效生物反应器的应用，它不仅应具有较高的污染物去除效率，还应具有自动化运行和免维护的性能，并且不排放剩余污泥；物联网监控技术可适应农村生活污水处理设施规模小、布局分散和无人值守的特点，可采用多点联网远程监控技术。

目前在农村生活污水处理技术集成的理念上已突破单一污水处理的概念，把污水处理与农村村落环境生态修复、生态堤岸净化、农田灌溉回用和景观用水需求等进行有机结合，根据实际条件进行优化组合与系统化，形成适合河网区农村生活污水和初期地表径流的"生物＋生态"处理及综合利用技术系统。目前，我国由不同技术组合而成的农村生活污水处理工艺形式很多，主要分为4种类型：厌氧＋生态工艺、好氧＋生态工艺、厌氧＋好氧＋生态工艺和厌氧＋好氧工艺，在具体选择处理工艺时，各个地区需要充分考虑自身实际情况（包括经济水平、地形特征、气候特点、处理要求等），通过综合技术经济分析，合理选择处理工艺形式。农村生活污水处理的主要运行成本是水泵和曝气设备电耗，如能结合当地地形，利用地势高低落差排水和跌水曝气，即可节省此项成本。

3.4 黑臭水体

截至2019年年底，据统计，我国各省（区、市）在黑臭水体攻坚战中都取得了阶段性进展。水体黑臭的根本原因是外源有机物和氨氮、底泥等内源污染、水体不流动、水温升高及水体食物链严重缺失等，造成污染量超过水体的自净能力。治理黑臭水体时应遵循"外源控制＋内源控制＋水体治理技术＋提升自净能力＋生态修复技术＋综合管理"的理念。消除黑臭水体可以通过控源、截污、清淤疏浚、引水活水、治污、生态修复等多种工程组合措施，通过制定并实施"一河一策"的深度治理要求，实现水环境质量的改善。

3.4.1 外源控制

外源控制主要是截断污染源，对点源污染、面源污染进行综合治理。生活中的污水、工业废水、餐饮污水和规模化畜禽养殖污水等都属于点源；初期雨水、农田径流、鱼塘换水等都属于面源。点源污染在选取预处理方式时往往将污染物的类型作为标准，预处理达到标准后将污水排进水体或者排进城市污水处理厂中，处理之后再排入河道，面源污染现阶段一般结合海绵城市的构建，利用雨水花园、透水砖替代硬化路面铺装等方法来对径流污染进行减弱。拦截外部污染源的关键就是建立优质的污水处理系统和健全的排污管网，保证截流后的污水通道通畅及末端处理高效。

3.4.2 内源控制

内源控制是指内源污染物的清除与固化。主要涵盖底泥处理和漂浮物、悬浮物等垃圾的清除。当污染物进入水中，不断在水中积累，其中很多污染物就会堆积在污泥中，所以整治黑水臭水的关键手段就是底泥清淤。现阶段一般利用的清淤疏浚的手段主要包含：绞吸挖泥船清淤、挖掘式干法清淤、真空泵冲吸式清淤以及机器人清淤等，需结合河涌水文特性、断面尺寸及周边情况针对性选取清淤方式。清淤后可采用泥驳船、输泥管及污泥罐车等输送方式，将淤泥运送至底泥处理厂或者其他处置单位进行处理和处置。除淤泥清除及处理处置等工程措施外，还需要强化管理，发挥"河长制"优势，对河面上漂浮的垃圾进行定期清理，确保河面的清洁，同时应加强河涌运维管控，通过水务信息化建设为内源污染控制保驾护航。

3.4.3 水体治理技术

水体治理技术包括通过物化技术、曝气充氧技术提升水体溶氧；通过物化技术、氧化塘、快速渗滤、人工湿地、一体化反应器技术及膜生物反应器技术等旁路治理技术进行水质净化。提升自净能力主要通过清水补给，调水引流、使水系连通，维持水体流动性，改善水体必须改善水体的缺氧或厌氧环境，控制水体污染物进入量，通过水体生态系统修复恢复水体生态系统自净能力，恢复河道景观。在此基础上，要加强综合管理，建立完善的监测系统。治理黑臭水体"截"是基础、"治"是关键、"保"是根本，其中，截是指切断进入水体的污染源，治是指采用技术使现有水体变清，保是指恢复水体生态和自净能力，永保水清。

3.5 污泥处理与处置

3.5.1 污泥处理技术

近年来，在污泥处理处置方面，我国污水处理厂的污泥处理处置主要采用持续脱水浓缩技术，将污泥含水率降到60%左右，以应对卫生填埋的技术需求。过去几年，我国污泥处理处置工艺多样化和资源化利用得到了一定程度的加强，在污泥深度脱水技术、污泥厌氧消化组合技术、污泥干化技术、污泥焚烧技术及污泥堆肥技术上均取得了一定的进展。在污泥处理技术方面，相继开发研究了好氧—厌氧两段消化、酸性发酵—碱性发酵两相消化及中温—高温双重消化等新工艺，还开发研究了新的污泥处理新技术，如污泥热处理—干化处理技术、污泥低温热解处理技术、污泥等离子法处理技术、污泥超声波处理技术等。

3.5.2 污泥资源化利用

在污泥资源化利用方面，研发了一些新的技术，如低温热解制油、提取蛋白质、制水泥、改性制吸附剂，通过污泥裂解制可燃气、焦油、苯酚、丙酮、甲醇等化工原料。其他处置方法还包括用于建筑材料、制备合成燃料、制备微生物肥料、用作土壤改良剂。利用污泥生产建筑材料除污泥制陶粒、制砖、制生态水泥以外，污泥制纤维板、融熔微晶玻璃的生产以及在铺路中的应用也有一些研究。污泥的资源化利用，变废为宝，有利于建立循环型经济，符合可持续发展的要求。

随着科学技术的发展，污泥资源化利用速度明显加快，推广力度正在加强。污泥原位减量技术也得到了大规模应用，可减量到原有污泥产量的10%～50%。

3.6 突发环境污染应急技术

长期以来，污废水排放始终是大多数城市地表水体、饮用水水源地安全的重要威胁。这些水污染既包括工业点源、生活污水和农业面源等常规污染，也包括船舶化学品和石油泄漏、工业事故排放、暴雨径流污染和蓄意投毒等突发性水污染，其中突发性水污染事件往往严重影响社会的正常活动，给生态环境带来极大的破坏，其危害不容小觑。由于突发性水污染事故的发生时间、污染物性质、影响范围和破坏程度都具有不确定性，且在短时间内难以完成应对方案的制订和实施，因此对人体健康、生态环境和社会经济都会造成严重的破坏和深远的影响。

面对国内突发性水污染事故频发的态势，需要针对突发性的水污染事件的环境应急处理技术来提供支持。亟须事先确定对特定污染物的应急处理技术方法，以便事故发生时能够积极应对。

3.6.1 有机毒性污染物的应急处理方法

有机毒性污染物是指可以造成人体中毒或者引起环境污染的有机物质，它们在水中的含量虽不高，但因在水体中残留时间长且有蓄积性，危害很大。目前处理突发性有机毒性污染物的方法主要有吸附法、氧化分解等物理化学方法。

3.6.2 突发性重金属污染的应急处理方法

目前，针对突发性重金属污染事故的应急处理方法主要有化学沉淀法及吸附法。化学沉淀法是通过投加药剂调整污水的pH，使重金属污染物生成金属氢氧化物或碳酸盐等沉淀形式，再通过铅盐、铁盐等的絮凝及沉淀去除。吸附法是采用活性炭、沸石等高吸附量介质进行快速处理，工艺简单、效果稳定，尤其适用于大流量低污染物含量污水的去除，是应对重金属突发水污染事故首选的应急处理技术。

3.6.3 突发性油类污染的应急处理方法

突发性油类污染的应急处理方法主要有 2 种：化学方法及物理回收法。化学法通常是采用分散剂将油污分散成极微小的油滴（1～70μm），增大其与微生物接触的表面积，同时，降低油污的黏性，减弱其在黏附于沉积物、水生生物及海岸线的机会。目前，分散剂对水生态环境的影响还不明确，其使用也受到了严格的控制。也可以采用各种助燃剂，使大量泄油在短时间内燃烧完，但这种方法对海洋生态平衡造成不良影响，并且浪费能源。物理回收法中围栏法可以阻止油的扩散以利于油的回收；吸油法使用亲油性的吸油材料回收油类，是解决油污染的根本方法。

3.6.4 生物性污染的应急处理方法

水体的生物性污染主要是指微生物污染，以及低等水生植物（如藻类）爆发造成的污染。生物性污染与其他污染的不同之处在于，它的污染物是活的生物，能够逐步适应新的环境，不断增殖并占据优势，从而危害其他生物的生存和人类的生活。

夏季，有机污染严重、氮磷含量超标导致水体富营养化状态时，蓝藻常有发生，并在水面形成一层蓝绿色带有腥臭味的浮沫，被称为"水华"。藻类的爆发性增殖是使水体生态平衡发生改变、进而对水环境造成危害的污染现象。藻类所分泌的臭味物质可导致饮用水产生异味。

水体突发性蓝藻爆发的处理方法主要有物理、化学及生物方法等，物理防治包括过滤、吸附、曝气和机械除藻等，但这要耗费巨大的人力及物力，处理成本过高。化学防治主要包括化学药剂法、电化学降解法等，物理化学防治可通过添加混凝剂对藻类进行沉淀，或通过流动循环曝气、喷泉曝气充氧及化学加药气浮工艺去除水中的藻类、其他固体杂质和磷酸盐，从而使整个水体保持良好状态，但该方法操作烦琐、工艺复杂，对蓝藻暴发难以奏效。对于水体微生物超标问题，可采用强化消毒技术（Cl_2、ClO_2、次氯酸盐、紫外辐照、臭氧等）进行消毒处理。在水源地出现较高的微生物风险时，可采用加大消毒剂投加量及延长清毒时间的方式来强化消毒效果。

一般而言，化学方法除藻剂虽然具有一定的效果，可快速杀死藻类，但极易产生二次污染，同时化学药品的生物富集和放大作用对整个生态系统会造成较大的负面影响，长期使用低浓度的化学药物会使藻类产生抗药性，易造成环境污染甚至破坏区域生态平衡，因此不宜在饮用水水源地使用。生物除藻方法以长期防治为主，且生物之间作用机制复杂、影响因子众多、可控制性差，不适合在蓝藻爆发期间作为应急处理措施。而物理除藻方法虽然工作量较大，周期较长，控藻成本较高，但相对简单易行、见效快、副作用小，有助于加快水体生态修复，是一种有效的应急处理手段，适用于大部分饮用水水源地的蓝藻水华治理。近年来物理原位控藻技术也越来越受重视并得到广泛应用。

3.7 未来水处理技术发展重点与创新要求

当前，水污染治理产业在问题诊断、工艺设计、技术装备以及系统解决方案等方面的水平和质量稳步提升，新业态、新模式不断涌现，地方综合性环保产业集团相继出现，行业发展主要表现为以下趋势：

（1）在治理方式上，从关注"具体点源项目"向"区域保护、系统保护和全过程的保护"发展，如对山水林田湖草实施统筹治理，流域上游、中游和下游实现一体化保护等。

（2）在控制程度上，从"达标排放"向"提标升级排放"到"低端中水或局部回用"，再到"高端规模化回用"的方向发展。

（3）在治理领域上，从"单一水污染物治理领域"向"污水、污泥、异味"跨介质污染协同控制的方向发展。

（4）在控制类别上，从"常规污染物控制"向"氮、磷、盐"，再到"生态安全"的方向发展。

（5）在系统控制上，从"工艺的人工／微机定量控制"向"部分处理设备的智能控制"，再到"污水厂工艺全程优化与精准控制"的方向发展。

未来，水污染治理产业将继续为生态文明和打赢污染防治攻坚战提供可靠的技术、装备、工程和服务保障。同时，科学性治污、精准性治污、长效性保障的新格局将逐渐形成，水污染治理市场会进一步发展。具体发展方向如下。

（1）在常规污染物控制方面，围绕集中式生活污水的处理，各类污水处理专用机械、市政管网、污泥处理处置等设备，以及膜组件、药剂等环保产品仍将有极大的市场需求。

（2）在高难有机污染及特征污染物控制方面，围绕典型行业废水治理，将促进细分领域工业废水处理的核心设备、高端材料及药剂的生产制造。

（3）在流域、区域性污染问题控制方面，水环境综合治理体系将进一步完善，特别是在水环境质量监测和监管方面，5G、AI 人工智能、物联网、云计算、大数据、区块链等新技术将促进水环境监测仪器设备、集群监控预警维护系统及管理平台向着"信息化、智慧化"的方向发展。

（4）对伴生污染问题的解决方面，针对污水治理过程中污泥、蒸发后的废盐以及废催化剂的资源化利用与处置将有可观的市场需求。

4 行业发展问题、对策及建议

4.1 行业发展的主要问题

4.1.1 营商环境和市场建设仍需进一步改善和加强

目前，水污染治理行业中大多数企业产品雷同，习惯通过传统的方式获得技术和以过低的成本进入市场，在竞争中脱离产品质量、技术水平、优质服务等，导致整个行业的利润畸形下降，严重损害了企业自身的发展和自有资金的积累。此外，污染治理专业化服务企业准入标准的欠缺，地区差距和价格战等都使污染治理市场秩序较为混乱。虽然污水处理行业的投融资体制改革已逐步扩大，但水污染治理项目带有公益性特征，盈利能力不强，不同项目的投资回报机制和盈利渠道差异较大，不能依靠最终用户买单，部分项目对政府投资、付费和补贴的依赖度较高。

4.1.2 自主创新能力仍需进一步提升

企业自主创新能力不足，缺少高层次的专业技术人才，水污染治理技术基础研究与发达国家存在较大差距，核心理论、方法和技术多源于发达国家，原创性技术不多，形成的专利、核心产品和技术标准等重大创新成果较少。此外，目前我国技术成果的转化效率较低，产学研结合还需加强。大量科技成果形成于科研机构，由于体制及配套政策等原因，难以在企业中实现产业化应用。缺乏鼓励环境科技创新、成果转化、新技术推广应用的针对性政策，影响了创新成果的推广应用。

4.1.3 国有产品标准化、规模化进程仍需规范和统一

尽管水污染治理产品标准化和规模化程度已经有了一定提高，但还存在着产业发展速度快与产品标准化、规模化进程慢的矛盾。目前，仍然大范围存在非标、单件、小批量生产方式。由于环保产品涉及面广，与多个学科交叉，在产品标准方面，国家多个部委都在自己的职能范围内制定了相关的标准，目前并没有统一起来。

4.2 对策及建议

4.2.1 改善营商环境、加强市场建设

规范行业信息发布流程，防止不当或错误信息误导市场，改变最低价中标的做法，全面推行合理底价；继续加强规范水污染治理市场，完善相关法律体系，严格监管招投标、工程设计、建设施工、运行等各个环节；改革投融资体制，吸引多方资金投入水污染治理行业，支持行业发展壮大。积极推进资源组合开发模式，推行资源化处理技术，将水污染治理与周边收益创造能力较强的资源开发项目组合起来，拓宽水污染治理项目投资收益渠道。

4.2.2 持续提升核心竞争力

应鼓励企业自主研发、引进消化国外技术，形成具有自主知识产权的技术专利和标准。加大知识产权保护的执法力度，支持水污染治理新技术、新工艺、新产品的示范推广，加强水污染治理技术创新与应用，提高行业竞争力。在资金、政策等方面，加大对水污染治理技术的支持力度，加速提升技术创新能力。

4.2.3 提高治理装备加工能力以及产品标准化、规模化程度

研发实用技术和产品，大力提高污染设施运行和产品生产使用过程中的节能减排。加强和加快标准化工作，建立健全技术装备的标准体系。发展水污染治理技术服务业，加快技术创新体系建设，完善技术管理政策。政府应加强对技术发展方向的指导，加大对水污染治理技术与产品研发的扶持力度。

电除尘行业 2019 年发展报告

1 2019 年行业发展现状及分析

1.1 为打赢蓝天保卫战，烟气污染物治理政策密集出台

自《大气污染防治行动计划》实施以来，我国大气污染治理取得明显成效。但是 $PM_{2.5}$ 问题还没有完全彻底得到解决，大气污染防治依然任重道远，秋冬季大气环境形势严峻，攻坚战难度依旧很大。2019 年，我国各级政府不断出台大气污染治理的相关政策法规标准，持续推动大气污染治理行业的发展，宏观环境利于电除尘行业的发展。

2019 年 2 月 27 日，生态环境部印发《2019 年全国大气污染防治工作要点》，提出了大气环境目标。

2019 年 4 月 4 日，国家标准 GB 37484—2019《除尘器能效限定值及能效等级》发布，对电除尘器、电袋除尘器等进行能效分级。

2019 年 4 月 28 日，生态环境部、国家发展改革委、工业和信息化部等五部门联合发布《关于推进实施钢铁行业超低排放的意见》，提出到 2020 年年底前，重点区域钢铁企业力争完成 60% 左右产能改造，有序推进其他地区钢铁企业超低排放改造工作；到 2025 年年底前，重点区域钢铁企业超低排放改造基本完成，力争全国 80% 以上产能完成改造。

2019 年 7 月 26 日，生态环境部印发《关于加强重污染天气应对夯实应急减排措施的指导意见》（以下简称《意见》），首次提出了绩效分级、差异化管控，鼓励"先进"鞭策"后进"，促进重点行业加快升级改造进程，全面减少区域污染物排放强度。该《意见》对 15 个重点行业进行绩效分级，将重点行业企业分为 A、B、C 三个等级，本着"多排多减、少排少减、不排不减"的原则，在重污染天气期间采取差异化减排措施。

2019 年 9 月 25 日，生态环境部、国家发展改革委等十部门联合北京市、天津市、河北省等省（市）共同印发《京津冀及周边地区 2019—2020 年秋冬季大气污染综合治理攻坚行动方案》。2019 年 11 月 4 日，生态环境部联合九部委及对应省（市），印发《长三角地区 2019—2020 年秋冬季大气污染综合治理攻坚行动方案》和《汾渭平原 2019—2020 年秋冬季大气污染综合治理攻坚行动方案》。上述三大重点地区均已明确了 2019 年秋冬季环境空气质量改善目标。其中，在 $PM_{2.5}$ 平均浓度同比下降比率方面，京津冀及周边地区为 4%，长三角地区为 2%，汾渭平原为 3%；在重度及以上污染天数同比减少比率方面，京津冀及周边地区为 6%，长三角地区为 2%，汾渭平原为 3%。虽然近年来三大重点

地区年均 PM$_{2.5}$ 浓度大幅下降，但三大重点地区秋冬季节 PM$_{2.5}$ 浓度是其他季节的 2 倍左右，大气环境污染形势依然严峻。2018 年秋冬季，京津冀及周边地区 PM$_{2.5}$ 平均浓度同比上升 6.5%，汾渭平原重污染天数同比增加 42.9%，长三角地区 10 个城市未完成 PM$_{2.5}$ 浓度下降目标，其中，5 个城市同比不降反升。

2019 年 12 月 18 日，生态环境部印发《关于做好钢铁企业超低排放评估监测工作的通知》，要求地方各级生态环境部门将经评估监测认为达到超低排放的企业纳入动态管理名单，实行差别化管理。加强事中、事后监管，通过调阅烟气自动监控系统（CEMS）、视频监控、门禁系统、空气微站、卫星遥感等数据记录，组织开展超低排放企业"双随机"检查。对不能稳定达到超低排放的企业，及时调整出动态管理名单，取消相应优惠政策；对存在违法排污行为的企业，依法予以处罚；对存在弄虚作假行为的钢铁企业和相关评估监测机构，加大联合惩戒力度。鼓励行业协会发挥桥梁纽带作用，指导企业开展超低排放改造和评估监测工作，在网站上公示各企业超低排放改造和评估监测进展情况，推动行业高标准实施超低排放改造。

1.2 宏观环境对电除尘行业发展的影响

近年来，电除尘的技术创新，在煤电行业超低排放工作中取得了显著的成绩，有效地保障了超低排放机组长期稳定运行，在燃煤电厂烟气除尘中占据绝对的主流位置。2019年，国内煤电行业烟气超低排放改造已至尾声。据统计，截至 2018 年 12 月，电除尘器在电力行业除尘市场占有率约为 66.2%。电除尘器依然是燃煤电厂的主流除尘设备，低低温电除尘技术几乎成为国内燃煤电厂超低排放的"标配"。

非电行业的烟气超低排放改造已逐渐成为市场主流，可利用电力行业超低排放改造的技术成果和经验，推动冶金、建材、燃煤工业锅炉等行业实施污染治理升级改造。但电除尘技术在非电行业的应用有一定局限，如在钢铁行业，仅用于烧结烟气、球体烟气、转炉一次烟气等工序。电除尘器在非电行业的应用有待进一步开拓。

2 2019 年行业经营状况分析

2.1 2019 年行业发展主要特点

2.1.1 电除尘行业发展整体保持稳定，挑战大于机遇

2019 年度电除尘行业发展整体保持稳定。煤电行业大气治理业务增长乏力，非电行业的市场份额有限，电除尘器所用钢材价格持续增长，企业人工成本增加，企业应收账款回收不畅，赢利空间大幅降低，企业利润总体有所下降，国际市场风险和项目执行不确定性加剧。以上各方面给电除尘行业发展带来较大的挑战。

2.1.2 龙头企业的引领作用不断彰显

行业龙头依然强势，在科技攻关、技术创新、市场引领、装备制造、海外拓展中不断彰显出引领作用。市场越来越往品牌、资质、业绩、信誉、服务好的企业倾斜。行业龙头企业发展也极大地推动了电除尘产业的技术进步。

2.1.3 高质量发展已成电除尘主要企业的共识

电除尘企业主动求变，主要骨干企业已从追求规模转向追求效益、追求质量发展。通过不断加强创新能力建设，提高核心竞争力和盈利能力；通过技术创新和管理创新来创造价值、挖掘增值空间，走高质量发展的道路。

2.1.4 电除尘技术的核心竞争力持续加强

电除尘行业已经成为我国环保产业中能与国际厂商相抗衡且最具竞争力的行业之一。低低温电除尘、湿式电除尘等新技术的广泛应用为煤电行业烟气超低排放提供了坚实的技术保障，在煤电超低排放改造中占据绝对的主流位置。电除尘器依然是燃煤电厂的主流除尘设备，低低温电除尘技术几乎成为煤电超低排放的"标配"，技术水平和性能指标均达到国际领先水平，在真正意义上实现了我国由电除尘器大国向强国的转变。电除尘企业正进一步利用煤电行业超低排放取得的技术成果和经验，在钢铁、建材、有色、工业锅炉等非电行业超低排放中发挥作用。

2.2 行业生产经营情况

2019年，中国环境保护产业协会电除尘委员会对电除尘行业49家主要企业的经营状况进行了调查统计，如表1所示。

表1　2019年行业主要企业经营状况统计表

企业类型		本体	电源及配套件	合计
合同总额（亿元）		245.8287	18.6971	264.5258
总产值（亿元）		212.1704	43.6042	255.7746
环保销售收入（亿元）		209.6981	14.5449	224.2430
环保纳税（亿元）		11.2360	0.9163	12.1523
环保利润（亿元）		11.2490	1.0677	12.3167
环保出口（亿元）		7.0048	0.7841	7.7889
产品分类	本体（亿元）	81.8116	3.4710	85.2826
	电源（亿元）	7.1979	8.7304	15.9283
	电袋（亿元）	19.2498	1.2111	20.4609

其中，本体企业 25 家，合同额达到 245.8287 亿元，总产值 212.1704 亿元，环保销售收入 209.6891 亿元，出口额 7.0048 亿元；电源及配套件企业 24 家，合同额 18.6971 亿元，总产值 43.6042 亿元，环保销售收入 14.5449 亿元，出口额 0.7841 亿元。

统计的 49 家主要（骨干）企业，产值约占全国电除尘行业总产值的 85%，2019 年，全行业总产值约为 300.9113 亿元，全行业环保出口额为 9.1634 亿元。按产品分类计算，电除尘销售收入为 127.0955 亿元。

2019 年，全国电除尘行业电除尘环保销售收入同比上涨 6.06%，本体产值同比上涨 9.14%，电源及配套件产值同比上升 0.31%。2019 年全行业环保出口额同比下降 1.14%。2019 年全行业销售利润同比上涨 20.31%。

2.3 行业生产经营情况分析

从 2019 年的调查情况来看，电除尘行业总的销售收入与上一年度相比稍有提高，出口额略有下降，原因分析如下：

（1）2019 年，燃煤电厂电除尘市场需求出现了低谷。电除尘的主要市场——燃煤电厂订单量出现了较大的下跌，主要合同是以往项目的延续，新上及改造项目占比不多。

（2）冶金、建材等非电行业市场出现热点，虽然电除尘技术在这些行业的市场占有率不高。但冶金行业烧结、球团、转炉一次烟气等工序的烟尘治理主要应用电除尘技术，这些工序的订单保证了电除尘的总体市场份额。

（3）2019 年，大多数企业针对市场情况积极求变：一是注重多种经营，开拓治理市场，为企业的生存提供更广泛的生存空间；二是努力开发专有技术，加强技术创新，给企业带来更大的生机；三是精减人员结构，提高人员素质，保证企业的生产效率。虽然电除尘销售收入没有大的提高，但企业总体收入较上年度有一定的提高。

（4）国际市场的电除尘销售份额与上年度相比略有下降，需进一步关注电除尘器的出口工作。

2.4 行业成本费用及盈利能力分析

根据对 2019 年电除尘行业排名前 13 的骨干企业经营数据的分析结果，发现大多数企业盈利能力不足，只有部分企业有较大的利润。分析原因如下：

（1）市场越来越向品牌、资质、业绩、信誉、服务好的企业倾斜。龙头企业因注重技术创新和服务，市场占有率相对较高，保证了较好的发展和利润空间。拥有特色技术的企业营业收入虽不高，但因其专有技术，保证了企业的利润。

（2）上市公司因融资能力较强，生产成本相对低，利润率略高。中小企业因为资金能力不足，通过贷款等方式维持企业发展的情况较为普遍。项目本身利润不高，加上项目回款普遍不能与项目进度同步，造成企业利润率偏低。

（3）钢材价格的大幅涨价依然是影响电除尘企业生存发展的重要因素之一。

（4）部分企业受项目延期执行的影响，尤其是延期一年以上的项目，因钢材价格上升、人工成本增加、应收账款回收不好等原因，大幅挤压了盈利空间，甚至造成项目执行亏损。

（5）国际市场开拓风险和项目执行不确定性加剧。

3 2019 年行业技术发展情况

3.1 国家标准《电除尘器》已报批

由浙江菲达环保科技股份有限公司（简称"菲达环保"）、福建龙净环保股份有限公司（简称"龙净环保"）、中钢集团天澄环保科技股份有限公司（简称"中钢天澄"）、浙江大学等单位起草的国家标准《电除尘器》已进入报批阶段。《电除尘器》标准的出台，将解决电除尘器国家标准缺位的问题：规范电除尘器技术参数、考核指标；增强标准约束力、执行力及影响力；形成完整的大气污染控制装备国家标准体系；满足环境质量改善、电除尘行业发展、创新驱动的发展战略及技术进步的需求；进一步完善环保装备标准体系，特别是对超低排放烟尘治理将起到很好的规范和引领作用；大幅促进电除尘器制造能力提升；在拓展国际市场，与国际厂商竞争时能够有法可依，有利于维护电除尘技术和产品在国际上的地位和形象，具有里程碑意义。

3.2 强制性国家标准 GB 37484—2019《除尘器能效限定值及能效等级》正式颁布

由菲达环保、龙净环保等单位起草的 GB 37484—2019《除尘器能效限定值及能效等级》强制性国家标准已于 2019 年 4 月 4 日正式发布，将于 2020 年 11 月 1 日起正式实施。该标准是我国大气污染物治理领域首个环保设备强制性能效标准，规定了除尘器的能效等级、能效限定值和能效测试方法。标准将在促进企业节能技术进步，加强节能管理，提升行业技术水平等方面起到积极的推动作用，将在我国重点行业节能减排的监督与管理工作中发挥重要作用。

电除尘设备的节能、高效、稳定运行，对于降低厂用电率，增加上网电量，提高机组技术经济指标，降低发电成本，最终提高火电厂经济效益有着重要的意义。正因如此，国外大型火电公司、工程公司对电除尘电耗问题非常重视，把电耗摆在与除尘效率相同的考核指标位置，在招标文件中有一整套措施来评估投标方的电耗方案，确保投标方能提供节能、高效的电除尘设备。我国电除尘行业近年来坚持不懈地进行技术创新，在机、电、控方面着手，开发了高频电源、脉冲电源、智能节能保效控制技术、功率控制振打技术、反电晕自动控制技术、机电多复式双区技术等，可大幅度节约能耗。

3.3 电除尘大数据库建立

中国电力工程顾问集团建立了电除尘器数据库，收集了我国236个燃煤电厂的电除尘器数据，机组容量覆盖50～1035 MW，燃煤共538种，包含褐煤、烟煤、无烟煤等，硫含量0.11%～5.13%，灰含量6.59%～58.7%，燃烧电厂分布在全国各省（区、市），包含了煤质参数、除尘器设计及运行参数。基于该数据库，提出了不同煤种条件下的颗粒物超低排放技术路线，如低低温电除尘技术或其他高效电除尘技术与湿法脱硫技术或高效除雾技术结合，一般适用于低灰低硫煤以及部分中灰中硫煤、排放指标 $\leqslant$ 10 mg/m³的情况。对于高灰高硫煤或排放指标 $\leqslant$ 5 mg/m³的情况，需在低低温电除尘技术或高效电除尘技术等一次除尘后，增设湿式电除尘器，起最终把关作用。

3.4 煤电行业电除尘节能优化空间较大

自2014年煤电行业实施超低排放以来，以低低温电除尘技术和湿式电除尘技术为核心的烟气协同治理技术路线得到广泛应用，总体来看，电除尘的运行是稳定可靠的，经受住了5年的运行考验，为煤电超低排放持续稳定运行做出了巨大贡献。但由于机组工况条件、设计、施工、运行、设备质量等方面原因，目前电除尘器多存在运行能耗偏高，不同设备运行控制方式不合理，烟尘排放波动大等问题。

西安热工研究院通过大量调查研究典型机组超低排放改造后的运行状况，总结分析多种超低排放除尘系统典型故障，经统计测算，机组超低排放改造后厂用电率增加0.81%，平均供电成本上升超过0.008元/kW·h，估算有90%机组的除尘系统节能优化空间为20%～40%。提出对不同等级机组除尘系统运行能耗的建议控制目标：300 MW级机组除尘系统运行电耗 $\leqslant$ 660 kW·h/h，厂用电率 $\leqslant$ 0.22%；600 MW级机组除尘系统运行电耗 $\leqslant$ 1200 kW·h/h，厂用电率 $\leqslant$ 0.20%；1000 MW级机组除尘系统运行电耗 $\leqslant$ 1800 kW·h/h，厂用电率 $\leqslant$ 0.18%。运行优化实施过程中根据不同技术路线和设备运行状况具体分析，确定各级设备控制目标；通过除尘系统节能优化试验，给出指导运行的组合方式，建立协同优化除尘控制系统；通过自动控制程序实现智能控制，实现节能优化运行。

3.5 电除尘成为非电行业超低排放的关键技术和设备

3.5.1 钢铁行业

随着钢铁企业对能耗、成本的进一步压缩，对吨钢耗的要求越来越高，普遍采用性价比高的原料、燃料及相关配料。导致进入烧结机头电除尘器的烟尘浓度、性质产生较大的变化，例如粉尘比电阻高、粒径小、化学成分复杂等。对机头电除尘器收尘效果提出了更大的挑战。

中钢天澄等单位通过大量调查研究烧结机头电除尘运行状况，总结分析出烧结机头、球团焙烧电除尘系统典型故障，提出实现超低排放的技术措施。除新建电除尘器外，现役烧结机头电除尘器采用三、四电场配置居多，普遍存在设计比集尘面积小、烟气流速高、现场空间小等情况，造成扩容改造空间受限、运行电压低及电流小、高压供电电源匹配不足等问题，同时留给电除尘器检修或改造的施工工期短，一般大修只有7天，改造20天，无法对原电除尘器进行彻底检修或改造，造成出口烟尘浓度高、运行不稳定。为实现烧结机头烟气的超低排放，电除尘器的提效改造是关键。可以通过增加收尘面积、降低风速、采用高效供电电源、增设辅助收尘拦截逃逸粉尘、消减电场外区域的粉尘逃逸、改善振打、烟气调质措施等方式，对现役电除尘器进行技术改造。同时还应从烧结机源头进行控制，并结合脱硫脱硝联合工艺进一步达到超低排放。

电除尘器作为转炉煤气干法除尘系统中的关键除尘设备，其技术已取得突破。经过西安西矿环保科技有限公司（简称"西矿环保"）、宣化环保设备有限公司、西安建筑科技大学等单位多年来在传统技术上不断地攻关和创新，彻底解决了业内普遍担心的系统频繁泄爆、高温高浓度粉尘深度净化以及粗灰粉尘原位回用等技术难题和工艺运行安全问题，形成了"高效净化—资源回收—节能降耗—精准控制"一体化净化技术，电除尘器出口烟尘浓度 $\leqslant 10$ mg/m³。

3.5.2 水泥行业

水泥行业已有较多的电除尘器使用案例，随着水泥行业对烟尘排放要求的日益严格，水泥行业开始了大规模的改造，部分水泥厂根据自身情况选择使用电除尘器改造来实现超低排放。西矿环保在海螺水泥4500 t/d窑头电除尘改造项目中，通过增加收尘面积、更换设备结构、增加侧部振打、增加必要的减少二次扬尘的装置、增加气流均布装置、采用高频＋三相＋脉冲电源的高压电源配置、气体调质等一系列措施，以及高质量的生产安装，实现了电除尘器出口烟尘浓度 $\leqslant 10$ mg/m³。该项目的成功运行，不但打破了现有的"电除尘时代已逝去"的说法，更打破了"布袋和电袋才可实现超低排放"的误传。实践证明，水泥行业原有电除尘器，只要确定其工况良好，选择电改电技术改造措施，并对设备的工艺、生产、安装等严格把控，完全可以实现烟尘的超低排放。

水泥行业实施超低排放势在必行。采用"高温电除尘器＋SCR脱硝"的技术路线可实现水泥行业的超低排放。高温电除尘器通常入口粉尘浓度为 $80 \sim 100$ g/m³，出口为 $20 \sim 40$ g/m³，除尘效率达到 $50\% \sim 80\%$ 即可。在 $280 \sim 330$ ℃的高温下，电除尘器的高温放电性能、绝缘性能和机械结构件均应有相应的措施，即采用耐高温极板、耐高温绝缘子，内部结构零件选用耐高温材料等。进入电除尘器的烟气在电场断面上分布的均匀性直接影响电除尘器的效率。脱硝高温电除尘器仅有 1 ～ 2 个电场，含尘烟气在电场内停留时间为 4 ～ 12 s，气流均布尤其重要。应利用 CFD 流体仿真技术，模拟气体在除尘器内部的流向，辅助设计导流引流装置，引导气体在电场内均匀流动从而提高除尘效率。采用高温电除尘技术和装置可大幅降低烟尘浓度，有效提高催化剂的机械及化学寿命，降尘后的烟气进入选择性催化还原（SCR）脱硝系统脱除氮氧化物（NO_x），可大幅降低氨水用量和氨逃逸，实现 SCR 脱硝装置与水泥窑系统的有机结合。

3.5.3 有色金属行业

电除尘技术在有色氧化铝熟料窑烟气治理中得到了成功应用。针对氧化铝熟料窑烟尘浓度高（ ≥ 30 g/m³，甚至更高）、烟气温度高（正常 210 ～ 230 ℃，最高可达 280 ℃）、烟气湿度大（通常 ≥ 30%）、粉尘黏性强等工况特点，厦门绿洋环境技术股份有限公司充分利用现役常规电除尘器的场地条件和空间进行全方位优化和升级改造：在进口喇叭处加装三角翼湍流器流场导流装置，前级电场阴极系统采用顶部电磁振打和小分区供电，中电场采用通透型百叶式变流电场和顶部电磁振打，末电场采用横向旋转极板和钢刷摩擦清灰系统，选用新型三相高效脉冲节能高压电源及高低压一体化智能振打控制系统，加装远程移动终端实时监控系统，有效克服了气流分布不均、振打清灰不彻底、微细粉尘捕集效率低、机械振打产生二次扬尘等多项技术瓶颈，实现了电除尘器出口烟尘浓度 ≤ 10 mg/m³。

针对氧化铝焙烧炉烟气，龙净环保历经 6 年自主研发的高温超净电袋复合除尘技术在中铝山西新材料公司成功运用，解决了氢氧化铝焙烧炉行业无超低排放除尘技术的难题，可稳定实现颗粒物 ≤ 5 mg/m³，设备阻力小于 500 Pa，达到国际领先水平。

3.6 其他高效电除尘技术

旋转电极式电除尘技术、电凝聚电除尘技术、化学团聚电除尘技术、导电滤槽高效收尘装置、机电多复式双区电除尘技术、离线振打电除尘技术、径流式电除尘技术、离子风电除尘技术、电膜除尘技术、新型高压电源技术等高效电除尘技术，不断丰富了电除尘技术，在实际工程中均有应用，推动了电除尘技术的发展和技术进步。

北京华能达电力技术应用有限公司自主研发的"径流式电除尘技术"采用一种新型的镂空式导电阳极板，将阳极板布置方向与烟气的流动方向垂直，使烟气在流动过程中穿透阳极板。径流式干式电除尘器出口粉尘浓度可降低到 20 mg/m³，径流式湿式电除尘器能够将出口粉尘排放浓度降到 1 mg/m³ 以下，对雾滴以及 SO_3 等污染物的去除效率达 80% 以上。该技术已应用到 50 余台火电机组。

供电电源技术取得长足进步。我国电源及配件技术一直是最活跃、最具创新力的，从工频电源、高频电源、三相电源、恒流电源到脉冲电源、等离子电源等，技术和产品不断推陈出新，实现了从单一的电源控制到电除尘器的整体控制以及环保岛协同控制，电源技术的进步不断推动电除尘整体技术的进步。

脉冲等离子体烟气脱硫脱硝除尘脱汞一体化技术利用高压脉冲电晕放电产生的高能活性粒子，将烟气中的 SO_2 和 NO_x 氧化为高价态的硫氧化物和氮氧化物，最终与水蒸气和注入反应器的氨反应生成硫铵和硝铵。该技术具有一次性投资较低、运行维护操作简单等优点，主要应用于烟气多污染物协同控制项目，可实现超低排放。目前该技术的研究及应用，备受业内关注。

3.7 国内外电除尘技术研究进展

3.7.1 国内研究情况

（1）基于电湍耦合凝并技术，对 $PM_{2.5}$ 捕集增效装置开展研究

常规电除尘器存在 $PM_{2.5}$ 荷电困难的技术瓶颈，电湍耦合凝并技术可经济高效地实现 $PM_{2.5}$ 凝并，帮助电除尘器对 $PM_{2.5}$ 的高效脱除。对烟道 $PM_{2.5}$ 捕集增效装置进行结构优化，确定双极荷电区、湍流聚合区关键部件结构及主要参数，总烟尘可减排 20.3%，$PM_{2.5}$ 减排 30.1%；研发出封头 $PM_{2.5}$ 捕集增效装置，确定双极异性荷电颗粒最佳掺混方案，总烟尘可减排 17.3%；与旋转电极 + 低低温电除尘器耦合后，$PM_{2.5}$ 可减排 37%；多种布置及组合方式，可灵活适应工程实际条件的不同需求，满足燃煤电厂 $PM_{2.5}$ 治理的需求。

菲达环保正在进行的 2 项国家重点研发计划项目"燃煤电站低成本超低排放控制技术及规模装备"课题 4"高灰煤超低排放技术与装备集成及应用"和"燃煤电厂新型高效除尘技术及工程示范"课题 2"新型高效静电除尘装备"，已取得阶段性成果。该研发成果有利于持续提升我国电力行业环保技术和环保装备水平，促进燃煤电力行业节能减排及污染物控制向纵深发展，满足燃煤电站超低排放控制的迫切需求，引领煤电绿色化发展，为打赢蓝天保卫战提供有力的科技支撑。

（2）对湍流团聚促进电除尘器脱除 $PM_{2.5}$ 微细粉尘开展研究

据研究表明，湍流团聚可有效促进细颗粒粉尘团聚长大，提高电除尘器效率。湍流团聚应用于低低温电除尘器时可结合两者的技术特点和优点，充分实现细颗粒粉尘的团聚长大，并有效提高电除尘器对 $PM_{2.5}$ 的脱除能力，从而提高电除尘器效率，是一种有前景的组合技术。在大型化应用中，需着重考虑结构稳定性、布置方式、防磨损、防积灰等问题。

（3）对我国燃煤电厂 SO_3 和可凝结颗粒物控制存在的问题开展研究

现有烟气治理设施中的低低温电除尘器、湿式电除尘器、湿法脱硫等对 SO_3 具有明显的协同脱除作用，但不同电厂的脱除效率相差较大。应充分发挥现有烟气治理设施中的低低温电除尘器、湿式电除尘器、湿法脱硫对 SO_3 的协同脱除作用，可以将出口烟气

SO_3浓度控制在 5 mg/m³ 以下。

（4）对电除尘器效率公式（Deutsch 公式）开展研究

西安热工研究院针对 Deutsch 公式应用中出现的一些问题，通过对 Deutsch 公式 k 取不同数值的计算分析研究，提出要根据原电除尘器的比集尘面积、电场数及除尘效率选取不同的 k 值对电除尘器进行分析研究，推荐了 Deutsch 公式应用中不同工况下 k 值的选取规律和范围。

（5）对横置极板电除尘器电场性能优化的研究

通过有限元法求出四种放电极（平齿线、90°齿线、十齿线、加强型 RS 线）与横置极板匹配时其电位与场强的空间分布，通过实验测量了 90°齿线分别与横置极板和 C480 板匹配时的极板表面电流密度的大小及分布，以板电流密度平均值和板电流密度几何标准差为电极配置电场性能优劣的评价指标，研究电除尘器不同电极配置参数下其电场性能的优劣，通过调整电极配置几何参数，优化电场性能。

（6）研发高过滤精度的电膜除尘器

该电膜除尘器采用可荷电纳米滤膜，结合电除尘对细颗粒物的荷电凝并、静电吸附功能与滤膜除尘的过滤功能，取长补短形成一种新式电膜除尘器。通过对除尘效率、显微镜图、电镜图的对比和分析，表明膜除尘器加荷电功能成为电膜除尘器后，对细颗粒物的净化效率可提高 30% 以上，可实现粉尘排放浓度低于 1 mg/m³。

（7）建立了电除尘远程无线管理服务器与智能手机 APP 设备云助手

基于网络能把现场电除尘上位机集中管理系统的实时运行工作状态通过云组态方式，镜像到远程无线管理服务器和智能手机移动终端，可实现多平台同步监控管理，大幅提升了远程无线监控和技术服务水平。通过智能手机 APP 设备云助手，可随时随地掌控现场设备的运行状态，实时保驾护航。借助互联网 +5G 物联网高速通信技术，还将实现数据和视频一体化实时监控管理，实现施工现场远程监控管理和远程施工指导等。

3.7.2 国外研究情况

（1）对电除尘器两相离子流的流体动力学开展研究

日本大阪府立大学首先提出了一个关于离子风的基本方程组。基于此基本方程组，采用层流模型和湍流模型，对采用点型放电极 EP 中 3D 流动的相互作用进行研究。结果表明，基于层流模型的二次流分布形成一对从每个电晕或簇电晕产生的有规律的环形，而湍流模型形成的环形没有规律。其次，考虑到 EP 处理的废气温度有时达到 200 ℃或更高，因此研究了废气温度对细颗粒物行为、二次流以及对收尘效率的影响。EP 将成为未来关于颗粒物去除的核心技术并得到越来越多的研究和关注。下一步将对纳米颗粒的行为从流体动力学的角度进行详细分析。

（2）对管式静电除尘器内强化传质与传热的电流体力学湍流开展研究

电除尘器中因电流体动力诱导流动造成的强化传热传质为过程工业多种新应用提供了潜在的机遇。德国勃兰登堡科技大学提出压力梯度的测量在技术设计原则中的重要作用，并且研究了运行参数（如电压极性和气溶胶条件）带来的外部影响。通过实验测试验证了强化传质传热的可行性。提出了等效平均流速和湍流扩散系数等简化工程概念的测量方法。

（3）对电除尘器内汞吸附开展研究

在一定条件下，使用表面积加权平均值可以精确地演绎受颗粒沉降影响的质量传递过程和相应的粒径分布演变。电除尘条件更适合低阶模型，即那些特征水力时间尺度（如通过通道长度所需的平均流体时间）比特征颗粒沉淀时间尺度（如通过通道宽度所需的平均颗粒时间）短的模型。在此条件下，可以基于表面积加权平均粒径模拟气体—颗粒传质，并且可以大大减少计算时间。除了这些条件，使用表面积加权平均粒径进行 ESP（电除尘器）内的气体—颗粒传质计算得到的结果，其相对于全粒径分布的误差随着更快的颗粒沉降速率或更低的烟气流速呈线性增加。

4 市场特点分析及重要动态

4.1 政策方面

近年来，中央财政资金支持大气污染的治理力度非常大，而且呈现逐年增加的趋势。2019 年全国两会后，生态环境部释放了"准备安排大气、水、土壤污染防治等方面的资金 600 亿元"的信号。2019 年 12 月 10 日召开的中央经济工作会议确定 2020 年要打好污染防治攻坚战，坚持方向不变、力度不减，突出精准治污、科学治污、依法治污，推动生态环境质量持续好转。要重点打好蓝天、碧水、净土保卫战，完善相关治理机制，抓好源头防控。2020 年作为《打赢蓝天保卫战三年行动计划》的收官之年，根据国家以及多省（区、市）发布的政策导向，环保攻坚战力度不减，大气污染治理仍是 2020 年环保的重点工作，其中非电行业将成为烟气治理的重点领域。

4.2 市场方面

目前，煤电行业电除尘超低排放改造已近尾声，整体市场回落趋于平稳，但由于前期超低排放改造中存在一批最低价中标、赶工期而导致质量较差，以致性能不达标的项目，预计未来几年将有一批超低排放二次改造项目机遇。

非电烟气治理改造需求持续升温。钢铁、焦化、水泥等行业大量的企业仍未能完成超低排放改造或达到新特别排放限值要求，其市场空间前景广阔。同时民营企业融资难、融资贵的问题将得到较大改善。随着生态环境治理体系建设、生态环境损害赔偿机制、环境执法监督机制等的完善，环保产业将步入强监管阶段，这将助推大气环保市场的景气度，利好电除尘企业。

国际市场的燃煤机组建设放缓。我国海外总包市场中燃煤电站建设项目减少，冶金水泥等建设项目增加有限，电除尘分包市场竞争激烈。随着国际环保法规的趋严，2020年除东南亚生物质锅炉除尘市场外，印度尼西亚、印度、越南也存在燃煤电站电除尘、脱硫脱硝系统的改造和新建市场。受国际单边主义和美元回流、电站建设和改造资金缺乏、改造增效资金无法落实、新增项目落地数量不容乐观等因素影响，电除尘关键设备供货、项目本土化、技术转让、技术合作等或将逐步成为电除尘行业国际市场的发展方向。

海外市场仍然是以"一带一路"倡议沿线国家的基础建设为主轴。2019年，印尼、印度、越南的燃煤电站电除尘器、脱硫脱硝系统的改造和新建逐渐成为市场的热点。但受高关税、国家战略保护等因素影响，海外市场的开拓有一定的困难和风险，如印度政府对进口中国电力设备实施高关税壁垒，进口关税高达28%，并强制要求国有电力项目必须有一定比例的本土生产设备（印度国家电力公司要求不小于70%，联邦政府电力公司要求不小于50%），造成项目风险增加及项目成本不确定；目前，印度电力企业大部分面临项目亏损、资金短缺等问题；公营电力企业的评标周期长，增加了项目的不确定性；私营电力公司缺乏资金，政府的电价补贴制度尚未出台，导致项目不确定，无法立即实施。另外，在施工服务方面对中国承包的项目实施工作签证人员数量限制且工作签证办理周期长、手续烦琐。我国环保企业大部分项目存在业主拖欠、克扣设备款的问题，如果通过法律手段催讨，诉讼周期相当长，且结案率非常低，导致应收账款回收困难。这些因素造成了电除尘海外项目风险增加及项目成本的不确定性，严重削弱了电除尘企业的竞争优势和海外拓展的积极性。

4.3 技术方面

国际能源署根据当前的技术发展情况，提出了2020年燃煤电厂污染物排放目标，烟尘排放目标为 $1 \sim 2 \text{ mg/m}^3$，到2030年烟尘排放目标为小于 1 mg/m^3。可见，中国大气污染物控制仍任重道远，技术创新仍有较大空间。预计未来电除尘技术将向低排放、节能降耗、协同控制、智能化、标准化、国际化方向发展。

（1）精细化提效技术将是电除尘技术未来的发展趋势之一。电除尘技术将从"通用技术"向"难、特、协同"技术转型，主要为高灰煤超低排放技术，SO_3、$PM_{2.5}$、气溶胶、汞等多种污染物协同脱除技术控制技术；从"粗放"向"效能"转型，主要包括节能技术改造、优化运行、降耗技术；从传统行业向相关行业延伸，主要包括非电行业、生物质发电、工业炉窑烟尘处理等。

（2）我国煤质水平参差不齐，现投运的超低排放机组多燃用优质煤，但仍有较多燃用劣质煤的电厂；同时大部分煤电机组利用小时数持续下降，许多机组在低负荷下持续运行，因此，开展电除尘在多煤种、宽负荷、变工况下实现超低排放的技术的应用及研究具有深切的现实意义和深远的历史意义。

（3）在役电除尘器大都能够通过改造达到烟尘超低排放要求，但现有部分项目当初为了尽快达到超低排放，对设备优化和运行费用考虑较少。因此电除尘器需进一步挖掘潜力，开发低负荷下的降耗技术、节水型的湿式电除尘技术。

（4）在协同控制方面，应更多考虑电除尘设备与脱硫、脱硝设备间的协同。

（5）电源技术是电除尘设备提效、节能、降耗的关键技术之一。脉冲电源近年来因其优越的降耗性能得到广泛应用，预计该技术将往窄脉冲方向发展。

（6）在智能化方面，应充分利用互联网大数据对电除尘技术数据进行总结与模拟，科学地优化系统运行。

（7）在标准化方面，应提升电除尘设备模块化、大型化的生产水平。

5 主要（骨干）企业发展情况

13 家电除尘主要骨干企业 2005—2019 年的工业总产值及环保销售收入如图 1 所示，该数据基本稳定在行业总量的 60% 以上，主要骨干企业绝大部分电除尘产品销往燃煤电厂。2014 年超低排放市场启动后，市场容量可观，至 2016 年，全行业电除尘器国内年销售收入平稳增长，但随着超低排放改造接近尾声，2017 年已现拐点，2018 年销售收入有所下降。2019 年因为多种经营，总收入有一定上涨。

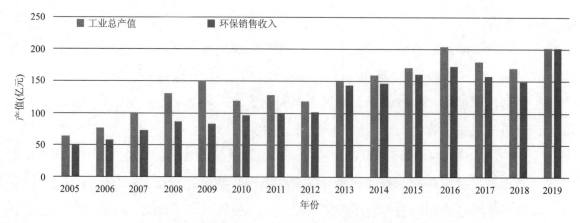

图 1 13 家电除尘骨干企业 2005—2019 年经营情况

电除尘行业排名前 13 的骨干企业近年来经营状况如表 2 所示。

表 2 13 家骨干企业经营状况表

年份	工业总产值（亿元）	环保销售收入（亿元）	出口（亿元）	环保销售比上一年增幅（%）
2005	63.8600	50.2166	1.5710	27.22
2006	76.4290	58.4358	6.0661	16.37
2007	101.4290	73.0137	8.3720	24.95
2008	130.68714	86.6934	95.5228	18.73
2009	150.8676	83.8329	110.1560	−3.30
2010	118.9793	96.9560	21.4323	15.65
2011	128.2250	99.5066	21.4964	2.63
2012	118.5522	101.5857	10.4947	2.09
2013	150.5339	144.3441	16.1316	42.09
2014	160.4935	145.5423	8.4980	0.83
2015	171.4817	160.9347	9.9299	10.58
2016	204.2020	172.5114	4.2882	7.19
2017	180.2963	156.8960	5.3428	−9.05
2018	170.5027	149.7721	6.3346	−4.54
2019	202.5737	201.805	6.3219	34.74

2019 年，电除尘行业排名前 13 的骨干企业主要业务包括本体、电源、输灰、除尘器达标改造以及绝缘配件等，2019 年年底从业人员合计约 14 650 人，全年工业总产值合计约 202.5737 亿元、环保销售收入合计约 201.805 亿元、环保利润总额 10.9375 亿元，环保出口总额 6.3219 亿元。

2019 年，电除尘行业排名前 13 的骨干企业环保销售收入同比上涨 34.74%，出口同比下降 0.2%。

6 行业企业竞争力状况分析

6.1 主要除尘企业

国外电除尘技术厂家中影响较大的有三菱重工（MHI）、日立（HITACHI）、通用电气（GE）等。国内电除尘技术企业以浙江菲达环保科技股份有限公司、福建龙净环保股份有限公司为龙头企业。根据中国环境保护产业协会电除尘委员会 2019 年的调研数据，除部分有专业技术的企业产值略有提高外，大多数企业的产值基本与上年度持平。

6.2 行业部分骨干企业新技术、新产品开发情况

6.2.1 浙江菲达环保科技股份有限公司（简称"菲达环保"）

在国家重点研发计划课题方面，菲达环保继续牵头推进"高灰煤超低排放技术与装备集成及应用""大气环保产业园创新创业政策机制试点研究""新型高效静电除尘装备"3个课题的实施，其中，"高灰煤超低排放技术与装备集成及应用"课题的主要研究成果已在华能宁夏大坝四期 660 MW 机组工程示范；"大气环保产业园创新创业政策机制试点研究"课题先后开发出的高性能湿法脱硫除尘一体化等 10 余项关键技术及装备均完成了工程示范；"新型高效静电除尘装备"课题研究了多种新型极配形式，开发出了高性能脉冲电源及多类电源智能集成控制系统，正在积极寻找工程示范。

在浙江省重点研发计划项目方面，菲达环保参与申报的 2020 年度浙江省重点研发计划项目"关键污染物在线监测及区域大气环境质量调控技术研究"获批。牵头实施的"工业废气有色烟羽消除及多污染物协同控制技术研究与工程示范"项目取得阶段性进展，先后开发出高效板式浆液冷却、喷淋式烟气深度冷凝和钛管烟气冷凝等关键技术及装备，其中，喷淋式烟气深度冷凝技术已开始在大唐临汾热电 2×330 MW 机组实施；2019年 11 月，钛管烟气冷凝技术在国投电力北疆电厂二期 4 号炉 1000 MW 机组投运，经第三方测试，雾滴排放浓度为 3.1 mg/m^3，烟尘、SO$_2$、NO$_x$ 排放浓度分别为 1.0 mg/m^3、6.5 mg/m^3、44.2 mg/m^3，均满足超低排放要求，该项目为国内首个百万机组烟气脱白项目。菲达环保承担的昌江华盛天涯水泥有限公司 #2（5000T/D）线烟气脱硫及脱白改造项目中，脱白改造部分装备为全国建材行业首台套，脱硫部分为菲达环保建材行业首台套。

在电除尘技术方面，2019 年年底，菲达环保承接的申能安徽平山电厂二期 1350 MW 机组除尘器和气力输灰工程投运，该工程为国内甚至全球单台处理烟气量最大的项目；新型导电滤槽电除尘辅助技术在皖能淮北涣城电厂 2×300 MW 机组超低排放项目中应用，2019 年 12 月，机组通过 168 h 试运行，产品运行稳定可靠，电除尘提效作用显著。

在电解铝市场方面，2019 年 1 月，中标新疆天山铝业股份公司 140 万 t 电解铝配套烟气脱硫 EPC 工程，该项目采用湿法脱硫工艺，用天铝电厂半干法脱硫的脱硫灰作为脱硫剂，合同金额超 1.5 亿元，是目前国内最大规模、最大投资额的电解铝烟气脱硫 EPC 工程。

随着山东华宇铝业氧化铝焙烧炉烟气脱硝工程投入运行，菲达环保已累计取得 12 台套工程订单，在国内外氧化铝脱硝投运项目中业绩暂列第一。

在钢铁行业，开发了低温 GGH-SCR 技术、SDS 干法脱硫技术，钢铁球团超低排放

改造已成功投运 3 个项目，取得了河钢唐山佳华焦化有限公司 SDS 干法脱硫＋中低温脱硝项目合同。

在海外市场方面，2019 年 11 月，菲达环保承接的印度尼西亚芝拉扎三期 1000 MW 机组配套电除尘器项目正式投运，产品运行稳定可靠，各项性能指标均优于合同值，这是中国首台出口海外的 1000 MW 机组级电除尘器。菲达环保承接的印度鼓达 2×800 MW 电除尘项目是目前全球单台机组所配套电除尘型号最大、除尘设备成套出口合同额（合同总额超 2 亿元）最高的项目，再次刷新了电除尘器业务领域记录。菲达环保承接的越南永新燃煤电厂一期 2×620 MW 项目 1 号机组正式投入商业运营，其中，电除尘器在 168 h 可靠性试运行中各项性能指标均优于合同规定的保证值，标志着菲达环保的电除尘器在海外项目中实现了高标准、高水平、高效率的目标。

在知识产权方面，2019 年，菲达环保新授权发明专利 2 项、实用新型专利 25 项；发表论文 72 篇；主持或参与制修订的行业标准颁布实施 11 项。

在获奖方面，菲达环保独立申报的"PM$_{2.5}$高效控制及颗粒物超低排放关键技术与装备"项目荣获 2019 年度中国环保产业协会环境技术进步一等奖。参与完成的"火电厂污染防治关键技术与集成规范应用"项目荣获 2019 年度环境保护科学技术奖一等奖。参与完成的"燃煤电厂烟气系统综合治理关键技术研发及应用"项目荣获 2019 年度国家能源集团科技进步奖一等奖。

6.2.2 福建龙净环保股份有限公司（简称"龙净环保"）

承担"低成本超低排放技术与高端制造装备""耦合增强电袋复合除尘装备"等国家重点研发计划课题 2 项及子课题 3 项，"燃煤烟气高温除尘脱硝超低排放一体化技术与装备的研发及应用"等省市重大科技项目 8 项。参与大气重污染成因与治理攻关总理基金项目子课题 1 项。"燃煤烟气治理环保岛大数据智能应用关键技术开发与示范"项目通过 2019 年度福建省科技重大专项立项。

组织实施企业技术开发项目 20 多项，覆盖烟气治理、废水处理、固/危废处置、土壤修复等领域。成功开发了燃煤电厂输煤转运站曲线落煤管、工业炉窑臭氧脱硝、大管径长距离管带输送、固定污染源废气 VOCs 测试方法等重大新技术新产品，已投入工业应用。

完成福建省科技计划项目"燃煤电站用管式湿式电除尘（雾）技术开发及应用"、龙岩市科技计划青年人才项目"宽负荷深度脱硝流场数值模拟及实验研究"等省、市级科技项目验收。完成"EPM 电风拦截除尘除雾一体化装置开发"等 8 项企业技术开发项目验收。

"燃煤电站硫氮污染物超低排放全流程协同控制技术及工程应用"荣获国家科技进步二等奖，"工业烟气多污染物高效协同控制关系技术与应用"荣获环境技术进步奖特等奖，"烧结（球团）烟气多污染物干式协同净化技术及装置"荣获环境技术进步奖一等奖，"火电厂污染防治关键技术与集成优化"技术荣获环境保护科学技术奖一等奖，"工业大型臭氧发生器"荣获环境技术进步奖二等奖，"臭氧发生器"荣获福建省制造业单项冠军产品，"智慧环保岛优化控制系统"荣获"工业互联网应用与实践"最佳应用奖。

自主研发的"HFE 型高温超净电袋复合除尘器""ASC 干式超净装置（ASC-30）"获福建省首台（套）重大技术装备认定（国内首套）。"高温超净电袋复合除尘技术"和"重大烟尘治理装备模拟仿真关键技术开发与工程应用"通过鉴定，处于国际先进水平。

关键核心技术新增授权专利 78 项，其中发明专利 13 项；新增制、修订国家标准 1 项、行业标准 6 项，参与制定了国家标准 3 项、行业标准 2 项。

6.2.3 西安西矿环保科技有限公司（简称"西矿环保"）

2019 年，水泥行业超低排放开始了成规模的改造，电除尘器由于受到钢材价格大幅上涨及袋除尘器技术冲击市场份额大幅下滑等因素影响，部分水泥厂选择以电除尘技术实现超低排放，通过增加收尘面积、对进口气流进行精细模拟改善气流均布装置、选用高效的电源配置（三相、高频、脉冲）、烟气调制等一系列措施，完全可以满足出口排放 $\leq$ 10 mg/Nm^3 的超低排放要求，西矿环保在海螺水泥窑头电除尘器改造项目中已充分证实了这一点。

高温电除尘器在水泥行业超低排放中发挥了至关重要的作用。西矿环保率先在水泥行业采用"高温电除尘器 +SCR 脱硝"的尘硝一体化技术路线（河南登封宏昌首台示范工程），成功实现了水泥窑烟气超低排放，采用高温电除尘技术和装置可大幅降低烟气粉尘浓度，有效提高后续 SCR 催化剂的机械和化学寿命，大幅降低氨水用量和氨逃逸，实现了 SCR 脱硝装置与水泥窑系统的有机结合。

在冶金转炉一次烟气除尘及煤气回收方面，西矿环保的 HLG 转炉煤气干法除尘系统已实现资源有效回收、粉尘超低排放，"转炉煤气 HLG 干法深度净化与烟尘原位回用集成技术"获得 2018 年中国环境保护科学技术奖二等奖。

6.2.4 中钢集团天澄环保科技股份有限公司（简称"中钢天澄"）

中钢天澄作为我国较早"走出去"的环保企业之一，积极开拓海外市场，在广阔而竞争激烈的国际市场中准确定位，增强自身实力，2018 年中钢天澄承接的土耳其 ISDEMIR 钢铁公司烧结机电除尘项目竣工，运行稳定。2019 年承接的印度尼西亚德信钢铁有限公司年产 350 万 t 钢铁项目 2×230 m^2 烧结工程烧结机头 2×480 m^2 电除尘项目，已投入试运行。

2019年，中钢天澄成立院士专家工作站，中国工程院院士、美国国家工程院外籍院士、清华大学环境学院郝吉明，中国工程院院士、清华大学环境学院院长贺克斌受聘为驻站院士。

中钢天澄作为主要单位完成的"烟气多污染物深度治理关键技术及其在非电行业应用"获2019年度教育部高等学校科学研究优秀成果奖特等奖，"钢铁行业多工序多污染物超低排放控制技术与应用"获2019年度环境保护科学技术奖一等奖，"工业烟气多污染物高效协同控制关键技术与应用"获2019年度环境技术进步奖特等奖。

中钢天澄成功申报科技部"大气污染成因与控制技术"重点专项"长江流域中游大型综合性工业园区全过程大气污染防治支撑技术集成示范"项目。

针对烧结机头电除尘灰，进行资源化利用，从机头电除尘灰中提取氯化钾，同时富集回收铁铅银等金属元素，消除烧结灰中有害元素对钢铁生产的不利影响，实现烧结机头电除尘灰无害化资源化。该技术于2019年得到了进一步推广。

6.2.5 浙江天洁环境科技股份有限公司（简称"浙江天洁"）

浙江天洁开发了烧结机脱硝脱白系统技术、电解铝废气干法脱氟脱硫系统技术、阳极碳素废气除焦脱硫系统技术，以及垃圾焚烧尾气处理超低排放系统技术。

6.2.6 南京国电环保科技有限公司（简称"南京国电"）

南京国电的纳秒电源在烟气综合治理、VOCs治理工程中得到应用；超低量程的便携式烟气快速分析设备投入使用；废水零排放的蒸发结晶技术在石化行业有了应用业绩；电厂的煤场数字化技术、定位技术等智慧管理技术得到应用。

6.2.7 兰州电力修造有限公司（简称"兰州电力"）

近年来，兰州电力积极转型升级，已初步形成以除尘器为主，非电市场、新能源市场等产品为辅的多业务发展局面。在电除尘器方面：积极研究造纸、钢铁等非电行业除尘器，并取得突破性进展，签订了与海南金浆纸业、景泰诺克公司等的非电市场合同；在新能源产品方面：完成 109 m² 和 62 m² 常规式定日镜树形定日镜的研发工作，正在有序推进槽式太阳能光热中低温应用研究等科研项目。

6.2.8 上海激光电源设备有限责任公司（简称"上海激光"）

高频恒流电源已成为上海激光的主导产品，在湿除行业有很好的口碑和品牌效应。2019年在砖瓦行业除尘配套方面也取得很好的业绩。在各大钢铁集团超低排放改造配套运行中有较广泛的应用。

上海激光大力推广MEC（本体、电控、烟气调质）电除尘器在 10 mg/m³ 达标排放改造中的应用，已在多条 5000 t/d 水泥窑头的达标改造中取得长期稳定运行。

2019 年上海激光重点开发了"多脉冲固态开关普克尔盒电源""高频充电机""重频激光电源""脉冲氙气电源""YAG 激光器电源"等产品。纳秒级脉冲电源已开始工业化应用。

6.2.9 厦门绿洋环境技术股份有限公司（简称"厦门绿洋"）

厦门绿洋已完成氧化铝熟料窑电除尘超低排放工程电除尘器 12 台，其中 11 台经第三方测试出口烟气排放浓度均低于 10 mg/m³，中州 5# 熟料窑项目已连续运行超过 2 年，仍保持出口烟气排放浓度低于 10 mg/m³ 的运行状态。特别是 12 台熟料窑高效电除尘器均配置旋转极板电除尘器，运行状态稳定。等离子体发生器试验室研究取得大面积同步等离子放电成果，2020 年将进入等离子体模拟脱硫脱硝效果试验研究和评估。

6.2.10 浙江佳环电子有限公司（简称"浙江佳环"）

浙江佳环研发脱硫脱硝一体化等离子除尘技术及水泥行业脱硫前高温电除尘技术。

7 行业发展面临的问题及解决措施

7.1 共性问题

（1）电除尘的主应用行业战场发生变化，煤电行业的市场增量不足以支撑行业快速发展，市场需求转向非电行业。

（2）非电行业超低排放为电除尘行业带来一定的发展机遇，但需要正视袋式除尘带来的挑战。

（3）钢材大幅涨价依然是影响电除尘企业生存发展的重要因素之一。

（4）市场低价竞争仍然存在，低质量的设备给电除尘行业带来较多的负面影响。

7.2 解决措施

（1）电除尘在煤电行业的发展应重点转向多污染物协同治理、长期可靠稳定运行、电除尘精细化提效等方向。

（2）电除尘在非电行业要加大技术创新，通过技术进步，充分发挥电除尘器高效率、低阻力、长寿命等特长，提高电除尘器在非电市场的占有率。

（3）按照国际通用的"情势变迁"原则，依据《合同法》第五十四条、《最高人民法院关于适用〈合同法〉若干问题的解释（二）》第二十六条、《环境保护法》等法律法规精神，根据《电除尘工程合同引入钢材价格波动条款指南》的相关条款，电除尘工程供需双方签订合同时，应充分考虑钢材价格变动条款，代替常规的固定钢材价格条款，以减少钢材价格剧烈波动对双方造成的损失，保证电除尘建设质量和可靠运行。

（4）充分发挥行业协会的作用。中国环境保护产业协会电除尘委员会将积极呼吁国家相关部门进一步加大规范市场招标的力度，努力协调各企业之间的合作关系，为电除尘企业在经营风险管控方面提供合理建议。

附录：电除尘行业主要企业简介

1. 浙江菲达环保科技股份有限公司

浙江菲达环保科技股份有限公司（股票代码：600526）为目前全球最大的燃煤电站除尘设备供应商，是我国除尘行业龙头企业之一，也是全国知识产权优势企业、中国环保产业协会副会长单位和中国环保产业协会电除尘委员会主任委员及副秘书处单位等。公司主要从事燃煤电站及工业锅炉烟气环保岛大成套及固废处置、污水治理等环保工程EPC、BOT、PPP建设。公司建有国家认定的企业技术中心、国家级工业设计中心、全国示范院士专家工作站等创新平台，已承担实施国家863计划、国家重点研发计划等省部级及以上项目30多项，获国家科技进步二等奖1项、省部级科技进步一等奖13项，拥有有效的国家专利197项、软件著作权5项，制修订国家、行业和浙江省制造标准133项，牵头编制行业专著3部。公司产品已出口30多个国家和地区，100万kW超超临界机组配套电除尘器国内市场占有率60%以上，电除尘器产品荣获全国单项冠军产品。

2. 福建龙净环保股份有限公司

福建龙净环保股份有限公司（股票代码：600388）是全国生态环保产业龙头企业之一，也是全球最大的大气污染治理企业。近年来在工业废水治理、VOCs治理、固（危）废处理、生态修复、智慧环保、环保新材料等新业务快速发展。龙净环保是国家创新型企业、国家技术创新示范企业、全国知识产权示范企业、全国制造业单项冠军示范企业，建有国家企业技术中心、国家环境保护工程技术中心、国家地方联合工程研究中心、国际科技合作基地、博士后科研工作站等创新平台。截至2020年4月13日，共组织实施了超过200项重点研发课题、超过100项国家和省市级科技创新项目，开发了一大批环保新技术新产品，先后获得4项国家科技进步奖，60项国家、省部级和行业科学技术奖，制修订113项国家和行业标准，环保技术类授权专利超过1000项。

3. 中钢集团天澄环保科技股份有限公司

中钢集团天澄环保科技股份有限公司由中钢国际工程技术股份有限公司控股。公司主要从事大气环保、能源利用领域技术及产品的研发、设备设计及制造、工程设计、工程总承包、项目投资、第三方运营、技术咨询及服务。生态环境部、科学技术部、国家发展改革委分别在中钢天澄设立了3个国家级创新平台，是国家级企业创新研发中心、高新技术企业、中国环保产业骨干企业。公司的业务成果广泛应用和服务于冶金、电力、石油化工、建材、市政、农业废物等领域及行业，产品出口到"一带一路"倡议沿线国家。公司拥有大气污染控制、城市料场扬尘控制、工业灰渣综合利用、农牧畜禽等有机废弃物资源化利用、环境修复等一批核心技术。公司拥有环保工程专业承包壹级资质、环境工程专项设计甲级资质、生态建设和环境工程咨询甲级资质、除尘脱硫脱硝设施运营壹级资质、对外工程总承包壹级资质，环保节能产品通过国家工信部环保装备制造行业规范条件认证。

4. 浙江天洁环境科技股份有限公司

浙江天洁环境科技股份有限公司（股票代码：01527·HK）是著名的综合大气污染防治解决方案供应商，主要从事燃煤烟气超低排放一站式处理系统和工业废气超低排放一站式处理系统，产品包括：（干式、湿式、移动极板、高温、低低温）电除尘器、布袋除尘器、电袋复合除尘器；（干法、半干法、湿法）脱硫系统；（SCR、SNCR、氧化法）脱硝系统；烟气脱白系统；气力输送系统及造纸碱回收系统和工业废水零排放系统。公司的大气污染防治设备广泛应用于越南、韩国、泰国等10 多个国家，具备年生产 20 万 t 环保设备的强大能力。

公司拥有环境工程（大气污染防治）专项甲级等级、环保工程专业承包贰级证书及钢结构工程专业承包叁级证书，《特种设备制造许可证》，美国机械工程师协会（The American Society of Mechanical Engineers）ASME 锅炉和压力容器制造认证（U）。CEM International Ltd. 颁发的静电除尘器及袋式除尘器 CE 认证以及其他各类产品认证。

5. 西安西矿环保科技有限公司

西安西矿环保科技有限公司是专业从事工业烟气治理设备研发、设计、制造、安装、运营一条龙服务的大型环保企业，是中国环保产业骨干企业、国家高新技术企业。拥有自营进出口权，通过了 ISO9001、ISO14001、ISO45001 等体系认证及欧盟 CE 认证。公司获得了多项国家和省部级奖励及荣誉，其中"转炉煤气 HLG 干法深度净化与烟尘原位回用集成技术与应用"技术荣获国家环境保护科学技术奖二等奖；自主开发并承建了国内首台水泥 SCR 脱硝示范工程，国内首台烧结烟气前置式 SCR 脱硝工程，水泥行业首台尘硫一体化脱除工程。公司拥有 100 余项国家专利。公司在冶金行业，拥有烧结烟气除尘技术、各类脱硫技术、SCR 脱硝技术、转炉煤气 HLG 干法净化与回收技术等，服务于宝钢、武钢、鞍钢、首钢、柳钢等大型钢铁集团。在建材行业，拥有 SK505 高效脱硫除尘除雾技术、水泥烟气 SCR 脱硝超低排放技术、各类超低排放除尘技术，服务于海螺集团、红狮集团、金隅冀东集团等众多水泥企业。

6. 兰州电力修造有限公司

兰州电力修造有限公司隶属中国能源建设集团装备有限公司，是甘肃省高新技术企业，也是集产品研发、设计、生产、安装、测试、售后服务为一体的国内领先环保企业。主要产品有高压静电除尘器、电（布）袋除尘器、低低温电除尘器、湿式电除尘器、移动电极型电除尘器、顶加侧电除尘器，烟气脱白，光热定日镜支架等，提供环保及电力技术开发、咨询、服务等业务。产品及服务遍销全国各省（区、市），并出口到印度尼西亚、菲律宾等东南亚国家。公司电除尘器产品曾荣获国家科技进步二等奖、国家优质产品金质奖、国家技术开发优秀奖、国家优秀新产品金龙奖、国家环保最佳实用 A 类技术、水电部科技进步一等奖以及甘肃省优质产品等多项国家和省部级奖励，参与起草 DL/T 514—2017《电除尘器》；拥有发明专利 2 项，实用新型专利 24 项，生产技术资质 16 项，年生产加工能力 5 万 t，产值 5 亿元以上。

7. 江苏科行环保股份有限公司

江苏科行环保股份有限公司是由广东科达洁能股份有限公司（股票代码：600499）控股的生态环境综合服务商，是专业从事钢铁、电力、建材、冶金、化工、垃圾及生物质发电等行业烟气除尘除灰、脱硫脱硝等环保技术装备研制、工程设计、项目运营、工程总承包和第三方运维业务的国家重点高新技术企业，具备设计甲级、专业承包壹级、运维一级"三甲"资质。公司建有国家级企业技术中心、烟气多污染物控制技术与装备国家工程实验室、国家环境保护工业炉窑烟气脱硝工程技术中心、江苏省企业院士工作站、江苏省新型环保重点实验室等研发平台，获得国家专利140多项。公司与华能、国电、大唐、神华、中石化、中石油、宝武韶钢、马钢、东华钢铁、新余钢铁、中国建材、金隅冀东、蒙娜丽莎、新明珠、马可波罗陶瓷等行业龙头企业建立了长期合作关系。产品远销丹麦、俄罗斯、土耳其等20多个国家。

8. 河南中材环保有限公司

河南中材环保有限公司为中国建材集团有限公司下属管理企业，是我国环保产业龙头企业之一，也是中国环保产业骨干企业、中国环保产业协会常务理事单位、中国环保产业协会袋除尘委员会和电除尘委员会副主任委员单位，以及国内建材行业规模最大、技术水平最高的环保装备制造商和供应商之一。公司先后获得全国环保科技先进企业、高新技术企业、河南省出口创汇先进企业等资质和荣誉。公司拥有进出口业务自营权，通过了ISO9001质量体系、ISO14000环境体系、ISO18001职业健康安全体系认证和欧盟CE产品认证。公司在大气除尘研究、产品开发、设备制造和安装领域具有国内领先优势，主导产品电、袋除尘器的超洁净排放技术水平处于国内领先、国际先进地位，其中部分产品的技术指标填补了国内空白。公司产品广泛应用于建材、电力、冶金、化工等行业工业窑炉含尘气体的净化除尘，产品畅销全国并出口美国、德国、澳大利亚、马来西亚、津巴布韦等40多个国家和地区。

9. 浙江大维高新技术股份有限公司

浙江大维高新技术股份有限公司是一家以嵌入式系统为核心的从事特种高压电源及高端环保应用装置的研发、设计、销售和服务的高新技术企业。公司是国家级高新技术企业、知识产权优势企业以及省级"隐形冠军"企业、商标品牌示范企业、创新型示范中小企业，是中国环境保护产业协会电除尘委员会常委单位、大气净化标准化委员会委员单位，建有省级企业研究院、博士后工作站、企业技术中心、高新技术企业研发中心和市级院士专家工作站，持有住建部环境工程专项设计乙级、环保工程专业承包二级、机电工程总承包三级资质。公司已承担各类科技计划40余项，获得各类授权专利130项，其中授权发明专利16项。研发完成的产品荣获省、市级奖项20余项，参与制定国家标准1项、行业标准3项、主导制定浙江省制造标准1项。

10. 浙江佳环工程技术有限公司

浙江佳环工程技术有限公司是集大气污染治理设备（电除尘器、布袋除尘器、电袋复合除尘器、湿式电除尘器、脱硫脱硝、脱二噁英、消白等）研发、设计、制造、安装、服务于一体的集团化公司，是中国环保产业协会电除尘专业委员会常委单位，拥有2家全资子公司和2家控股公司。公司曾荣获国家科技进步三等奖、中国优秀环境保护装置、国家火炬计划重点高新技术企业、中国环保产业骨干企业、全国环保科技先进企业、国家高新技术企业、中国500家成长型中小企业、国家CAD

应用工程示范企业等荣誉。建有院士工作站及省级企业技术中心，硬件设施领先。浙江佳环拥有一大批高素质的工程技术人员，专业技术人员占职工总数的40%，拥有专利100多项，是国家电除尘器高频电源、工频电源标准起草单位，以及燃煤电厂电除尘器电源选型报告书起草单位。

11. 南京国电环保科技有限公司

南京国电环保科技有限公司致力于提供锅炉烟气治理和过程监测、废水零排放等相关产业的产品、技术和整体解决方案，是国内电除尘器高频电源、脉冲电源以及烟气监测技术的领军企业。公司参与和承担了"燃煤电站多污染物综合控制技术研究与示范"等国家863计划、"二次细颗粒物主要前体物监测仪器开发与应用示范"等国家重大科学仪器设备开发专项、"电除尘高频电源研制"等国家重大产业技术开发专项等国家和省部级重点科技项目20余项。公司多项研发技术先后获得了中国电力技术发明奖一等奖、中国电力科学技术进步奖一等奖、国家能源科技进步奖二等奖等省部级奖励几十项；获得国家发明、实用新型专利110余项；与中国科学院、环境监测总站、东南大学和南京航空航天大学等联合开展技术开发，共建了江苏省企业研究生工作站、研究生联合培养基地、校企联盟等。公司是国家火炬计划重点高新技术企业、全国首批环保装备专新特精企业、中国环境保护产业骨干企业。

12. 上海激光电源设备有限责任公司

上海激光电源设备有限责任公司是中国科学院上海光学精密机械研究所控股的高新技术企业，主要承担高功率激光装置能源系统及恒流电源的研发、生产和现场集成。公司掌握工频、高频恒流高压直流电源的核心技术。自有多项技术发明专利。拥有30多年恒流电源设计、生产、配套的经验。是恒流电源的首创者和行业标准的制定者。自主研发的高频恒流电源，2008年开始应用于国家重大项目。2009年首创并致力于推广的电收尘MEC升级改造技术，是以最少的投入实现环境标准的升级优选途径。工频、高频恒流高压直流电源除在国家高功率激光装置上应用外，还在电力、建材、钢铁、有色、化工行业等静电沉积领域有广泛的应用。

13. 厦门绿洋环境技术股份有限公司

厦门绿洋环境技术股份有限公司（股票代码：873025，新三板创新层），是国家级高新技术企业、中国环保产业协会电除尘专业委员会常委委员和大气净化设备技术标准委员会委员单位、电除尘供电装置选型设计指导书的主编单位。拥有环境工程设计（大气污染防治工程）专项乙级资质，建筑机电安装工程专业承包三级资质。公司拥有20多项实用新型专利证书和3项发明专利证书。公司具有承接各种电除尘超低排放改造EPC工程总包的实施能力和丰富经验，在钢铁烧结机头和氧化铝熟料窑两个细分行业的电除尘超低排放改造中具有强大的技术竞争优势，特别擅长为各种现场狭小空间提供量身定制的超低排放改造技术方案。2019年申报的"氧化铝电除尘超低排放集成创新技术及其应用"项目，获得2019年度中国环保产业协会环境技术进步奖二等奖、厦门市科学技术进步奖二等奖。荣获2019年度中铝国际建安工程类优秀承包商，氧化铝熟料窑烟气治理技术唯一推荐技术方案。

14. 南京兴泰龙特种陶瓷有限公司

    南京兴泰龙特种陶瓷有限公司成立于 1992 年，是生产特种精密技术陶瓷的高新技术企业，参与了行业标准 JB/T 5909—2010《电除尘器用瓷绝缘子》的制定，是中国环保产业协会电除尘委员会常委单位，配件组组长单位。公司生产的高铝瓷绝缘子，各项性能指标均满足于在各种高温、高负荷、强腐蚀和高频脉冲的条件下作耐高压的绝缘构件。公司通过引进国外先进生产工艺、技术标准和特种设备，常年为电除尘行业提供各类高性能、高标准的高铝瓷绝缘子，可覆盖燃煤电厂、钢铁冶炼、有色冶炼、玻璃工业、化工、水泥建材等行业电除尘器的绝缘性能需求。

有机废气治理行业 2019 年发展报告

1 行业发展现状及分析

2019 年是《打赢蓝天保卫战三年行动计划》（以下简称《三年行动计划》）实施的攻坚之年，全国空气质量持续改善，细颗粒物（$PM_{2.5}$）污染水平持续得到有效遏制。但总体上 $PM_{2.5}$ 污染仍然处于较高水平，臭氧（O_3）污染问题仍未得到有效缓解，挥发性有机物（VOCs）的污染防治工作仍然是现阶段我国大气污染防治的重点任务之一。2019 年国家相继发布了一系列重要的政策法规文件，以引导 VOCs 污染防治工作向精细化、规范化和深度治理方向发展。2019 年政策重点是继续以重点区域（京津冀及周边地区、长三角地区、汾渭平原等区域）为主，持续开展大气污染防治行动，组织实施 VOCs 专项整治，重点区域 VOCs 全面执行大气污染物特别排放限值等。多地针对重点行业通过开展夏季攻坚行动，采取错时错峰生产、深化治理等手段，实施 VOCs 和氮氧化物（NO_x）协同治理。重点地区以应对秋冬季重污染为抓手，通过科学制定应急减排和错峰生产等措施，加强区域联防联控，严格禁止"一刀切"。

1.1 宏观政策法规

1.1.1 《2019 年全国大气污染防治工作要点》

为深入贯彻全国生态环境保护大会精神，全面落实《三年行动计划》有关要求，2019 年 2 月 27 日，生态环境部发布了《2019 年全国大气污染防治工作要点》（以下简称《要点》，环办大气〔2019〕16 号）。《要点》提出要加快推进重点行业 VOCs 治理：制定实施重点行业 VOCs 综合整治技术方案，明确石化、化工、工业涂装、包装印刷等行业的治理要求；重点区域在 2019 年内完成加油站、储油库、油罐车油气回收治理工作；积极配合有关部门，制定出台涂料等产品 VOCs 含量限值国家标准，等等。制定实施重点区域 2019—2020 年秋冬季攻坚行动方案，抓好重点时段污染治理，指导成渝、武汉城市群、北部湾、珠三角等地区推进区域大气污染联防联控；切实做好重大活动环境空气质量保障工作。完善环境监测网络：开展城市环境空气质量例行监测及排名工作；加强区县环境空气质量自动监测网络建设，并与中国环境监测总站实现数据直联；国家级新区、高新区、重点工业园区及港口设置空气质量监测站点；指导全国 93 个城市开展 $PM_{2.5}$ 组分监测、78 个城市开展环境空气 VOCs 例行监测。强化重点污染源自动监控体系建设：研究推动将高架源、VOCs 排放重点源列入重点排污单位名录，并纳入排污许可管理范围，强化证后管理；督促企业依证安装烟气排放自动监控设施，落实自行监测要求，重点区域基本完成安装任务。

1.1.2 《重点行业挥发性有机物综合治理方案》

2019年6月，生态环境部印发了《重点行业挥发性有机物综合治理方案》（以下简称《方案》，环大气〔2019〕53号），《方案》针对目前VOCs污染治理的形势和问题，提出了大力推进源头替代、全面加强无组织排放控制、推进建设适宜高效的治污设施、深入实施精细化管控等具体的控制思路和要求，并明确了石化、化工、工业涂装、包装印刷、油品储运销等重点行业和工业园区/产业集群的VOCs综合治理任务等。在推进建设适宜高效的治污设施方面，建议低浓度、大风量废气，宜采用沸石转轮吸附、活性炭吸附、减风增浓等浓缩技术，提高VOCs浓度后进行净化处理；高浓度废气，优先进行溶剂回收，难以回收的，宜采用高温焚烧、催化燃烧等技术。油气（溶剂）回收宜采用冷凝＋吸附、吸附＋吸收、膜分离＋吸附等技术。低温等离子体降解、光催化、光氧化技术主要适用于恶臭异味等治理；生物法主要适用于低浓度VOCs废气治理和恶臭异味治理等。

广东省贯彻落实《方案》，提出O_3已超越$PM_{2.5}$成为影响空气质量优良天数比例（AQI达标率）的主要因素，VOCs作为臭氧主要前体物，物多、量大、治理难，必须持之以恒全面强化综合整治。要全面开展辖区内工业VOCs排放源排查，掌握辖区VOCs排放源的分布、排放与治理现状，提出辖区VOCs重点控制区域、行业和企业。建立任务清单，实施台账管理，逐项分解细化落实。定期监管和评估辖区涉VOCs排放企业治污设施运行情况，开展重点企业VOCs"一企一策"综合治理后评估，强化企业VOCs末端治理设施运行情况监管。全面加强VOCs无组织排放控制，对含VOCs物料的存储、转移和输送、设备与管线组件泄漏、敞开液面逸散以及工艺过程等5类排放源实施重点管控。鼓励出台相关政策，推进化工、印刷、工业涂装、制鞋等行业生产和使用低VOCs含量的涂料、油墨、胶粘剂、清洗剂等原辅材料。使用的原辅材料VOCs含量（质量比）低于10%的工序，可不要求采取无组织排放收集措施。加强对重点行业企业VOCs无组织排放工艺改进和过程防漏服务的指导，切实解决无组织排放量大、监管难度大的问题。加大对涉VOCs行业企业安装治污设施的分类服务指导力度，避免无效或低效治理。

河南省发布《河南省2019年挥发性有机物治理方案》，突出"坚持源头控制、过程管理、末端治理和强化减排相结合的全方位综合治理原则，大力推进原辅材料源头替代，深入开展涉VOCs重点行业提标改造工作，持续进行VOCs整治专项执法检查，逐步推广VOCs在线监测设施建设，全面建成VOCs综合防控体系，大幅减少VOCs排放总量"的要求。

山东省发布《涉挥发性有机物企业分行业治理指导意见》，对 20 多个重点行业进行分类指导，上海市也针对石油炼制、石油化工、炼焦、制药、涂料、油墨、胶粘剂、汽车制造、电子行业、家具制造、涉异味排放等 30 多个行业 VOCs 综合治理方案给出了治理任务清单，分行业优化细化治理重点，继续朝着精细化管理的方向发展。

1.1.3 夏季/秋冬季大气污染综合整治

秋冬季是大气污染较严重的时段，抓好秋冬季大气污染的综合治理，是打赢蓝天保卫战的关键。2019 年 9—11 月生态环境部分别与各相关省、市制定了京津冀及周边地区、长三角、汾渭平原等重点地区《2019—2020 年秋冬季大气污染综合治理攻坚行动方案》，方案均提出秋冬季大气质量改善目标。推进精准治污，强化科技支撑，因地制宜实施"一市一策"；实施"一厂一策"管理，推进产业转型升级；积极应对重污染天气，进一步完善重污染天气应急预案；实行企业分类分级管控，环保绩效水平高的企业在重污染天气应急期间可不采取减排措施；加强区域应急联动等。提升 VOCs 综合治理水平，各地要加强对企业帮扶指导，对本地 VOCs 排放量较大的企业，组织编制"一厂一策"方案。加大源头替代力度，大力推广使用低 VOCs 含量涂料、油墨、胶粘剂，在技术成熟的家具、整车生产、机械设备制造、汽修、印刷等行业，推进企业全面实施源头替代。各地应将低 VOCs 含量产品优先纳入政府采购名录，并在各类市政工程中率先推广使用。强化无组织排放管控。全面加强含 VOCs 物料储存、转移和输送、设备与管线组件泄漏、敞开液面逸散以及工艺过程等 5 类排放源的 VOCs 管控。按照"应收尽收、分质收集"的原则，显著提高废气收集率。对密封点数量大于等于 2000 个的，开展泄漏检测与修复（LDAR）工作。推进建设适宜高效的治理设施，鼓励企业采用多种技术的组合工艺，提高 VOCs 治理效率。2019 年 12 月底前，各地开展一轮 VOCs 执法检查，将有机溶剂使用量较大的，存在敞开式作业的，末端治理仅使用一次活性炭吸附、水或水溶液喷淋吸收、等离子、光催化、光氧化等技术的企业作为重点，对不能稳定达到 GB 37822—2019《挥发性有机物无组织排放控制标准》以及相关行业排放标准要求的，督促企业限期整改。

我国部分地区夏季气温较高，O_3 代替 $PM_{2.5}$ 成为首要大气污染物。河北、陕西、江苏、四川等地为全面遏制夏季污染天数增加趋势，针对夏季污染的特殊情况，发布《2019 年夏季大气污染综合治理攻坚行动方案》，实施夏季大气污染综合治理攻坚行动，坚持 VOCs 和 NO_x 协同治理。以大气污染源解析为技术支撑，以 VOCs 排放等为重点，紧盯油漆、表面涂装、包装印刷、家具制造、医药、农药等重点行业，采取系统控车、错时错峰生产等手段，通过开展夏季大气污染综合治理攻坚行动，争取实现 O_3 污染超标天数较上年同期减少，NO_x 浓度较上年同期明显下降的目标。

1.1.4 全面执行污染物特别排放限值

2017年，原环境保护部发布《关于执行大气污染物特别排放限值的公告》（以下简称《公告》），2018年的《蓝天保卫战三年行动计划》中提出了重点区域全面执行特别排放限值的要求。自2018年3月1日起，京津冀大气污染传输通道"2+26"城市全面实施特别排放限值要求。江苏省自2018年8月1日起，对13个设区市新建项目执行 SO_2、NO_x、颗粒物和VOCs特别排放限值。广东省由珠三角9市扩展至全省范围内实施钢铁、石化、水泥行业执行大气污染物特别排放限值；对新建项目自2018年9月1日起，对钢铁、水泥行业现有企业自2019年1月1日起执行大气污染物特别排放限值，对石化行业现有企业自2019年6月1日起执行 SO_2、NO_x、颗粒物和VOCs特别排放限值。湖北省钢铁、石化、化工、有色（不含氧化铝）、水泥行业现有企业以及在用锅炉，武汉市、襄阳市、宜昌市自2019年1月1日起，黄石市、荆州市、荆门市、鄂州市自2020年1月1日起，执行 SO_2、NO_x、颗粒物和VOCs特别排放限值；炼焦化学工业现有企业，武汉市自2020年1月1日起，黄石市、襄阳市、宜昌市、荆州市、荆门市、鄂州市自2020年7月1日起，执行 SO_2、NO_x、颗粒物和VOCs特别排放限值。浙江省由原来的环杭州湾5市扩展到全省执行VOCs特别排放限值；制药工业，涂料、油墨及胶粘剂工业和挥发性有机物无组织排放控制标准于2019年7月1日起实施后，浙江省涉及的企业同步执行相应的特别排放限值。2019年上海地区《关于重点行业执行国家排放标准大气污染物特别排放限值的通告》（简称《通告》，沪环规〔2019〕13号）规定，《公告》和《通告》实施后的企业，对于国家排放标准中已规定大气污染物特别排放限值的火电（不含燃煤电厂）、钢铁、石化、水泥、有色、化工等行业，继续按照《公告》要求执行大气污染物特别排放限值；《公告》实施前的企业，除火电（不含燃煤电厂）继续按照《公告》要求执行外，对于国家排放标准中已规定大气污染物特别排放限值的钢铁、石化、水泥、有色、化工等行业，自2020年7月1日起执行 SO_2、NO_x、颗粒物和VOCs特别排放限值；对于国家排放标准中未规定大气污染物特别排放限值或特别控制要求的包装印刷和工业涂装等行业，待相应排放标准制订后，执行 SO_2、NO_x、颗粒物和VOCs等特别排放限值和特别控制要求，执行时间与排放标准中规定的实施时间同步。山西省《关于在全省范围执行大气污染物特别排放限值的公告》规定："炼焦化学工业现有企业，自2019年10月1日起，执行 SO_2、NO_x、颗粒物和VOCs特别排放限值"。安徽省于2019年12月24日起将重点控制区域扩大到全省，全面执行大气污染物特别排放限值。

从此前执行大气污染物特别排放限值地区的治理效果来看，执行特别排放限值的地区将会迎来工业排放大幅下降的阶段。VOCs指标纳入各重点地区执行特别排放限值的要求有助于相关治理技术装备的升级和企业竞争力的提高。

1.2 标准规范体系

1.2.1 国家排放标准

2019年，涉及VOCs污染控制方面的标准规范制订工作持续推进，我国先后发布了GB 37822—2019《挥发性有机物无组织排放控制标准》、GB 37824—2019《涂料、油墨及胶粘剂工业大气污染物排放标准》、GB 37823—2019《制药工业大气污染物排放标准》等国家标准（见表1）。新标准的发布实施，标志着VOCs污染管理思路上有了新的变化，强调从源头、过程和末端进行全过程控制，强化源头削减和过程控制，鼓励企业进行源头减排。标准中规定除排放浓度指标外，对大源增加了去除效率的要求，即：当废气中非甲烷总烃（NMHC）初始排放速率 ≥ 3 kg/h 或重点地区 ≥ 2 kg/h 时，应配置VOCs处理设施，处理效率不应低于80%；也明确了困扰行业已久的VOCs燃烧（焚烧、氧化）装置的含氧量折算要求；常规污染物的排放限值普遍加严，规定了重点污染物的特别排放限值；标准中限值要求与措施性要求并重，兼顾行为管控与效果评定。

表1 涉VOCs国家大气污染物排放标准（截至2019年12月）

序号	标准名称	标准编号
1	恶臭污染物排放标准	GB 14554—1993
2	大气污染物综合排放标准	GB 16297—1996
3	饮食业油烟排放标准（试行）	GB 18483—2001
4	储油库大气污染物排放标准	GB 20950—2007
5	汽油运输大气污染物排放标准	GB 20951—2007
6	加油站大气污染物排放标准	GB 20952—2007
7	合成革与人造革工业污染物排放标准	GB 21902—2008
8	橡胶制品工业污染物排放标准	GB 27632—2011
9	炼焦化学工业污染物排放标准	GB 16171—2012
10	轧钢工业大气污染物排放标准	GB 28665—2012
11	电池工业污染物排放标准	GB 30484—2013
12	石油炼制工业污染物排放标准	GB 31570—2015
13	石油化学工业污染物排放标准	GB 31571—2015
14	合成树脂工业污染物排放标准	GB 31572—2015

序号	标准名称	标准编号
15	烧碱、聚氯乙烯工业污染物排放标准	GB 15581—2016
16	挥发性有机物无组织排放控制标准	GB 37822—2019
17	制药工业大气污染物排放标准	GB 37823—2019
18	涂料、油墨及胶粘剂工业大气污染物排放标准	GB 37824—2019

农药制造、家具制造、人造板制造、印刷、日用玻璃、铸造等行业大气污染物排放标准及恶臭污染物排放标准正在加快制、修订中。

1.2.2 地方排放标准

近年来，我国各省（区、市）根据各地产业结构和减排方向，明显加大了与VOCs排放相关的地方排放标准制订工作的力度。截至2019年年底已经发布的与VOCs有关的排放标准，北京市15项（2019年新发布1项，修订1项），上海市11项，山东省9项（2019年新发布2项），重庆市、江西省（2019年新发布6项）各6项，广东省、浙江省各5项，河北省4项，天津市、江苏省、湖南省、福建省各3项，辽宁省、湖北省各2项（2019年新发布），宁夏回族自治区、陕西省、四川省、河南省、山西省（2019年新发布1项）各1项（见表2）。

新发布和修订的相关标准包括：DB 11/1631—2019《北京市电子工业大气污染物排放标准》、DB 11/208—2019《北京市加油站油气排放控制和限值限值》、DB 37/2801.2—2019《挥发性有机物排放标准　第2部分：铝型材工业》、DB 36/1101.01—2019《江西省挥发性有机物排放标准　第1部分：印刷业》、DB 36/1101.02—2019《江西省挥发性有机物排放标准　第2部分：有机化工行业》、DB 36/1101.03—2019《江西省挥发性有机物排放标准第3部分：医药制造业》、DB 36/1101.04—2019《江西省挥发性有机物排放标准　第4部分：塑料制品业》、DB 36/1101.05—2019《江西省挥发性有机物排放标准　第5部分：汽车制造业》、DB 36/1101.06—2019《江西省挥发性有机物排放标准　第6部分：家具制造业》、DB 14/1930—2019《山西省再生橡胶行业大气污染物排放标准》、DB21/3160—2019《辽宁省工业涂装工序大气污染物排放标准》、DB21/3161—2019《辽宁省印刷业挥发性有机物排放标准》、DB42/1538—2019《湖北省印刷行业挥发性有机物排放标准》、DB42/1539—2019《湖北省表面涂装（汽车制造业）挥发性有机物排放标准》。

此外，由于我国目前VOCs污染问题比较突出，为了跟国家标准执行VOCs特别排放限值的要求相呼应，河北省新建企业自2019年1月1日起执行钢铁工业、炼焦化学工业两项超低排放标准，这两项标准中增加了厂界非甲烷总烃的限值指标。山东省 DB 37/ 990—2019《钢铁工业大气污染物排放标准》于 2019 年 11 月 1 日起实施，也增加了非甲烷总烃等 VOCs 的控制指标。

表 2　涉 VOCs 地方大气污染物排放标准（截至 2019.12）

序号	标准名称	编号
北京市		
1	储油库油气排放控制和限值	DB 11/206—2010
2	油罐车油气排放控制和限值	DB 11/207—2010
3	加油站油气排放控制和限值	DB 11/208—2019
4	炼油与石油化学工业大气污染物排放标准	DB 11/447—2015
5	大气污染物综合排放标准	DB 11/501—2017
6	铸锻工业大气污染物排放标准	DB 11/914—2012
7	防水卷材行业大气污染物排放标准	DB 11/1055—2013
8	印刷业挥发性有机物排放标准	DB 11/1201—2015
9	木质家具制造业大气污染物排放标准	DB 11/1202—2015
10	工业涂装工序大气污染物排放标准	DB 11/1226—2015
11	汽车整车制造业（涂装工序）大气污染物排放标准	DB 11/1227—2015
12	汽车维修业大气污染物排放标准	DB 11/1228—2015
13	有机化学品制造业大气污染物排放标准	DB 11/1385—2017
14	餐饮业大气污染物排放标准	DB 11/1488—2018
15	电子工业大气污染物排放标准	DB 11/1631—2019
上海市		
1	生物制药行业污染物排放标准	DB 31/373—2010
2	半导体行业污染物排放标准	DB 31/374—2006
3	餐饮业油烟排放标准	DB 31/844—2014
4	汽车制造业（涂装）大气污染物排放标准	DB 31/859—2014
5	印刷业大气污染物排放标准	DB 31/872—2015
6	涂料、油墨及其类似产品制造工业大气污染物排放标准	DB 31/881—2015
7	大气污染物综合排放标准	DB 31/933—2015
8	船舶工业大气污染物排放标准	DB 31/934—2015
9	恶臭（异味）污染物排放标准	DB 31/1025—2016
10	家具制造业大气污染物排放标准	DB 31/1059—2017
11	畜禽养殖业污染物排放标准	DB 31/1098—2018
重庆市		

续表

序号	标准名称	编号
1	大气污染物综合排放标准	DB 50/418—2016
2	汽车整车制造表面涂装大气污染物排放标准	DB 50/577—2015
3	摩托车及汽车配件制造表面涂装大气污染物排放标准	DB 50/660—2016
4	汽车维修业大气污染物排放标准	DB 50/661—2016
5	家具制造业大气污染物排放标准	DB 50/757—2017
6	包装印刷业大气污染物排放标准	DB 50/758—2017
山东省		
1	饮食油烟排放标准	DB 37/597—2006
2	挥发性有机物排放标准　第1部分：汽车制造业	DB 37/2801.1—2016
3	挥发性有机物排放标准　第2部分：铝型材工业	DB 37/2801.2—2019
4	挥发性有机物排放标准　第3部分：家具制造业	DB 37/2801.3—2017
5	挥发性有机物排放标准　第4部分：印刷业	DB 37/2801.4—2017
6	挥发性有机物排放标准　第5部分：表面涂装行业	DB 37/2801.5—2018
7	挥发性有机物排放标准　第6部分：有机化工行业	DB 37/2801.6—2018
8	有机化工企业污水处理厂（站）挥发性有机物及恶臭污染物排放标准	DB 37/3161—2018
9	钢铁工业大气污染物排放标准	DB37/990—2019
江西省		
1	挥发性有机物排放标准　第1部分：印刷业	DB 36/1101.01—2019
2	挥发性有机物排放标准　第2部分：有机化工行业	DB 36/1101.02—2019
3	挥发性有机物排放标准　第3部分：医药制造业	DB 36/1101.03—2019
4	挥发性有机物排放标准　第4部分：塑料制品业	DB 36/1101.04—2019
5	挥发性有机物排放标准　第5部分：汽车制造业	DB 36/1101.05—2019
6	挥发性有机物排放标准　第6部分：家具制造业	DB 36/1101.06—2019
广东省		
1	家具制造行业挥发性有机化合物排放标准	DB 44/814—2010
2	包装印刷行业挥发性有机化合物排放标准	DB 44/815—2010
3	表面涂装（汽车制造业）挥发性有机化合物排放标准	DB 44/816—2010
4	制鞋行业挥发性有机化合物排放标准	DB 44/817—2010
5	集装箱制造业挥发性有机物排放标准	DB 44/1837—2016
浙江省		
1	生物制药工业污染物排放标准	DB 33/923—2014
2	纺织染整工业大气污染物排放标准	DB 33/962—2015
3	化学合成类制药工业大气污染物排放标准	DB 33/2015—2016

续表

序号	标准名称	编号
4	制鞋工业大气污染物排放标准	DB 33/2046—2017
5	工业涂装工序大气污染物排放标准	DB 33/2146—2018
	河北省	
1	青霉素类制药挥发性有机物和恶臭特征污染物排放标准	DB 13/2208—2015
2	工业企业挥发性有机物排放控制标准	DB 13/2322—2016
3	炼焦化学工业大气污染物超低排放标准	DB 13/2863—2018
4	钢铁工业大气污染物超低排放标准	DB 13/2169—2018
	天津市	
1	恶臭污染物排放标准	DB 12/059—2018
2	工业企业挥发性有机物排放控制标准	DB 12/524—2014
3	餐饮业油烟排放标准	DB 12/644—2016
	江苏省	
1	表面涂装（汽车制造业）挥发性有机物排放标准	DB 32/2862—2016
2	化学工业挥发性有机物排放标准	DB 32/3151—2016
3	表面涂装（家具制造业）挥发性有机物排放标准	DB 32/3152—2016
	湖南省	
1	家具制造行业挥发性有机物排放标准	DB 43/1355—2017
2	表面涂装（汽车制造及维修）挥发性有机物、镍排放标准	DB 43/1356—2017
3	印刷业挥发性有机物排放标准	DB 43/1357—2017
	福建省	
1	工业挥发性有机物排放标准	DB 35/1782—2018
2	工业涂装工序挥发性有机物排放标准	DB 35/1783—2018
3	印刷行业挥发性有机物排放标准	DB 35/1784—2018
	辽省省	
	工业涂装工序大气污染物排放标准	DB 21/3160—2019
	印刷行业挥发性有机物排放标准	DB 21/3161—2019
	湖北省	
1	印刷行业挥发性有机物排放标准	DB 42/1538—2019
2	表面涂装（汽车制造业）挥发性有机物排放标准	DB 42/1539—2019
	宁夏回族自治区	
1	煤基活性炭工业大气污染物排放标准	DB 64/819—2012
	四川省	
1	固定污染源大气挥发性有机物排放标准	DB 51/2377—2017

续表

序号	标准名称	编号
陕西省		
1	挥发性有机物排放控制标准	DB 61/T1061—2017
河南省		
1	餐饮业油烟污染物排放标准	DB 41/1604—2018
山西省		
1	再生橡胶行业大气污染物排放标准	DB 14/1930—2019

除了已经发布的标准，尚有一批标准正在制修订过程中，包括《广东省电子设备制造业挥发性有机化合物排放标准》《辽宁省印刷业挥发性有机物排放标准》《辽宁省工业涂装工序大气污染物排放标准》《贵州省工业企业挥发性有机物排放控制标准》等。宁夏回族自治区正在制订的《恶臭污染物排放标准》与国家标准相比，增加了8种恶臭物质，臭气浓度限值和特征污染物的最高允许排放速率均收严，并新增了排放浓度限值等要求。

1.2.3 其他相关标准

2019年生态环境部发布了多个固定源废气中VOCs、恶臭污染物检测的行业标准，如HJ1041—2019《固定污染源废气　三甲胺的测定　抑制性离子色谱法》、HJ1042—2019《环境空气和废气　三甲胺的测定　溶液吸收-顶空/气相色谱法》、HJ1078—2019《固定污染源废气　甲硫醇等8中含硫挥发性有机化合物的测定　气袋采样-预浓缩/气相色谱-质谱法》等。

1.3 管理制度建设

1.3.1 排污监管制度建设

在排污监管制度建设方面，《排污许可管理办法（试行）》2018年正式实施，《排污许可管理条例草案》公开征求意见，发布《固定污染源排污许可分类管理名录》（2019年版），以"按证排污、持证排污"为原则的基础性污染源管理制度框架基本确立。截至2019年年底，已经发布了总则和石化、化工、炼焦、聚氯乙烯工业、农药制造、纺织印染、汽车制造、现代煤化工、酒饮料制造、制药工业、电子工业、人造板、家具制造、印刷工业等多个涉VOCs排放行业的排污许可证申请与核发技术规范，总则和石油炼制、石油化工、钢铁、炼焦化学工业、造纸、制药、农药制造等多个涉VOCs排放行业的排污单位自行监测技术指南。2020年，VOCs重点排放行业都将推行排污权许可证制度，VOCs排放企业都将建立VOCs自行监测、台账记录和定期报告体系，将进一步推动我国VOCs污染防治工作进入精细化管理阶段。

1.3.2 监测管理体系

全面加强固定污染源 VOCs 监测，进一步掌握 VOCs 排放及治理情况，切实加强对 VOCs 排污单位的监督管理，为实现 2020 年建立健全以改善环境空气质量为核心的 VOCs 污染防治管理体系夯实基础。2018 年年底，生态环境部发布的 HJ1010—2018《环境空气　挥发性有机物气相色谱连续监测系统技术要求及检测方法》、HJ1011—2018《环境空气和废气　挥发性有机物组分便携式傅里叶红外监测仪技术要求及检测方法》、HJ1012—2018《环境空气和废气　总烃、甲烷和非甲烷总烃便携式监测仪技术要求及检测方法》、HJ1013—2018《固定污染源废气　非甲烷总烃连续监测系统技术要求及检测方法》等 4 项监测标准，自 2019 年 7 月 1 日起实施。

2018 年颁布的《2018 年重点地区环境空气挥发性有机物监测方案》和《关于加强固定污染源废气挥发性有机物监测工作的通知》，从建立统一的监测体系和 VOCs 治理效果的评估机制角度，实现了 VOCs 污染排放的闭环管理，具备了较为完整的管理框架。2019 年 4 月，生态环境部发布《2019 年地级及以上城市环境空气挥发性有机物监测方案》，要求 2019 年全国 337 个地级及以上城市均要开展环境空气非甲烷总烃（NMHC）和 VOCs 组分指标监测工作。京津冀及周边地区、长三角、珠三角、关中地区、成都及周边等 78 个城市，在《2018 年重点地区环境空气挥发性有机物监测方案》基础上，从 2019 年 5 月开始增加非甲烷总烃（NMHC）指标检测。对 2018 年 O_3 超标的 54 个城市，监测项目为 57 种非甲烷烃（PAMS 物质）、13 种醛酮类 VOCs 组分和非甲烷总烃（NMHC）；对 2018 年 O_3 达标的 205 个城市，监测项目为非甲烷总烃（NMHC），有条件的或出现 O_3 超标的地方，要开展 57 种非甲烷烃（PAMS 物质）、13 种醛酮类 VOCs 组分指标监测。此外，每个城市至少在人口密集区内的 O_3 高值区设置 1 个监测点位；有条件的城市，要在城市上风向或者背景点位、VOCs 高浓度点位、O_3 高浓度点位与地区影响边缘进行监测。

1.4 优化环保督察，实施定点帮扶，加强监管执法

改革创新环境治理方式，对企业既依法依规监管，又重视合理诉求、加强帮扶指导，对需要达标整改的给予合理过渡期，避免处置措施简单粗暴、一关了之。2019 年 6 月，中共中央办公厅、国务院办公厅印发了《中央生态环境保护督察工作规定》，使环保督察工作更加规范。2019 年，环保督察简化为中央生态环境保护督察和生态环境部强化监督两项，两者时间和步骤都错开，多项任务整合。2019 年，第二轮中央生态环境保护督察行动中，坚决禁止"一刀切"现象，坚决禁止紧急停工、紧急停业、紧急停产等简单、粗暴的方式。生态环境部继续推进大气污染防治强化监督，2019 年 5 月，涉及 25 个省（区、市）的生态环境保护统筹强化监督（第一轮）开启，强化监督重点任务之一是针

对京津冀及其周边和汾渭平原，开展常态化的蓝天保卫战强化监督。2019年5月，生态环境部发布《蓝天保卫战重点区域强化监督定点帮扶工作方案》（环执法〔2019〕38号），提出生态环境部向京津冀及周边地区、汾渭平原重点区域派驻强化监督定点帮扶工作组，统筹全国生态环境系统力量，进一步加大工作力度，对重点区域城市开展强化监督定点帮扶，督促落实蓝天保卫战各项任务措施，坚决完成空气质量改善目标。

2 治理技术进展

近年来，在大气污染防治技术中，VOCs治理技术得到了快速的发展和提升。主流的治理技术，如吸附技术、焚烧技术、催化技术不断发展和完善，生物治理技术的适用范围不断拓宽，一些新的治理技术，如常温催化氧化技术、低温等离子体降解技术、光解技术、光催化技术等也在不断地发展完善中。随着GB 37822—2019《挥发性有机物无组织排放控制标准》和《重点行业挥发性有机物综合治理方案》的发布实施，对VOCs和恶臭异味的治理要求不断提高，各地开始强调对VOCs的深化治理工作，针对重点行业的VOCs的深度治理技术和治理工艺，各类集成净化技术和组合净化工艺逐渐得以完善。

2.1 吸附技术

吸附技术按脱附方式划分，主要有变温吸附技术和变压吸附技术两种。因脱附介质不同，变温吸附技术可分为低压水蒸气脱附再生技术、氮气保护脱附再生技术和热空气脱附再生技术。其中，低压水蒸气脱附再生技术应用最为广泛，主要用于各类有机溶剂的吸附回收工艺；氮气保护脱附再生技术与水蒸气再生技术相比，安全性好，在包装印刷行业的应用最为广泛，目前正逐步拓展到其他行业；热空气脱附再生技术目前在工程上主要应用于低浓度VOCs废气的吸附浓缩装置，通常和催化燃烧装置配合使用，如蜂窝状活性炭的再生、沸石转轮的再生等。真空（降压）解吸再生技术主要应用在高浓度油气回收和储运过程中的溶剂回收领域。目前在VOCs治理中常用的吸附材料主要包括颗粒活性炭、蜂窝活性炭、活性炭纤维、改性沸石以及硅胶等。

在大部分的工业行业中，VOCs是以低浓度、大风量的形式排放的，为了降低治理费用，通常是利用吸附材料首先对低浓度废气进行吸附浓缩，然后再进行冷凝回收、催化燃烧或高温焚烧处理。在包装印刷、石油化工、化学化工、原料药制造、涂布等行业中，吸附+冷凝回收工艺因具有一定的经济效益而得到广泛应用。低浓度的废气吸附浓缩后一般采用燃烧装置进行净化，旋转式沸石（分子筛）吸附浓缩技术（盘式转轮和立式转塔，采用多种类型的硅铝分子筛配伍作为吸附剂）是很多行业低浓度VOCs治理的主流技术。该技术净化效率高，尾气排放浓度稳定，采用高温热气流再生时安全性好，应用范围非常广泛，是目前诸如汽车制造等喷涂行业的最佳可行治理技术。

颗粒活性炭是 VOCs 治理中应用最广泛的吸附材料，近年来正朝着技术含量和附加值高的单一用途活性炭的方向发展。如不同类型的溶剂（含氯溶剂、酮类溶剂等）回收用活性炭、油气回收专用活性炭等。疏水改性硅铝分子筛是沸石转轮的关键吸附材料，日本的一些公司在多年前即掌握了该技术，并大量应用，近年来我国的一些公司在硅铝分子筛的改性技术方面也取得了进展，并实现了工程应用，技术水平逐步提高。在活性炭纤维制造方面，除了粘胶基纤维，在高性能的聚丙烯腈基和酚醛树脂基活性炭纤维研制方面也已经取得了重要进展。二氯甲烷等专用活性炭纤维研发取得了突破，应用效果良好。颗粒活性炭、活性炭纤维溶剂吸附回收设备在我国已经得到了大量应用，技术水平也得到了显著提升。在水蒸气再生工艺中，纯溶剂的水蒸气用量减少，降低了设备运行成本；氮气再生工艺设备不断得到完善，逐步应用于除包装印刷以外的其他行业。盘式转轮立式转塔的制造技术得到了突破，技术接近国际水平，目前已经形成了多品牌多型号的旋转式吸附设备。

2.2 燃烧技术

高温焚烧是比较彻底处理有机废气的方法，也是目前 VOCs 治理的主流技术之一。一般来说，适用于较高浓度有机废气的治理，如汽车制造、化工、工业涂装、制药等行业。其中，热回收式热力焚烧装置（TNV）由于可以较为充分地回收利用燃烧后产生的热能，被应用于某些行业的高浓度 VOCs 治理中。但由于工业生产过程中产生的有机废气大部分具有大风量、低浓度的排放特点，单纯高温焚烧技术的应用受到限制。

蓄热燃烧技术（RTO）是指将工业有机废气进行燃烧净化处理，并利用陶瓷蓄热体对待处理废气进行换热升温、对净化后排气进行换热降温的工艺。蓄热燃烧技术因具有热回收效率高，适用浓度范围广，设备运行费用低等优点而成为 VOCs 治理的主流技术之一。相对于其他技术而言，由于其净化效率高，运行稳定可靠，在对污染源的管理日益严格的情况下，RTO 净化设备的应用范围最为广泛。

具有高热容量的陶瓷蓄热体是蓄热燃烧装置（RTO）中蓄热系统的关键材料。RTO采用直接换热的方法将燃烧尾气中的热量蓄积在蓄热体中，高温蓄热体直接加热待处理废气，换热效率可达 90% 以上，而传统的间接换热器的换热效率一般在 50% ~ 70%。新型的多层板片组合式陶瓷蜂窝填料目前应用较为广泛，该材料的特点在于每个薄片上开有沟槽，两片组合后构成内部相通的通道，使气流可以横向和纵向的通过填料，在达到相同热效率的条件下，所需的容积比传统的陶瓷蜂窝体少，堆体密度、比表面积、孔隙率等与传统的陶瓷蜂窝体性能接近。

蓄热燃烧装置可以分为固定式蓄热燃烧装置和旋转式蓄热燃烧装置。应根据废气来源、组分、性质（温度、湿度、压力）、流量等因素，综合分析后选择。固定式 RTO，根据蓄热体床层的数量分为两室 RTO 或多室 RTO。与两室 RTO 相比，三室 RTO 或多室 RTO 的净化效率较高，目前三室 RTO 的应用最为广泛。旋转式 RTO 的蓄热体是固定的，利用旋转式气体分配器来改变进入蓄热体气流的方向，其外形呈圆筒状。旋转式 RTO 气流切换装置比较复杂，但结构较紧凑，占地面积小，近年来已经得到了大量的应用。

2.3 催化燃烧技术

催化燃烧技术又称催化氧化技术，是 VOCs 治理的主流技术之一，适用于中高浓度有机废气的治理。该技术使用催化剂降低反应的活化能，使有机物在较低温度下氧化分解，设备的运行费用较低。VOCs 氧化催化剂一般分为贵金属催化剂和金属氧化物催化剂，两类催化剂的应用都很广泛。针对不同类型的有机化合物（碳氢化合物、芳烃、醇类、脂类、醛类等）的转化与反应，催化剂的起燃温度、净化效率等存在差异，市场上需要的通常是广谱有效的催化剂产品。目前市场上贵金属催化剂的性能差异较大，催化剂的贵金属含量、催化效率、催化剂寿命等缺乏标准规范，存在虚标贵金属用量等问题。金属氧化物催化剂的反应温度较高，可以用于含氧、硫、卤素等有机物的净化，目前在市场上也有很多的应用。总体来看，贵金属催化剂市场上可选的产品性能比较稳定，金属氧化物催化剂选型与性能有待进一步提高。随着污染控制的精细化，针对不同种类污染物的专用催化剂引起关注，例如中国科学院大学针对含氮有机物的催化剂及催化技术就在实现 VOCs 与 NO$_x$ 的同时排放达标方面取得重要进展。蓄热催化燃烧技术（RCO）是在催化燃烧的基础上增加直接换热装置，以提高热能回收效率。热能回收原理和蓄热燃烧技术相同。催化剂和蓄热体是蓄热催化燃烧装置的关键材料。

2.4 生物净化技术

生物法具有设备简单，投资及运行费用较低，无二次污染等优点。近年来生物法处理有机废气取得了长足进展，不同种类的生物菌剂和新的生物填料的开发不断深入，适用范围不断拓宽，除在以往的除臭领域的应用外，已成为某些行业低浓度、易生物降解有机废气治理的主要技术之一。针对废气组分性质差异化的特点，开发出以生物净化为主的组合净化工艺，通过反应过程定向调控，显著提高了气态污染物的水溶性和可生物降解性，并把它们作为生物净化的预处理或深度处理工艺，实现了对难生物降解、低水溶性气态污染物的深度净化。

真菌/细菌复合降解技术是利用微生物种间协同作用来高效降解成分复杂的污染物，能提高净化目标污染物的效率。两相分配生物反应器，能强化液相传质，可有效缓冲污染物冲击负荷的波动。近年来，为了解决一些难生物降解的污染物的净化问题，开始尝试高级氧化—生物净化耦合净化工艺，采用紫外光或低温等离子体对这类废气进行预处理，将其转化为可生化性的物质，方便被后续的生物降解净化。这类耦合或集成处理工艺在难降解有机废气（如氯代烃类）的处理中会得到越来越广泛的应用。

2.5 新技术的开发应用

采用低温等离子体和催化剂的集成净化技术也取得了一定的进展，如利用前端低温等离子体产生的 O_3、·OH 等氧化剂和后端的催化剂进行催化氧化，也可采用后置臭氧分解催化剂分解未反应的 O_3，组合工艺净化效率同单一技术相比有较大幅度的提高，在低浓度的恶臭异味净化领域有一定的应用前景。O_3 协同常温催化氧化技术采用常温催化剂，在 O_3 辅助下促进大部分异味化合物的分解，净化效率高，在制药、农药、化工、工业废水尾气处理等行业得到了较多的应用。

2.6 集成净化工艺

VOCs 的治理技术体系极其复杂，每种单一净化技术都有其特定的使用条件和适用范围。在实际应用中，通常针对的都是复杂体系污染物的净化问题，在实施治理工程时，通常需要针对污染源的特征选择适宜高效的组合净化工艺，即集成净化工艺。针对不同行业的 VOCs 废气排放特征，选择合理可行的集成净化工艺，制定行业治理技术指南，是近年来各地管理部门正在推动的一项重要的工作。随着多年来工程实践的不断积累以及对重点行业 VOCs 排放特征认识的不断深入，涂装、包装印刷等行业的最佳集成净化工艺路线逐渐明确，将以技术指南的形式固化下来，以此指导各行业的 VOCs 治理工作。如汽车涂装工序采用漆雾预处理 + 沸石转轮吸附浓缩 +RTO 集成净化工艺；包装印刷行业的溶剂型凹版印刷工序采用沸石转轮吸附浓缩 +RTO 集成净化工艺 / 循环风浓缩 +RTO 净化工艺，溶剂型干复工序采用活性炭 / 活性炭纤维吸附 + 冷凝回收集成净化工艺等；在制药、农药、精细化工等行业，对恶臭异味的净化要求非常高，通常净化工艺路线长，涉及吸收、冷凝、吸附、焚烧等多技术的集成，工艺设计非常复杂。针对重要的排污工序需要不断的工程案例和经验积累，以逐步完善工艺设计。

3 市场特点分析及重要动态

3.1 新的政策法规和管理要求推动 VOCs 治理工作向深化治理的方向发展

2019 年是落实《打赢蓝天保卫战三年行动计划》的关键一年，国家适时启动了中央生态环境保护督察（第二轮）和生态环境部强化监督，VOCs 治理作为督察的重点之一。在督察过程中发现的问题较多，诸如大量存在的低效和无效治理设施，高效治理设施（如

RTO）实际使用效果差，以及废气收集不到位造成异味排放严重等。

随着 GB 37822—2019《挥发性有机物无组织排放控制标准》和《重点行业挥发性有机物综合治理方案》的发布实施，结合督察过程中发现的问题，2019 年在经济发达的长三角等地区开始对重点污染源的治理设施进行升级改造，对污染源进行源头、过程和末端全过程的深度治理。另外，特别针对恶臭异味进行治理，重点解决异味扰民的问题。以上述两个文件的发布为转折点，我国 VOCs 的治理工作开始从前期的粗放型治理向精细化和深度治理的方向发展，治理任务特别是涉及恶臭异味的治理任务仍然十分繁重，VOCs 污染治理市场将得到深度释放。

3.2 治理工作逐步从重点地区、重点行业向我国各行各业发展

《大气污染防治行动计划》颁布以后，我国 VOCs 治理重点的区域主要集中在"三区""十群"所涉及的区域，从 2016 年开始扩展到中西部地区，如重庆、成都、郑州、太原、石嘴山等地区，2018 年《打赢蓝天保卫战三年行动计划》将汾渭平原纳入大气污染防治重点区域。目前，华中、西南等区域的污染形势不容乐观，VOCs 的治理工作开始趋严。

目前，行业减排是我国各地 VOCs 综合整治的重要抓手。由于产业结构不同，各地涉及 VOCs 排放的重点行业亦有所差别。各地政府部门制定的减排计划，主要以石油化工、有机化工、工业涂装和包装印刷等行业为整治重点，并根据各地的产业结构制定行业减排计划，从重点行业 / 重点污染源做起，分阶段、有步骤逐渐推进治理工作。目前，重点行业的第一轮治理任务已经基本完成，其他非重点行业的治理工作正逐步受到重视。其中众多行业涉及"异味"治理，加上考虑到民生问题，各地对异味排放源的治理抓得最紧，所以近年来异味治理的市场激增，从事异味治理的企业数量增长最快。

3.3 源头减排工作依然是实现行业 VOCs 减排的重点

在很多行业中，VOCs 的减排首先是提高清洁生产水平，从源头上实现 VOCs 的减排。源头减排涉及对企业的提质改造，包括生产工艺、生产设备和原材料的更改与改进。如汽车和家具生产行业喷涂生产线的改造，更换水性涂料或低 VOCs 含量的涂料；包装印刷行业复合与印刷生产工艺改进，更换水性油墨和水性胶粘剂等。从短期来看，生产工艺、生产设备改进投入大；但从长期来看，可以促进产业升级，提高企业的核心竞争力。目前我国很多行业尚处于粗放型生产阶段，源头减排的潜力巨大，由此催生的环保型原材料，如涂料、油墨、胶粘剂、清洗剂等的市场需求巨大。

《打赢蓝天保卫战三年行动计划》中提出了"重点区域禁止建设生产和使用高 VOCs 含量的溶剂型涂料、油墨、胶粘剂等项目"的要求。过去几年，北京市、上海市、广东省深圳市、江苏省等省（市）纷纷制定了汽车、家具、包装印刷等行业环保型涂料、油

墨、胶粘剂替代计划。北京市、天津市、河北省联合发布京津冀区域环境保护标准 DB 11 /3005—2017《建筑类涂料与胶粘剂挥发性有机化合物含量限值标准》对建筑类涂料与胶粘剂中 VOCs 的含量进行了限制。将要发布的《低挥发性有机化合物含量涂料产品技术要求》《木器涂料中有害物质限量》《建筑用墙面涂料中有害物质限量》《车辆涂料中有害物质限量》《工业防护涂料中有害物质限量》《胶粘剂挥发性有机化合物限量》《油墨中可挥发性有机化合物（VOCs）含量限值》《清洗剂挥发性有机化合物含量限量》等 8 项涉 VOCs 物料含量限值标准，将对涂料涂装、油墨、清洗剂及相关行业产生重大影响。上海市最先开始行动，已经开展了第一批重点行业低 VOCs 含量原辅料和产品替代示范项目。

3.4 严格的生产过程控制措施在 VOCs 深化治理过程中日益受到重视

过程控制主要包括两个方面：一是加强生产过程控制，减少设备和管线的泄露；二是完善废气收集措施，减少废气的无组织逸散。泄露检测与修复（LDAR）是石化等行业 VOCs 减排的重点，近年来逐渐扩展到普通化工、制药等行业。废气的有效收集是进行末端治理的前提，应着重提高废气收集效率。在《"十三五"挥发性有机物污染防治工作方案》中明确提出了重点行业的收集效率要求。GB 37822—2019《挥发性有机物无组织排放控制标准》也对废气收集等的要求做出了详细规定。在众多行业中，VOCs 无组织逸散通常是 VOCs 废气的主要排放形式。随着对 VOCs 和恶臭异味的控制要求及监管措施的日益严格，需要对 VOCs 进行深化治理，其中减少管线和设备泄露，对废气进行高效的收集，使无组织废气变为有组织废气，才能实现废气的高效治理，达到深化治理的目的。

在诸如化工、制药、农药等行业，由于涉及 VOCs 和恶臭物质排放工艺环节多，废气的收集系统设计通常非常复杂，废气收集系统是废气治理实施的重要组成部分，废气收集技术也逐渐得到工程公司的重视。目前已经出现了一些具有较强技术实力的专门从事通排风和废气收集的工程公司和设计团队。

在过程控制中，近年来在包装印刷和喷涂行业中废气的循环增浓技术（ESO）得到广泛应用，通过废气循环提高废气浓度，达到一定浓度时直接使用 RTO 等进行焚烧处理，省去了沸石转轮等吸附浓缩设备，从而达到高效和降低设备成本的目的。

3.5 第三方服务规模日益扩大

《国务院办公厅关于推行环境污染第三方治理的意见》（国办发〔2014〕69 号）及《环境保护部关于推进环境污染第三方治理的实施意见》（环规财函〔2017〕172 号）等文件鼓励环境污染行业积极推进第三方治理模式。随着我国 VOCs 治理市场越来越大，治理工作要求越来越精细化和规范化，政府、企业也逐渐认识到 VOCs 治理的复杂性，第三方服务工作得到快速发展，咨询和培训业务量增长迅速，"一市一策""一行一策""一厂一策"等治理方案的编制业务需求成为 VOCs 治理行业的有效支撑，检测与数据管理、治理设施运营服务成为行业发展趋势。

3.5.1 活性炭集中再生平台

活性炭吸附净化设施在 VOCs 治理设施中占有重要的地位。《重点行业挥发性有机物综合治理方案》中提出"采用一次性活性炭吸附技术的，应定期更换活性炭，废旧活性炭应再生或处理处置。有条件的工业园区和产业集群等，推广集中喷涂、溶剂集中回收、活性炭集中再生等，加强资源共享，提高 VOCs 治理效率"。在诸如喷涂（如 4S 店喷涂）、印刷（包装印刷和书刊印刷）、化工、制药等行业，存在大量分散的小型 VOCs 排放企业，VOCs 的排放量小、排放浓度低，活性炭吸附技术是其首选的治理技术。由于单个企业建立相应的活性炭再生系统费用高，采用分散吸附、集中再生的服务模式，集中收集吸附饱和的活性炭，建立统一的活性炭异位（地）再生平台，是目前工业园区（如化工园区、制药园区、纺织印染园区）等中小企业集中区域 VOCs 治理的最为可行且成本低的模式。山东、河北和江苏等地已建立了活性炭年再生量几万吨规模的集中再生基地，很好地解决了分散吸附后活性炭的循环利用问题。

3.5.2 回收溶剂集中提纯利用中心

在很多行业中，如包装印刷、服装涂布整理、化工、制药、纺织印染、锂电池生产、化纤生产等行业，溶剂使用量大，进行溶剂回收具有很好的经济效益。目前，随着各地对工业园区综合治理规划的实施，引入第三方运营机制，在单个企业中安装吸附、冷凝等溶剂回收设施，并通过建立统一的溶剂提纯回收中心对分散回收的溶剂集中进行提纯再利用，是一种合理可行的溶剂回收运营模式。目前已经有锂电池行业、服装涂布行业、包装印刷行业等采用该模式进行 VOCs 的综合治理，并取得了很好的治理效果。

3.5.3 集中喷涂中心

喷涂行业是 VOCs 排放的最大来源，大量存在于汽修、金属加工、家具生产等小型企业的 VOCs 治理非常困难，也是困扰地方政府的一大难题。为了解决汽修等行业 VOCs 污染和异味扰民的问题，便于对喷涂废气进行集中治理，目前北京等地已经开始探索建立集中喷涂中心（钣喷中心）。多个地区在 VOCs 治理规划中也已经提到，在有条件的园区可以考虑建立集中的喷涂中心，统一建设废气治理设施。集中喷涂中心可采用第三方运营机制，由第三方负责建设和运行，建立统一的废气治理设施，解决该行业 VOCs 治理的难题，将具有良好的应用前景。

3.5.4 检/监测服务

随着环境监管要求越来越严，检/监测服务市场得到迅速发展。由于政府不具备相应的检/监测人员和技术条件，采用政府购买服务、第三方公司负责检/监测管理等新模式是环境治理的新方向。

由于VOCs的种类多，排放条件复杂，检/监测已经成为目前制约VOCs治理的一个关键问题，检/监测市场需求巨大。VOCs检/监测市场主要包括三个方面：一是对污染源的常规检测。污染源的常规检测主要是为污染治理设备的选择与建设提供基础数据，也是为生态环境部门的执法服务。二是污染源的在线监测。为了对污染源进行有效的监管，工业固定源（特别是较大型的污染源）的在线监测是目前的一个发展趋势。目前大部分省（区、市）已经明确规定了VOCs污染源的在线监测要求。三是环境空气质量监测站点的建设。之前大部分地区在进行环境空气质量监测站点的建设时未考虑VOCs检测，如果增加总VOCs和非甲烷总烃检测项目，需要对检测装置进行升级改造，增加相应的检测设备。为了更好地管控区域空气质量，目前在制造业园区（化工园区）开始建设或增加监测站点或移动式检测装置，对VOCs检/监测设备的需求非常大。

3.5.5 环保管家服务

环保管家即合同环境服务，是一种新兴的治理环境污染的商业模式，是指环保服务企业为政府或企业提供合同式综合环保服务，并视最终取得的污染治理成效或收益来收费。环保管家服务为企业提供一站式环保托管服务，统筹解决企业环境问题；可提高决策科学性，保证服务效果，有效降低企业环保管理成本；同时降低环境产业各个环节脱节产生的高昂交易成本。

目前，在VOCs治理领域，很多地区鼓励有条件的工业园区聘请第三方专业环保服务公司作为"环保管家"，向园区提供集监测、监理、环保设施建设运营于一体的环保服务。

3.5.6 末端治理设施的第三方运维

对于工业企业末端治理工程，治理公司对于治理工程的运营维护，能够规范设备运行、落实治理企业责任、减轻污染企业的运维负担。针对当前餐饮服务单位因专业性不足导致废气净化设备安装设计不合理、清洗维护不到位、废气排放不稳定达标等情况，北京市倡导、鼓励各餐饮服务单位采用第三方治理模式，开展废气净化设备升级改造，委托具备专业清洗能力的第三方定期清洗维护净化设备和集排油烟管道。

4 行业企业经营状况与竞争力状况分析

4.1 行业企业经营状况分析

我国作为制造业大国，在诸如原料药制造、合成革（PU）、软包装印刷、电子终端产品制造、人造板、纤维板、木制家具制造、化学纤维（黏胶丝）、造船、集装箱制造、煤化工（焦化）、农药制造等 VOCs 的重污染行业承担了全球大部分的产能，VOCs 的排放总量巨大，因此 VOCs 治理任务艰巨，由此催生的治理市场容量巨大。

2013 年《大气污染防治行动计划》颁布实施以后，VOCs 治理产业得到了快速发展，全国从事 VOCs 治理、检测和服务（咨询、培训和运营服务）的企业大量涌现。据不完全统计，目前全国从事 VOCs 治理相关的企业在 2000 家以上（大量产值在 3000 万元以下的企业难以进行统计）。2019 年，VOCs 治理行业整体上发展势头良好，产业规模与去年相比有所扩大，在 VOCs 治理、检测和服务（咨询、培训和运营服务）等方面均有所增长，通过对近 50 家骨干企业的经营状况统计，预计总体产业规模增长率达到 6% 以上。《打赢蓝天保卫战三年行动计划》中明确提到"扶持培育 VOCs 治理和服务专业化规模化龙头企业"，骨干企业的发展将迎来新的契机，大部分大中型企业稳步发展。但由于 VOCs 污染源具有小而分散的特点，单个治理项目的合同额一般较小，与从事污水处理、除尘脱硫等行业的企业相比，单一 VOCs 治理企业的规模一般不大。仅就企业的 VOCs 治理业务来看，产值超过 1 亿元的企业估计有 60 ～ 100 家，其中产值超过 2 亿元的在 30 家以上，少数企业达 4 亿元以上规模。大多数是产值在 3000 万～ 1 亿元的中等规模企业以及 3 千万元以下的小型企业。

从近几年的企业发展情况来看，拥有核心技术在企业发展过程中起着重要的作用。一些拥有核心技术，且技术能力较强的企业，如拥有焚烧技术（RTO、TO、TNV 等）、催化氧化技术（RCO、CO）、吸附回收技术、吸附浓缩技术、生物技术等的企业呈良好的发展势头，发展速度最快，这部分企业是目前我国 VOCs 治理的主力。由于 VOCs 治理行业正处于快速发展时期，虽然企业数量众多，但尚未形成具有显著影响力的龙头企业，一些较大型的产值在亿元以上的企业正处于齐头并进的发展阶段。

近年来部分后起的企业有了快速的发展。这部分企业主要是从污水、固废、除尘、脱硫脱硝和废气检测等其他的环保领域转到 VOCs 治理领域的，依托其较强的市场开拓能力和融资能力，通过企业兼并、人才引进和技术引进等措施，发展速度普遍高于单一从事 VOCs 治理的企业。此外，还有部分通过技术引进等近年来新成立的企业。在以上超过亿元产值的企业中，约有 1/3 的企业为 2015 年开始起步的新企业，有部分企业产值甚至超过了 3 亿元，表现出明显的后发优势。

VOCs 治理市场整体向好，但是企业分化明显。部分企业缺乏核心技术，企业发展没有后劲，遇到技术风险时对企业经营往往会造成重大影响；部分企业风险控制意识不强，盲目扩张，在国家金融政策变化的大背景下，资金链出现问题，经营出现困难，部分前几年规模较大的企业出现了退步甚至被淘汰。

从事 VOCs 检 / 监测业务的企业发展势头良好。一些大型的环境监测企业，包括一些上市公司，VOCs 检测业务已经发展成为主营业务之一。总体上看，从事检 / 监测业务的企业的发展速度要高于从事治理业务的企业。随着排污许可制度提出企业自行监测要求，环境空气中 VOCs 指标纳入国家监测体系，部分地区提出重点 VOCs 污染源自动监测等要求，从事检 / 监测设备生产及检测服务的企业还有很大的发展空间。

4.2 行业企业竞争力分析

发达国家早在 20 世纪七八十年代即开始重视 VOCs 的治理工作，相关治理技术发展的比较完善，如溶剂回收技术、吸附浓缩技术、催化燃烧技术、高温焚烧技术、生物技术等。我国的 VOCs 治理工作从 20 世纪 90 年代开始起步并逐步得到发展，进入"十二五"以后我国的 VOCs 治理工作正式提上了议事日程，特别是 2013 年《大气污染防治行动计划》颁布实施以来由于巨大的市场需求的推动，我国 VOCs 治理技术水平快速发展，企业竞争力也有了较大的提升。

在溶剂回收领域，通过引进、消化、吸收与自行开发，我国在 20 世纪 90 年代即开始进行活性炭（活性炭纤维）吸附回收技术研究，该技术也是溶剂回收的主流技术。目前颗粒活性炭吸附水蒸气 / 氮气保护再生工艺技术已趋于成熟，总体技术水平基本与国外技术持平。优势公司包括武汉旭日华环保科技股份有限公司、青岛华世洁环保科技有限公司、中科天龙（厦门）环保股份有限公司、河北天龙环保科技股份有限公司、福建利邦环境工程有限公司等（不完全统计，下同）。

在采用颗粒活性炭吸附、降压（真空）解吸油气（溶剂）回收技术领域，海湾环境科技（北京）股份有限公司率先引进了国外技术，中国石化青岛安全工程研究院近年来也开发了相关的油气回收技术。以上两家公司占了我国油气回收市场的最大份额，但在核心吸附材料（油气回收用活性炭）的开发应用方面明显滞后。虽然近几年国内企业在油气回收用活性炭研制方面已经取得了突破，但实际应用速度缓慢，目前还主要依赖进口产品。

沸石转轮吸附浓缩技术近年来已经成为我国汽车制造、包装印刷、化学化工等行业低浓度 VOCs 治理的主流技术。沸石转轮作为该技术的核心前几年还主要依靠进口产品，日本和美国等外国公司占有大部分的市场份额。近年来我国企业进行了大量的技术研发工作，技术水平提升较快。在核心材料疏水型蜂窝沸石的研究开发方面已经实现了产业化生产，由主要依靠进口变为2019年占有市场规模的30%～40%。优势公司主要包括青岛华世洁环保科技有限公司、江苏楚锐环保科技有限公司、广州黑马环保科技有限公司、可迪尔空气技术（北京）有限公司等，日本西部技研、瑞典蒙特、日本东洋纺等公司均在我国建立了沸石转轮生产基地，其产品占有国内市场的较大份额。

蓄热式高温焚烧技术（RTO）和蓄热式催化燃烧技术（RCO）具有节能效果好、适用范围广、净化效率高、运行稳定等优点，近年来，得到了大量应用，在主流的VOCs治理产品中市场规模最大。国外企业采用建立独资公司、合资公司和技术引进吸收消化等形式已经纷纷进入我国市场，如恩国环保科技（上海）有限公司、杜尔涂装系统工程（上海）有限公司、科迈科（杭州）环保设备有限公司、山东皓隆环境科技有限公司、无锡爱德旺斯科技有限公司等，并占据了石化、化工、汽车制造等的一些高端市场。近年来我国企业的技术水平得到了快速提升，部分企业技术水平已经达到或接近发达国家水平，相关企业得到了快速发展，在相关行业中占据了很大的市场份额。优势公司主要包括西安昱昌环境科技有限公司、扬州市恒通环保科技有限公司、上海安居乐环保科技股份有限公司、江苏中电联瑞玛节能技术有限公司、德州奥深节能环保技术有限公司、中国启源工程设计研究院有限公司等，这些公司近年来都呈良好的发展势头。

近年来，生物技术在低浓度VOCs废气和恶臭异味治理方面得到了快速发展，通过一些高校和科研机构的持续研究开发，我国企业的技术水平不断提升，但和国外的先进技术相比，在生物菌种的开发和工艺设计方面还存在一定的差距，在大型治理工程总体净化工艺设计上缺乏实际经验。优势公司主要包括广东南方环保生物科技有限公司、青岛金海晟环保设备有限公司、西原环保工程（上海）有限公司、江苏朗逸环保科技有限公司、东莞市博大环保科技有限公司、青岛软控海科环保有限公司等。

低温等离子体破坏、光解、光催化等技术在低浓度恶臭异味治理领域具有一定的市场空间，从事此类技术的企业数量最多。但由于对VOCs的净化效率低，单一技术通常难以达到净化要求，在实际应用中出现的问题也最多，技术的应用受到了越来越多的限制。目前主要集中在技术组合的研究上，如低温等离子体+催化组合技术、低温等离子体+生物技术等。优势公司主要包括中科新天地（合肥）环保科技公司、宁波东方兴达环保设备有限公司、山东派力迪环保工程有限公司、深圳市天得一环境科技有限公司、广州紫科环保科技股份有限公司、北京大华铭科环保科技有限公司、苏州易柯露环保科技有限公司等。

在功能材料生产领域，油气回收活性炭、活性炭纤维、蜂窝沸石分子筛、氧化催化剂、蓄热体、生物填料等一直是制约我国相关技术发展的瓶颈问题。近年来，在相关领域国内企业也已取得了长足的进步。在颗粒活性炭生产方面，优势公司主要包括宁夏华辉活性炭股份有限公司、山西新华化工有限公司等；在回收再生炭方面，优势公司有淄博鹏达环保科技有限公司等；在蜂窝活性炭生产方面，优势公司主要包括景德镇佳奕新材料有限公司等；在活性炭纤维生产方面，优势公司主要包括江苏苏通碳纤维有限公司、安徽佳航碳纤维有限公司、青岛华世洁环保科技有限公司等；在催化剂生产方面，优势公司主要包括南通斐腾新材料科技有限公司、淄博正轩稀土功能材料股份有限公司、杭州凯明催化剂股份有限公司、中国船舶重工集团公司第七一八研究所、昆明贵研催化剂有限责任公司、无锡威孚力达催化净化器有限责任公司等；在蓄热陶瓷材料方面，优势公司有蓝太克环保科技（上海）有限公司、江西博鑫精陶环保科技有限公司、德州奥深节能环保技术有限公司等。

在 VOCs 检 / 监测领域，前几年国外企业具有明显的技术优势，在便携式检测设备方面占据大部分的国内市场，如赛默飞世尔科技（中国）有限公司等。近年来，国内检测技术有了快速发展，特别是在线监测技术部分已经趋于成熟并得到了大量的应用，优势公司包括河北先河环保科技股份有限公司、聚光科技（杭州）股份有限公司、北京雪迪龙科技股份有限公司、天津七一二通信广播股份有限公司、山东海慧环境科技有限公司等。

5 行业发展存在的主要问题及对策

5.1 完善重点行业排放标准体系建设，完成行业排放标准的制修订工作

排放标准体系是重点行业进行 VOCs 治理的主要依据。由于 VOCs 排放涉及的重点行业众多，各个行业均需要制订相关的排放标准。针对 VOCs 的治理工作，在"十二五"期间原环境保护部立项的相关排放标准较多，主要涉及排放量较大的重点行业。"十二五"期间立项的涉 VOCs 排放相关的标准已发布实施 18 项，其他多项标准还在制修订阶段，需要尽快出台，如印刷、农药、恶臭污染物（修订）、餐饮油烟（修订）等。此外，还有一些排放量较大的行业尚未启动标准制定工作，存在缺项和漏项，如黏胶带制造行业、漆包线制造行业、乳胶手套生产行业等，这些行业的 VOCs 年排放量均在 10 万 t 以上，急需排放标准进行规范。

在已发布的行业排放标准中，部分标准由于包含的范围广，包含的产品和工艺环节多，某些指标设置不合理，如 GB 31571—2015《石油化学工业污染物排放标准》中，丙

烯腈要求达到 0.5 mg/m³, 理论上可以做到, 但是投资和运行成本巨大且环境综合效益低, 执行起来非常困难; 2011 年发布的 GB 27632—2011《橡胶制品工业污染物排放标准》中规定的基准排风量, 适合于当时的行业生产状况, 但随着行业的发展, 生产工艺已经有了很大变化, 目前工艺条件下的排风量已经提高了 10 倍左右, 给 VOCs 和恶臭治理工作造成很大的困扰, 以上标准需要进行进一步修订。

5.2 加快制定重点行业技术指南

从国外的经验和我国其他行业的治理过程来看, 针对 VOCs 的治理, 在一个排放标准颁布以后, 相关的治理技术指导一定要尽快跟进。虽然我国已经发布了一批重点行业的排放标准, 但目前发布的技术指南只有《印刷工业污染防治可行技术指南》, 家具制造、汽车制造和涂料油墨生产等行业的技术指南已开始征求意见, 其他的重点行业的技术指南尚未正式立项。

《重点行业挥发性有机物综合治理方案》提出推进建设适宜高效的治污设施, 并给出了几个重点行业治理的指导意见, 有助于指导用户企业科学选择适宜的治理技术, 提高地区管理部门的整体监管水平。但对于排放量较大的重点行业, 最终还是需要逐个完善技术指南的制定工作, 为排污企业的治理工作提供具体指导, 也为管理部门对污染源的监管提供技术依据。

5.3 进一步提升并不断完善部分治理装备和净化材料技术水平

近年来, 我国的 VOCs 治理技术得到了快速的发展和提升, 但由于起步较晚, 之前的技术储备不够, 部分常用治理装备和净化材料技术水平和国外先进技术相比尚存在一定的差距。在治理装备方面, 沸石转轮占据了我国大部分的市场份额, 国内产品虽然已经实现了技术突破, 但在总体技术上要达到国外产品的竞争能力水平还需要不断地完善。RTO/RCO 作为目前应用最为广泛的治理装备, 在石化、化工等综合要求(特别是安全性要求)较高的高端市场中基本上被国外产品所占据, 国内产品在涂装等行业应用较多。低温等离子体、光催化 / 光氧化等技术在除臭领域被大量应用, 但存在的问题也很多, 所以在使用条件和适用范围方面需要进行充分的研究和规范, 在装备性能和工艺设计等方面需要不断地提升和完善。

在净化材料方面, 附加值较高的油气回收专用活性炭、不同类型的溶剂(含氯溶剂、酮类溶剂等)回收专用活性炭 / 活性炭纤维目前以国外产品居多, 国内产品的性能近年来也已经有了一定的提高, 并开始逐步得到应用。疏水改性硅铝分子筛是沸石转轮的关键吸附材料, 日本的一些公司在多年前即掌握了该技术, 近年来我国的一些公司在硅铝分子筛的改性技术方面也取得了进展, 并实现了工程应用; 高端市场的专用催化剂, 与德国等发达国家相比还是有很大的差距。另外，具有高热容量的陶瓷蓄热体是蓄热燃烧装置（RTO）中蓄热系统的关键材料，目前在实际应用中国外产品占据一定的优势。针对以上一些关键净化材料，需要进一步加大研发力度，真正实现产、学、研、用相结合，推出高性能的产品。

5.4 应注重废气收集问题，提高废气收集系统设计水平

在众多的行业中，VOCs的无组织逸散通常是废气的主要排放形式。由于涉VOCs排放的工艺环节多，点源多而分散，废气的收集往往非常困难，大部分企业的废气收集系统收集效率低；同时，在进行废气治理设施建设的过程中，废气收集问题往往没有得到足够的重视，大部分的工程公司缺乏废气收集系统设计经验。以上问题造成企业即使安装了高效的末端治理设备依然达不到治理要求，特别是在化工、制药、农药等行业，恶臭异味排放问题依然得不到有效解决。为此，GB 37822—2019《挥发性有机物无组织排放控制标准》和《重点行业挥发性有机物综合治理方案》都对废气收集系统做出了详细规定，对重点行业提出了收集效率、排气罩风速等具体要求。

在进行治理设施建设的过程中，需要把废气收集系统作为废气治理实施的重要组成部分，按照相关规范进行废气收集系统的设计，使无组织废气变为有组织废气，提高废气收集效率，实现废气的高效治理。

5.5 不断提升集成净化工艺设计水平，充分发挥集成技术的优势

VOCs的治理技术体系极其复杂，每种单一净化技术都有其特定的使用条件和适应范围。在实际工程中，通常遇到的都是复杂工况条件和复杂污染物体系的净化问题。在实施治理工程时，通常需要针对污染源的排放特征选择适宜高效的集成净化工艺。

针对不同行业的VOCs废气排放特征，选择合理可行的集成净化工艺，制定行业治理技术指南，是近年来管理部门正在推动的重要工作。随着工程实践的不断积累以及对重点行业VOCs排放特征认识的不断深入，涂装、包装印刷等行业的最佳集成净化工艺路线逐渐明确，将以技术指南的形式固化下来，以此指导各行业的VOCs治理工作。如汽车涂装工序采用漆雾预处理＋沸石转轮吸附浓缩＋RTO集成净化工艺；包装印刷行业的溶剂型凹版印刷工序采用沸石转轮吸附浓缩＋RTO集成净化工艺/循环风浓缩＋RTO净化工艺，溶剂型干复工序采用活性炭/活性炭纤维吸附＋冷凝回收集成净化工艺等。

在制药、农药、精细化工等行业，对恶臭异味的净化要求非常高，通常净化工艺路线长，涉及吸收、冷凝、吸附、焚烧等多技术的集成，工艺设计非常复杂，一些技术细节往往决定着净化效率的高低。例如，在常用的水吸收＋沸石转轮吸附浓缩＋RTO净化

工艺中，由于水吸收后废气湿度高，将严重影响后续沸石转轮的吸附净化效率，很多设计中往往忽略了废气的除水除湿环节，造成沸石转轮的吸附净化效率低，难以实现达标排放。因此，为了充分发挥集成工艺的技术优势，针对不同行业重要的排污工序，需要不断地通过工程案例和经验积累，逐步完善工艺设计。

附录：有机废物行业主要企业简介

1. 青岛华世洁环保科技有限公司

青岛华世洁环保科技有限公司成立于2004年，是一家专业从事工业有机废气治理技术开发、工艺设计及装备制造的国家级高新技术企业，拥有多项自主知识产权核心技术。主要产品有沸石转轮吸附浓缩—催化燃烧装置、活性炭（碳纤维）吸附回收装置、工业有机废气蓄热氧化装置、高效工业除尘设备等具有国际先进水平的高科技环保装备。经过10余年的研发积累，拥有分子筛吸附浓缩转轮、差异化特种活性炭纤维、基于静电纺丝的纳米纤维过滤技术及装备等核心环保材料的产业化关键技术。在全国有50余家加盟商，遍布全国20多个省（区、市）。拥有各类专利80余项，其中发明专利30余项。现有员工约750人，其中中高级职称80人。2019年总营业收入达到50 000万元。

2. 海湾环境科技（北京）股份有限公司

海湾环境科技（北京）股份有限公司成立于1994年，是一家科技创新型环保技术企业。深耕与细颗粒物（PM$_{2.5}$）密切相关的挥发性有机物（VOCs）和NO$_x$污染控制领域，已成为VOCs污染控制专业服务商。公司为中石油、中石化、中化、总后等大型央企和国家机关成功建设4000余项VOCs治理项目，在多个领域建成"首台套"项目和标杆项目，曾为奥运会、世博会、亚运会、APEC、G20峰会提供环保解决方案。2015年建立"国家环境保护石油石化行业挥发性有机物VOCs污染控制工程技术中心"。2016年加入"中美绿色合作伙伴"计划，2016年、2017年曾连续两年入选"全球清洁技术100强"。已开发出30余项具有自主知识产权的VOCs治理技术，形成125项专利。现有员工约220人，其中中高级职称21人。2019年总营业收入为57 336万元。

3. 西安昱昌环境科技有限公司

西安昱昌环境科技有限公司成立于2016年，是一家从事工业有机废气污染治理的高新技术企业，建有西安航天研发设计中心、鄠邑草堂生产基地，可年产RTO设备180套左右。主要产品为旋转式RTO废气焚烧装置，先后荣获中国环境科学学会"创新设备榜样奖"、中国印刷及设备器材工业协会"突出贡献奖"、中国石油和石化工程研究会"技术创新示范企业"、航天基地2017年度"开拓创新奖"等多项荣誉。拥有发明专利12项（公开）、实用新型专利17项、软件著作权1项。现有员工约260人，其中中高级职称30人。2019年涉VOCs治理合同额为38 000万元。

4. 扬州市恒通环保科技有限公司

扬州市恒通环保科技有限公司成立于 1999 年，是一家专注于 VOCs 有机废气治理的高新技术企业，拥有激光切割、自动焊机、数控切割机、数控折边机、剪板机、折弯机等大型设备 180 多台套，有完善的质量控制体系及现场管理体系标准。主要治理设备包括蓄热式焚烧炉（RTO，两室、三室、旋转）、催化燃烧装置、活性炭吸附装置、直燃式焚烧炉、蓄热式催化燃烧装置（RCO）、沸石转轮吸附 +RTO 装置、活性炭吸附 + 催化燃烧装置等。在国内外汽车、化工、电子、印刷等行业，拥有数以千计的成功使用案例。拥有自主研发及设备制造能力，拥有专利技术 18 项。现有员工 260 人，其中中高级职称 14 人。2019 年涉 VOCs 治理合同额为 23 000 万元。

5. 航天凯天环保科技股份有限公司

航天凯天环保科技股份有限公司为中国航天科工集团控股公司，成立于 1998 年，是一家集环境规划、环保产品研发设计、装备制造、工程安装、设施运营为一体的绿色生态环境综合服务商，以绿色生态环保智慧城市、绿色生态美丽乡村、绿色生态工业园区和绿色生态健康家庭为核心业务领域，是原环境保护部授予的首批 17 家环境服务试点单位、"AAA"级环保信誉企业及中国环境保护产业协会副会长单位。拥有博士后工作站、院士工作站、长沙环保工业技术研究院、国家级实验室、国家级企业技术中心、国家级中试基地、环境监测（检测）中心等技术研发平台。公司拥有 5 个事业部、12 个分公司、10 个子公司、1 个研究院、4 大生产基地。现有员工 1320 人，其中中高级职称 285 人。2019 年总营业收入为 224 422 万元，涉 VOCs 治理合同额为 23 500 万元。

6. 嘉园环保有限公司

嘉园环保有限公司（以下简称"嘉园环保"）成立于 1998 年，是集科研、设计、制造、安装、销售服务于一体的从事挥发性有机废气（VOCs）治理的国家高新技术企业、国家环保产业骨干企业、国家知识产权示范企业。2014 年，嘉园环保与汉威科技集团股份有限公司（股票代码：300007）进行重大资产重组，成为汉威集团智慧环保板块旗舰企业。嘉园环保充分利用汉威集团感知传感器、智能终端、通信技术、云计算和地理信息等物联网技术优势，打造出以汉威云为技术支撑的智慧环保管理平台，设有独立的研发中心。拥有多项自主知识产权的 VOCs 治理技术，主营产品活性炭吸附—催化氧化、沸石转轮组合氧化设备、活性炭吸附—水蒸气脱附—溶剂回收、活性炭吸附—氮气脱附—溶剂回收、蓄热式热力焚烧等，广泛应用于涂装、化工、包装印刷、医药制造、涂料等行业。拥有专利、软件著作权等核心自主知识产权近 90 项（其中已获授权发明专利 17 项）。现有员工 320 人，其中中高级职称 122 人。2019 年总营业收入达到 46 852 万元，涉 VOCs 治理合同额为 16 600 万元。

7. 蓝太克环保科技（上海）有限公司

蓝太克环保科技（上海）有限公司是美国蓝太克有限公司亚太区投资公司，成立于 2001 年，是一家致力于陶瓷与塑料填料研发、应用的创新科技企业，为全球企业提供陶瓷蓄热产品和塑料填料产品。核心价值是通过对行业应用的了解而自主开发针对性的专利产品，通过对专利产品使用的了解和积累的使用经验为客户提供技术服务。拥有多名具备广博的热传与质传知识的知名专家组成的研发和设计团队，已陆续研发了 3 个系列的陶瓷蓄热产品和 6 个系列的塑料填料产品专利，并广泛应用于全球有机废气和废水治理系统中。现有员工 735 人，其中中高级职称 62 人。2019 年总营业收入为 30 920 万元。

8. 广东省南方环保生物科技有限公司

广东省南方环保生物科技有限公司是集环保技术、设备、工程、服务于一体的国家高新技术企业，主营业务为恶臭与 VOCs 治理，市场占有率稳居国内前列，在业内具有较高的品牌知名度。公司开发的生物滤池除臭装置被评为"2009 年国家重点环境保护实用技术、2010 年国家重点新产品、2017 年全国 VOCs 监测与治理创新成果"，核心专利产品"微生物除臭技术及设备"获得 2013 年"广东省环境保护科学技术一等奖"及"国家环境保护科学技术三等奖"，低浓度恶臭气体生物净化技术入选 2018 年国家先进污染防治技术目录（大气污染防治领域）推广技术。通过持续研究自有核心技术和产品，实现了物联网技术与恶臭及 VOCs 治理技术相结合，开启了系统智慧运营模式；拥有自主知识产权的新型核壳填料专利产品。2019 年完成 70 个项目 204 套除臭装置，总处理气量超过 510 万 m³/h。现有员工 173 人，其中中高级职称 5 人。2019 年总营业收入为 19 699 万元。

9. 上海安居乐环保科技股份有限公司

上海安居乐环保科技有限公司成立于 2009 年，是专业从事废气处理设备设计、生产、制造、安装工程的高新技术企业。承接 RTO、RCO/TO 等废气处理设备、有机废气处理设备、生物除臭设备、工业废气处理设备、化工废气处理设备等废气处理工程，专业提供各行业 VOCs 废气处理解决方案和交钥匙工程服务。公司是中国石化行业 VOCs 治理技术专业组组长单位、中国煤化工 VOCs 治理技术中心主任单位；上海市科技成长型、高新技术、科技小巨人企业。现有员工 212 人，其中，中高级职称 16 人。2019 年总营业收入达到 18 597 万元。

10. 北京首创大气环境科技股份有限公司

北京首创大气环境科技股份有限公司（以下简称"首创大气"）成立于 2002 年，作为首创集团环保板块践行"蓝天"战略的国有控股环保企业，是我国领先的致力于公共环境下大气污染综合防治服务的国家级高新技术企业。依托自有的智慧环保平台，首创大气以环境咨询服务为先导，以环境监测、检测及管理运维服务为核心，通过 PPP、第三方服务等多种灵活的商业合作模式，为客户提供一站式的大气污染综合防治服务。业务涵盖公共环境大气污染综合防治服务（城市大气污染综合防治服务、园区大气污染综合防治服务）、企业大气污染综合防治服务等。现有员工 456 人，2019 年总营业收入达 45 000 万元。

11. 山东派力迪环保工程有限公司

山东派力迪环保工程有限公司成立于 2008 年，是专业从事工业有机废气治理环保新技术研究，配套设备加工以及大气、污水等环境工程总承包的综合性高新技术企业。与复旦大学、中国科学院高能物理研究所、清华大学、浙江工业大学、山东大学、哈尔滨工业大学等国内多个教育科研机构合作，建设有环保院士工作站、山东省等离子体废气处理研发中心、环保工程研发中心等。申请专利 60 项，开发废气治理新工艺 20 余种，包括三相多介质催化氧化技术、高效液相 TRS 净化系统、混合溶剂干法云回收回用技术、高效水膜分离器、超洁净排放及节能实用技术等。现有员工 98 人，其中，中高级职称 39 人。2019 年总营业收入为 16 926 万元。

12. 山东皓隆环境科技有限公司

山东皓隆环境科技有限公司成立于 2005 年，是一家专业致力于环保科技产品的开发与应用，承接各类有机挥发性气体（VOCs）净化处理工程的高新技术企业。对涂装、包装、印刷、化工等行业产生的废气治理，具有较强的技术优势，可提供从工程设计到产品制作、现场安装调试及环保验收等的服务。自 2013 年开始与韩国研究所合作进行有机挥发性气体的治理研究，特别是针对汽车行业的 VOCs 的治理进行了重点的技术攻关和实验，共同开发完成针对有机挥发气体浓缩燃烧与热能回收的新产品。目前拥有 9 项实用新型专利和 1 项发明专利。现有员工 120 人，其中，中高级职称 35 人。2019 年涉 VOCs 治理合同额为 10 734 万元。

13. 恩国环保科技（上海）有限公司

恩国环保科技（上海）有限公司成立于 2014 年，坚持只专注于 VOCs 有机废气治理，可以提供工业有机废气评估计算、工程设计、危害评估、设备组装、配电调试、维护保养等全方位的服务，承接 VOCs 废气治理总集成总承包项目。拥有全系列燃烧解决装备包括：蓄热式焚烧炉（RTO）、蓄热式催化焚烧炉（RCO）、直接燃烧式焚烧炉、直燃式焚烧炉、浓缩转轮＋焚烧炉组合、热能回收系统等。现有员工 75 人。2019 年涉 VOCs 治理合同额为 10 451 万元。

14. 河北天龙环保科技有限公司

河北天龙环保科技有限公司成立于 2013 年，在上海市设有全资子公司，即上海九天环境工程有限公司和售后和运营维护服务中心，是集节能增效、大气污染综合治理工程与环保设备的研发、设计、生产、销售和服务于一体的综合型高新技术环保企业，是国内最早的资源再利用和环境保护综合治理科技创新型企业。拥有回收、燃烧、除尘 3 大类技术，共 11 个品种、几十个规格的产品，包括活性炭吸附回收设备、沸石转轮浓缩设备、蓄热燃设备（RTO）、蓄热式催化燃烧设备（RCO）、催化氧化设备（CO）、除尘装备等。在石化、包装印刷、表面喷涂、医药、化工、涂料油漆、电子、光伏发电等行业有成熟案例。曾获得 2018 年上海市科学技术一等奖、2014 年中国工业废气（VOCs）治理行业领航者企业奖、中国塑料加工工业科技成果一等奖等。拥有大气污染综合治理和节能减排等方面发明专利 19 项，专有技术 23 项。现有员工 86 人，其中中高级职称 26 人。2019 年总营业收入为 16 500 万元。

15. 武汉旭日华环保科技股份有限公司

武汉旭日华环保科技股份有限公司成立于 2004 年，是国内较早从事工业挥发性有机废气（VOCs）治理的高科技环保企业。公司于 2008 年通过 ISO9001：2008 质量体系认证，是湖北省高新技术企业，湖北省知识产权示范建设企业。2008 年 12 月获得武汉市科技进步奖三等奖，2013 年获得武汉市黄鹤英才计划支持，2016 年参与国家重大专项技术研究，2017 年获得湖北省百人计划支持。主营挥发性有机废气（VOCs）治理设备的研发、生产、销售和安装服务，拥有吸附回收类、精制提纯类和热氧化燃烧处理 3 大类治理设备，主要包括活性炭纤维（ACF）/颗粒活性炭吸附回收设备、有机溶剂精制设备、蓄热氧化和催化氧化设备等，在半导体、电子、化工、印刷、涂布、清洗、锂电池隔膜制造等行业有 300 多成熟案例。拥有发明专利 8 项，实用新型 18 项。现有员工 77 人，其中，中高级职称人数 7 人。2019 年总营业收入为 10 500 万元。

16. 大连兆和环境科技股份有限公司

　　大连兆和环境科技股份有限公司成立于1994年，是以环保技术研发、生产制造、市场营销、运维服务为主的国家级高新技术企业，业务涵盖有机废气处理、烟尘治理、油雾净化、空气调节、机电通风等领域，为国内外客户提供高品质工业厂房空气治理系统解决方案。制造的RTO设备、RCO设备、一体式RTO设备、一体式RCO设备、沸石转轮+RTO设备、催化燃烧设备等，在工业涂装、包装印刷、医药化工等行业的有机废气治理领域有成熟应用。与上海第二工业大学、中国科学建筑研究院、东北大学工业爆炸及防护研究所等多家科研院所开展产学研合作，并引进德国、瑞典、日本等国际知名企业的产品技术，不断增强自身核心技术实力，现拥有专利100余项，其中发明专利18项。现有员工370人，其中，中高级职称32人。2019年总营业收入为28 000万元。

袋式除尘行业 2019 年发展报告

1 2019 年行业发展现状及分析

1.1 2019 年行业发展环境分析

为打赢蓝天保卫战和污染防治攻坚战，2019 年国家和地方纷纷出台了新的环保政策和更为严格的排放标准，驱动了新一轮袋式除尘技术创新动力和市场拓展需求，袋式除尘成为污染防治攻坚战和超低排放任务中的中坚力量。

1.1.1 政策法规的驱动作用

近几年来，国家高度重视污染防治工作，从国家层面针对环境治理的各项政策和法规持续密集发声，为"十三五"期间袋式除尘行业发展带来了市场需求和难得的发展机遇，为产业发展开创了大好局面。

1.1.1.1 生态环境部等五部委联合印发《关于推进实施钢铁行业超低排放的意见》

2019 年，为贯彻落实《政府工作报告》《中共中央国务院关于全面加强生态环境保护坚决打好污染防治攻坚战的意见》（2018 年 6 月 16 日）、《国务院关于印发打赢蓝天保卫战三年行动计划的通知》（国发〔2018〕22 号）等要求，加强对各地的指导，明确企业改造任务，促进产业转型升级，2019 年 4 月，生态环境部、国家发展改革委等五部委联合印发了《关于推进实施钢铁行业超低排放的意见》（环大气〔2019〕35 号）。其主要目标是使全国新建（含搬迁）钢铁项目原则上达到超低排放水平；推动现有钢铁企业超低排放改造，重点区域钢铁企业超低排放改造取得明显进展。到 2020 年年底前，力争 60% 左右产能完成改造，有序推进其他地区钢铁企业超低排放改造工作；到 2025 年年底前，重点区域钢铁企业超低排放改造基本完成，全国力争 80% 以上产能完成改造。

钢铁行业一直是袋式除尘的应用大户，除尘器应用占比达 90% ～ 95%，该项政策的出台必将掀起钢铁行业乃至非电行业新一轮超低排放改造的浪潮，提振了袋式除尘行业的信心，驱动了袋式除尘行业的技术进步与产业发展。

1.1.1.2 生态环境部等四部委联合印发了《工业炉窑大气污染综合治理方案》

为贯彻落实《国务院关于印发打赢蓝天保卫战三年行动计划的通知》（国发〔2018〕22 号）的要求，指导各地加强工业炉窑大气污染综合治理，协同控制温室气体排放，促进产业高质量发展，2019 年 7 月，生态环境部等四部委联合印发了《工业炉窑大气污染综合治理方案》（环大气〔2019〕56 号）。其主要目标是到 2020 年，完善工业炉窑大气污染综合治理管理体系，推进工业炉窑全面达标排放，京津冀及周边地区、长三角地区、汾渭平原等大气污染防治重点区域（以下简称"重点区域"）工业炉窑装备和污染治理水平等明显提高，实现工业行业二氧化硫（SO_2）、氮氧化物（NO_x）、颗粒物等污染物排放进一步下降，促进钢铁、建材等重点行业二氧化碳（CO_2）排放总量得到有效控制，推动环境空气质量持续改善和产业高质量发展。这无疑将对袋式除尘行业的发展起到积极的推动作用。

1.1.1.3 中共中央办公厅、国务院办公厅2019年先后印发《关于促进中小企业健康发展的指导意见》和《关于营造更好发展环境支持民营企业改革发展的意见》

随着国际、国内市场环境变化，中小企业面临的生产成本上升、融资难、融资贵、创新发展能力不足等问题日益突出，已引起了国家的高度重视。为促进中小企业健康发展，2019年4月和12月，中共中央办公厅、国务院办公厅先后印发了《关于促进中小企业健康发展的指导意见》和《关于营造更好发展环境支持民营企业改革发展的意见》，要求认真实施《中小企业促进法》，纾解中小企业困难，稳定和增强企业信心及预期，加大创新支持力度，提升中小企业专业化发展能力和大中小企业融通发展水平，促进中小企业健康发展。同时强调要营造市场化、法治化、国际化的营商环境，保障民营企业依法平等使用资源要素、公开公平公正参与竞争、同等受到法律保护，推动民营企业改革创新、转型升级、健康发展，让民营经济创新源泉充分涌流，让民营企业创造活力充分迸发。这对长期以中小民营企业为主体的袋式除尘行业的稳健发展无疑将起到积极的促进作用。

1.1.1.4 污染防治第三方治理企业实行减按15%税率征收企业所得税

2019年3月20日，国务院常务会议决定，从2019年1月1日起至2021年年底，对污染防治第三方治理企业（以下简称"第三方治理企业"）减按15%税率征收企业所得税，此举将有利于激励第三方治理企业加大技术研发创新方面的投入。目前，国家已实施多项有利于环保产业发展的税收优惠政策，但直接针对环保企业进行税收优惠的经济政策尚属首次，必将促进袋式除尘行业第三方治理与运营的发展，加快提升智能化、网络化第三方运营维护管理水平。

上述政策的出台，确立了新形势下袋式除尘在企业环保提标和超低排放改造中的突出作用与核心地位，进一步提振了袋式除尘行业和企业的发展信心。

1.1.2 环保标准的引领作用

近年来，国家针对煤电、钢铁、有色、水泥、焦化、铁合金、石油化工等重点污染行业和重点污染源陆续颁布了多项新的大气污染物排放标准，新标准对污染物排放种类和排放限值做了更为严格的规定，实质上对袋式除尘装备净化性能提出了更高的要求，为袋式除尘技术和装备的发展树立了标杆。在此背景下，我国近年来研发了钢铁窑炉烟尘微粒子预荷电袋滤技术与装备、降阻节能新结构、超净／高温超净电袋复合技术、超细面层精细滤料、新型复合滤料、波形褶皱滤袋、高效工业滤筒等多种新技术和新产品。

2019 年 4 月，生态环境部、国家发展改革委等五部委联合印发了《关于推进实施钢铁行业超低排放的意见》（环大气〔2019〕35 号）。此前，各地先后出台了更加严格的地方排放标准和实施方案，早在 2018 年 9 月，河北省就率先出台 DB 13/2169—2018《钢铁工业大气污染物超低排放标准》和 DB 13/2863—2018《炼焦化学工业大气污染物超低排放标准》两项地方超低排放标准，要求颗粒物排放浓度小于 10 mg/m³，并要求于 2019 年 1 月 1 日起在省内全面实施。河南、山东等省（区、市）在环保招标时均对钢铁企业提出了超低排放的要求，环保标准的引领作用开始显现，加快了袋式除尘产业的发展进程。

2019 年 9 月，生态环境部发布《工业锅炉污染防治可行技术指南（征求意见稿）》（以下简称《指南》）。《指南》提出了锅炉排污单位的废气、废水、固体废物和噪声污染防治可行技术，提出了"燃煤锅炉宜采用袋式除尘、电除尘、电袋复合除尘等技术实现颗粒物达标排放。燃油锅炉和燃气锅炉炉膛出口颗粒物浓度不达标时，宜采用袋式除尘技术实现达标排放。燃生物质成型燃料锅炉宜采用机械除尘＋袋式除尘技术实现颗粒物达标排放"。

2019 年 4 月，由中国标准化研究院、浙江菲达环保、科林集团·科林环保技术有限责任公司（简称"科林环保"）和福建龙净环保等合作编写并发布了 GB 37484—2019《除尘器能效限定值及能效等级》，该标准对燃煤锅炉用电除尘、袋除尘、电袋复合除尘，建材行业水泥新型干法回转窑用袋除尘和电袋复合除尘，钢铁行业烧结烟气半干法脱硫用袋除尘的能效等级、能效限定值和能效测试进行了规定，为除尘器的高质量发展奠定了基础。

以上政策的出台和排放标准的提高，客观上确立了新形势下袋式除尘在企业环保提标与超低排放改造中的突出作用和核心地位。

1.2 2019 年行业经营状况分析

1.2.1 2019 年行业生产经营状况分析

据统计，2019 年从事袋式除尘行业的注册企业近 170 家，分布在全国 26 个省（区、市），其中科研、高校和主机企业近 50 家，纤维和滤料企业 100 余家，配件和测试仪器企业共 10 余家。据不完全统计，2019 年行业总产值约 198.25 亿元，行业出口额约 12 亿元，滤料出口额约 7 亿元；行业利润额约 20 亿元，利润率约 10%；产值同比增长超过 10%，利润同比增长约 5.20%。其中，纤维滤料产值约 86 亿元，产值同比增长约 15%。

袋式除尘行业是典型靠政策驱动的行业，伴随《关于推进实施钢铁行业超低排放的意见》（环大气〔2019〕35号）的正式发布，非电行业实施超低排放改造逐渐驶入"快车道"，特殊排放和超低排放已常态化，同时环保督察和党政同责给污染型企业带来了巨大的压力，袋式除尘行业迎来了新机遇；与此同时，2019年受中美贸易摩擦影响，袋式除尘行业海外市场竞争力下降、出口减少，叠加国内经济与政策影响，前三个季度各企业订单均有所下滑、生产不饱满，加之新建生产线带来的产能扩大，导致行业竞争加剧、利润率下降。第四季度形势好转，主机、滤袋和配件等整个产业链繁忙，尤以纤维、滤料等骨干生产企业产值增长明显，但全年总体来看，利润增长相对缓慢，利润增长不及产值增长。

1.2.2 2019年行业成本费用及盈利能力分析

袋式除尘行业是充分竞争的行业，盈利水平较低。行业突出问题主要包括企业资金紧张、货款回笼困难、行业产能过剩等。此外，袋式除尘行业以民营企业为主，企业规模小，技术创新和产品创新能力不足，产品同质化问题突出，且市场恶性竞争和低水平重复等现象依然存在，制约行业健康高质量发展。

同时，随着我国袋式除尘器设计与制造技术水平提高，除尘设备和相关产品出口到多个国家，出口额呈向好态势，反映出我国袋式除尘器的设计、制造、材料等各个环节已达到国际先进水平，有些甚至达到国际领先水平。特别是在低阻除尘器结构开发应用、焦炉烟气除尘脱硝一体化装置、烧结烟气多污染物协同净化技术装备、超净电袋复合及高温电袋复合新技术推广应用、高精度及多功能过滤材料开发与应用、自封堵滤袋缝纫线材料开发、滤袋和滤筒新产品、袋式除尘制造装备智能化升级等方面均取得了显著的进步，新技术和新成果的应用显著提升了行业的盈利能力，产品结构调整效应开始显现。

1.3 2019年行业技术进展

1.3.1 行业总体技术进展分析

当前，我国袋式除尘设计技术、制造装备和产业发展均已跻身国际先进水平，各种纤维、滤料、配件的性能都已达到国外同类产品的技术水准，众多具有自主知识产权的技术已进入国际先进技术行列。我国袋式除尘设备出口颗粒物排放浓度达到 10 mg/m³ 以下已日趋常态化，装置的运行阻力可控制在 800～1200 Pa，滤袋使用寿命普遍延长，漏风率 < 2%，计算机辅助设计（CAD、3D）、数值模拟分析（CFD）等技术已得到广泛应用。目前，我国袋式除尘器已形成十余个系列产品，能满足各工业领域需求，成为工业烟气细颗粒物 $PM_{2.5}$ 控制的主流除尘装备，也是多污染物协同净化的重要装备。

2019年，我国袋式除尘行业在低阻除尘器结构开发应用、焦炉烟气除尘脱硝一体化装置、烧结烟气多污染物协同净化技术装备、超长袋和超低排放技术研发与应用、超净电袋复合和高温电袋复合新技术推广应用及高精度、高性能、多功能新型过滤材料开发与应用、自封堵滤袋缝纫线材料开发、滤袋和滤筒新产品、袋式除尘制造装备智能化升级等方面取得了显著的进步。

1.3.1.1 顶部垂直进风袋式除尘器开发与应用

针对传统袋式除尘器存在的结构复杂、气流分布不均匀、灰斗多、占地面积大等问题，中钢天澄自主开发了一种顶部垂直进风袋式除尘器新结构，并获得了发明专利。该新结构具有预除尘功能，气体量分配更为均衡，可降低过滤阻力和运行能耗，节省占地及钢耗。该技术在某农产品加工业酵母废气干法净化与回收工程项目上已成功应用（见图 1），投运后装置运行可靠，性能稳定，颗粒物排放浓度为 6.70 ～ 7.30 mg/m³，设备阻力约 600 Pa，回收糖粉肥料 130 t/ 年，实现了超低排放和节能运行。目前，已在酵母、医药行业以及宝钢、柳钢、新钢等钢铁企业推广，市场前景广阔。

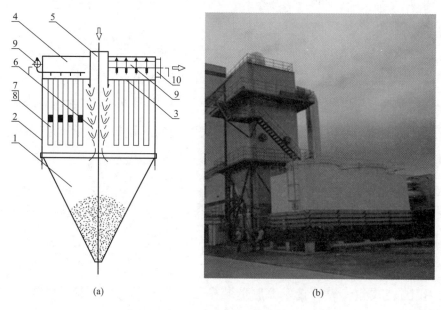

图 1　顶部垂直进风袋式除尘器（a）及其工业应用（b）

1.3.1.2 焦炉烟气袋式除尘脱硝一体化装置获得应用

中钢天澄开发了一种新的袋式除尘脱硝一体化装置，即碳酸氢钠干法脱硫（SDS）+ 预荷电袋滤器 + 中低温选择性催化还原脱硝（SCR）+ 余热回收技术工艺，具有流程短、净化效率高、阻力低、节省占地面积、运行费用低等显著特点，并已完成焦炉烟气脱硫脱硝工程中的"首台套"示范应用（图 2）。投运以来，系统运行稳定，装置运行可靠，投运率达到 100%。经检测，颗粒物排放浓度为 3.10 ～ 5.90 mg/m³，SO_2 排放浓度为 0.10 ～

1.80 mg/m³，NO$_x$排放浓度为 121 ～ 144 mg/m³，实现了超低排放。一体化装置运行总阻力为 700 ～ 1000 Pa，比常规布置节省运行费用 40% 以上，余热回收生产热水 105 t/h，取得了环保、节能双重效益。该工艺提供了一种焦炉烟气多污染物协同治理的新途径，凸显了短流程的优势，降低了运行成本。

图2　焦炉烟气袋式除尘脱硝一体化装置

1.3.1.3 超净及高温超净电袋复合除尘技术新突破

结合各工业行业实施超低排放的新要求，近年来，龙净环保在常规电袋复合除尘技术基础上进行再创新和再升级，取得超净及高温超净电袋复合除尘技术的新突破（图3）。超净电袋技术主要是通过"最佳耦合匹配技术、多维高均匀流场技术、微粒凝并技术及高精过滤技术"等四大技术创新，实现整体性能的全面提升。核心性能指标为烟尘排放浓度稳定 < 5（10）mg/m³、运行阻力 < 1100 Pa、滤袋寿命大于 5 年。

高温超净电袋复合除尘器是在超净电袋复合除尘基础上，采用耐高温合金滤袋的新型高效除尘装备，是常规超净电袋的升级产品。具有耐超高温（400 ～ 800 ℃）、过滤精度高、长期稳定超低排放（< 10 mg/m³）、运行阻力低（≤ 1000 Pa）、能耗低、超长的滤袋寿命（≥ 8 年），废旧滤料回收利用简易、价值高、无二次污染等特点。经技术评审鉴定（图3），达到了国际领先水平。该技术在氢氧化铝焙烧炉上的成功应用填补了国内外空白。2019 年先后获得国家和中国有色金属工业等科技成果登记证书。

图3　高温超净电袋复合除尘技术开发及应用科技成果评价会

1.3.1.4 光棒光纤细颗粒物稳压高效回收再利用技术研发成功

目前，全球光纤需求量逐年增加，针对光纤生产过程中产生的严重环境污染和二氧化硅（SiO_2）粉料的流失等问题，以及制造过程对工艺生产的炉压和炉温波动的严格要求，科林环保成功研发了稳压型高效回收袋式除尘技术（图4），通过除尘系统风量风压平衡设计和袋式除尘模块化设计，以及柔性清灰与清灰程序控制、气流场模拟及三维技术应用等，有效控制了风量变化和阻力波动差值，很好地满足了光棒工艺生产对炉压波动 ±20 Pa 和炉温波动 ±20 ℃的特殊要求，高效回收的 SiO_2 粉料可以进行再循环利用，实现了洁净生产和超低排放。

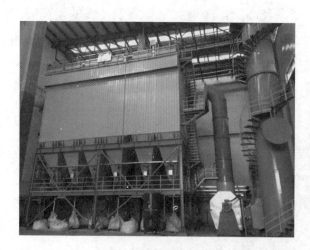

图4　光棒光纤细颗粒物稳压高效回收再利用技术

1.3.1.5 高效滤筒技术取得创新突破

针对钢铁行业粉尘超低排放改造需求，广州华滤环保设备有限公司（简称"华滤环保"）开发了一种拥有自主知识产权的超低排放高效滤筒（图5），在不改变原有袋式除尘器本体结构的前提下，可达到经济性超低排放提标改造的目的，所开发的滤筒用针刺、水刺和耐高温的高效过滤材料，在应用中可以将粉尘排放长期稳定控制在 10 mg/m³ 以内。在大折距易清灰的滤筒结构、技术性能、自动化折叠工艺、等距热熔绑带技术、无毛刺无焊痕螺旋一体式骨架等方面取得了创新突破。

图 5　超低排放用高效滤筒

1.3.1.6 多功能过滤材料取得突破

滤料不仅能过滤细颗粒物，还能协同催化脱硝、脱二噁英和脱除挥发性有机物（VOCs），形成多功能过滤材料。近年来，我国清华大学、中国科学院过程工程研究所、浙江鸿盛环保科技集团有限公司（简称"浙江鸿盛"）、南京际华3521特种装备有限公司（简称"南京际华"）、中天威尔环保科技有限公司（简称"中天威尔"）等单位相继开展了多功能滤料和催化陶瓷滤管产品研发工作，取得了阶段性成果，并已在某日用玻璃熔窑烟气 NO_x 及氟化氢（HF）净化项目中应用（图6），通过陶瓷触媒滤管可实现 SCR 脱硝及高效除尘，净化烟气经余热锅炉回收余热后达标排放。运行测试显示，NO_x 排放浓度 < 100 mg/m³、HF 排放浓度 < 5 mg/m³、SO_2 排放浓度 < 5 mg/m³、颗粒物排放浓度 < 5 mg/m³、氨逃逸 < 5 mg/L。

图 6　催化脱硝陶瓷滤筒工业应用

1.3.1.7 金属纤维滤材净化炉窑高温烟气呈增长势头

金属纤维毡是用不同丝径（1～100 μm）的耐高温、耐腐蚀性的不锈钢金属纤维进行搭配，采用无纺铺制方法，通过高温烧结而成的多孔滤材，具有耐高温、耐腐蚀、高精度、高强度、高韧性、无静电吸附和高适应性等优点，为提高炉窑中高温烟气除尘和脱硝效率，保障催化剂寿命，金属纤维滤袋将在水泥、有色、工业锅炉等行业得到越发广泛的应用。

1.3.1.8 永久双极硅盐改性纳米纤维网膜强化过滤材料

针对重雾霾环境下的细颗粒物（PM$_{2.5}$）的高效捕集，东北大学与山东奥博环保科技有限公司（简称"山东奥博公司"）进行了产学研合作，研发了新型永久双极硅盐改性纳米纤维网膜强化过滤材料，该产品基于静电纺丝技术，研发了有别于常规产品的高强力、耐磨蚀、易黏结贴合的纳米纤维网膜，实现了与基底滤料的完美结合；采用高压静电辉光持续加载技术，开发了适合超薄纳米纤维网膜电荷双极硅盐的高能电晕极化技术，实现了材料对 PM$_{2.5}$ 微细粒子的纤维过滤与静电捕集的耦合协同捕集；通过材料研发、工艺优化及后处理革新，研制了针对过滤材料的永久性极化增强过滤技术。新型过滤材料效率为 99.9985%，阻力为 38 Pa。经鉴定，产品被评定为国际领先水平，获得德州市科技奖。目前，产品在山东奥博公司试制生产，用于工业除尘领域。

1.3.1.9 新型贵纶纤维复合滤料的开发与应用

贵纶纤维是厦门三维丝环保股份有限公司（简称"厦门三维丝"）新开发的一种新型硅氧类耐高温、耐腐蚀性"有机柔化"无机纤维，通过采用无机玻璃纤维"有机化"改性技术，突破了传统无机纤维"硬而脆"的致命硬伤，实现了无机纤维的"有机柔化"。通过将传统的有机纤维与之进行复合，利用其高效缠结能力，运用新一代高压水刺加固缠结技术，攻克了无机玻璃纤维高效缠结技术瓶颈，解决了无机纤维不易成毡的技术难题，开发了紧密度高、机械性能好、过滤性能优、使用寿命长的新型贵纶®系列过滤材料。该纤维具有传统有机纤维的柔软性高、耐折性佳的特点（图7），同时具有耐高温（≥ 450 ℃）、耐酸腐蚀性（氢氟酸、磷酸和盐酸除外）、高强度、抗氧化、无二次污染及良好的耐磨性与绝缘性等优点。

该新型滤料产品在建材行业水泥窑烟气协同净化中得到应用，填补了水泥窑烟气协同处理专用滤料的空白，解决了滤料选择问题，在推动我国水泥行业大气污染防治中发挥积极作用。

1.3.1.10 废旧滤袋回收技术获得突破

鉴于袋式除尘行业的规模及每年滤袋的用量与更换量的剧增，废旧滤袋的处理及绿色化回收成为困扰行业十余年的重大难题。近年来，许多企业和高校在该领域投入了

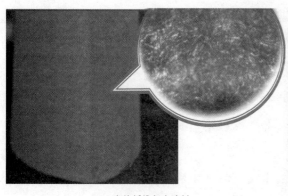 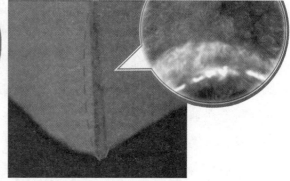

(a) 贵纶纤维复合滤料   (b) 普通玻纤复合滤料

图7　贵纶纤维（a）与普通玻纤复合滤料（b）喷吹对比试验

大量精力和资金，取得了突破性进展。东北大学在聚苯硫醚（PPS）及其与聚四氟乙烯（PTFE）复合滤料回收、PPS 纯净化提取，芳纶滤料回收等方面取得了技术突破；浙江赛讯环保科技有限公司在 PTFE 回收与资源化方面取得显著进展与部分成果应用；江苏奥凯环保科技有限公司则在在役滤袋的清洗再生与复活方面实现了实用化。

1.3.1.11　自封堵滤袋缝纫线研发成功并应用

在超低排放标准要求下，袋式除尘针刺毡滤袋针孔漏灰问题越发突出，该问题以往通常采用针眼涂胶的后续封堵措施来解决。苏州耐德新材料科技有限公司通过多年技术创新，研制了一种既有 PTFE 缝纫线耐高温和耐腐蚀功能、又有阻灰、闭合针孔、耐磨、抗蠕变等效果的滤袋专用缝制线。该产品具有比纯 PTFE 缝纫线更好的针孔封堵效果，又表现出良好的耐磨性和表面粗糙性，缝合后能够与滤料形成牢固的抱合力，起到针孔内滞留粉尘的作用，可有效减少针眼颗粒物逃逸，从而提高过滤效率。常规 PTFE 缝纫线与自封堵缝纫线针眼封堵效果对比如图 8 所示。

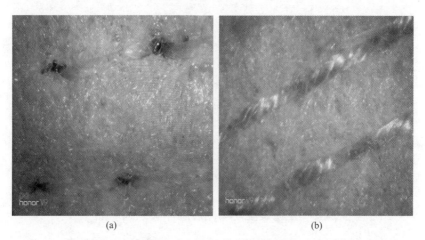

(a)   (b)

图8　常规 PTFE 缝纫线（a）与自封堵缝纫线（b）的效果对比

1.3.1.12 袋式除尘器脉冲阀新产品开发进展显著

电磁脉冲阀是袋式除尘器清灰装置的核心部件，其性能的优劣直接关系到清灰效果、设备阻力和滤袋使用寿命。苏州协昌环保科技股份有限公司（简称"苏州协昌"）、上海袋配有限公司（简称"上海袋配"）和上海尚泰环保配件有限公司（简称"上海尚泰"）等品牌制造企业一直坚持产品创新，围绕多功能、多领域、多样性等方面开展了新型脉冲阀开发，进展显著。

苏州协昌着力于智能脉冲阀的开发与性能升级，达到了国际先进水平。结合烟尘治理云平台的开发，可实现袋式除尘系统运行状态的远程实时传输、故障诊断、预警及寿命预测，有效实现了袋式除尘系统的实时远程监管，提高了我国袋式除尘系统的自动化和智能化水平。上海袋配在防爆电磁脉冲阀、不锈钢脉冲阀和智能脉冲控制仪等新产品开发上成效显著。其中，防爆电磁脉冲阀严格依据 GB 3836.1/2/9—2010/2014《爆炸性环境》系列标准和 GB 12476.1/5/6—2010/2013《可燃性粉尘环境用电气设备》系列标准的通用要求制造而成（图9），适用于存在可燃性气体、蒸汽与空气混合形成的爆炸性混合物、可燃性粉尘、可燃性飞絮的危险场所，经国家防爆产品质量监督检验机构检验合格并取得系列防爆合格证书，为易燃、易爆气体和粉尘净化的工况提供了安全可靠的清灰保障。不锈钢脉冲阀所有金属件都采用 304 不锈钢材质，具有响应时间快、清灰效果佳、压缩空气耗电省等特点，经权威机构检测，达到 IEC 60529—2013《防水防尘标准》和 GB 4208—2017《外壳防护等级 IP 测试新标准》技术标准要求。智能脉冲控制仪可实现在线／离线、定时／定压交叉组合、本地或远程运行控制功能，可实时监测电磁阀工作状态，并具有控制精度高（12 bit D/A）、负载电阻大（500 Ω）、节能效果佳（可达66%）、扩展输出端口多（200 个）等显著优点。

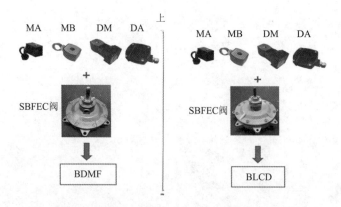

图9　上海袋配防爆电磁脉冲阀系列产品

上海尚泰在脉冲阀结构和安装方式上有优化和创新，开发出了 DMF-MAJ-Y-2 新型淹没式电磁脉冲阀和 FAP-C-1-2 型常压穿壁连接器等新产品。新型脉冲阀将阀体结构进行了再优化，使 4 英寸（1 英寸≈25.4 mm）口径的脉冲阀安装尺寸与常规同类 3 英寸阀的间距等同，为除尘器滤袋排距布置和超长滤袋的清灰提供了更多选择（图 10）。新型常压穿壁连接器主要适用于直角式电磁脉冲阀的安装，可将袋式除尘器净气室两侧板壁管道连接并确保密封，便于直角式电磁脉冲阀整体快捷安装和维修。

图 10　新型 DMF–MAJ–Y–2 新型淹没式电磁脉冲阀安装

1.3.1.13　袋式除尘装备智能化制造升级

为响应国家实施制造强国战略，践行"中国制造 2025"，袋式除尘行业骨干企业强化了加工制造装备的智能化升级，部分除尘设备输出到国外，参与"一带一路"建设。

科林环保、合肥水泥研究设计院（简称"合肥水泥院"）、中钢天澄等在主机加工制造装备的智能化升级方面力度加大，焊接机器人及自动化焊接生产线等已常态化。以科林环保为代表，2019 年投资近千万元，建立了 1 套适用于箱体板除尘设备和圆形筒体除尘器制造的智能自动化焊接工作站（图 11），该工作站以引进日本技术装备为主，箱体板加工尺寸可达 10 000 mm×3000 mm，圆形筒体加工尺为 φ4500 mm×5000 mm，焊接板材厚度为 2.50 ～ 6.00 mm。

在气包和喷吹管制作方面，合肥水泥院采用机器人代替人工实现了自动生产，大大提高了生产效率和产品质量。

图 11　大型袋式除尘设备箱体板智能自动化焊接工作站

1.3.2 新技术开发应用分析

近年来，随着各工业行业烟气超低排放的广泛实施，袋式除尘行业多项新技术、新成果分别实现了在各个工业领域的扩大应用，效果显著。

1.3.2.1 预荷电袋滤技术推广应用迅猛

中钢天澄研发的"863"项目成果预荷电袋滤技术自鞍钢三炼钢转炉烟气"首台套"示范应用以来，因技术指标先进（颗粒物排放浓度持续稳定 $< 10 \, \text{mg/m}^3$、设备阻力 $700 \sim 950 \, \text{Pa}$、运行能耗下降 40%），运行稳定可靠，在钢铁行业反响强烈，先后在日照钢厂、新余钢厂、方大特钢、柳钢等国内大型钢铁企业推广应用（图 12）。截至 2019 年年底，已应用 30 余台套，2019 年单项最大订单达 2.10 亿元，并继续保持强劲势头，已成为钢铁炉窑烟气细颗粒物超低排放设备的主流技术。

图 12 预荷电袋滤技术在钢铁行业应用

1.3.2.2 煤电行业超净电袋复合除尘技术应用广泛

煤电行业锅炉烟气超低排放是国内最早施行超低排放的行业，电袋复合除尘技术在煤电行业的应用比例超 25%，为切实满足煤电行业超低排放的需求，龙净环保在常规电袋复合技术的基础上创新升级开发出了超净电袋复合除尘技术，具有烟尘排放浓度稳定 $< 5 \, (10) \, \text{mg/m}^3$，运行阻力 $< 1100 \, \text{Pa}$，滤袋寿命达 5 年以上等优点。在电力行业应用广泛，反响较大。截至 2019 年年底，龙净环保在电力行业配套的超净电袋复合除尘器装机总容量已超 40 000 MW，仅 2019 年已签合同正在实施的就有 32 台套，累计机组容量 15 310 MW，其中，660 MW 机组 7 台套，1000 MW 机组 4 台套。

1.3.2.3 建材及有色等行业高温过滤和高温电袋复合技术取得新突破

我国的水泥、玻璃、陶瓷等建材和有色工业等行业均在加紧除尘提标及超低排放改造，一方面将电除尘改为袋式除尘，另一方面采用超细高精过滤材料进行除尘升级，实现超低排放。对于石灰窑、焙烧炉这些高达 350 ℃ 的超高温烟气，采用陶瓷纤维、金属纤维及合金滤袋进行高温过滤，或采用高温电袋复合除尘净化后（图13），再使用 SCR 脱硝和余热发电，有效避免了催化剂的堵塞和余热锅炉的磨损，延长了设备的使用寿命。

图 13　高温超净电袋复合除尘技术在焙烧炉的应用（a）及效果对比（b）

近几年，水泥行业通过实施"电改袋"，排放浓度大幅降低，设备阻力小于 1000 Pa，滤料寿命可达 4 年以上。以 5000 t/d 生产线为代表的绿色工艺线采用了世界上最严格的标准进行升级改造，全工艺线排放的粉尘达到世界最先进水平，烟（粉）尘排放浓度小于 10 mg/m³，无组织排放控制即岗位粉尘浓度达到 2 mg/m³，PM$_{2.5}$ 超细粉尘去除率大于 90%，整体达到国际先进水平。

1.3.2.4　高效工业滤筒应用方兴未艾

针对钢铁行业粉尘超低排放改造需求，华滤环保等单位通过多项技术创新，开发了适于工业烟气净化的高效滤筒，在不改变原有袋式除尘器本体结构的前提下，达到了经济性的超低排放提标改造，成果已成功应用于宝钢、韶钢、建龙、首钢等钢铁企业烧结机尾、出铁场、石灰窑、高炉炉顶、干熄焦等改造工程（图14），经济效益和社会效益显著。经专家鉴定，该技术整体达到国际先进水平，其中长滤筒等间距成型技术达到国际领先水平。

图 14　高效滤筒在钢铁行业超低排放项目中的应用

1.4 行业市场特点分析

1.4.1 袋式除尘技术在非电行业超低排放中"一枝独秀"

煤电行业超低排放改造已基本完成，非电行业超低排放将全面实施，非电行业将成为袋式除尘的主战场。鉴于袋式除尘对细颗粒物净化的优异性能和多污染物协同净化的重要作用，作为高效净化细颗粒物的主流装备，袋式除尘必将在非电行业超低排放的主战场上一马当先，充当主力军。

1.4.2 袋式除尘在烟气多污染物协同控制上势头强劲

袋式除尘器不仅可高效去除可吸入颗粒物（PM_{10}、$PM_{2.5}$），还可协同去除SO_2、NO_x、二噁英和Hg等其他污染物，是多污染物协同控制工艺的重要组成部分。袋式除尘早已从单一除尘向多污染物协同控制方向转变且优势明显，未来几年将继续在烧结、焦化、垃圾/污泥焚烧、水泥、燃煤锅炉等多个领域扮演重要角色，并形成多种流派。以"袋式除尘为核心的烟气多污染物协同控制技术"日渐成为我国大气污染治理不可或缺的工艺技术路线，必将继续彰显其强劲势头。

1.4.3 超细面层滤料和覆膜滤料需求更加旺盛

超细面层滤料和覆膜滤料正助力袋式除尘技术实现超低排放，随着以钢铁行业为典型代表的非电行业超低排放的全面实行，预计市场对高精超细面层滤料和覆膜滤料的需求将更加旺盛，需求量将呈猛增态势。

1.4.4 功能滤料及功能复合型一体化装置前景光明

功能复合型一体化装置可同时去除颗粒物、SO_2、NO_x和二噁英等多污染物，使得袋式除尘器功能倍增，在实现"一机多能"的短流程技术的同时，最大限度节约占地、能耗、投资及运行费用，是未来技术发展的方向，也是行业企业关注和研究的焦点。随着国内在功能型过滤材料研发上的突破，陶瓷滤筒等功能性滤材在性能方面日渐成熟，功能滤料和功能复合型一体化装置将呈现光明的前景。

1.4.5 工业滤筒及波形褶皱滤袋快速增长

适当降低过滤风速是提高过滤效率、降低排放和阻力的有效措施。工业滤筒及波形褶皱滤袋可增加50%以上的过滤面积，可有效提升除尘性能，满足10 mg/m³甚至5 mg/m³的超低排放要求，特别针对现场空间受限或因烟气量增加时的达标排放需求。该技术和产品将获得更多的市场应用，需求量旺盛。

1.4.6 袋式除尘装置与系统的智能化与网络化发展蓄势待发

通过智能脉冲阀、智能脉冲控制仪及烟尘治理云平台等袋式除尘装置和系统的智能化与网络化，可实现袋式除尘系统运行状态的远程无线传输与数据分析、故障识别及专家系统诊断，可为企业相关人员和政府相关部门实时提供运行信息，减少巡检工作量，及时发现问题和解决问题，提高了管理的时效性，是行业未来技术发展的方向，市场需求很大。

1.4.7 袋式除尘装置专业化运营势在必行

排污企业通常缺乏污染治理专业技术和管理人才，环保设施因缺乏专业的运行管理与维护难以达到理想效果，越来越多的企业用户已经意识到这一点。通过第三方污染治理专业化运营可较好地解决此问题。第三方运营管理是国家鼓励的方向，也是袋式除尘行业发展的必然趋势。

1.5 主要（骨干）企业发展情况

据统计，2019年袋式除尘行业骨干企业共26家，其中主机企业10家、纤维及滤料企业12家、配件企业4家，分布在江苏、浙江、上海、福建、辽宁、湖北、山东、安徽等省（市），主要业务为袋式除尘器、预荷电袋滤器、超净电袋复合除尘器、袋式除尘用滤料、滤袋以及脉冲阀、袋笼等，从业人数1万余人，骨干企业全年营业收入约105亿元，出口合同额约11亿元，利润总额约9亿元，利税总额约12.50亿元。

1.6 行业企业国内国际竞争力状况分析

目前，我国袋式除尘技术和装备整体水平较高，已达到国际先进或领先水平，部分技术和产品，如预荷电袋式除尘技术、煤气干法净化技术、高温超净电袋复合技术、多污染物一体化净化装备、除尘装备智能化远程控制技术、国产PTFE基高性能过滤材料、聚酰亚胺纤维、海岛超细纤维、新型玻纤复合纤维、芳纶纤维、高效工业滤筒等已达到国际先进或领先水平。

除满足国内自身需求外，袋式除尘技术和产品还出口到十余个国家和地区，以东南亚和"一带一路"倡议沿线国家居多，我国已成为袋式除尘技术和产品的输出国。

袋式除尘行业外资公司德国必达福、美国莱德尔、奥地利赢创、日本东丽和东洋纺等在我国的业务开展得很好，与国内企业形成了良好的合作关系，在原材料和产品上也形成了生态链，合同额均保持明显上升势头。应该说我国袋式除尘产业快速发展离不开国外企业和先进技术的标杆作用。

1.6.1 外资企业、国内骨干企业在国内市场的发展趋势分析

袋式除尘行业主要靠国内环保企业提供服务，国外企业仅在高端纤维原料、部分滤料和少量脉冲阀方面提供产品，一般不直接参与国内环保项目竞争，如除尘器主机和袋笼全都由国内企业供货，滤料和脉冲阀国内企业市场份额大于90%。外资企业销售额20多亿，所占市场份额约10%。近年来，国内企业生产的纤维和滤料的性能和质量已显著提升，有些产品的技术指标已赶超国外产品，基本能满足国内市场需求，且外资企业产

品的销售价格较国内约高 20%，因此，外资企业市场份额有限。

1.6.2 骨干企业在国外市场的发展趋势分析

2019 年，袋式除尘行业出口额约 12 亿元，同比基本持平。其中滤料和滤袋方面的出口额约 7 亿元，占比过半。主机方面的出口主要集中在龙净环保、科林环保、中钢天澄、洁华环保科技有限公司（简称"洁华环保"）、天津水泥工业设计研究有限公司（简称"天津水泥院"）、合肥水泥院、贵阳设计铝镁研究院有限公司（简称"贵阳铝镁院"）、中材装备集团有限公司（简称"中材装备"）等骨干企业，一般与国外项目配套供货。龙净环保以煤电烟气超净电袋复合技术和装备出口为主，主要出口土耳其、印度、塔吉克斯坦等国；中钢天澄以预荷电袋滤器和直通式袋式除尘器为主流产品，部分销往俄罗斯和印度尼西亚等国家；科林环保以长袋低压袋式除尘器和单机设备为主产品，销往日本和欧洲；天津水泥院、合肥水泥院及洁华环保的产品主要集中在建材行业的环保设备方面，主要销往东南亚地区；贵阳铝镁院以有色行业脉冲袋式除尘器为主，出口印度及东南亚地区居多。主要滤料出口企业包括浙江严牌过滤技术股份有限公司（简称"浙江严牌"）、浙江鸿盛、山东奥博、安徽元琛环保科技股份有限公司（简称"元琛环保"）、浙江宇邦滤材科技有限公司（简称"浙江宇邦"）、烟台泰和新材料股份有限公司（简称"烟台泰和"）、上海凌桥环保设备厂有限公司（简称"上海凌桥"）等，浙江严牌的滤材远销美欧，山东奥博、抚顺恒益科技滤材有限公司（简称"抚顺恒益"）、江苏灵氟隆环境工程有限公司、上海凌桥、浙江宇邦等滤料企业，产品远销欧洲和东南亚等地区；元琛环保面向电力、钢铁、水泥和垃圾焚烧等行业开发的中高端滤料远销巴西、越南、土耳其、印度和俄罗斯等"一带一路"倡议沿线国家；苏州协昌、上海袋配等配件企业生产的脉冲阀出口欧洲、美洲和东南亚等地区。

随着我国"一带一路"倡议的深入实施，未来几年主机设备的出口额有望再跃新台阶。

1.6.3 骨干企业主要技术进展

我国的袋式除尘技术和装备已达到国际先进水平，在性价比方面具有明显优势，大型袋式除尘技术和设备已不再依赖进口。中钢天澄的技术进展主要是满足超低排放要求的预荷电袋滤器和顶部垂直进风袋式除尘器，技术水平达到国际领先；龙净环保的技术进展主要是满足超低排放要求的超净电袋、高温超净电袋复合技术和与半干法脱硫配套的高浓度袋式除尘器，技术水平达到国际领先；科林环保技术进展主要表现在高效、低阻袋式除尘器、三状态分流组合电袋除尘器、烟（煤）气净化袋滤技术和垃圾焚烧烟气成套净化技术，达到国际领先水平并出口国外；合肥水泥院的技术进展主要表现在建材行业超低排放技术、垃圾焚烧和生物质烟气多污染物净化技术，达到国际先进水平；浙江宇邦的技术进展主要是生产了超细海岛纤维，技术水平达到国际领先；山东奥博的技术进展主要是联合东北大学共同研发了"永久双极硅盐改性纳米纤维网膜强化过滤材料"，技术水平达到国际领先；厦门三维丝的技术进展主要是开发了新型贵纶纤维复合滤料，达到了国际先进水平；浙江鸿盛在高硅氧（改性）覆膜滤料优化升级、珍珠岩系列产品高强度聚苯硫醚针刺毡（PPS）梯次覆膜滤料及脱硝滤袋等技术产品上均有较大进展；苏州协昌的技术进展主要是在烟尘治理袋式除尘运行管理云平台和智能电磁脉冲阀等方面，技术水平达到国际领先；上海袋配的智能脉冲控制仪、防爆电磁脉冲阀和不锈钢脉冲阀等新产品或填补空白或性价比高，技术性能达到国际先进；元琛环保在除尘脱硝一体化功能滤料和智能制造方面取得突破和进展，技术水平达到国际先进；南京际华和上海博格工业用布有限公司在水刺滤料方面有较大技术进展，技术水平达到国际先进；长春高琦聚酰亚胺材料有限公司在聚酰亚胺超细纤维方面有较大技术进展，技术水平达到国际先进；抚顺天宇、南京际华、江苏东方滤袋股份有限公司等在超细面层方面的技术进展较大，技术水平达到国际先进；抚顺天宇和苏州恒清环保科技有限公司在波形褶皱滤袋应用方面成效显著，技术水平达到国际先进；广州华滤环保在高效工业滤筒的创新和性能方面获得突破，跻身国际先进水平；上海尚泰在脉冲阀的结构优化和安装方式方面取得创新和进展，技术水平达到国际先进。

1.7 标准制定

过滤材料是袋式除尘器的核心，技术与产品日新月异，标准是直接反映其技术进步并协助产品规范的主要技术文件。在中国环境保护产业协会和中国环境保护产业协会袋式除尘委员会（以下简称"袋委会"）的领导与组织下，东北大学、中钢天澄、中材科技、厦门三维丝、南京际华、抚顺恒益、安徽元琛环保、抚顺天宇、浙江鸿盛、浙江宇邦等10家单位经过2年的艰苦努力，共同编制起草了 T/CAEPI 21—2019《袋式除尘用滤料技术要求》和 T/CAEPI 24—2019《袋式除尘用超细面层滤料技术要求》两项团体标准，标准汇集了滤料近十年来的技术进步与发展，分别于2019年10月5日和12月27日发布，自2019年12月1日和2020年2月1日起实施，两项标准的实施必将对滤料产品的规范使用与行业发展起到很大的推动作用。

与此同时，浙江菲达环保、科林环保和福建龙净等袋委会骨干主机企业还积极与中国标准化研究院合作，编写并发布了 GB 37484—2019《除尘器能效限定值及能效等级》标准，该标准分别对燃煤锅炉、水泥建材和钢铁行业用的静电除尘器、袋式除尘器及电袋复合除尘器的能效等级、能效限定值和能效测试进行了规定，为除尘器的能效测试及其等级判定提供了方法和可靠依据。

此外，为协助中国滤料快速进入国外市场，增加中国滤料在国际市场上的话语权，继国际标准 ISO 11057-2011《Air quality — Test method for filtration characterization of cleanable filter media 空气质量——可清灰滤料过滤性能测试》和 ISO 16891：2016《Test methods for evaluating degradation of characteristics of cleanable filter media 可清灰滤料性能衰变评价的测试方法》后，东北大学继续代表中国袋除尘行业参与 ISO 国际标准的起草工作，另外两项 ISO 标准正在顺利起草中。

2 2019 年行业发展存在的主要问题及建议

企业资金紧张，货款回笼困难的问题依然普遍存在。近年来，企业应收账款问题依然存在，一边是应收账款回笼遥遥无期，一边是各项成本需要支出，企业运转只能通过贷款，但融资难、融资贵的现象依然普遍。

不规范竞争有所收敛，但依然存在，行业自律仍待强化。

企业技术创新能力依然有限。市场开拓的动力和能力远高于创新能力，市场开拓的人力物力也远大于技术创新，产品的技术含量和附加值尚待提高，核心竞争力不强。

企业利润率低。较低的产品附加值、不规范的市场竞争及劳动力成本增加，导致企业利润水平始终不高。

国际市场份额不足。尽管我国环保产品与应用的水平已经达到国际先进甚至领先水平，同时还有价格优势，但在国外市场的份额仍然甚小，与产品及技术价值不相称。

3 解决对策及建议

针对货款回笼困难及行业自律问题，倡导企业进行信用评价体系建设，加强对失信企业的曝光率，最大限度减少恶性竞争现象和货款拖欠等问题。

技术创新方面，企业要提升创新意识，通过"点对点"的精准帮扶，进行技术革新和新产品开发，提升企业核心竞争力。在市场环境恶化、订单减少等潜在风险下，企业更应练好内功，通过自身创新、与高校合作创新，提升自身竞争力。

针对劳动力成本高、企业利润率低的问题，企业一方面要提升精细化管理水平，另一方面要加强装备自动化及智能化升级，提高生产率和产品质量，降低企业劳动力成本。

在国内市场竞争激烈、利润率难保的严峻形势下，企业应关注国际市场。通过环保设备配套、自身外贸销售、国外销售代理、企业兼并、合资建厂等诸多营销方式进入美国、欧洲、南美等国家和地区及东南亚等"一带一路"倡议沿线国家。

附录：袋式除尘委员会主要骨干企业简介

1. 福建龙净环保股份有限公司

福建龙净环保股份有限公司是中国环保产业的领军企业，为全球最大的大气环保装备制造企业，长期致力于大气污染控制领域环保产品的研究、开发、设计、制造、安装、调试、运营。公司于2000年12月在上海证券交易所成功上市。公司年来业务持续快速成长，步入健康良性的发展轨道，2019年涉及袋式除尘（含电袋）业务的合同额近16.60亿元，出口额5306万元，实现利税3.30亿元，创利2.52亿元。在北京、上海、西安、武汉、天津、宿迁、盐城、乌鲁木齐等多个城市建有研发和生产基地，构建了全国性的网络布局。公司先后获得国家认定企业技术中心、国家级重点高新技术企业、国家级创新型企业、全国环保产业重点骨干企业、全国质量管理先进单位、全国首批守合同重信用企业、福建省最具竞争力上市公司、福建省质量奖等荣誉称号，并被国家授予全国环保行业第一个国家级企业技术中心以及国家地方联合工程研究中心。公司先后承担"863"计划等国家级科研开发任务数十项，主持了23项国家和行业标准的制订。

2. 科林集团·科林环保技术有限责任公司

科林集团·科林环保技术有限责任公司致力于袋式除尘研发、设计、制造、销售和工程总包服务，是一家拥有国家环保工程专项设计和总承包资质的高新技术企业。公司2019年度涉及袋式除尘业务的合同额近5亿元，出口创汇1500多万美元，实现利税4000多万元。公司自主研发设计的生活垃圾、危废及污泥焚烧烟气协同治理技术和除尘产品、电炉烟气净化和节能成套一体化技术、10 m长袋及稳压型袋式除尘回收装置等新技术产品，已通过省级技术鉴定，并在国内外客户中得到成功应用。公司销售涵盖全国各地并出口日本、挪威等20多个国家和地区，年产品用钢量约1.80万t。公司拥有较强的科研力量，设有"博士后科研工作站"，先后获得国家认定企业技术中心、国家级重点高新技术企业、全国守合同重信用企业等荣誉称号，并完成"863"计划等国家级科研开发任务3项，主持及参与完成了十多项国家和行业标准制、修订任务。

3. 中钢集团天澄环保科技股份有限公司

中钢集团天澄环保科技股份有限公司是中国环境保护产业协会骨干企业，科技部、国务院国资委、全国总工会认定的创新试点企业，国家火炬计划重点高新技术企业，是中国环境保护产业协会袋式除尘专业委员会和电除尘专业委员会秘书长单位。公司科研力量雄厚，设有院士专家工作站，拥有国家工业烟气除尘工程技术研究中心、国家环境保护工业烟气控制工程技术中心、烟气多污染物控制技术与装备国家工程实验室。公司始终坚持技术创新，持续承担国家"十五""十一五""十二五""十三五""863"计划课题和重大专项课题攻关，先后开发了直通均流式袋式除尘器、燃煤电厂锅炉烟气微细粒子高效控制技术和装备、钢铁工业炉窑烟尘$PM_{2.5}$预荷电袋滤器等多项成果，为我国电力及非电行业实现超低排放提供了技术和装备支撑。公司2019年袋式除尘业务合同额9.80亿元，利润3500万元，产值同比增长20%。

4. 南京龙源环保有限公司

南京龙源环保有限公司主要从事燃煤电厂烟气环保治理工程，按专业分为三个板块，即除尘、脱硫及脱硝。除尘包括袋式除尘、电袋复合式除尘及湿式电除尘。公司 2019 年全年袋式除尘（含电袋复合式除尘）合同额 6.75 亿元，实现利税 7156 万元。

5. 合肥水泥研究设计院

合肥水泥研究设计院是原国家建材局直属的重点科研设计单位，主要从事水泥工业生产技术装备的开发和应用研究，并承担各种窑型水泥生产线的工程设计、技术服务、设备成套、工程承包、工程监理和环境评价任务。开展科技攻关和引进技术转化设计，创办科技实业，从事科技产品生产和经贸，为全国水泥工厂的技术进步提供新工艺、新装备、新材料等新技术和产品。2019 年度在袋式除尘器及相关方面取得了较好的销售业绩，袋式除尘器销售合同额约 20000 万元，出口额约 1800 万元，实现利润约 1500 万元，业务范围覆盖了水泥、钢铁、冶金、燃煤锅炉、生物质和生活垃圾焚烧发电等行业，同时也进一步拓展了高硫烟气和高浓度有机物废水高效净化业务，取得了显著成效。利用袋式除尘器实施高效干法脱酸除尘，在深圳 4 台 750 t/d 生活垃圾焚烧烟气净化项目上达到了欧盟 2000 标准排放目标；开发了脱硫、脱硝、除尘一体化技术；完成了"捕集 $PM_{2.5}$ 的袋式除尘器"科研项目示范选点和运行测试，达到了预期技术指标；承接的省级科研项目智能化袋式除尘器各项技术攻关进展顺利。

6. 南京际华 3521 特种装备有限公司

南京际华 3521 特种装备有限公司是国内唯一承接国家"863"计划的滤料研发项目的企业，获得"高新技术企业"资格，获得"江苏省企业技术中心"称号，是江苏省二噁英滤料分解除尘工程研究中心依托单位，具有很强的核心竞争能力。公司形成了自主创新、项目合作、购买技术和专利、专家工作站相结合的新型创新体系，其中产学研联盟是公司的一大特色，公司与浙江理工大学、西安工程大学、西北化工研究院合作研发的"耐高温、耐腐蚀、自催化环保滤材项目"对于解决垃圾焚烧尾气中的持久性污染物——二噁英的催化分解具有革命性的意义，目前该项目已取得重要进展，获得国家专利 6 项，其中授权发明专利 2 项。公司与清华大学环境工程学院共同合作，进一步深化该项目的研究，目前该项目正在快速推进之中。公司与东北大学合作"袋式除尘高性能滤料研究及应用"的国家"863"计划，对于解决火力电厂微细粒子除尘具有重大意义。公司环保产业拥有 6 条无纺滤材生产线，5 台套后处理设备和 30 多台套自动缝制设备，可年产 500 多万 m^2 耐高温、耐腐蚀环保滤材。公司 2019 年签订合同总额 2.68 亿元，实现利税 2781 万元。

7. 浙江鸿盛环保科技集团有限公司

浙江鸿盛环境技术集团有限公司源于 2012 年成立的辽宁鸿盛环境技术集团有限公司，是玻纤滤袋研发制造的专业公司，经营范围包括研发环保科技材料，开发和经营各种除尘滤袋、玻纤滤袋、针刺毡滤袋、覆膜滤袋、脱硝滤袋等技术和产品，生产销售过滤袋、空气及水过滤材料、除尘器、水处理设备、脱硫脱硝设备，经营工业烟尘治理项目，脱硫、脱硝、除尘工程建设设备及滤袋安装服务与维修，第三方治理运营管理服务除尘布袋的回收，上述产品的技术咨询、技术服务、进出口等业务。该公司是除尘滤袋等产品的专业生产加工公司，拥有完整、科学的质量管理体系。2017 年公司研发的高硅氧（改性）覆膜滤料通过专家鉴定，该技术攻克了高硅氧（改性）纤维制备、后处理和覆膜等关键技术，形成了规模化生产，核心技术达到国际领先水平。公司2019年签订合同总额7.80亿元，其中出口额1.70亿元，实现利税1.18亿元，年度净利润额7205万元。

8. 烟台泰和新材料股份有限公司

烟台泰和新材料股份有限公司（原名为"烟台氨纶公司"）是一家专业从事高科技特种纤维的研发与生产的企业、国家"火炬"重点高新技术企业、中国特种纤维专业委员会主任单位。拥有国家级企业技术中心，在国内率先实现了氨纶、间位芳纶和对位芳纶的产业化生产，先后填补国内高性能纤维领域的多项空白。拥有资产总额14亿元，占地26万 m^2，是目前国内规模最大的特种纤维生产企业。2008年6月，公司在深圳证券交易所上市。公司在高科技特种纤维领域不断开拓创新，成功开发出耐高温、阻燃、绝缘的新材料——纽士达 &reg 芳纶，并实现了工业化生产，彻底打破了发达国家对我国的技术封锁和市场垄断。公司依托具有自主知识产权，分别获得国家科技进步二等奖——氨纶纤维产业化技术、间位芳纶产业化技术，在特种纤维领域不断发展壮大，取得了显著的经济效益和社会效益。公司2019年签订合同总额2.87亿元，出口1.09亿元，年度净利润额5300万元。

9. 江苏东方滤袋股份有限公司

江苏东方滤袋股份有限公司是集研发、生产、销售、技术支持与服务为一体的实体型企业，并在"新三板"（股票代码：831824）上市。注册资金5323万元，拥有进口自德国奥特发、卡尔迈耶等的生产线9条、员工226人。公司主营各类环保滤料产品，年生产能力1000万 m^2，营销网点遍布国内外，产品销往全球10多个国家和地区，现为中国产业用纺织品行业协会和中国环境保护产业协会袋式除尘委员会常务理事。公司拥有授权专利10项，其中发明专利6项，参与制定国家标准2项、行业标准2项；产品先后荣获江苏省高新技术产品8项、江苏省科学技术奖2项、江苏省环境保护科技进步奖；"耐高温水解间位芳纶滤料"荣获江苏省科技创业大赛优秀奖，研发的部分产品被列入科技部国家"火炬"计划项目和国家重点新产品项目，并承担了国家"十二五"科技支撑计划等项目12项。公司2019年签订合同总额2.15亿元，实现利税5867.31万元，年度净利润额3777.60万元。

10. 厦门三维丝环保股份有限公司

厦门三维丝环保股份有限公司是中国环境保护产业协会袋式除尘委员会副主任委员单位，是目前国内唯一一家创业板上市的滤料企业，是袋式除尘行业重点骨干企业，是我国从事滤料、滤袋生产的知名企业。三维丝环保的主要产品是滤料行业中高端领域的高温针刺滤毡，包括聚苯硫醚针刺毡（PPS）、聚酰亚胺针刺毡（PI）、聚四氟乙烯针刺毡（PTFE）、偏芳族聚酰胺针刺毡（MX）等。经过多年的努力，三维丝环保产品在中高端滤料产品的技术水平和市场占有率均处于领先地位，是国内能与外资企业高标准竞争的滤料企业之一，在国内燃煤锅炉电厂尾气治理滤料市场上处于国内领军地位，是国内首家拥有600 MW燃煤电厂机组运行行业业绩的滤袋生产企业。公司多年来一直致力于高性能滤料的生产与研发，形成了从常规纤维滤料到超细、异型等特种纤维滤料的系列化、功能化和专业化产品，占据了我国高性能滤料较大的市场份额。公司2019年袋式除尘业务合同总额3.60亿元，实现利税7500万元，净利润5500万元。

11. 抚顺天宇滤材有限公司

抚顺天宇滤材有限公司主攻领域为：燃煤电厂超净排放、钢铁 SDA 烧结机、铝电解净化系统。近年来主要创新点为：燃煤电厂超低排放，如河南平顶山神马集团坑口电厂前置半干法脱硫 5 mg/m³ 超低排放项目、东营胜利电厂 600 MW 机组 10 mg/m³ 超低排放项目、湛江电厂 2×300 MW 机组 10 mg/m³ 超低排放项目、新疆天山铝业 300 MW 机组前置半干法脱硫 10 mg/m³ 超低排放项目。近年来，随着波形皱褶滤袋的开发及成功应用，在铝电解净化系统、燃煤电厂等超低排放项目上，达到粉尘出口排放浓度＜ 5 mg/m³。公司 2019 年签订合同额 1.38 亿元，营业收入利税总额 1362 万元。

12. 抚顺恒益科技滤材有限公司

抚顺恒益科技滤材有限公司（原抚顺恒益滤布有限公司）成立于 2001 年 9 月，是一家致力于技术类无纺针刺工业用滤布开发研制及生产的专业性公司。公司为中国环保产业协会袋式除尘专业委员会成员单位。公司是杜邦公司 NOMEX® 纤维及帝人 CONEX® 纤维的高温滤材特许生产商之一，通过了 ISO9001：2000 国际质量体系认证。经过几年的迅猛发展，公司于 2006 年 7 月在抚顺经济开发区置地超 2 万 m²，并以高科技型滤材为"恒益®滤布"的发展方向，"恒久品质，益在环保"是企业发展的宗旨，现年滤料生产能力可达 500 万 m²。公司可专业生产各种常温、中温、高温恒益®无纺针刺毡系列产品并可根据不同工况条件的工艺要求加工制作各种除尘布袋及骨架。产品现已广泛应用于电厂燃煤锅炉、钢铁、水泥、冶金、建材、机械、化工、医疗、食品、沥青搅拌以及环保设备厂等各行业。公司 2019 年签订合同额 1.80 亿元，利润约 2000 万元。

脱硫脱硝行业 2019 年发展报告

1 2019 年行业发展概况

1.1 主要政策变化

1.1.1 钢铁企业超低排放改造时间表敲定，2025 年年底前力争 80% 以上产能完成改造

2019 年 4 月，生态环境部、国家发展改革委、工业和信息化部、财政部、交通运输部联合发布《关于推进实施钢铁行业超低排放的意见》，推动现有钢铁企业超低排放改造工作，到 2020 年年底前，重点区域钢铁企业超低排放改造取得明显进展，力争 60% 左右产能完成改造；到 2025 年年底前，重点区域钢铁企业超低排放改造基本完成，全国力争 80% 以上产能完成改造。重点地区普遍在国家计划的基础上加快加严，浙江、上海等省（市）要求到 2022 年年底前基本完成钢铁企业超低排放改造工作。

2019 年 10 月，中国环保产业协会发布《钢铁企业超低排放改造实施指南》，对超低排放改造的工艺路线提出了指导建议。脱硫方面建议采用石灰石 / 石灰—石膏等湿法脱硫工艺，循环流化床、旋转喷雾法、密相干塔等半干法脱硫工艺，活性炭干法脱硫工艺；脱硝方面建议采用活性炭（设置独立的脱硝段）工艺或选择性催化还原（SCR）工艺。湿法脱硫设施需配备湿式静电除尘器；半干法脱硫设施需配备高效袋式除尘器；采用活性炭脱硫脱硝设施后如颗粒物不能满足要求的，需配备高效袋式除尘器。

钢铁行业超低排放改造目标已定，各地方积极响应。山西、江苏、浙江、福建、湖北、上海、河南等地纷纷出台钢铁超低排放改造的行动计划，各地方关于钢铁行业超低排放的政策如表 1 所示。

表 1 近期各地关于钢铁行业超低排放的政策汇总

政策名称	发布地区	发布时间	政策内容
《河南省2019年大气污染防治攻坚战推进方案》	河南省	2019 年 4 月	2019 年年底前，全省符合条件的钢铁企业完成提标治理，其中，钢铁烧结烟气颗粒物、SO_2、NO_x 排放浓度分别不高于 10 mg/m³、35 mg/m³、50 mg/m³，其他生产工序分别不高于 10 mg/m³、50 mg/m³、200 mg/m³
《全省钢铁行业转型升级优化布局推进工作方案》	江苏省	2019 年 5 月	到 2020 年，力争全省钢铁企业数量由现在的 45 家减至 20 家左右，行业排名前 5 家企业粗钢产能占全省70%；到2020年，全省钢铁行业 SO_2、NO_x、颗粒物排放总量分别下降30%、50%、50%

政策名称	发布地区	发布时间	政策内容
《浙江省钢铁行业超低排放改造实施计划（征求意见稿）》	浙江省	2019年6月	到2022年年底前，全省超低排放改造取得明显进展，钢铁企业超低排放改造基本完成；确保到2025年前，全省钢铁企业全面达到超低排放水平，推动行业高质量、可持续发展
《福建省钢铁行业超低排放改造实施方案》	福建省	2019年7月	新建（含搬迁）钢铁项目原则上要达到超低排放水平。现有钢铁企业分步推进超低排放改造，在2025年年底前基本完成所有生产环节的升级改造工作
《湖北省钢铁行业超低排放改造实施方案》	湖北省	2019年7月	到2021年年底前，武汉钢铁股份有限公司等4家公司的超低排放改造取得明显进展；到2023年年底前，武汉市、襄阳市等7个城市的钢铁企业基本完成超低排放改造工作；其他地区钢铁企业在2025年年底前基本完成超低排放改造
《上海市钢铁行业超低排放改造工作方案（2019—2025年）》	上海市	2019年9月	到2020年年底前，本市钢铁企业超低排放改造取得明显进展，力争70%左右产能完成改造；到2022年年底前，基本完成钢铁企业超低排放改造；到2025年年底前，进一步削减钢铁企业排放总量

1.1.2 燃煤发电厂液氨罐区尿素替代升级改造大幅提速

2019年4月11日，国家能源局发布《切实加强电力行业危险化学品安全综合治理工作的紧急通知》，推进重大危险源管控和改造，在运燃煤发电厂仍采用液氨作为脱硝还原剂的，有关电力企业要按照国家能源局《燃煤发电厂液氨罐区安全管理规定》等文件规定，积极开展液氨罐区重大危险源治理，加快推进尿素替代升级改造进度，新建燃煤发电项目应当采用没有重大危险源的技术路线。未来尿素水解市场容量巨大。

1.1.3 工业炉窑烟气治理全面展开

随着近期大气污染防治管理要求的提高，对工业炉窑工艺装备、污染治理技术和环境管理水平提出了更高的要求。2019年7月，生态环境部、国家发展改革委、工业和信息化部、财政部四部委联合发布《工业炉窑大气污染综合治理方案》（以下简称《方案》）。《方案》对工业炉窑进行了明确定义：工业炉窑是指在工业生产中利用燃料燃烧或电能等转换产生的热量，将物料或工件进行熔炼、熔化、焙（煅）烧、加热、干馏、气化等的热工设备，包括熔炼炉、熔化炉、焙（煅）烧炉（窑）、加热炉、热处理炉、干燥炉（窑）、焦炉、煤气发生炉等8类。工业炉窑广泛应用于钢铁、焦化、有色、建材、石化、化工、机械制造等行业，对工业发展起到了重要支撑作用，同时，也是工业领域大气污染的主要排放源。相对于电站锅炉和工业锅炉，工业炉窑污染治理明显滞后，对环境空气质量产生重要影响。京津冀及周边地区源解析结果表明，细颗粒物（$PM_{2.5}$）污染来源中工业炉窑占20%左右。

《方案》要求，到2020年，完善工业炉窑大气污染综合治理管理体系，推进工业炉窑全面达标排放，京津冀及周边地区、长三角地区、汾渭平原等大气污染防治重点区域工业炉窑装备和污染治理水平明显提高，实现工业行业 SO_2、NO_x、颗粒物等污染物排放进一步下降，促进钢铁、建材等重点行业二氧化碳排放总量得到有效控制，推动环境空气质量持续改善和产业高质量发展。已有行业排放标准的工业炉窑，严格执行行业排放标准相关规定，暂未制订行业排放标准的工业炉窑，应参照相关行业已出台的标准，配套建设高效脱硫脱硝除尘设施，全面加大污染治理力度，重点行业工业炉窑大气污染治理要求见表2。

《方案》涉及钢铁及焦化、机械制造、建材、有色冶炼、化工、轻工、石化等领域的32个子行业。上海、河北、天津、重庆、山东等省（市）已出台地方工业炉窑大气污染物排放标准。工业炉窑烟气治理全面展开。

表2 重点行业工业炉窑大气污染治理要求

行业	子行业	污染治理措施
钢铁及焦化	钢铁	按照《关于推进实施钢铁行业超低排放的意见》要求，对烧结、球团、炼铁、炼钢、轧钢、石灰窑等工业炉窑实施升级改造
	焦化	参照《关于推进实施钢铁行业超低排放的意见》要求，对焦炉等实施升级改造
	铁合金	回转窑、烧结机应配备覆膜袋式除尘、滤筒除尘等高效除尘设施，重点区域应配备脱硫设施；全封闭矿热炉、锰铁高炉及富锰渣高炉应设置煤气净化系统，对煤气进行回收利用；半封闭矿热炉、精炼炉、中频感应炉应配备袋式等高效除尘设施
机械制造	铸造	铸造用生铁企业的烧结机、球团和高炉应按照钢铁行业相关要求执行；冲天炉应配备袋式除尘、滤筒除尘等高效除尘设施；配备脱硫设施，重点区域配备石灰石-石膏法等脱硫设施；中频感应电炉应配备袋式等高效除尘设施
建材	水泥	水泥熟料窑应配备低氮燃烧器，采用分级燃烧等技术，窑尾配备 SNCR、SCR 等脱硝设施；窑头、窑尾配备覆膜袋式除尘等高效除尘设施；窑尾废气 SO_2 不能达标排放的应配备脱硫设施
	平板玻璃	池窑应配备静电、袋式、电袋复合等高效除尘设施，配备石灰石—石膏法等高效脱硫设施，配备 SCR 等脱硝设施；重点区域应取消脱硫、脱硝烟气旁路或设置备用脱硫、脱硝设施
	玻璃纤维	池窑应配备静电、袋式、电袋复合等高效除尘设施，配备石灰石—石膏法等高效脱硫设施，配备 SCR 等脱硝设施；鼓励采用富氧或全氧燃烧方式
	其他玻璃	熔窑（全电熔窑和全氧燃烧熔窑除外）均应配备 SCR 等脱硝设施；以煤、石油焦、重油等为燃料的熔窑应配备袋式等除尘设施，配备石灰石—石膏法等高效脱硫设施，以天然气为燃料的熔窑废气颗粒物、SO_2 不能达标排放的应配备除尘、脱硫设施
	陶瓷	以煤（含煤气）、石油焦、重油等为燃料的炉窑应配备除尘设施，配备石灰石—石膏法等高效脱硫设施；以天然气为燃料的炉窑废气颗粒物不能达标排放的配备除尘设施。喷雾干燥塔应配备袋式等高效除尘设施，配备石灰石—石膏法等高效脱硫设施，配备 SNCR 脱硝设施

行业	子行业	污染治理措施
建材	砖瓦	以煤、煤矸石等为燃料的烧结砖瓦窑应配备高效除尘设施，配备石灰石—石膏法等高效脱硫设施；以天然气为燃料的烧结砖瓦窑应配备除尘设施
	耐火材料	超高温竖窑、回转窑应配备覆膜袋式等高效除尘设施，其他耐火材料窑应配备袋式等除尘设施；以煤（含煤气）、重油等为燃料以及使用含硫黏结剂的，应配备石灰石—石膏法等高效脱硫设施；超高温竖窑、回转窑、高温隧道窑应配备 SCR、SNCR 等脱硝设施
	石灰	石灰窑应配备覆膜袋式等高效除尘设施；SO_2 不能达标排放的应配备脱硫设施
	矿物棉	以煤（含煤气）、焦炭等为燃料的冲天炉、熔化炉、池窑，应配备覆膜袋式等高效除尘设施，配备石灰石—石膏法等高效脱硫设施，配备 SCR 等脱硝设施；以天然气为燃料的熔化炉、池窑应配备袋式等除尘设施，配备 SCR 等脱硝设施，SO_2 排放不达标的应配备脱硫设施；电熔炉废气颗粒物、SO_2 排放不达标的应配备除尘脱硫设施。固化炉等应配备 VOCs 治理措施
有色冶炼	氧化铝	熟料烧成窑、氢氧化铝焙烧炉、石灰炉（窑）等应配备高效静电或电袋复合除尘设施；以发生炉煤气为燃料的，应对煤气进行前脱硫，或焙烧炉烟气配备石灰石—石膏法等高效脱硫设施；重点区域熟料烧成窑应配备脱硝设施
	电解铝（轻金属）	电解槽应配备袋式等高效除尘设施，重点区域配备石灰石—石膏法等高效脱硫设施
	镁、钛（轻金属）	煅烧炉、回转窑等应配备袋式等高效除尘设施，配备石灰石—石膏法等脱硫设施；重点区域配备 SCR 等高效脱硝设施
	铅、锌、铜、镍、钴、锡、锑、钒（重金属）	熔炼炉应配备覆膜袋式等高效除尘设施；铅、锌、铜、镍、锡配备两转两吸制酸工艺，制酸尾气 SO_2 排放不达标的配备脱硫设施，钴、锑、钒熔炼炉尾气应配备脱硫设施；重点区域配备活性炭吸附、过氧化氢、金属氧化物吸收法等高效脱硫设施。环境烟气应全部收集，配备袋式等高效除尘设施，配备活性炭吸附、双氧水、金属氧化物吸收法等高效脱硫设施。重点区域应配备高效脱硝设施
	钼（稀有金属）	焙烧炉等应配备袋式等高效除尘设施，配备制酸工艺。重点区域按照颗粒物、SO_2、NO_x 排放分别不高于 10 mg/m³、100 mg/m³、100 mg/m³ 进行改造，配备高效脱硫脱硝除尘设施
	再生铜、铝、铅、锌	熔炼炉、精炼炉等应配备覆膜袋式等高效除尘设施；再生铅应配备高效脱硫设施，再生铜、铝、锌达不到排放标准的，应配备脱硫设施
	金属冶炼废渣（灰）二次提取	重点区域应配备覆膜袋式等高效除尘设施，SO_2 排放达不到 200 mg/m³ 的，应配备脱硫设施。生产无机化工产品的，执行无机化工排放控制要求
	稀土	煅烧窑等应配备袋式等高效除尘设施；SO_2、NO_x 排放不达标的，应配备脱硫脱硝设施
	工业硅	矿热炉等应配备袋式等除尘设施；SO_2、NO_x 排放不达标的，应配备脱硫脱硝设施
化工	氮肥	硫黄回收尾气应配备高效脱硫设施；固定床间歇式煤气化炉应配备高效吹风气余热回收或三废混燃系统，配备袋式等高效除尘设施，配备石灰石—石膏法等高效脱硫设施，配备 SCR 等高效脱硝设施；以天然气为原料的一段转化炉应配备低氮燃烧、脱硝等设施；造粒塔应配套高效除尘设施；以煤为燃料的干燥窑应配备除尘、脱硫设施

行业	子行业	污染治理措施
化工	铬盐	铬矿、氧化铬等焙烧窑及铬渣解毒窑应配备袋式等高效除尘设施；SO_2、NO_x 排放不达标的，应配备脱硫脱硝设施
	炭素	焙烧炉、煅烧炉（窑）应配备覆膜袋式等高效除尘设施，配备石灰石—石膏法等高效脱硫设施，重点区域配备 SCR、SNCR 等高效脱硝设施
	电石	密闭型电石炉应配备袋式等高效除尘设施；内燃型电石炉应配备布袋等高效除尘设施，配备高效脱硫设施。炭材干燥炉应配备除尘、脱硫设施
	黄磷	黄磷炉尾气应净化后回收利用，利用率不低于85%
	活性炭	煤基活性炭炭化炉应配备除尘、脱硫设施，配备焚烧炉等去除 VOCs 的设施；重点地区还应配备低氮燃烧、SNCR 等脱硝设施。煤基活性炭活化炉应配备尾气焚烧炉，配备高效除尘设施；SO_2 排放不达标的，应配备脱硫设施。活性炭干燥窑应配备除尘、脱硫设施
	泡花碱	马蹄窑应配备袋式、静电等高效除尘设施，配备石灰石—石膏法等高效脱硫设施，配备 SCR、SNCR 等脱硝设施
	其他无机化工	煅烧窑、焙烧窑应配备袋式、静电等高效除尘设施；配备石灰石—石膏法等高效脱硫设施；NO_x 排放不达标的，应配备脱硝设施
轻工	日用玻璃	熔窑（全电熔窑和全氧燃烧熔窑除外）均应配备 SCR 等脱硝设施；以煤、石油焦、重油等为燃料的熔窑应配备袋式等除尘设施，配备石灰石—石膏法等高效脱硫设施，以天然气为燃料的熔窑废气颗粒物、SO_2 不能达标排放的，应配备除尘、脱硫设施
石化	—	加热炉、裂解炉应以经过脱硫的燃料气为燃料，采用低氮燃烧技术

1.1.4 水泥行业或将成为下一个超低排放改造重点

随着超低排放改造方案的发布，钢铁超低排放如火如荼地开展。作为非电行业的重要组成部分，水泥减排也在逐步开展，水泥工业大气污染物排放标准在其中起到了重要作用，国家及地方水泥工业大气污染物排放标准如表3所示。

2019 年 7 月，河南省发布《水泥行业大气污染物排放标准（征求意见稿）》。要求到 2019 年年底前，河南省全部水泥企业完成超低排放改造，即颗粒物、SO_2 和 NO_x 排放分别低于 10 mg/m³、35 mg/m³ 和 100 mg/m³ 的排放限值。到 2021 年，NO_x 标准升级为 50 mg/m³。这已不是超低排放值概念第一次出现在水泥工业。

2019 年 10 月，河北省发布《水泥和平板玻璃行业超低排放标准（二次征求意见稿）》。水泥窑及窑尾余热利用系统颗粒物、SO_2、NO_x 的排放限值是 10 mg/m³、30 mg/m³、50 mg/m³。平板玻璃熔窑颗粒物、SO_2、NO_x 的排放限值是 10 mg/m³、50 mg/m³、200 mg/m³。

2020 年 3 月，河北省印发《水泥工业大气污染物超低排放标准》，严格管控水泥窑及窑尾余热利用系统大气污染物排放限值，严格了颗粒物、SO_2、NO_x 的排放限值，分别为 10 mg/m³、30 mg/m³、100 mg/m³；烘干机、烘干磨、煤磨及冷却机系统的颗粒物、SO_2、NO_x 排放限值分别确定为 10 mg/m³、50 mg/m³、150 mg/m³。与现行国家标准以及其他省份标准相比，达到了先进水平。

从河南、河北两省发布的地方水泥工业大气污染物排放标准可以看出，此次水泥行业大气污染物排放政策加严更为谨慎，避免了环保"一刀切"。

表3 国家及地方水泥工业大气污染物排放限值汇总

序号	政策	地区	标准限值（mg/m³）					
			颗粒物	SO_2	NO_x	氟化物	汞及其化合物	氨
1	GB4915—2013 国家《水泥工业大气污染物排放标准》	一般地区	30	200	400	5	0.05	10
		重点地区	20	100	320	3	0.05	8
2	DB37/2373—2018 山东省《建材工业大气污染物排放标准》	现有企业	20	100	300	5	0.05	8
		新建企业	10/20	50/100	100/200	5	0.05	8
3	DB11/1054—2013 北京市《水泥工业大气污染物排放标准》	Ⅱ时段	20	20	200	2	0.05	5
4	DB13/2167—2020 河北省《水泥工业大气污染物超低排放标准》	新建企业	10	30	100	3	0.05	8
5	《河南省水泥行业大气污染物排放标准》（征求意见稿）	现有企业	10	35	100	3	0.05	8
6	《江苏省关于开展全省非电行业氮氧化物深度减排的通知》	现有企业	—	—	100	—	—	—
7	河北省《唐山市生态环境深度整治攻坚月行动方案》	现有企业	10	30	50	—	—	—
8	DB44/8184—2010 广东省《水泥工业大气污染物排放标准》	现有企业	30	100	550	3	—	—
9	DB35/1311—2013 福建省《水泥工业大气污染物排放标准》	现有企业	30	100	400	5	—	8
10	DB52/893—2014 贵州省《水泥工业大气污染物排放标准》	一般地区	50	200	400	5	—	—
		重点地区	20	100	320	3	0.05	8
11	DB50/656—2016 重庆市《水泥工业大气污染物排放标准》	主城区	15	100	250	3	0.05	8
		其他区域	30	200	350	5	0.05	10

1.1.5 脱硝装置氨逃逸问题引起重视

随着我国大气治理工作的深入，大气中氨对大气中颗粒物的影响已引起了人们的注意，现有脱硝主流技术 SCR 脱硝装置氨逃逸问题逐渐引起重视。

作为大气中唯一的碱性气体，氨气可以同水及酸性物质反应。1 体积水能溶解 700 体积的氨，这意味着当大气湿度增高时，氨易与水进行反应，水又吸收了 SO_2 和 NO_x，变成液相的亚硫酸和亚硝酸。在合适的氧化反应条件下，亚硫酸、亚硝酸可转化成硫酸、硝酸与氨发生中和反应，生成颗粒态的硫酸铵、硝酸铵，成为 $PM_{2.5}$。

2020 年，"大气重污染成因与治理"攻关项目进入收官之年，国家能源集团承担专题二"排放现状评估和强化管控技术实施方案"中的"燃煤电站污染物治理成套工艺与设备评估"课题，对"2+26"城市区域内 11 个城市的 14 台燃煤机组的环保设施多个位置的烟气进行了相关测试，测试发现 14 台机组中有 7 台机组（约 50% 机组）的氨逃逸值高于设计值 2.28 mg/m³，2 台机组氨逃逸浓度分别达到 7.58 mg/m³ 和 9.61 mg/m³，氨逃逸较为严重。

2019 年 3 月，河南污染防治攻坚战领导小组发布了《河南省 2019 年大气污染防治攻坚战实施方案》，对全省水泥行业污染物排放提出了新的要求，其中关于 NO_x 的排放，要求到 2019 年年底前，水泥窑废气在基准氧含量 10% 的条件下，氨逃逸不得高于 8 mg/m³。

2020 年 3 月，河北省印发《水泥工业大气污染物超低排放标准》《平板玻璃工业大气污染物超低排放标准》《锅炉大气污染物排放标准》3 项地方标准，均在排放限值基础上新增了氨逃逸控制指标。新建企业自 2020 年 5 月 1 日起执行，现有企业自 2021 年 10 月 1 日起执行。

2020 年 3 月，山西省晋城市印发《晋城市打赢蓝天保卫战 2020 年决战计划》，方案提出：在部分企业已安装氨逃逸连续在线监控设施的基础上，其他所有 SCR 和 SNCR 脱硝系统全部安装氨逃逸监控仪表，氨逃逸指标分别控制在 2.5 mg/m³、8 mg/m³ 以内。

1.2 脱硫脱硝产业发展概况

为深入了解我国燃煤烟气污染物控制情况，更好地服务于行业和企业，服务政府的宏观政策管理，中国环境保护产业协会组织脱硫脱硝委员会连续三年开展了燃煤烟气脱硫脱硝行业运行情况的调查工作。本着各会员企业自愿参与调查和可核查原则，对参与调查的各会员企业 2019 年度电力行业和非电行业脱硫脱硝运营情况进行了总结。

1.2.1 电力行业脱硫脱硝发展概况

截至 2019 年年底，全国全口径发电装机容量 20.1 亿 kW，同比增加 5.8%，其中火电装机容量 11.9 亿 kW。在火电装机容量中，煤电装机 10.4 亿 kW、气电 9022 万 kW。

2019 年，我国全口径发电量 7.33 万亿 kW·h，同比增加 4.7%，火电发电量 5.05 万亿 kW·h，同比增加 2.4%。其中，煤电发电量 4.56 万亿 kW·h，比 2018 年增长 1.7%。全年发电设备平均利用小时数为 3786 h，同比降低 11 h。2019 年，发电设备利用小时数为 3825 h，火电 4293 h，比上年降低 85 h。其中，煤电 4416 h，比上年降低 79 h；气电 2646 h，比 2018 年降低 121 h。

我国累计完成燃煤电厂超低排放改造 8.9 亿 kW，占煤电机组总装机容量的 86%，建成了世界最大的煤炭清洁发电体系。

1.2.1.1 2019 年度电力行业烟气脱硫工程新签合同机组容量

表 4 给出了参与调查的会员企业 2019 年度电力行业烟气脱硫工程新签合同机组容量情况，不包括历史累计容量。截至 2019 年年底，参与调查各企业电力行业烟气脱硫工程新签合同机组总容量为 37 833 MW。其中，北京清新环境技术股份有限公司、北京国电龙源环保工程有限公司、国家电投集团远达环保股份有限公司和福建龙净环保股份有限公司等行业龙头企业的电力行业烟气脱硫工程新签合同机组容量较突出，分别为 11 001 MW、7370 MW、5870 MW 和 5760 MW。

表 4 2019 年度电力行业烟气脱硫工程新签合同机组容量情况

（按 2019 年度电力行业烟气脱硫工程新签合同机组容量大小排序）

序号	单位名称	电力新签合同（MW）
1	北京清新环境技术股份有限公司	11 001
2	北京国电龙源环保工程有限公司	7370
3	国家电投集团远达环保股份有限公司	5870
4	福建龙净环保股份有限公司	5760
5	浙江菲达环保科技股份有限公司	2260
6	北京国能中电节能环保技术股份有限公司	1827
7	华北电力大学	1000
8	武汉凯迪电力环保有限公司	965
9	浙江天地环保科技有限公司	800
10	江苏科行环保股份有限公司	545
11	江苏新世纪江南环保股份有限公司	200
12	中钢集团天澄环保科技股份有限公司	135
13	陕西大秦环境科技有限公司	100
	总容量	37 833

1.2.1.2 2019年度电力行业烟气脱硫工程新投运机组容量

表5给出了参与调查的会员企业2019年度电力行业烟气脱硫工程新投运机组容量情况，不包括历史累计容量。截至2019年年底，参与调查企业的电力行业烟气脱硫工程新投运机组总容量为44 282 MW。其中，北京国电龙源环保工程有限公司、福建龙净环保股份有限公司和国家电投集团远达环保股份有限公司的电力行业烟气脱硫工程新投运机组容量较大，分别为12 474 MW、8520 MW 和6170 MW。

表5　2019年度电力行业烟气脱硫工程新投运机组容量情况

（按2019年度电力行业烟气脱硫工程新投运机组容量大小排序）

序号	单位名称	电力新投运（MW）
1	北京国电龙源环保工程有限公司	12 474
2	福建龙净环保股份有限公司	8520
3	国家电投集团远达环保股份有限公司	6170
4	北京清新环境技术股份有限公司	4565
5	武汉凯迪电力环保有限公司	4390
6	北京博奇电力科技有限公司	3380
7	北京国能中电节能环保技术股份有限公司	2778
8	浙江菲达环保科技股份有限公司	1260
9	山东神华山大能源环境有限公司	300
10	江苏新世纪江南环保股份有限公司	245
11	陕西大秦环境科技有限公司	135
12	江苏科行环保股份有限公司	65
总容量		44 282

1.2.1.3 2019年度电力行业烟气脱硝工程新签合同机组容量

表6给出了参与调查的会员企业2019年度电力行业烟气脱硝工程新签合同机组容量情况，不包括历史累计容量。截至2019年年底，参与调查企业的全国电力行业烟气脱硝工程新签合同机组总容量为34 630 MW。其中，北京国电龙源环保工程有限公司、福建龙净环保股份有限公司和国家电投集团远达环保股份有限公司的电力行业烟气脱硝工程新签合同机组容量最大，分别为16 660 MW、10 490 MW 和3660 MW。

表 6　2019 年度电力行业烟气脱硝工程新签合同机组容量情况

（按 2019 年度电力行业烟气脱硝工程新签合同机组容量大小排序）

序号	单位名称	电力新签合同（MW）
1	北京国电龙源环保工程有限公司	16 660
2	福建龙净环保股份有限公司	10 490
3	国家电投集团远达环保股份有限公司	3660
4	北京清新环境技术股份有限公司	2451
5	北京国能中电节能环保技术股份有限公司	799
6	华北电力大学	300
7	江苏科行环保股份有限公司	170
8	陕西大秦环境科技有限公司	100
总容量		34 630

1.2.1.4　2019 年度电力行业烟气脱硝工程新投运机组容量

表 7 给出了参与调查的会员企业 2019 年度电力行业烟气脱硝工程新投运机组容量情况，不包括历史累计容量。截至 2019 年年底，参与调查企业的全国电力行业烟气脱硝工程新投运机组总容量为 38 977 MW。以国家电投集团远达环保股份有限公司、北京国电龙源环保工程有限公司和福建龙净环保股份有限公司为主，分别为 14 695 MW、14 649 MW 和4130 MW。

表 7　2019 年度电力行业烟气脱硝工程新投运机组容量情况

（按 2019 年度电力行业烟气脱硝工程新投运机组容量大小排序）

序号	单位名称	电力新投运（MW）
1	国家电投集团远达环保股份有限公司	14 695
2	北京国电龙源环保工程有限公司	14 649
3	福建龙净环保股份有限公司	4130
4	北京清新环境技术股份有限公司	1967
5	北京博奇电力科技有限公司	1360
6	北京国能中电节能环保技术股份有限公司	1286
7	武汉凯迪电力环保有限公司	660
8	陕西大秦环境科技有限公司	200
9	江苏科行环保股份有限公司	30
总容量		38 977

1.2.1.5 2019 年度电力行业在运的第三方运维机组容量

表 8 和表 9 给出了参与调查的企业 2019 年度电力行业在运的第三方运维（含特许和运维）烟气脱硫脱硝工程机组容量情况，不包括历史累计容量。电力行业脱硫脱硝第三方运维公司包括国家电投集团远达环保股份有限公司、北京清新环境技术股份有限公司、北京国电龙源环保工程有限公司、北京博奇电力科技有限公司、北京国能中电节能环保技术股份有限公司等企业。各参与调查的企业在运的烟气脱硫第三方运维容量为 114 596 MW，在运的烟气脱硝第三方运维容量为 58 659 MW。

表 8 2019 年度电力行业在运的脱硫第三方运维机组容量情况

（按 2019 年度电力行业在运的脱硫第三方运维机组容量大小排序）

序号	单位名称	电力第三方在运（MW）
1	国家电投集团远达环保股份有限公司	26 034
2	北京清新环境技术股份有限公司	24 810
3	北京国电龙源环保工程有限公司	18 550
4	北京博奇电力科技有限公司	16 440
5	北京国能中电节能环保技术股份有限公司	15 340
6	上海申欣环保实业有限公司	6320
7	福建龙净环保股份有限公司	3220
8	浙江天地环保科技有限公司	2400
9	江苏新世纪江南环保股份有限公司	822
10	浙江天蓝环保技术股份有限公司	660
	总容量	114 596

表 9 2019 年度电力行业在运的脱硝第三方运维机组容量情况

（按 2019 年度电力行业在运的脱硝第三方运维机组容量大小排序）

序号	单位名称	电力第三方在运（MW）
1	国家电投集团远达环保股份有限公司	20 424
2	北京国能中电节能环保技术股份有限公司	12 700
3	北京清新环境技术股份有限公司	9035
4	上海申欣环保实业有限公司	6320
5	北京博奇电力科技有限公司	5260
6	北京国电龙源环保工程有限公司	2520
7	浙江天地环保科技有限公司	2400

续表

序号	单位名称	电力第三方在运（MW）
	总容量	58 659

1.2.2 2019 年非电行业脱硫脱硝发展现状

非电燃煤行业消耗了国内煤炭总量的约一半，包括钢铁、冶金（含有色冶金）、建材（水泥、陶瓷、玻璃等）、各种窑炉、各行业的自备燃煤动力锅炉、自备电厂及散煤等。在火电行业污染治理已取得显著成果的情况下，近几年，国家和地方政府针对非电燃煤行业大气污染治理出台了更加严格的政策和标准。关于推进钢铁超低排放改造工作高质量开展的政策频出，钢铁超低排放改造全面开展。据统计，2019 年我国粗钢产量达9.96 亿 t，产能利用率为 80%。目前，全国 23 个省 324 家钢铁企业 7.8 亿 t 粗钢产能已开展超低排放改造。其中，2019 年，已有 222 家钢铁企业启动超低排放改造。同时，《工业炉窑大气污染综合治理方案》发布，要求到 2020 年，完善工业炉窑大气污染综合治理管理体系，推进工业炉窑全面达标排放；同时，超低排放限值概念被引入水泥行业，多地出台了水泥行业大气污染物超低排放标准。非电行业大气污染物治理已从钢铁超低排放改造的一枝独秀向全面开展的方向发展。

为解决国内缺乏权威的非电行业脱硫脱硝第一手数据这个问题，中国环境保护产业协会脱硫脱硝委员会本着各会员企业自愿参与调查和可核查的原则，对参与调查的各企业 2019 年度非电行业脱硫脱硝产业运营情况进行了总结。

1.2.2.1 2019 年度非电行业新签脱硫工程烟气处理情况

表 10 给出了参与调查的会员企业 2019 年度非电行业新签的脱硫工程烟气处理情况，不包括历史累计脱硫工程情况。与电力行业不同，非电行业缺乏统一标准，因此本报告以中国环境保护产业协会脱硫脱硝委员会提出的万标准立方米烟气量（$10^4 Nm^3/h$）[①] 作为企业之间比较的标准。2019 年，参与调查企业的全国非电行业新签合同的脱硫工程总处理烟气量为 15766.8 万 Nm^3/h。其中，福建龙净环保股份有限公司、北京清新环境技术股份有限公司、江苏新世纪江南环保股份有限公司和江苏科行环保股份有限公司等企业的非电新签合同脱硫烟气量最突出，分别为 7552.4 万 Nm^3/h、2305.3 万 Nm^3/h、1160.8 万 Nm^3/h 和 1155.1 万 Nm^3/h。

---

① Nm^3/h：在 0 ℃、1 个标准大气压的状态下的流量。

表 10　2019 年度非电行业新签合同脱硫工程处理烟气量情况

（按 2019 年度非电行业新签合同脱硫工程处理烟气量大小排序）

序号	单位名称	非电新签合同（万 Nm³/h）
1	福建龙净环保股份有限公司	7552.4
2	北京清新环境技术股份有限公司	2305.3
3	江苏新世纪江南环保股份有限公司	1160.8
4	江苏科行环保股份有限公司	1155.1
5	浙江天蓝环保技术股份有限公司	725.0
6	中晶环境科技股份有限公司	596.0
7	浙江菲达环保科技股份有限公司	587.3
8	北京博奇电力科技有限公司	312.0
9	中钢集团天澄环保科技股份有限公司	309.2
10	合肥水泥研究设计院有限公司	255.2
11	北京首钢国际工程技术有限公司	207.0
12	浙江天地环保科技有限公司	180.0
13	国家电投集团远达环保股份有限公司	164.0
14	北京国能中电节能环保技术股份有限公司	162.8
15	北京国电龙源环保工程有限公司	34.0
16	北京利德衡环保工程有限公司	23.8
17	亚太环保股份有限公司	17.2
18	陕西大秦环境科技有限公司	13.0
19	山东圣大环保工程有限公司	6.7
	总烟气量	15 766.8

1.2.2.2　2019 年度非电行业新投运脱硫工程烟气处理情况

　　表 11 给出了参与调查的会员企业 2019 年度非电行业新投运的脱硫工程处理烟气量情况，不包括历史累计脱硫工程投运情况。截至 2019 年年底，参与调查企业的全国非电行业新投运的烟气脱硫工程总烟气量为 11 102.8 万 Nm³/h。其中，福建龙净环保股份有限公司、国家电投集团远达环保股份有限公司和江苏新世纪江南环保股份有限公司在非电行业新投运的脱硫工程业绩最突出，分别为 4789.0 万 Nm³/h、1332.7 万 Nm³/h 和 1231.2 万 Nm³/h。

表 11　2019 年度非电行业新投运脱硫工程处理烟气量情况

（按 2019 年度非电行业新投运脱硫工程处理烟气量大小排序）

序号	单位名称	非电新投运（万 Nm³/h）
1	福建龙净环保股份有限公司	4789.0
2	国家电投集团远达环保股份有限公司	1332.7
3	江苏新世纪江南环保股份有限公司	1231.2
4	北京博奇电力科技有限公司	986.5
5	北京清新环境技术股份有限公司	459.8
6	北京国电龙源环保工程有限公司	387.3
7	浙江菲达环保科技股份有限公司	336.1
8	中晶环境科技股份有限公司	265.0
9	江苏科行环保股份有限公司	242.0
10	合肥水泥研究设计院有限公司	185.2
11	浙江天蓝环保技术股份有限公司	164.0
12	北京国能中电节能环保技术股份有限公司	163.4
13	亚太环保股份有限公司	159.1
14	中钢集团天澄环保科技股份有限公司	125.0
15	北京首钢国际工程技术有限公司	112.0
16	陕西大秦环境科技有限公司	100.5
17	武汉凯迪电力环保有限公司	64.0
	总烟气量	11 102.8

1.2.2.3　2019 年度非电行业新签脱硝工程烟气处理情况

表 12 给出了参与调查的会员企业 2019 年新签合同的非电行业脱硝工程处理烟气量情况，不包括历史累计脱硝工程情况。截至 2019 年年底，参与调查企业的全国非电燃煤新签合同脱硝工程处理总烟气量为 9839.4 万 Nm³/h。

表 12　2019 年度非电行业新签合同烟气脱硝工程处理烟气量情况

（按 2019 年度非电行业新签合同烟气脱硝工程处理烟气量大小排序）

序号	单位名称	非电新签合同（万 Nm³/h）
1	福建龙净环保股份有限公司	5760.6
2	江苏科行环保股份有限公司	867.3
3	北京清新环境技术股份有限公司	775.9
4	中晶环境科技股份有限公司	564.3

序号	单位名称	非电新签合同（万 Nm³/h）
5	浙江天蓝环保技术股份有限公司	545.7
6	北京博奇电力科技有限公司	380.0
7	北京国电龙源环保工程有限公司	272.0
8	中钢集团天澄环保科技股份有限公司	265.0
9	北京首钢国际工程技术有限公司	191.0
10	合肥水泥研究设计院有限公司	71.0
11	北京国能中电节能环保技术股份有限公司	58.0
12	浙江菲达环保科技股份有限公司	47.8
13	北京利德衡环保工程有限公司	23.8
14	陕西大秦环境科技有限公司	13.0
15	武汉凯迪电力环保有限公司	4.0
	总烟气量	9839.4

1.2.2.4 2019 年度非电行业新投运脱硝工程烟气处理情况

表 13 为参与调查的会员企业 2019 年新投运非电行业燃煤烟气脱硝工程处理烟气量情况，不包括历史累计投运的脱硝工程。截至 2019 年年底，参与调查企业全国非电行业新投运脱硝工程处理的总烟气量为 5863.1 万 Nm³/h。

表 13　2019 年度非电行业新投运脱硝工程处理烟气量情况

（按 2019 年度非电行业新投运脱硝工程处理烟气量大小排序）

序号	单位名称	非电新投运（万 Nm³/h）
1	福建龙净环保股份有限公司	3502.5
2	北京博奇电力科技有限公司	731.5
3	北京首钢国际工程技术有限公司	326.0
4	中晶环境科技股份有限公司	322.0
5	北京清新环境技术股份有限公司	250.0
6	亚太环保股份有限公司	159.1
7	中钢集团天澄环保科技股份有限公司	125.0
8	浙江天蓝环保技术股份有限公司	106.1
9	陕西大秦环境科技有限公司	102.6
10	北京国电龙源环保工程有限公司	80.0
11	北京国能中电节能环保技术股份有限公司	58.0
12	浙江菲达环保科技股份有限公司	47.8

序号	单位名称	非电新投运（万 Nm³/h）
13	江苏科行环保股份有限公司	27.5
14	合肥水泥研究设计院有限公司	25.0
	总烟气量	5863.1

1.2.2.5 2019 年度非电行业在运的第三方运维烟气处理情况

表 14、表 15 分别给出了参与调查的会员企业 2019 年度非电行业在运的脱硫脱硝第三方运维处理烟气量情况，脱硫第三方运维总处理烟气量为 6278.3 万 Nm³/h，脱硝第三方运维总处理烟气量为 3197.1 万 Nm³/h。

表 14　2019 年度非电行业在运的脱硫第三方运维处理烟气量情况

（按 2019 年度非电行业在运的脱硫第三方运维处理烟气量大小排序）

序号	单位名称	非电第三方在运（万 Nm³/h）
1	中晶环境科技股份有限公司	1913.0
2	国家电投集团远达环保股份有限公司	1365.3
3	北京中航泰达环保科技股份有限公司	1060.0
4	北京博奇电力科技有限公司	917.0
5	北京国能中电节能环保技术股份有限公司	508.8
6	江苏科行环保股份有限公司	206.0
7	浙江天蓝环保技术股份有限公司	115.0
8	中钢集团天澄环保科技股份有限公司	90.0
9	亚太环保股份有限公司	55.0
10	福建龙净环保股份有限公司	29.2
11	浙江鸿盛环保科技集团有限公司	13.0
12	山东圣大环保工程有限公司	6.0
	总烟气量	6278.3

表 15　2019 年度非电行业在运的脱硝第三方运维处理烟气量情况

（按 2019 年度非电行业在运的脱硝第三方运维处理烟气量大小排序）

序号	单位名称	非电第三方在运（万 Nm³/h）
1	北京博奇电力科技有限公司	1157.0
2	中晶环境科技股份有限公司	740.0
3	北京国能中电节能环保技术股份有限公司	508.8

序号	单位名称	非电第三方在运（万 Nm³/h）
4	国家电投集团远达环保股份有限公司	391.3
5	江苏科行环保股份有限公司	192.0
6	北京中航泰达环保科技股份有限公司	178.0
7	中钢集团天澄环保科技股份有限公司	30.0
	总烟气量	3197.1

1.2.3 2019年度燃煤烟气脱硫脱硝产业综合分析

燃煤电站超低排放改造工作已接近尾声，脱硫脱硝行业即将进入以非电行业为主的阶段。为了更加直观地表达各参与调查企业在电力行业和非电行业中脱硫和脱硝机组总容量情况，更加客观反映行业、企业的现状，对表4～表15的数据进行了汇总。这里，将各参与调查企业报送的电力行业的机组处理的烟气量进行了统计，从而得到电力行业和非电行业脱硫脱硝新签合同和新投运总处理烟气量情况，见表16～表21。

1.2.3.1 2019年度燃煤烟气全行业新签脱硫工程烟气处理情况

表16给出了参与调查的会员企业2019年度电力和非电行业新签合同的脱硫工程总处理烟气量情况。截至2019年年底，参与调查的各企业新签合同脱硫工程处理的总烟气量为31 802.1万Nm³/h（包括电力行业和非电行业），其中电力行业新签合同容量占50%，非电新签合同容量占50%。其中，福建龙净环保股份有限公司、北京清新环境技术股份有限公司、国家电投集团远达环保股份有限公司和北京国电龙源环保工程有限公司的新签脱硫工程处理烟气量较大，分别为9647.1万Nm³/h、6639.5万Nm³/h、3473.0万Nm³/h和2539.8万Nm³/h。

表16　2019年度电力和非电行业新签合同脱硫工程总处理烟气量情况

（按2019年度各单位新签合同脱硫工程总处理烟气量大小排序）

序号	单位名称	电力新签合同（万 Nm³/h）	非电新签合同（万 Nm³/h）	合计新签合同（万 Nm³/h）
1	福建龙净环保股份有限公司	2094.7	7552.4	9647.1
2	北京清新环境技术股份有限公司	4334.2	2305.3	6639.5
3	国家电投集团远达环保股份有限公司	3309.0	164.0	3473.0
4	北京国电龙源环保工程有限公司	2505.8	34.0	2539.8
5	北京国能中电节能环保技术股份有限公司	1419.5	162.8	1582.3
6	江苏科行环保股份有限公司	242.9	1155.1	1398.0

续表

序号	单位名称	电力新签合同 （万 Nm³/h）	非电新签合同 （万 Nm³/h）	合计新签合同 （万 Nm³/h）
7	浙江菲达环保科技股份有限公司	777.9	587.3	1365.2
8	江苏新世纪江南环保股份有限公司	90.0	1160.8	1250.8
9	浙江天蓝环保技术股份有限公司	0.0	725.0	725.0
10	浙江天地环保科技有限公司	529.0	180.0	709.0
11	中晶环境科技股份有限公司	0.0	596.0	596.0
12	中钢集团天澄环保科技股份有限公司	45.9	309.2	355.1
13	武汉凯迪电力环保有限公司	315.6	0.0	315.6
14	华北电力大学	315.3	0.0	315.3
15	北京博奇电力科技有限公司	0.0	312	312.0
16	合肥水泥研究设计院有限公司	0.0	255.2	255.2
17	北京首钢国际工程技术有限公司	0.0	207.0	207.0
18	陕西大秦环境科技有限公司	55.5	13.0	68.5
19	北京利德衡环保工程有限公司	0.0	23.8	23.8
20	亚太环保股份有限公司	0.0	17.2	17.2
21	山东圣大环保工程有限公司	0.0	6.7	6.7
	总烟气量	16 035.3	15 766.8	31 802.1

1.2.3.2 2019 年度燃煤烟气全行业新投运脱硫工程烟气处理情况

表 17 给出了参与调查的各会员企业 2019 年度电力和非电行业新投运脱硫工程总处理烟气量情况。截至 2019 年年底，参与调查各企业新投运脱硫工程总处理烟气量为 27 118.2 万 Nm³/h（包括电力行业和非电行业），其中电力新投运占 59%，非电新投运占 41%。其中福建龙净环保股份有限公司、北京国电龙源环保工程有限公司和国家电投集团远达环保股份有限公司在 2019 年度新投运脱硫工程处理烟气量较为突出，分别为 7691.5 万 Nm³/h、4661.5 万 Nm³/h 和 4560.7 万 Nm³/h。

表 17　2019 年度电力和非电行业新投运脱硫工程总处理烟气量情况

（按 2019 年度各单位新投运脱硫工程总处理烟气量大小排序）

序号	单位名称	电力新投运 （万 Nm³/h）	非电新投运 （万 Nm³/h）	合计新投运 （万 Nm³/h）
1	福建龙净环保股份有限公司	2902.5	4789.0	7691.5
2	北京国电龙源环保工程有限公司	4274.3	387.3	4661.6
3	国家电投集团远达环保股份有限公司	3228.0	1332.7	4560.7

序号	单位名称	电力新投运 （万 Nm³/h）	非电新投运 （万 Nm³/h）	合计新投运 （万 Nm³/h）
4	北京博奇电力科技有限公司	1149.2	986.5	2135.7
5	北京清新环境技术股份有限公司	1673.4	459.8	2133.2
6	江苏新世纪江南环保股份有限公司	110.4	1231.2	1341.6
7	北京国能中电节能环保技术股份有限公司	1090.9	163.4	1254.3
8	武汉凯迪电力环保有限公司	880.5	64.0	944.5
9	浙江菲达环保科技股份有限公司	484.0	336.1	820.1
10	江苏科行环保股份有限公司	25.9	242.0	267.9
11	中晶环境科技股份有限公司	0.0	265.0	265.0
12	合肥水泥研究设计院有限公司	0.0	185.2	185.2
13	陕西大秦环境科技有限公司	82.7	100.5	183.2
14	浙江天蓝环保技术股份有限公司	0.0	164.0	164.0
15	亚太环保股份有限公司	0.0	159.1	159.1
16	中钢集团天澄环保科技股份有限公司	0.0	125.0	125.0
17	山东神华山大能源环境有限公司	113.6	0.0	113.6
18	北京首钢国际工程技术有限公司	0.0	112.0	112.0
	总烟气量	16 015.4	11 102.8	27 118.2

1.2.3.3 2019年度燃煤烟气全行业新签合同脱硝工程烟气处理情况

表18给出了参与调查的会员企业2019年度电力和非电行业新签合同脱硝工程总处理烟气量情况。截至2019年年底，参与调查各企业新签合同的脱硝工程总处理烟气量为21 199.2万 Nm³/h（包括电力行业和非电行业），其中电力新签占54%，非电新签占46%。其中福建龙净环保股份有限公司、北京国电龙源环保工程有限公司、北京清新环境技术股份有限公司和国家电投集团远达环保股份有限公司新签合同的烟气脱硝工程处理烟气量较大，分别为8681.1万 Nm³/h、5938.4万 Nm³/h、1683.5万 Nm³/h 和1201.1万 Nm³/h。

表18 2019年度电力和非电行业新签合同脱硝工程总处理烟气量情况

（按2019年度各单位新签合同脱硝工程总处理烟气量大小排序）

序号	单位名称	电力新签合同 （万 Nm³/h）	非电新签合同 （万 Nm³/h）	合计新签合同 （万 Nm³/h）
1	福建龙净环保股份有限公司	2920.5	5760.6	8681.1
2	北京国电龙源环保工程有限公司	5666.4	272.0	5938.4
3	北京清新环境技术股份有限公司	907.6	775.9	1683.5

序号	单位名称	电力新签合同 （万 Nm³/h）	非电新签合同 （万 Nm³/h）	合计新签合同 （万 Nm³/h）
4	国家电投集团远达环保股份有限公司	1201.1	0.0	1201.1
5	江苏科行环保股份有限公司	55.7	867.3	923.0
6	中晶环境科技股份有限公司	0.0	564.3	564.3
7	浙江天蓝环保技术股份有限公司	0.0	545.7	545.7
8	北京博奇电力科技有限公司	0.0	380.0	380.0
9	北京国能中电节能环保技术股份有限公司	311.8	58.0	369.8
10	中钢集团天澄环保科技股份有限公司	0.0	265.0	265.0
11	华北电力大学	241.2	0.0	241.2
12	北京首钢国际工程技术有限公司	0.0	191.0	191.0
13	合肥水泥研究设计院有限公司	0.0	71.0	71.0
14	陕西大秦环境科技有限公司	55.5	13.0	68.5
15	浙江菲达环保科技股份有限公司	0.0	47.8	47.8
16	北京利德衡环保工程有限公司	0.0	23.8	23.8
17	武汉凯迪电力环保有限公司	0.0	4.0	4.0
	总烟气量	11 359.8	9839.4	21 199.2

1.2.3.4　2019 年度燃煤烟气全行业新投运脱硝工程烟气处理情况

表 19 给出了参与调查的会员企业 2019 年度电力和非电行业新投运脱硝工程总处理烟气量情况。截至 2019 年年底，参与调查的各企业新投运脱硝工程处理的总烟气量为 19 112.0 万 Nm³/h（包括电力行业和非电行业），其中电力新投运占 69%，非电新投运占 31%。其中，国家电投集团远达环保股份有限公司、北京国电龙源环保工程有限公司和福建龙净环保股份有限公司在 2019 年度新投运脱硝工程处理烟气量较突出，分别为 5177.1 万 Nm³/h、5072 万 Nm³/h 和 4580.8 万 Nm³/h。

表 19　2019 年度电力和非电行业新投运脱硝工程总处理烟气量情况

（按 2019 年度各单位新投运脱硝工程总处理烟气量大小排序）

序号	单位名称	电力新投运 （万 Nm³/h）	非电新投运 （万 Nm³/h）	合计新投运 （万 Nm³/h）
1	国家电投集团远达环保股份有限公司	5177.1	0.0	5177.1
2	北京国电龙源环保工程有限公司	4992.0	80.0	5072.0
3	福建龙净环保股份有限公司	1078.3	3502.5	4580.8

序号	单位名称	电力新投运 （万 Nm³/h）	非电新投运 （万 Nm³/h）	合计新投运 （万 Nm³/h）
4	北京博奇电力科技有限公司	462.4	731.5	1193.9
5	北京清新环境技术股份有限公司	817.9	250.0	1067.9
6	北京国能中电节能环保技术股份有限公司	464.4	58.0	522.4
7	北京首钢国际工程技术有限公司	0.0	326.0	326.0
8	中晶环境科技股份有限公司	0.0	322.0	322.0
9	陕西大秦环境科技有限公司	115.1	102.6	217.7
10	亚太环保股份有限公司	0.0	159.1	159.1
11	武汉凯迪电力环保有限公司	130.2	0.0	130.2
12	中钢集团天澄环保科技股份有限公司	0.0	125.0	125.0
13	浙江天蓝环保技术股份有限公司	0.0	106.1	106.1
14	浙江菲达环保科技股份有限公司	0.0	47.8	47.8
15	江苏科行环保股份有限公司	11.5	27.5	39.0
16	合肥水泥研究设计院有限公司	0.0	25.0	25.0
	总烟气量	13 248.9	5863.1	19 112.0

1.2.3.5 2019年度燃煤烟气全行业在运营的第三方运维烟气处理情况

表20和表21给出了2019年度的会员企业电力和非电行业在运营脱硫脱硝第三方运维总处理烟气量情况。2019年度各企业在运营的脱硫第三方运维处理的总烟气量为45 735.7万 Nm³/h；2019年度各企业在运营的脱硝第三方运维处理的总烟气量为21 966.0万 Nm³/h。

表20　2019年度电力和非电行业在运营的脱硫第三方运维总处理烟气量情况

（按2019年度电力和非电在运营的脱硫第三方运维总处理烟气量大小排序）

序号	单位名称	电力在运 （万 Nm³/h）	非电在运 （万 Nm³/h）	合计在运 （万 Nm³/h）
1	国家电投集团远达环保股份有限公司	9173.4	1365.3	10538.7
2	北京清新环境技术股份有限公司	9105.2	0.0	9105.2
3	北京国电龙源环保工程有限公司	6720.5	0.0	6720.5
4	北京博奇电力科技有限公司	5589.6	917.0	6506.6
5	北京国能中电节能环保技术股份有限公司	5215.5	508.8	5724.3
6	中晶环境科技股份有限公司	0.0	1913.0	1913.0
7	福建龙净环保股份有限公司	1130.9	29.2	1160.1

续表

序号	单位名称	电力在运（万 Nm³/h）	非电在运（万 Nm³/h）	合计在运（万 Nm³/h）
8	上海申欣环保实业有限公司	1062.9	0.0	1062.9
9	北京中航泰达环保科技股份有限公司	0.0	1060.0	1060.0
10	浙江天地环保科技有限公司	816.0	0.0	816.0
11	江苏新世纪江南环保股份有限公司	393.4	0.0	393.4
12	浙江天蓝环保技术股份有限公司	250.0	115.0	365.0
13	江苏科行环保股份有限公司	0.0	206.0	206.0
14	中钢集团天澄环保科技股份有限公司	0.0	90.0	90.0
15	亚太环保股份有限公司	0.0	55.0	55.0
16	浙江鸿盛环保科技集团有限公司	0.0	13.0	13.0
17	山东圣大环保工程有限公司	0.0	6.0	6.0
	总烟气量	39 457.4	6278.3	45 735.7

表 21　2019 年度电力和非电行业在运营的脱硝第三方运维总处理烟气量情况

（按 2019 年度电力和非电在运营的脱硝第三方运维总处理烟气量大小排序）

序号	单位名称	电力在运（万 Nm³/h）	非电在运（万 Nm³/h）	合计在运（万 Nm³/h）
1	国家电投集团远达环保股份有限公司	6709.8	391.3	7101.1
2	北京国能中电节能环保技术股份有限公司	4317.9	508.8	4826.7
3	北京清新环境技术股份有限公司	3164.7	0.0	3164.7
4	北京博奇电力科技有限公司	1788.4	1157.0	2945.4
5	上海申欣环保实业有限公司	1062.9	0.0	1062.9
6	北京国电龙源环保工程有限公司	909.2	0.0	909.2
7	浙江天地环保科技有限公司	816.0	0.0	816.0
8	中晶环境科技股份有限公司	0.0	740.0	740.0
9	江苏科行环保股份有限公司	0.0	192.0	192.0
10	北京中航泰达环保科技股份有限公司	0.0	178.0	178.0
11	中钢集团天澄环保科技股份有限公司	0.0	30.0	30.0
	总烟气量	18 768.9	3197.1	21 966.0

1.3 2019年行业技术进展

1.3.1 行业总体技术进展

1.3.1.1 主要 SO_2 超低排放控制技术

（1）湿法脱硫技术

湿法脱硫技术采用石灰石、石灰等作为脱硫吸收剂，在吸收塔内，吸收剂浆液与烟气充分接触混合，烟气中的 SO_2 与浆液中的碳酸钙（或氢氧化钙）以及鼓入的氧化空气进行化学反应从而被脱除，最终脱硫副产物为二水硫酸钙即石膏。脱硫效率一般大于95%，可达99%以上。SO_2 排放浓度可达到超低排放要求。湿法脱硫技术广泛应用于电力行业烟气治理，其技术不断升级，基于常规石灰石—石膏湿法烟气脱硫工艺上已发展出单/双塔双循环脱硫、单塔双区脱硫、旋汇耦合脱硫等工艺技术，进一步强化了传质效率，提高了脱硫效率。

广州恒运电厂、浙能滨海电厂、国电浙江北仑电厂、浙能乐清电厂、浙能乐清发电有限责任公司机组等数个项目均采用单塔双循环技术实现了 SO_2 的超低排放；浙能嘉华电厂、华能长兴电厂2组脱硫改造、新建机组等数十个项目均采用单塔双区脱硫，实现了 SO_2 的超低排放；大唐托克托电厂、重庆石柱 2×350 MW 电厂（入口设计 SO_2 浓度为 11 627 mg/m³）等项目均采用了旋汇耦合脱硫技术。目前，全国应用该技术的脱硫机组超过百台，其中百万级机组有近20台应用此技术。

（2）烟气循环流化床法脱硫

烟气循环流化床法脱硫技术是以循环流化床原理为反应基础的烟气脱硫除尘一体化技术。针对超低排放，主要是通过提高钙硫摩尔比、加强气流均布、延长烟气反应时间、改进工艺水加入和提高吸收剂消化等措施对原工艺进行了一定的改进，同时基于烟尘超低排放的需要，对脱硫除尘器的滤料选择也提出了更高的要求。循环流化床锅炉炉内脱硫后飞灰中含有大量未反应 CaO 且 SO_2 浓度较低，因此烟气循环流化床法脱硫工艺主要采用炉后脱硫方式，在山西国金电厂、华电永安电厂等十余台 300 MW 级循环流化床锅炉项目上实现了 SO_2 和颗粒物超低排放。同时，也在郑州荣齐热电能源有限公司等个别 200 MW 级特低硫煤机组煤粉炉项目上，实现了 SO_2 和颗粒物超低排放。

（3）氨法脱硫

氨法烟气脱硫技术具有脱硫效率高、无二次污染和可资源化回收等特点。其主要原理是以氨基物质（液氨、氨水、碳铵和尿素等）为吸收剂。在吸收塔内，吸收液与烟气充分接触混合，烟气中的 SO_2 与吸收液中的氨进行化学反应而被脱除，吸收产物被鼓入的空气氧化后最终生成脱硫副产物硫酸铵，硫酸铵经干燥和包装后，得到水分<1%的商

品硫酸铵。该技术脱硫效率为 95% ～ 99.5%，能保证出口 SO_2 浓度在 50 mg/Nm^3 以下，单位投资为 150 ～ 200 元 /kW，运行成本一般低于 1 分 /kW·h。针对超低排放改造，通过增加喷淋层以提高液气比，加装塔盘强化气流均布传质等措施进行了一定的改进。氨法脱硫对吸收剂来源距离、周围环境等有较严格的要求，在宁波万华化工自备热电 5 号机组、辽阳国成热电有限公司等数个 100 MW 级（以锅炉烟气量计）化工企业自备电站项目上实现了 SO_2 的超低排放。但随着工业源氨排放治理的开展，氨法脱硫的氨逃逸问题应引起重视。

（4）活性焦 / 炭脱硫脱硝一体化法

活性焦 / 炭协同净化以物理—化学吸附和催化反应原理为基础，能实现一体化脱硫、脱硝、脱重金属及除尘的烟气集成深度净化，SO_2 被氧化成 SO_3 后制成硫酸，NO_x 则在还原剂 NH_3 的气氛下，经由催化作用生成无害的 N_2 和 H_2O，其脱硝反应温度不低于 100 ℃，且脱硝过程在脱硫过程之后。反应温度要求脱硫必须采用干法，因此形成活性焦脱硫脱硝一体化技术。整个反应过程无废水、废渣排放，无二次污染。

活性焦脱硫脱硝一体化法已应用于钢铁烧结机的烟气脱硫脱硝，是适应烧结烟气脱硫和集成净化的先进环保技术。从日本住友在太钢 450 m^2 烧结机上兴建的国内首套全进口活性焦协同净化项目，到由上海克硫环保科技股份有限公司、中冶北方工程技术有限公司于江苏永钢 2 号 450 m^2 烧结机建成的首套自主知识产权的活性焦一体化脱除技术，表明我国已在此领域有了较大突破，投资和运行成本均有较大幅度的降低，理论上可实现 90% 以上的脱硫效率与 30% 以上的脱硝效率，虽然仍存在较多实际问题，如运行稳定性等，但随着进一步的摸索改进，可作为一种较适用的治理技术。

1.3.1.2 主要 NO_x 超低排放控制技术

NO_x 控制技术主要有两类：一是控制燃烧过程中 NO_x 的生成，即低氮燃烧技术；二是对生成的 NO_x 进行处理，即烟气脱硝技术。烟气脱硝技术主要有 SCR、SNCR 和 SNCR/SCR 联合脱硝技术、臭氧脱硝等。

（1）低氮燃烧技术

低氮燃烧技术是通过降低反应区内氧的浓度、缩短燃料在高温区内的停留时间、控制燃烧区温度等方法，从源头控制 NO_x 的生成量。目前，低氮燃烧技术主要包括低过量空气、空气分级燃烧、烟气循环、减少空气预热和燃料分级燃烧等技术。该类技术已在火电厂 NO_x 排放控制中得到了较多的应用。目前已开发出第三代低氮燃烧技术，在 600 ～ 1000 MW 超超临界和超临界锅炉中均有应用，NO_x 浓度在 170 ～ 240 mg/m^3。低氮燃烧技术具有简单、投资低、运行费用低的特点，但受煤质、燃烧条件限制，易导致锅炉中飞灰的含碳量上升，降低锅炉效率；若运行控制不当，会出现炉内结渣、水冷壁腐蚀等现象，影响锅炉运行稳定性，同时在减少 NO_x 生成方面的差异也较大。

（2） NO_x 脱除技术

① SCR 脱硝技术

SCR 脱硝技术是目前世界上最成熟，实用业绩最多的一种烟气脱硝工艺，其采用 NH_3 作为还原剂，将经空气稀释后的 NH_3 喷入约 300～420 ℃的烟气中，与烟气均匀混合后通过布置有催化剂的 SCR 反应器，烟气中的 NO_x 与 NH_3 在催化剂的作用下发生 SCR，生成无污染的 N_2 和 H_2O。该技术的脱硝效率一般为 80%～90%，结合锅炉低氮燃烧技术后可实现机组 NO_x 排放浓度小于 50 mg/m³。

② SNCR 脱硝技术

SNCR 脱硝技术是在锅炉炉膛上部烟温 850～1150 ℃区域喷入还原剂（氨或尿素），使 NO_x 还原为水和 N_2。SNCR 脱硝效率一般在 30%～70%，氨逃逸一般大于 3.8 mg/m³，NH_3/NO_x 摩尔比一般大于 1。SNCR 技术的优点在于不需要昂贵的催化剂，反应系统比 SCR 工艺简单，脱硝系统阻力较小、运行电耗低。但存在锅炉运行工况波动易导致炉内温度场、速度场分布不均匀，脱硝效率不稳定；氨逃逸量较大，导致下游设备的堵塞和腐蚀等问题。国内最早在江苏阚山电厂、江苏利港电厂等电厂的大型煤粉炉上应用 SNCR，随后，SNCR 技术在各种容量的循环流化床锅炉和中小型煤粉炉得到大量应用，目前其在 300 MW 及以上新建煤粉锅炉应用较少。工程实践表明，煤粉炉 SNCR 脱硝效率一般为 30%～50%，结合锅炉采用的低氮燃烧技术也很难实现机组 NO_x 超低排放；循环流化床锅炉配置 SNCR 效率一般在 60% 以上（最高可达 80%），主要原因是循环流化床锅炉尾部旋风分离器提供了良好的脱硝反应温度和混合条件，因此结合循环流化床锅炉低 NO_x 的排放特性，可以在一定条件下实现机组 NO_x 超低排放。

③ SNCR/SCR 联合脱硝工艺

SNCR/SCR 联合脱硝工艺，是针对场地空间有限的循环流化床锅炉 NO_x 治理而发展来的新型高效脱硝技术。SNCR 宜布置于炉膛最佳温度区间，SCR 脱硝催化剂宜布置于上下省煤器之间。利用在前端 SNCR 系统喷入的适当过量的还原剂，在后端 SCR 系统催化剂的作用下进一步将烟气中的 NO_x 还原，以保证机组 NO_x 排放达标。与 SCR 脱硝技术相比，SNCR/SCR 联合脱硝技术中的 SCR 反应器一般较小，催化剂层数较少，且一般不再喷氨，而是利用 SNCR 的逃逸氨进行脱硝，适用于部分 NO_x 生成浓度较高、仅采用 SNCR 技术无法稳定达到超低排放的循环流化床锅炉，以及受空间限制无法加装大量催化剂的现役中小型锅炉改造。但该技术对喷氨精确度要求较高，在保证脱硝效率的同时需要考虑氨逃逸泄露对下游设备的堵塞和腐蚀。该技术应用于高灰分煤及循环流化床锅炉时，需注意催化剂的磨损。

④臭氧氧化脱硝技术

氧化吸收脱硝法以臭氧为氧化剂将烟气中不易溶于水的 NO 氧化成 NO_2 或更高价的 NO_x，以相应的吸收液（水、碱溶液、酸溶液或金属络合物溶液等）对烟气进行喷淋洗涤，使气相中的 NO_x 转移到液相中，实现对烟气的脱硝处理。

全套臭氧氧化脱硝工艺系统简单，容易在原有脱硫塔基础上改造并实现脱硫脱硝同时进行，脱硝效率高（可达90%以上）。根据烟气中 NO_x 的实时监测，可实现对氧化剂（臭氧）投加量的精确控制，使系统的运行效率不受锅炉运行状态影响。系统运行温度低，可实现低温脱硝处理。系统运行效率不随运行时间增加而下降，可大大减少脱硝系统的停机检修时间。臭氧的氧化能力也能实现对烟气中其他有害成分（如汞）的氧化脱除，能满足将来越来越严格的环保要求。目前，该技术已在我国石化行业应用，其脱硝效率一般大于85%，可达90%以上。NO 排放浓度可达 20 mg/m³ 以下，100万 m³/h 工程投资大致为5000万左右，运行成本一般低于16元（每千克NO）。该技术成熟稳定、运行简单和脱硝效率高，且可以运用于温度较低的烟气脱硝以及燃煤电站锅炉烟气深度脱硝。

1.3.2 行业新技术开发与应用

1.3.2.1 废弃SCR脱硝催化剂再生和回收利用技术

目前，我国仅燃煤电厂就安装了超过110万 m³ 的脱硝催化剂（使用寿命为3年），每年预计产生30万～40万 m³ 废弃钒钨钛系脱硝催化剂。淘汰量十分巨大，如何处置大量废脱硝催化剂是亟待解决的重大难题。更换下来的钒钨钛系脱硝催化剂中含有1%～5%的 V_2O_5 和5%～10%的 WO_3，WO_3 是重金属，V_2O_5 是环境毒物，废催化剂若随意堆存或不当处置，将造成严重的环境污染和资源浪费，国内外对废催化剂都有相应严格的管理制度，资源化技术主要包含催化剂再生、回收利用和填埋技术。

近年来，在欧美日等发达国家，催化剂再生问题已引起普遍关注，开展了大量的研究探索，取得了一定成效。常用的再生技术有：水洗再生、SO_2 酸化热再生、热还原再生、酸液处理再生等。目前，国际上较为有名的拥有专业脱硝催化剂再生技术的公司有德国 Ebinger-kat、德国 Steag、美国 CoaLogix、韩国 KC-Cottrell 等。其中，德国的 Ebinger-kat 公司成立于1998年，是脱硝催化剂再生行业的鼻祖，为多家德国或电厂失活脱硝催化剂提供再生业务，其主要的再生手段是超声和热处理，包括现场再生和非现场再生。我国在失效催化剂再生领域的研究起步相对较晚，主要通过技术引进结合自主开发开展催化剂再生技术研究。

再生对废弃催化剂的结构、强度都有一定的要求，无法再生的废弃催化剂则通过回收利用实现资源化。美、日、欧等发达国家很早就非常重视废载体催化剂的回收利用。日本的化学工业集中，便于集中回收，可从废烟气脱硝催化剂中回收有用金属多达24种。美国环保法规定废催化剂随便倾倒、掩埋要缴纳巨额税款，由于回收贵金属催化剂的价值远远超过了回收成本，该国几乎所有的贵金属冶炼厂都从事贵金属催化剂的回收。该领域龙头阿迈克斯金属公司年处理废催化剂16 000 t，每年可回收1360 t钼、130 t钒和14 500 t三水氧化铝。欧洲最大的废催化剂回收公司Eurecat，回收能力为215 000 t/a，占全球总回收量的5%～10%。我国废催化剂回收工作起步较晚，近年来随着国家对环保的重视以及其他金属资源的价格上扬，陆续有多家从事固废处理的企业或单位，也积极开展了废催化剂的回收利用，通过技术创新和实践，探究废脱硝催化剂资源化利用技术。2020年3月，北京国电龙源环保工程有限公司牵头申报的"废弃环保催化剂金属回收和载体再用技术研发及工业示范"项目经科技部公示，已获得"国家重点研发计划'固废资源化'重点专项2019年度指南项目"正式立项。

1.3.2.2 "大气重污染成因与治理攻关"项目成果简介

2017年"两会"期间，李克强总理提出，国家将设立专项基金，组织最优秀的科学家集中攻关研究雾霾成因。"大气重污染成因与治理攻关"项目随之确定，该项目针对京津冀及周边地区秋冬季大气重污染成因、重点行业和污染物排放管控技术、居民健康防护等难题开展攻关，为全国和其他重点区域大气污染防治提供经验借鉴。项目子课题"燃煤电站污染物治理成套工艺与设备评估"对"2+26"城市区域内大型燃煤电厂的超低排放情况进行了实地检测与评估。调研由国内最有实力和代表性的单位参与，实测机组在容量、烟气成分分析、燃煤机组烟气净化工艺等皆具有普遍的代表性，能够真实、全面反映我国燃煤电站大气污染物排放现状。可以说，这是迄今为止，国家对燃煤电站超低排放情况的最权威调研之一。

项目深入进行了燃煤电站大气污染物组分测试、分析，完成了"2+26"城市区域内燃煤发电机组常规污染物（SO_2/NO_x/颗粒物）现场测试与CEMS测试结果对比，对区域内14台燃煤发电机组和1台燃气发电机组进行了烟气成分全分析，包含SO_3、NH_3、雾滴、$PM_{2.5}$/PM_{10}、CPM、FPM、11种重金属等测试项目。现将部分与脱硫脱硝行业密切相关的研究成果总结如下。

（1）2017年"2+26"城市区域内燃煤机组分布及烟气治理工艺

①火电装机分布

火电企业 407 家，装机 1114 台；装机容量 1.73 亿 kW，全国容量占比 16.3%。

燃煤机组装机 890 台，占比 79.9%；燃煤机组容量 1.51 亿 kW，占比 87.3%；300 MW 及以上机组台数占比 31.0%，容量占比 78.43%。

②煤电烟气净化工艺

脱硫以石灰石—石膏湿法脱硫为主，容量占比 84.0%；

脱硝以 SCR 为主，容量占比 88.7%；

一次除尘以静电除尘为主，容量占比 60.5%；

二次除尘以湿式电除尘为主，容量占比 50.8%；仅采用脱硫除尘一体化技术的容量占比 14.1%。

（2）"2+26"城市区域燃煤电站烟气 SO_2、NO_x、烟尘达标排放情况

2017 年 2+26 城市区域内：169 个企业的 362 个排口监督性监测数据显示达标率为 99.58%；112 个企业的 329 个排口在线监测数据显示达标率为 97.22%；火电排放整体达标率高，好于 2016 年全国平均水平。

（3）"2+26"城市区域燃煤电站烟气 NO_x、烟尘、SO_2 排放量及排放因子

①大型燃煤电站是清洁高效的煤炭利用方式：300 MW 等级机组 NO_x、PM、SO_2 排放因子为 0.502 mg/g、0.032 mg/g、0.249 mg/g；600 MW 及以上等级机组排放因子为 0.327 mg/g、0.024 mg/g、0.172 mg/g。

② 100 MW 以下机组仍有减排空间：100 MW 以下机组排放因子为 1.423 mg/g、0.130 mg/g、0.517 mg/g，显著高于其他等级机组。

各等级发电机组燃煤排放因子如表 22 所示。

表 22　各等级发电机组燃煤排放因子

机组等级（MV）	煤电装机（MW）	占比%	燃煤排放因子 污染物／电（g/kW·h）			燃煤排放因子 污染物／煤（mg/g）			煤耗（g/kW·h）
			NO_x	PM	SO_2	NO_x	PM	SO_2	
600（含）有及以上	51 000	33.88	0.097	0.007	0.051	0.327	0.024	0.172	297
300（含）～600	67 054	44.55	0.159	0.010	0.079	0.502	0.032	0.249	317
200（含）～300	8150	5.41	0.146	0.013	0.088	0.406	0.036	0.244	360
100（含）～200	12 472	8.29	0.181	0.016	0.068	0.464	0.041	0.174	390
100 以下	11 843	7.87	0.427	0.039	0.155	1.423	0.130	0.517	300 吨供热
平均			0.164	0.012	0.076	0.507	0.038	0.238	
2016 年全国火电行业平均：NO_x 0.36 g/kW·h、颗粒物 0.08 g/kW·h、SO_2 0.39 g/kW·h									

（4）大型燃煤电站烟气 SO_2、NO_x、烟尘现场抽检与 CEMS 监测数据对比

CEMS 监测数据与现场抽测结果均在超低排放限值内，如图 1 所示。CEMS 测试结果与现场抽测结果的偏差在可接受范围内，建议加强经常性的 CEMS 校对工作：SO_2 绝对偏差相对较大（CEMS 测试受到湿烟气含水冷凝影响），现场测

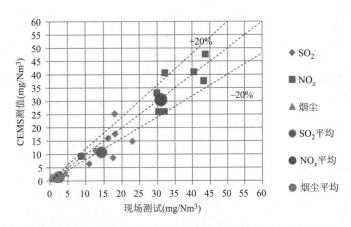

图 1　NO_x、SO_2 和烟尘浓度在线监测与现场测试对比

试结果均值偏高 3.56 mg/Nm^3；NO_x 和烟尘绝对偏差较小，NO_x 现场测试结果均值偏高 0.45 mg/Nm^3，烟尘现场测试结果均值偏高 0.9 mg/Nm^3。

（5）大型燃煤电站烟气中的 SO_3、NH_3

①SO_3、NH_3 经过现有环保设备协同脱除已能达到较低排放水平，不必加装单独的脱除装置：总排口 SO_3 平均浓度为 7.42 mg/Nm^3、氨排放平均浓度为 0.70 mg/Nm^3（图 2、图 3）；SO_3 测量采用控制冷凝法（EPA Method8A，美国；GB/T21508 国家标准），NH_3 测量采用靛酚蓝分光光度法（DL/T260 电力行业标准；JISK2009 标准，日本）。②除 SCR 外其他环保装置对 SO_3 都有脱除作用（图 2、图 3）。SCR 脱硝使 SO_3 浓度增加约 1 倍，而干式除尘器、湿法脱硫装置、湿式电除尘器对 SO_3 的平均脱除比例分别为 48.22%、

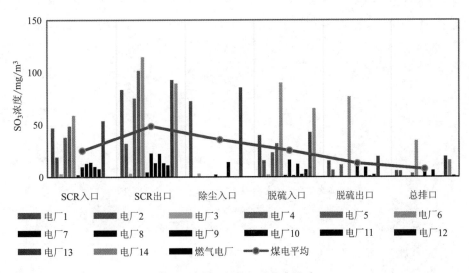

图 2　烟气中 SO_3 浓度分布

25.31% 和 11.17%。环保装置对 NH$_3$ 均有脱除作用，干式除尘、湿法脱硫和湿电对 NH$_3$ 的平均脱除比例分别为 42.31%、31.70% 和 13.79%。③普遍存在脱硝装置氨逃逸超过设计值的情况，建议优化喷氨系统，加强专业化运维管理。

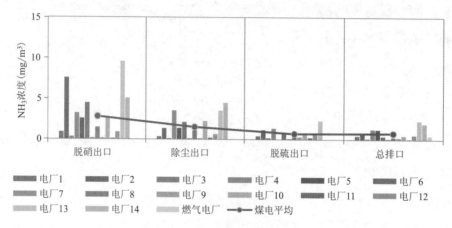

图 3　烟气中 NH$_3$ 浓度分布

（6）大型燃煤电站烟气中的颗粒物、重金属

①燃煤电站烟气中的颗粒物。燃煤电厂可过滤颗粒物（FPM）平均排放浓度约 3.05 mg/m^3，与燃气电厂接近；可凝结颗粒物（CPM）平均排放浓度约 6.36 mg/m^3（图 4）；CPM 浓度总体大于 FPM，但 CPM 只是 SO$_3$、NH$_3$ 等污染物凝结形成的物质，是污染物状态变化但总量并未增加。目前，燃煤电厂在线监测项目和监督性检测项目都不含 CPM。颗粒物测量采用控制冷凝—称重法（ISO 12141；EPA Method 202A 标准，美国）。

湿法脱硫和湿除对 FPM 和 CPM 都具有脱除作用，对 FPM 和 CPM 的脱除率分别约为 57.43% 和 46.51%；湿式电除尘器对 FPM 和 CPM 的脱除率分别约为 40.19% 和 18.46%。

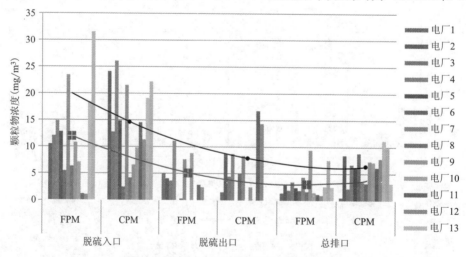

图 4　烟气中 FPM 与 CPM 浓度分布

②燃煤电站烟气中的重金属。烟气中 Hg 排放浓度较低，平均排放浓度为 4.57 μg/m³，远低于 30 μg/m³ 的标准排放限值，其中约 57.14% 的机组 Hg 排放浓度低于 1.8 μg/m³；其他 10 种重金属（除 Mn 和 Ni 外）平均排放浓度均低于 5.8 μg/m³，不需加装单独脱除装置（图 5）。

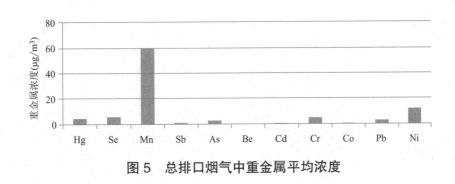

图 5　总排口烟气中重金属平均浓度

1.4 技术发展展望

1.4.1 电力行业

1.4.1.1 脱硝装置还原剂"液氨改尿素"成为趋势

2019 年 3 月 21 日，江苏盐城市响水县化学储罐发生爆炸事故，国家能源局综合司发布《切实加强电力行业危险化学品安全综合治理工作的紧急通知》，要求推进燃煤发电厂开展液氨罐区重大危险源治理，加快推进尿素替代升级改造进度，未来尿素水解市场容量巨大。尿素水解制氨技术具有能量消耗低、运行过程安全稳定、占用厂房面积小的优点，同时需克服难点包括水解反应器腐蚀、机组负荷变化响应时间、管道输送产品气冷凝等问题。

1.4.1.2 脱硝装置氨逃逸问题引起重视

电力行业超低排放后，脱硝装置氨逃逸问题逐渐引起重视。过量喷氨的影响因素复杂，主要包含以下几点：①SCR 技术存在一定缺陷，难以同时保证出口 NO_x 浓度和氨浓度达标，尤其是催化剂活性不足或流场不均时。此时如果只关注出口 NO_x 浓度，势必导致过量喷氨，氨逃逸严重。②脱硝系统运行管理水平欠缺，在实际运行过程中，大部分电厂运行人员都以手动调节代替阀门自动调节，当机组入口 NO_x 波动较大或机组负荷低时，喷氨自动控制会出现调节不及时的情况，容易造成喷氨过量。③现有环保管理政策并不考核氨的排放，电力行业虽然对 NO_x 排放量提出了越来越严格的指标，但是对脱除 NO_x 造成的"氨逃逸"却未出台明确的标准。④现有的氨在线监测仪表准确度不能满足要求：氨逃逸检测存在灵敏度不够、校正难，以及只能监测氨逃逸中的气态氨等问题，导致精度无法满足要求。⑤现有的氨在线监测方法不能满足要求：目前氨逃逸监测仪表的测量方式主要有激光抽取式、激光原位对穿、原位渗透测量、化学发光法，4种测量方法在实际应用中都存在不足，无法准确在线测量氨浓度。为了实现对氨逃逸的有效控制，要结合强化测试诊断、优化流场设计、分区喷氨优化、出口取样测量和智能控制等手段，从"大水漫灌"式喷氨转为"精准滴灌"。通过精细化喷氨系统对脱硝系统的优化，可以实现氨耗量大幅降低。根据原脱硝系统流场条件，氨耗量可降低 10% ～ 50%。

当前，国内市场上存在几种脱硝喷氨优化解决方案，原理基本相同，均是在脱硝流场优化设计的基础上，将反应器出、入口对应分区，在入口分区喷氨支管上设置调节阀，在出口分区按序轮测 NO_x 浓度，以来指导喷氨调整。该方法一般所需调整周期长、实时性较差、效率较低、滞后性较为明显，并且此方法只是简单将反应器出口分区测量值与入口分区在线喷氨调节量进行线性匹配，调整策略较为初级。北京国电龙源环保工程有限公司自主研发的大数据人工智能 i-SCR 测量及控制系统，通过大数据、人工智能等新技术，在现有烟气 NO_x 超低排放技术的基础上，实现对烟气成分跨越时空限制的精确测量、智能控制脱硝系统喷氨等，通过提高烟气流场均匀性和单位氨气脱硝比例，解决脱硝系统局部氨逃逸过大、烟气成分检测不准、NO_x 无法实现稳定排放等难题，达到脱硝系统节氨、节能、高效率稳定运行的目的。目前，该技术已成功应用在霍州电厂 2×600 MW 燃煤机组、大武口电厂 1×600 MW 燃煤机组、谏壁电厂 1×1000 MW 燃煤机组，以及衡丰电厂 2×600 MW 燃煤机组等项目。实践发现，300 MW 机组供氨量下降了近 30%，600 MW 机组下降了 10%，效果明显。

1.4.1.3 发展低成本、高效率脱硫废水零排放技术

虽然废水处理技术在国内外发展较为成熟，但对于处理脱硫废水这种水质比较恶劣的废水，现有技术面临着成本高、难度大等一系列问题。烟气余热蒸发工艺是实现脱硫废水零排放的可行技术路线之一。在该技术路线中，脱硫废水经过蒸发浓缩后大幅度减量，并析出大量杂盐，被称为高盐污泥（粉末或颗粒）。该部分高盐污泥颗粒被烟气携带进入静电除尘器，随粉煤灰的脱除而脱离烟气系统。然而，由于该部分高盐污泥中含有大量的氯离子和其他金属离子，如果对进入静电除尘器的高盐污泥量不加以控制，污泥中的氯离子和其他金属离子将会降低粉煤灰的品质，影响粉煤灰在下游产业中的工业应用。

"低温烟气浓缩减量＋高温热风干燥固化"的废水零排放工艺是控制脱硫废水排放的有效手段。该工艺利用电厂废弃的低温烟气的余热实现高含盐废水的浓缩减量，并利用少量热二次风实现最终的干燥固化工艺流程。该系统的特点是在最大程度上利用余热，

实现节能低成本的目的。系统将锅炉燃烧、湿法脱硫、二次风干燥等系统有机串联，并提出了燃煤—水质—废水排放—烟气余热—热风的整体计算模型，涵盖了系统的能量平衡、水平衡计算、氯平衡，对于大型燃煤电厂的脱硫系统设计和废水零排放设计，以及与现有热力系统的匹配具有指导作用。在工业化装置上实现了低能耗、高浓缩倍率的废水减量，浓缩减量 1/10 ~ 1/5，浓缩后氯离子浓度达到 30 g/L，浆液总含盐量超过 40%，实现了后续干燥固化工艺的节能降耗，最大限度地降低了对机组热效率的影响。通过低温余热浓缩 + 高温干燥固化之间的匹配，确保了废水彻底实现零排放，同时不影响锅炉热力系统、尾部烟风道系统的正常运行。

该技术提供了低成本解决脱硫废水零排放的可行和可靠的方案，以目前国内 10 亿 kW 的燃煤发电机组来说，常规废水零排放的投资成本约为 350 万元 / 吨水，运行成本 80 元 / 吨水；若全部采用低成本废水零排放技术，有望节约投资 500 亿元，年节约运行费用 22.5 亿元，具有显著的社会效益、经济效益。

1.4.1.4 利用电厂燃煤锅炉资源化处置污泥废弃物

在我国污水治理事业发展过程中，"重水轻泥"问题突出，大量城镇污泥未得到有效处置，污泥问题凸显。专家预测，到 2020 年，我国的污泥产量将突破 6000 万 t（含水率 80%）。面对这一情况，《"十三五"全国城镇污水处理及再生利用设施建设规划》中明确要求，到 2020 年年底，地级及以上城市污泥无害化处置率达到 90%，其他城市达到 75%。结合国家生态文明建设的总体需求，特别是对"无废城市""雾霾频发""饮水安全""土壤污染""黑臭河道"等环境问题的关注与总体部署，可以断定未来 5 年之内我国城镇污泥处理处置工作将迅速推进，预计行业体量将达到千亿元级。

由于成分复杂及高含水率的特性，污泥的处置成本高，且易造成二次污染。而协同电厂燃煤锅炉处置污泥废弃物技术可以降低锅炉耗煤成本，利用污泥热量，稀释固体废弃物残渣毒性，利用电厂已有的烟气处理设备可避免二次污染，是实现无害化及资源化处置污泥的重要手段之一，也是我国提倡的污泥处置方向。

目前利用电厂燃煤锅炉资源化处置污泥废弃物主要基于"干化 + 焚烧"的工艺路线，利用电厂低品位蒸汽和电源，实现污泥干化节能，并且利用电厂先进的烟气处理系统，协同处置污泥焚烧烟气。2011 年，污泥耦合煤粉炉发电系统在中国国电浙江北仑第一发电有限公司建成运行，开创了国内燃煤机组掺烧污泥的先河，目前已安全运行 8 年，不仅解决了"岩东污水厂"及"江南污水厂"污泥处置问题，同时利用了污泥中的有机质热值，减少发电煤耗 1016 t/ 年。实际运行情况说明，干化污泥装置与 1000 MW 超超临界煤粉锅炉可以安全有效耦合。

同时需要注意的是，由于污泥热值低，含水率高，掺烧时锅炉的燃烧稳定性是电厂所面对的最直接问题。为提高污泥焚烧技术的资源化利用程度，还需关注如污泥干化、灰渣中重金属含量、固化与回收，飞灰浸出毒性、制砖和水泥综合利用等技术。

1.4.2 非电行业

1.4.2.1 全国首家钢铁企业通过全工序超低排放评估监测

2019年12月18日，生态环境部发布《关于做好钢铁企业超低排放评估监测工作的通知》，要求钢铁企业完成超低排放改造并连续稳定运行一个月后，可自行或委托有资质的监测机构和有能力的技术机构，按照《钢铁企业超低排放评估监测技术指南》，对有组织排放、无组织排放和大宗物料产品运输情况开展评估监测。2020年1月，中国钢铁工业协会发布公示，首钢股份公司迁安钢铁公司（简称"首钢迁钢"）成为全国第一家通过全工序超低排放评估监测的企业。为实现超低排放，首钢迁钢对全工序对表梳理，确定并实施70个深度治理项目，总投资16.5亿元。评估单位对有组织排口监测、无组织管控、清洁运输、监测监控设施水平系统进行核查，各项指标均达到要求。为钢铁行业实现超低排放产生积极示范效应和引领作用。

1.4.2.2 全国首套钢铁企业无组织排放智能化管控示范项目运行

2019年1月1日起实施的《河北省钢铁工业大气污染物超低排放标准》明确提出，现有企业自2020年10月1日起执行新标准。该标准在严格控制有组织排放浓度的基础上，对无组织排放的管控也大幅收严，增加了无组织排放浓度限值，明确了有厂房车间、无完整厂房车间的颗粒物浓度限值。要达到这一标准，意味着钢铁企业要对物料（含废渣）运输、装卸、储存、转移、输送以及生产工艺全过程，全面增加颗粒物无组织排放控制措施。河北省武安市裕华钢铁有限公司联合冶金工业规划研究院、清华大学，研究并建成了全国首套钢铁企业无组织排放智能化管控一体化平台。通过大数据、机器视觉、源解析、扩散模拟、污染源清单等技术，开展全厂无组织尘源点的清单化管理，将治理设施与生产设施、监测数据联动，实现对无组织治理设施工作状态和运行效果的实时追踪、适时核查。这套钢铁企业无组织排放智能化管控系统总投资1.79亿元，在全厂建立了1096个无组织排放扬尘点位，通过自动化监测设备实现全方面、源头控制。这些自动化监测设备在识别扬尘行为后，将自动把信号传输到11个分控中心和管控一体化平台，除了控制雾炮系统有针对性精准降尘，还会自动分析传输数据给出合理建议。除此之外，针对厂内98个易发生扬尘的点位，还安装了网格化自动监控系统，使全厂范围内扬尘情况及监测数据定点传输到能源中心，实现实时调度监控。该系统运行以来每月节约用水约4万t，节约用电约22万kW·h，每年减少扬尘超5000t，节能降耗减排80%左右。

1.4.2.3 SCR 烟气脱硝技术市场占比高

钢铁企业超低排放改造进程中，脱硫、除尘工艺较成熟，大多数企业也能够实现超低排放相应的指标，在技术路线上也有多种选择，钢铁行业烟气治理最大的难点是脱硝。钢铁行业 NO_x 排放限值从 300 mg/Nm³ 提高到 50 mg/Nm³ 后，很多企业难以达标，急需治理改造。市场上的主要烟气脱硝技术方案有活性炭法、SCR 法和氧化法等。根据公开材料汇总的 2019 年部分拟建、新建钢铁超低排放项目及工艺路线，共统计出 42 个项目，除去工艺路线未知的 5 项，剩余 37 个项目中，采用 SCR 脱硝的有 27 家，占比达 73%，其中包含两个低温 SCR 脱硝项目。经过近两年的市场实践与选择，SCR 烟气脱硝技术经受住了考验，逐步占据了钢铁行业脱硝市场主流。

1.4.2.4 干法 / 半干法脱硫技术成为钢铁企业烟气脱硫市场主流

目前，非电市场上主要烟气脱硫技术方案有活性炭法、湿法脱硫、SDA 旋转喷雾法、SSC 循环流化床半干法等。根据公开材料汇总的 2019 年部分拟建、新建钢铁超低排放项目及工艺路线，36 个脱硫项目中采用湿法脱硫的项目数占比为 27.8%，采用半干法 / 干法脱硫技术的项目数占比为 77.8%（部分项目采用多种工艺路线），其中循环流化床半干法脱硫 10 家（27.8%）、活性炭干法脱硫脱硝一体化技术 7 家、SDA 旋转喷雾技术 6 家等。干法 / 半干法脱硫技术成为钢铁企业脱硫市场主流。

1.4.2.5 无组织排放引起广泛重视

"十二五"以来，钢铁行业实施除尘改造和烟气脱硫脱硝大气污染治理工程，有组织排放量大幅下降，无组织排放问题在钢铁行业越发凸显。钢铁行业物料吞吐量大、粉粒料较多、产尘点数量多、料场扬尘、运输扬尘、厂房烟尘外逸等无组织排放问题突出。生态环境部发布《关于推进实施钢铁钢业超低排放的意见》（以下简称《意见》）将无组织排放要求也纳入钢铁超低排放指标中。

据统计，粗钢年产量在 1000 万 t 左右的钢企内部无组织排放源数量在 2000～3000 个；从排放数据来看，企业无组织排放总量占到全厂颗粒物排放量的一半以上，且无组织排放中 PM_{10} 排放量占比大，其逸散浓度远高于超低排放后的有组织排放源。扩散并沉降至周边道路上的颗粒物经过运输车辆碾压后，易产生大量二次无组织扬尘，严重影响钢铁企业周边区域环境。

为规范超低排放评估监测程序，确保钢企高质量实施超低排放，2019 年 12 月 18 日生态环境部印发了《关于做好钢铁企业超低排放评估监测工作的通知》（以下简称《通知》）。《通知》明确提出要建立无组织排放清单，钢企需要对全厂无组织排放源进行排查，建立全覆盖的无组织排放源清单。同时，明确各排放源的治理和监控措施，并对照《意见》要求，对每一处污染物治理设施进行措施符合性分析，查缺补漏。

同时，《意见》和《通知》要求，在厂区建设高清视频监控设施、颗粒物监测微站的基础上，建设全厂无组织排放治理设施集中控制系统，实现厂内无组织排放源所有治理设备、监测监控设施集中管理，记录并保存抑尘、除尘、清洗等无组织排放源相关生产设施运行情况，以及颗粒物监测数据和监控视频历史数据。

1.5 市场特点及重要动态

1.5.1 燃煤电厂"湿烟羽"治理与否引争论

2019 年，对湿烟羽的治理质疑之声较多，生态环境部出台的《京津冀及周边地区2019—2020 年秋冬季大气污染综合治理攻坚行动方案》公开强调，消除"湿烟羽"实际上对控制污染物排放作用不大，反而增加能耗，间接增加污染物排放；对稳定达到超低排放要求的电厂，不得强制要求治理"白色烟羽"。

1.5.2 环保企业掀易主潮，接盘方频现国资身影

2018 年至今，已有近 10 家民营环保企业被国资接盘，包括东江环保股份有限公司、北京东方园林环境股份有限公司、北京碧水源科技股份有限公司、深圳万润科技股份有限公司、北京清新环境科技股份有限公司、南方中金环境股份有限公司、中国锦江环境控股有限公司、苏州宝馨科技实业股份有限公司等。另外，还有多家环保企业引入国资背景投资方作为战略投资者，如兴源环境科技股份有限公司、内蒙古蒙草生态环境（集团）股份有限公司等。

业内人士认为，对民企而言，国资接盘解决了生存问题，发展速度和资源配置须协调；对国资而言，特许经营类重资产型的并购相对风险可控，但长期来看，能否适应市场竞争，做到风险控制和创新之间的平衡，真正占领甚至拓展市场还有待考察。能否做好这一点，正是国企探索混合所有制面临的挑战之一。未来产业将形成国企央企主导投资、民企专注细分市场技术的新格局。

1.5.3 非电行业超低排放改造从钢铁向其他行业辐射

推进工业行业深度治理是有效降低全社会污染排放、打赢"蓝天保卫战"的重要保障，我国将分类推进重点行业污染深度治理。截至 2019 年年底，煤电行业超低排放改造完成率已达 86%，全国约 8.9 亿 kW 燃煤机组基本达到天然气排放水平。2018 年政府工作报告明确提出，推动钢铁等非电行业超低排放改造，2019 年年底全国 23 个省份 324 家钢铁企业 7.8 亿 t 粗钢产能已开展超低排放改造。而当前超低排放值概念已悄然从钢铁向其他非电行业辐射。

2019 年 7 月，生态环境部、国家发展改革委、工业和信息化部、财政部联合发布《工

业炉窑大气污染综合治理方案》，要求到2020年，完善工业炉窑大气污染综合治理管理体系，推进工业炉窑全面达标排放，实现工业行业SO_2、NO_x、颗粒物等污染物排放进一步下降。

2019年7月，河南发布《水泥行业大气污染物排放标准（征求意见稿）》，提出要求2019年年底前，河南全部水泥企业完成超低排放改造，即颗粒物、SO_2和NO_x分别达到10 mg/m³、35 mg/m³和100 mg/m³。到2021年，NO_x标准则升级为50 mg/m³。超低排放值概念被引入水泥行业。

2019年10月，河北省发布《水泥和平板玻璃行业超低排放标准（二次征求意见稿）》，提出水泥窑及窑尾余热利用系统颗粒物、SO_2、NO_x的排放限值是10 mg/m³、30 mg/m³和50 mg/m³。平板玻璃熔窑颗粒物、SO_2、NO_x的排放限值是10 mg/m³、50 mg/m³和200 mg/m³。

频繁的政策动向似乎预示着非电行业实施超低排放改造已是大势所趋，相关专家认为，煤电行业的大气治理，由于治理主体相对集中，且有脱硫脱硝电价补贴等激励政策覆盖成本，进展顺利。非电行业只有解决治理主体相对分散、企业营利性差、无补贴且监管较难等问题，才能加速推进超低排放改造进程。

2 行业发展存在的主要问题

2.1 废弃脱硝催化剂的处置问题

SCR脱硝催化剂的使用寿命在3年左右，预计未来我国将每年产生30万～40万 m³的废弃脱硝催化剂。脱硝催化剂主要由钒、钨、钛等重金属构成，废弃后如不加以妥善处理，将会对环境造成严重污染，因此，我国将出现严重的废弃脱硝催化剂处理问题。2014年8月，原环境保护部发布《关于加强废烟气脱硝催化剂监管工作的通知》，将废烟气脱硝催化剂管理、再生、利用纳入危废管理，并将其归类为《国家危险废物名录》中"HW49 其他废物"，工业来源为"非特定行业"，废物名称定为"工业烟气选择性催化脱硝过程产生的废烟气脱硝催化剂"。目前，国内的废脱硝催化剂再生技术还处于起步阶段。近几年来，国内的一些企业通过引进吸收国外技术或与国内科研院所合作，成功地将废脱硝催化剂再生处理技术应用于中国。

从长期市场容量来看，脱硝催化剂使用周期为1.6万～2.4万 h，按照火电年运营小时数5000 h计算，催化剂3～5年需要更换。如果火电烧的煤炭质量较差，催化剂的更换频率将加快。在2015年之前，主要市场需求来自新增需求（包括旧机组脱硝改造和新建机组脱硝装置安装）；而2015年之后，随着大部分央企电厂的存量机组实现脱硝运营，催化剂的需求主要来自新增需求和更换需求（为已安装的脱硝装置更换催化剂）。新增需求主要来自新建火电机组的脱硝设施建设，由于"三去一降一补"改革思路下新建火电机组受到了极为严格的控制，脱硝催化剂新增需求极为有限。而更换需求由于催化剂磨损问题得到了较有效的解决，新增需求量也呈下降趋势。

催化剂的磨损问题是国内高灰煤、反应器流场、高硫煤烟气和流速设计等问题共同导致的。提高流场的均匀度对减轻催化剂的磨损有显著影响，另外可以通过对催化剂制备工艺（钛钨粉制备方式、催化剂干燥方式、煅烧条件）等的改进，生产高活性、高强度的脱硝催化剂。

未来几年，将会有大量的催化剂达到使用寿命，如何对这部分催化剂进行妥善的最终处理是一个重大问题。另外，在每次再生时，都有部分催化剂因破损等物理结构破坏而无法再生，亟待开发废催化剂的回收技术来解决这些问题。

2.2 水泥厂大气污染物排放限值加严面临脱硝难题

NO_x 排放治理可谓当前水泥行业大气污染物减排面临的最大难题。目前，国内水泥烟气脱硝技术方案可以分为两大类：一是过程控制（即低氮燃烧，分级燃烧等改造方案）；二是末端治理，主要包括 SNCR 和 SCR，在实际应用中部分企业也采用了过程控制加 SNCR 脱硝的模式，取得了良好的效果。但是要实现超低排放要求，SCR 脱硝更具可行性也更具潜力。目前 SCR 脱硝技术在水泥行业应用面临两大难题：一是粉尘浓度高，导致催化剂堵塞，严重影响催化剂使用寿命并带来催化剂中毒风险；二是对温度要求较高，需要将催化还原温度稳定在 280 ℃以上才能发挥 SCR 技术优势。

2.3 无组织排放治理离实现超低排放还有较大差距

无组织排放引起广泛重视，生态环境部先后印发《关于推进实施钢铁行业超低排放的意见》《关于做好钢铁企业超低排放评估监测工作的通知》。目前钢铁企业无组织排放治理的难点主要体现在以下 3 个方面：

（1）无组织排放治理环节众多。钢企无组织排放源数量多、分布散，大多数排放源单体排放量不大，且为阵发性排放。因此，企业往往趋易避难，只注重料场封闭等重点项目，对分布在厂里的成百上千个无组织排放源的重视程度不够，导致治理措施缺失或仅采取简易的治理措施，无法有效抑制无组织排放。

（2）配备治理设施不等于无组织排放得到有效控制。许多钢企治理设施主要靠人工操作，而无组织排放往往是阵发性的，在其产生时，难以及时反应。有的企业即使配套了无组织排放治理设施，但出于节省成本或担心影响生产等因素停运无组织排放治理设施，使之成了应付环保检查的摆设。

（3）无组织排放治理设施的运行状况缺乏有效的监控。通常，脱硫、脱硝等有组织排放治理设施均配套相对完备的污染物在线监测设施和控制系统，但无组织排放治理设施由于规模小、数量多，绝大多数企业未配套监控系统，既无法有效判断治理设施是否在正常运行、运行效果是否良好，造成许多治理设施长期带病运行，又导致生态环境监管部门无法对企业是否正常运行治理设施进行检查，甚至造成少数企业在主观上更希望污染治理设施处于不可核查状态。

2.4 高质量规范化开展非电行业超低排放改造

烟气脱硫脱硝改造重点由电力行业转向非电行业，而非电行业中钢铁企业超低排放改造又首当其冲。京津冀、长三角、汾渭平原等重点地区钢铁企业改造取得积极进展，特别是在烧结机头有组织排放治理方面，但绝大多数钢铁企业的面貌并未发生根本转变，与全面超低排放还有较大差距。面对现状，国家针对钢铁企业超低排放改造布局下一步工作，2019年8月，按照生态环境部推进钢铁企业超低排放工作的整体安排，大气环境管理司起草了《关于做好钢铁行业超低排放评估监测工作的通知》，同时提出了制定《钢铁企业超低排放改造实施指南》的编制任务。2019年10月，中国环保产业协会发布《钢铁企业超低排放改造实施指南（征求意见稿）》提供超低排放改造技术路线选择、工程设计施工、设施运行管理方面的参考。未来，脱硫脱硝行业继续向非电行业发展，市场上纷纭的技术将通过实践考验优胜劣汰，非电行业烟气治理逐步走上更加规范、高质量的发展之路。

附录：脱硫脱硝行业主要企业简介

1. 福建龙净环保股份有限公司

福建龙净环保股份有限公司（以下简称"龙净环保"）是中国环保行业领军企业，于2000年12月上市，始终秉承"净化环境、造福人类"的崇高使命，致力于提供生态环境综合治理系统解决方案，业务涵盖大气环保、废水治理、固废处置、生态修复全领域，现有总资产超过188亿元。在烟气治理领域，龙净环保国内首创的烟气余热利用高效低低温电除尘器可实现颗粒物超低排放、多污染物协同治理等，应用业绩超150台套，连续四年行业第一；国内首创的WBE型湿式电除尘技术器，是同类技术首个通过国家工信部鉴定的设备，应用业绩超100台套，连续三年行业第一；国内首创的电袋复合除尘技术，获国家科技进步二等奖，技术水平和应用业绩领先全球，广泛应用于电力、化工、冶金等领域，总应用业绩超500台；干式超净＋技术及装置以新型高效烟气循环流化床干法技术为核心，总体技术达到国际领先水平，应用业绩超500台套，位居全球第一。

2. 北京清新环境技术股份有限公司

北京清新环境技术股份有限公司（以下简称"清新环境"）成立于 2001 年，2011 年成功登陆深交所中小板（股票代码：002573），是四川发展集团控股的以工业烟气脱硫脱硝除尘为主营业务，兼顾工业水处理及节能、资源综合利用、供热，集技术研发、工程设计、施工建设、运营服务、资本投资为一体的综合性环保服务商。截至目前，拥有 27 家子公司及 17 家分公司，资产总额超过百亿元。塔一体化脱硫除尘深度净化技术（SPC-3D）是清新环境自主研发的专有技术，有机集成了清新环境自主研发的旋汇耦合技术、高效喷淋技术和管束式除尘除雾技术，可在一个塔内以低能耗实现燃煤烟气 SO_2 和粉尘的超低排放，具有单塔高效、能耗低、适应性强、工期短、不额外增加场地、操作简单等特点。为燃煤电厂实现 SO_2 和烟尘的深度净化提供了创新性的一体化解决方案，对现役机组提效改造及新建机组实现排放限值及深度净化具有良好的推广价值。截至目前，该技术已成功应用于国内 600 余台套火电机组的超低排放运营中，市场占有率业内领先。

3. 国家电投集团远达环保股份有限公司

国家电投集团远达环保股份有限公司（以下简称"远达环保"）是国家电投集团唯一的节能环保产业平台，A 股上市企业，资产总额 92 亿元。是中国工业烟气综合治理、催化剂制造等领域的领军企业，业务范围涉及工程建设、投资运营、产品制造、科技研发及服务等领域，业务遍及全国 29 个省（区、市），远销印度、土耳其、印度尼西亚等 7 个国家。远达环保代表性技术有：沸腾式泡沫脱硫除尘一体化技术（BFI）；高效烟气脱硝技术；中低温脱硝催化剂技术；催化剂再生技术；尿素水解制氨技术；有色烟羽治理技术；工业废水零排放技术；矿山生态修复技术；工业场地土壤修复技术等。远达环保是集团公司环保产业平台，秉承"服务集团，面向市场"的宗旨，履行四大主体责任、发挥四大重要功能。远达环保是市场化综合环境服务提供商，是覆盖气、水、土、固（危）废等环境治理领域，集工程建设、投资运营、装备制造、技术服务于一体的综合环境服务提供商。

4. 北京国电龙源环保工程有限公司

北京国电龙源环保工程有限公司（以下简称"龙源环保"）成立于 1993 年，是国内最早专业从事电力环境污染治理的企业，是国内大气、水、固废污染治理的龙头企业，始终保持全国规模最大的脱硫脱硝第三方治理（特许运维）产业集群，以顶尖的科研能力引领行业发展。随着我国燃煤电站排放标准的不断趋严，不断优化升级脱硫技术，满足多煤种、多工况脱硫要求；迅速掌握脱硝技术核心，完成脱硝工程整体技术装备国产化，投资建成全资催化剂生产线；改进袋式除尘器工艺，完成湿式除尘器设计、制造、工程实施一体化能力建设；积极响应国家号召，率先开展脱硫特许经营试点。2015 年至今，打造"一站式"生态环保综合治理服务商。自主开发了双循环脱硫技术、低成本废水零排放技术、基于大数据挖掘的智慧环保岛运维技术等行业领先技术，推动火电企业低碳绿色、清洁化发展。龙源环保正由工业排放末端治理企业，向提供生态环境"一站式"综合解决方案的企业稳步前进。

5. 浙江菲达环保科技股份有限公司

浙江菲达环保科技股份有限公司（以下简称"菲达环保"）为全国大气污染治理行业龙头企业，主要从事燃煤锅炉烟气除尘、脱硫、脱硝，以及垃圾固废处置、污水处理等环保工程大成套、BOT建设。菲达环保建有国家认定企业技术中心、国家级工业设计中心、全国示范院士专家工作站、燃煤污染物减排国家工程实验室和国家级博士后科研工作站，为中国环境保护产业协会电除尘委员会主任委员单位和行业标准化委员会秘书处单位。菲达环保已承担实施国家"863计划"课题、国家重点研发计划课题、国际合作专项和国家重大装备创新研制专项等国家级项目30多项，获国家科学技术二等奖1项、省部级科学技术一等奖11项，产品已出口36个国家和地区，为国内外燃煤电站配套生产除尘、脱硫、脱硝累计业绩超5亿kW，"菲达牌电除尘器"被工信部授予全国制造业单项冠军产品证书。在燃煤电站"超低排放"细分市场领域，公司市场占有率位于行业前列。

6. 江苏新世纪江南环保股份有限公司

江苏新世纪江南环保股份有限公司（以下简称"江南环保"）是全球领先的从事氨法烟气脱硫脱硝技术的企业。江南环保本着一切为用户着想的服务宗旨，专业负责为烟气治理工程提供从设计、建设到运营服务的先进整体解决方案。江南环保具有大型燃煤电站脱硫脱硝工程的开发、设计与施工经验，具有一支研发能力强、工程经验丰富的人才队伍。氨法烟气脱硫技术是烟气脱硫（FGD）技术的一种，是采用氨水或液氨做吸收剂去除烟气中 SO_2 等污染物的烟气净化技术。江南环保突破国内外原有技术，成功解决了氨逃逸和气溶胶技术难题，至今已拥有了四代氨法脱硫技术。江南环保拥有该技术领域的全部自主知识产权，目前已申请100多项国内专利和150多项国际专利，在全球电站锅炉、石油化工行业建成、在建400多套氨法脱硫装置，占据全球氨法脱硫市场80%以上份额。

7. 浙江鸿盛环保科技集团有限公司

浙江鸿盛环保科技集团有限公司专注于无机玻纤与氟材料复合材料技术创新与产品应用20年，聚焦除尘滤料及滤袋、除尘AI运维平台两项业务，主要应用于工业烟尘治理、轨道交通、建材管材、容器、汽车内饰等领域。现拥有衢州新材料与辽宁无机纤维材料两大研发生产基地，占地面积50万 m^2，总资产10亿元。公司以"引领复合新材料创新与应用，为全球用户提供高附加值的整体系统解决方案"为使命，以"以客户价值增长为中心，以奋斗者为本，持续学习，不断创新"为价值观，实现"专注复合材料价值创新，持续为用户创造新价值"伟大愿景。

8. 浙江天蓝环保技术股份有限公司

浙江天蓝环保技术股份有限公司（以下简称"天蓝环保"）创立于2000年，是国家高新技术企业和国家863产业化基地。专业从事烟气治理，提供项目总承包、技术咨询、设备制造、安装调试和运营管理等全方位服务。作为该领域龙头企业之一，牵头起草了2项国家行业技术标准，授权国家发明专利97项。天蓝环保拥有完整的烟气治理环保岛技术，形成了独具特色的超低排放控制技术。脱硫领域，开发了电石渣—石膏法、石灰石—石膏法、白泥—石膏法、SDA半干法、SDS干法等技术；脱硝领域，开发了SNCR、SCR、臭氧氧化湿法脱硝等技术。建成的环保工程1000余台套，包括国际首台套300 MW电石渣—石膏法烟气脱硫工程与4项国家环保示范工程。

9. 浙江天地环保科技有限公司

浙江天地环保科技有限公司（以下简称"天地环保"）成立于2002年，注册资本金3亿元，是浙江省能源集团有限公司投资管理的环保高科技公司。天地环保下设20个分（子）公司，拥有一条完整覆盖废气、废水、固废治理及环保装备制造的环保产业链，主要从事环保工程设计和施工总承包、固体废弃物等资源综合利用、建筑材料的研发与销售、环保及能源技术开发与技术服务等。

天地环保凭借 10 余年在环保领域的探索和实践，积累了一批先进技术——作为"超低排放技术"的首创者，天地环保获得了 2017 年度国家科学技术发明一等奖，此外公司在"雾霾治理""消灭有色烟羽"等方面也掌握了核心技术。近年来，天地环保重点推进 VOCs 治理、钢铁行业超低排放、建材行业脱硝、电厂废水零排放、农村生活污水、粉煤灰综合利用、畜禽养殖废弃物综合处置、胶球清洗、船舶脱硫等项目落地，为环保产业的发展做出了积极贡献。

10. 成都锐思环保公司

成都锐思环保公司自 1999 年成立，拥有废气治理甲级、废水治理乙级、工程总承包二级资质，是国家级高新技术企业、省级技术中心，主要从事火力发电厂的废水及废水治理工程，推出了多项引领行业的创新技术。其中，尿素水解制氨技术，目前已经在全国 300 余台机组中成功应用，占有国内 62% 的市场份额。该项技术经鉴定为"填补了国内空白、达到国际先进水平"。生产的尿素水解制氨装置，目前总应用数量超过了美国 Wahlco 公司。该技术于 2019 年获得了中国环保产业协会颁发的环境技术进步二等奖。公司完成了 100 余台机组的废水"达标排放"工程，并成功应用于印度、孟加拉国、巴基斯坦、津巴布韦等"一带一路"倡议沿线国家。公司的废水零排放技术于 2018 年在湖北能源鄂州电厂三期 2 台百万机组中成功工业化应用，该项零排放技术目前已经在国内 5 套百万机组、3 套 60 万机组和 4 套 30 万机组中应用，并于 2019 年获得了"中能建科技进步一等奖"。

固体废物处理利用行业 2019 年发展报告

1 2019 年行业发展现状及分析

1.1 行业发展环境分析

2019 年我国固体废物行业发展迅速，随着《固体废物污染环境防治法》《国家危险废物名录》等的修订及"无废城市"试点建设、"垃圾分类""清废行动 2019"等工作的开展，我国固体废物处理处置技术、资源化利用水平有所提高，危险废物非法转移倾倒事件有所减少，生活垃圾分类管理工作显著提升。

1.1.1 法律法规修订

2019 年 6 月 5 日，国务院常务会议通过《固体废物污染环境防治法（修订草案）》，修订草案强化了工业固体废物产生者的责任，完善了排污许可制度，并且要求加快建立生活垃圾分类投放、收集、运输、处理系统。2019 年 12 月 23 日，《固体废物污染环境防治法（修订草案）》进入二审，宪法和法律委员会建议将修订草案第三条第一款有关防治原则的规定修改为"固体废物污染环境防治坚持减量化、资源化和无害化的原则"，强化固体废物源头减量；增加地方政府对固体废物污染环境防治责任，建立目标责任制和考核评价制度。

1.1.2 "无废城市"建设

2018 年 12 月 29 日，国务院办公厅印发《"无废城市"建设试点工作方案》。方案规定到 2020 年，系统构建"无废城市"建设指标体系，探索建立"无废城市"建设综合管理制度和技术体系，试点城市在固体废物重点领域和关键环节取得明显进展，大宗工业固体废物贮存处置总量增长趋零，主要农业废弃物全量利用，生活垃圾减量化、资源化水平全面提升，危险废物全面安全管控，非法转移倾倒固体废物事件零发生，培育了一批固体废物资源化利用骨干企业。

2019 年 5 月 8 日，为科学指导试点城市编制"无废城市"建设试点实施方案，充分发挥指标体系的导向性、引领性，生态环境部印发《"无废城市"建设试点实施方案编制指南》和《"无废城市"建设指标体系（试行）》。

1.1.3 生活垃圾

2019 年 4 月 26 日，住房和城乡建设部等部门发布《关于在全国地级及以上城市全面开展生活垃圾分类工作的通知》，通知规定到 2020 年，46 个重点城市基本建成生活垃圾分类处理系统。其他地级城市实现公共机构生活垃圾分类全覆盖，至少有 1 个街道基本建成生活垃圾分类示范片区。到 2022 年，各地级城市至少有 1 个区实现生活垃圾分类全覆盖，其他各区至少有 1 个街道基本建成生活垃圾分类示范片区。到 2025 年，全国地级及以上城市基本建成生活垃圾分类处理系统。

2019 年 10 月 19 日，住房和城乡建设部发布的《关于建立健全农村生活垃圾收集、转运和处置体系的指导意见》指出，到 2020 年年底，东部地区及中西部城市近郊区等有基础、有条件的地区，基本实现收运处置体系覆盖所有行政村及 90% 以上自然村组；中西部有较好基础、基本具备条件的地区，力争实现收运处置体系覆盖 90% 以上行政村及规模较大的自然村组；地处偏远、经济欠发达地区可根据实际情况确定工作目标。到 2022 年，收运处置体系覆盖范围进一步提高，并实现稳定运行。

为加强生活垃圾分类管理，2019 年 1 月 31 日，上海市第十五届人民代表大会第二次会议通过《上海市生活垃圾管理条例》，规定于 2019 年 7 月 1 日起正式实施；2019 年 8 月 15 日，浙江省杭州市人民代表大会常务委员会发布《杭州市生活垃圾管理条例》（2019 修正），规定于 2019 年 8 月 15 日起正式实施；2019 年 11 月 27 日，北京市十五届人大常委会第十六次会议表决通过北京市人大常委会关于修改《北京市生活垃圾管理条例》的决定，规定于 2020 年 5 月 1 日起正式实施。

1.1.4　工业固体废物

2019 年 1 月 9 日，国家发展改革委、工业和信息化部联合印发《关于推进大宗固体废弃物综合利用产业集聚发展的通知》，提出要探索建设一批具有示范和引领作用的综合利用产业基地，到 2020 年，建设 50 个大宗固体废弃物综合利用基地、50 个工业资源综合利用基地，基地废弃物综合利用率达 75% 以上，形成多途径、高附加值的综合利用发展新格局。

1.1.5　危险废物

2019 年 9 月 5 日，生态环境部印发《国家危险废物名录（修订稿）》（征求意见稿），主要修订内容为《国家危险废物名录》中新增 7 种危险废物，删减 7 种危险废物，合并减少 8 种危险废物；《危险废物豁免管理清单》中新增 13 种危险废物（豁免情形）。

2019 年 10 月 16 日，生态环境部发布《关于提升危险废物环境监管能力、利用处置能力和环境风险防范能力的指导意见》。意见指出，到 2025 年年底，建立健全"源头严防、过程严管、后果严惩"的危险废物环境监管体系；各省（区、市）危险废物利用处置能力与实际需求基本匹配，全国危险废物利用处置能力与实际需要总体平衡，布局趋于合理；危险废物环境风险防范能力显著提升，危险废物非法转移倾倒案件高发态势得到有效遏制。其中，到2020年年底前，长三角地区（包括上海市、江苏省、浙江省）及"无废城市"建设试点城市率先达到有关要求；到2022年年底前，珠三角、京津冀和长江经济带及其他地区提前实现。

1.1.6 废铅酸电池

2019年1月22日，生态环境部、国家发展改革委、工业和信息化部等九部委共同印发《废铅蓄电池污染防治行动方案》，要求到2020年，铅蓄电池生产企业通过落实生产者责任延伸制度实现废铅蓄电池规范收集率达到40%；到2025年，废铅蓄电池规范收集率达到70%；规范收集的废铅蓄电池全部安全利用处置。

2019年1月28日，生态环境部印发《铅蓄电池生产企业集中收集和跨区域转运制度试点工作方案》，规定到2020年，试点地区铅蓄电池领域的生产者责任延伸制度体系基本形成，废铅蓄电池集中收集和跨区域转运制度体系初步建立，有效防控废铅蓄电池环境风险；试点单位在试点地区的废铅蓄电池规范回收率达到40%以上。

2019年8月14日，国家发展改革委发布《铅蓄电池回收利用管理暂行办法（征求意见稿）》，规定国家实行铅蓄电池回收目标责任制，制定发布铅蓄电池规范回收率目标。到2025年年底，规范回收率要达到60%以上，国家根据行业发展情况适时调整回收目标。

1.2 行业经营状况分析

经中国环境保护产业协会固体废物处理利用委员会调查统计，截至2020年4月，我国固体废物处理相关概念股共有72家企业，A股流通市值合计为4830亿元。其中A股流通市值在100亿元以上的仅有13家（图1），50亿～100亿元的有16家，50亿元以下的有43家（图2）。

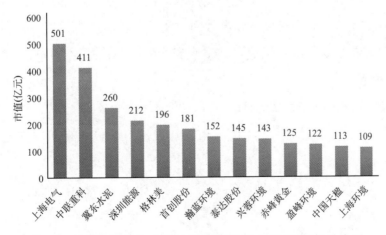

图1　固体废物处理企业A股流通市值100亿元以上企业

1.3 行业关键技术

1.3.1 "无废城市"建设试点先进适用技术（第一批）

2019 年 12 月 2 日，生态环境部发布《关于"无废城市"建设试点先进适用技术（第一批）评审结果的公示》共包括 82 项技术，其中工业固体废物领域技术共有 23 项，危险废物领域技术共有 10 项，农业源固体废物领域技术共有 8 项，生活源固体废物领域技术共有 39 项，信息化管理领域技术共有 2 项。

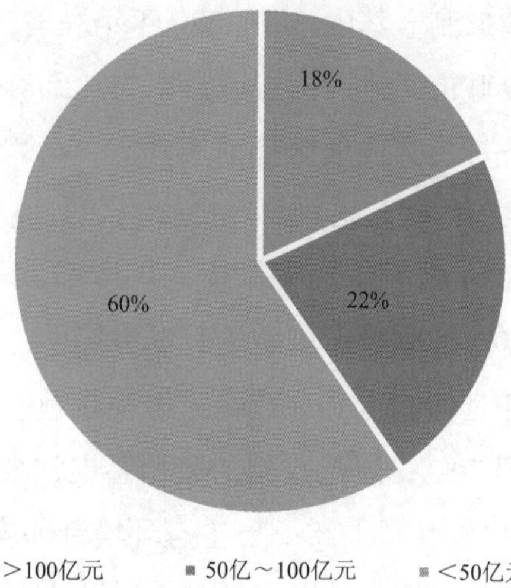

图 2　固体废物处理企业 A 股流通市值占比情况

1.3.2 2019 年度环境保护科学技术奖获奖项目

2019 年 12 月 17 日，生态环境部发布《2019 年度环境保护科学技术奖获奖项目名单》，其中 39 个项目获 2019 年度环境保护科学技术奖。固体废物领域相关的代表性技术主要有："电子垃圾拆解区污染物暴露识别与风险评估关键技术及应用""水泥窑多污染物协同控制关键技术开发与应用""危险废物水泥窑协同处置关键技术与应用""高氯高硫高湿类固体废物水泥化利用成套技术及应用""化学品环境危害测试与暴露评估关键技术及应用研究"等。

1.3.3 2019 年度环境技术进步奖获奖项目

2019 年 12 月 20 日，中国环境保护产业协会发布《2019 年度环境技术进步奖获奖项目名单》，其中 49 个项目入选 2019 年度环境技术进步奖获奖项目名单。与固体废物领域相关的代表性技术主要有："典型有色金属高效回收及污染控制技术""区域性危险废物集中处置设施环境风险控制技术及应用示范""铸造废弃物处置和资源化利用关键技术开发"等。

1.4 行业发展现状

1.4.1 "无废城市"建设试点工作

截至 2019 年 12 月底，我国"无废城市"建设试点工作取得阶段性进展，主要包括以下几个方面：

（1）"11+5"个试点城市和地区组织编制的实施方案，已全部通过国家评审并进入正式印发实施阶段。

（2）为保障"无废城市"试点工作推进，各试点城市和地区成立了咨询专家委员会和以市级领导为组长的领导小组。

（3）各试点城市和地区立足自身特色产业，推进"无废城市"建设和城市经济社会协同发展，如海南省三亚市开展生态海岸、生态岛屿与生态农业建设，山东省威海市开发海洋经济和旅游绿色发展等。

（4）各试点城市和地区积极推动"无废城市"制度、技术、市场、监管体系建设，如广东省深圳市、江苏省徐州市、山东省威海市分别启动生活垃圾和工业固体废物、危险废物管理的立法工作。

（5）宣传教育工作丰富多彩，"无废城市"理念得到社会各方的广泛认可，如《三亚启动"无废城市"建设》被评为2019年三亚十大新闻之一。

1.4.2 工业固体废物

据《2019年全国大中城市固体废物污染防治年报》数据显示，2018年全国200个大、中城市一般工业固体废物产生量为15.5亿t、综合利用量为8.6亿t、处置量为3.9亿t、贮存量8.1亿t、倾倒丢弃量4.6万t。一般工业固体废物综合利用量占利用处置总量的41.8%，处置和贮存分别占比为18.9%和39.3%（图3），综合利用为处理一般工业固体废物的主要途径。

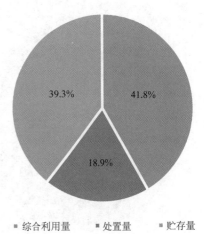

图3　2018年我国一般工业固体废物利用、处置等情况

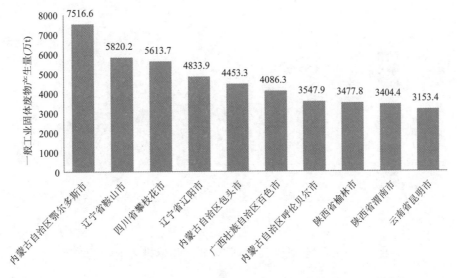

图4　2018年我国一般工业固体废物产生量排名前十的城市

2018 年，200 个大、中城市中，一般工业固体废物产生量排名前 10 位的城市见图 4。前 10 位城市产生的一般工业固体废物总量为 4.6 亿 t，占全部信息发布城市产生总量的 29.7%。

1.4.3 危险废物

1.4.3.1 工业危险废物

据《2019 年全国大中城市固体废物污染防治年报》数据显示，2018 年全国 200 个大、中城市工业危险废物产生量达 4643.0 万 t，综合利用量 2367.3 万 t，占利用处置总量的 43.7%；处置量 2482.5 万 t，占利用处置总量的 45.9%；贮存量 562.4 万 t，占利用处置总量的 10.4%，工业危险废物利用、处置情况如图 5 所示。在 200 个大、中城市中，工业危险废物产生量居前 10 位的城市产生的工业危险废物总量为 1437.2 万 t，占全部信息发布城市产生总量的 30.9%，如图 6 所示。

截至 2018 年年底，全国各省（区、市）颁发的危险废物（含医疗废物）经营许可证共 3220 份。其中，江苏省颁发许可证数量最多，为 421 份，其次为浙江省。相比 2006 年，2018 年全国危险废物（含医疗废物）经营许可证数量增长

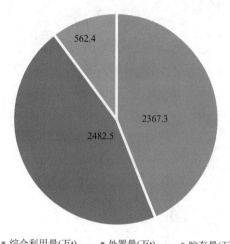

图 5　2018 年我国大、中城市工业危险废物利用、处置情况

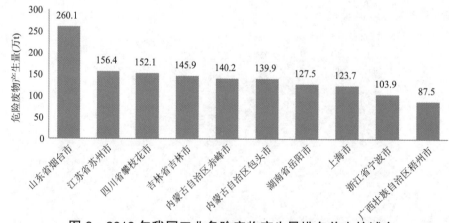

图 6　2018 年我国工业危险废物产生量排名前十的城市

265%。

1.4.3.2 医疗废物

据《2019年全国大中城市固体废物污染防治年报》数据显示，2018年全国200个大、中城市医疗废物产生量81.7万t，处置量81.6万t，医疗废物基本均得到及时处置。医疗废物产生量前10位城市产生的总量达26.8万t，占全部信息发布城市产生总量的29.8%，如图7所示。

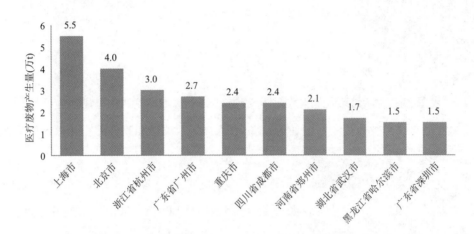

图7　2018年我国医疗废物产生量排名前十的城市

1.4.4 生活垃圾

据国家统计局发布的《中国统计年鉴2019》数据显示，2018年我国城市生活垃圾清运量为22 801.8万吨，无害化处理量为22 565.4万t，无害化处理率达到99.0%，其中包括卫生填埋量11 706.0万t，焚烧量10 184.9万t和其他无害化处理量674.4万t（图8）。2018年，我国共有1091座生活垃圾无害化处理厂，其中生活垃圾卫生填埋场663座，生活垃圾焚烧厂331座，其他生活垃圾无害化处理厂97座

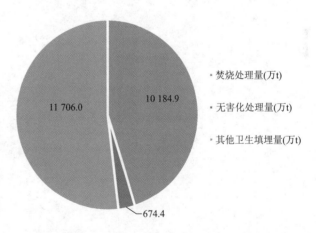

图8　2018年我国生活垃圾无害化处理情况

（图9）。生活垃圾无害化处理能力为766 195 t/d，其中卫生填埋处理能力为373 498 t/d，焚烧处理能力为364 595 t/d，其他无害化处理能力为28 102 t/d（图10）。

据《2019年全国大中城市固体废物污染防治年报》数据显示，2018年，全国200个

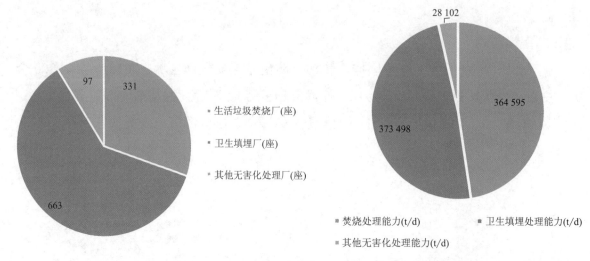

图 9　2018 年我国各类生活垃圾无害化处理厂数量　　图 10　2018 年我国生活垃圾焚烧、
填埋和其他无害化处理能力情况

大、中城市生活垃圾产生量为 21 147.3 万 t，处置量为 21 028.9 万 t，处置率达 99.4%。其中 200 个大、中城市中，生活垃圾产生量位居前 10 的城市如图 11 所示。城市生活垃圾产生量最大的是上海市，产生量为 984.3 万 t，其次是北京、广州、重庆、成都等市，产生量分别为 929.4 万 t、745.3 万 t、717.0 万 t 和 623.1 万 t。位居前 10 的城市生活垃圾总量为 6256.0 万 t，占全部信息发布城市产生总量的 29.6%。

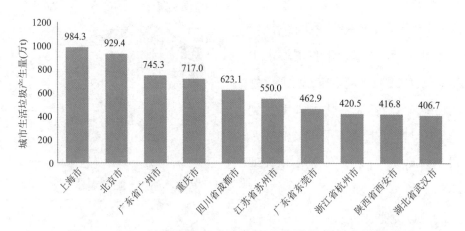

图 11　2018 年我国城市生活垃圾产生量排名前十的城市

2　2019 年行业发展存在问题及建议

2.1　行业发展趋势

2019 年，《固体废物污染环境防治法（修订草案）》取得重要进展，"无废城市"

建设试点顺利落实，以上海为首的各省区市《垃圾分类管理条例》陆续实施，《国家危险废物名录》的修订等，表明我国固体废物行业政策制度不断完善，治理措施和力度不断加强。2020年我国固体废物处理利用行业将迎来高速发展期，将继续从以下几个方面展开。

2.1.1 "无废城市"建设工作继续推进

加快"无废城市"的建设进程，通过制度创新，加速固体废物环保产业的集中度、发展步伐，形成有利于骨干企业发展的政策和技术支持机制；提高企业处理处置与利用能力及污染防治水平，培育一批骨干企业。

2.1.2 基本建成生活垃圾分类处理系统

继续推进城乡生活垃圾分类，加快垃圾分类设施建设，形成与生活垃圾分类相适应的收运处理系统，到2020年年底基本建成生活垃圾分类处理系统。

2.1.3 加强固体废物处置能力建设和技术创新

加大固体废物治理投资与研发投入，引进先进设备和技术，提升固体废物资源化利用装备技术水平，提高综合利用率。加强国家之间、校地之间、校企间的技术转移及成果转化，促进固体废物处理处置产业发展。

2.1.4 推动固体废物处理利用的标准体系建设

大力推动固体废物处理利用的标准体系建设，根据产业需求和我国标准体系的特点，科学合理界定国家标准、行业标准、团体标准和企业标准的定位，以满足固体废物处理利用产业健康发展的需要。

2.2 行业发展存在问题

2.2.1 工业固体废物

2.2.1.1 工业固体废物非法堆存、倾倒、填埋现象仍存在

在生态环境部2019年组织开展的打击固体废物环境违法行为专项行动中发现，工业固体废物（采矿废石、煤矸石等）存在非法堆存、倾倒、填埋等问题。

2.2.1.2 工业固体废物产生量大，综合利用率较低

2018年全国200个大、中城市一般工业固体废物产生量为15.5亿t，综合利用量为8.6亿t，综合利用率为41.7%。根据"无废城市"建设试点编制方案，我国工业固体废物综合利用基础设施仍存在缺口，工业固体废物产生环节管理粗放，源头分类不足，综合利用市场活力不足、标准缺失、出路受限，这些都导致了工业固体废物综合利用率较低。

2.2.2 危险废物

2.2.2.1 部分地区危险废物利用处置能力不足

近几年通过加强处置设施建设、提升综合利用能力等措施，危险废物处置能力有所提升，但由于我国工业体系齐全，危险废物种类繁多，部分地区依然存在处置能力不匹配、资源分布不平衡、处置价格偏高等情况，由此反映出我国处置能力不足的问题。

2.2.2.2 危险废物综合利用制度有待优化

目前，我国危险废物利用处置标准体系不健全，由于危险废物综合利用产品中有毒有害物质含量标准缺乏，尚未针对典型危险废物制定处置技术标准规范，导致危险废物资源化利用处置出路不畅等。

2.2.3 生活垃圾

2.2.3.1 生活垃圾乱放、混装现象仍存在，城乡垃圾处理水平不一

我国生活垃圾分类制度推行过程中仍存在生活垃圾乱堆乱放、清运过程混装等现象。2019 年，我国城市生活垃圾无害化处理率达到 99.0%，但农村生活垃圾处理水平普遍偏低，尤其是西部地区农村生活垃圾的收集和处理工作相对滞后。

2.2.3.2 有害垃圾分类收集、贮存、运输等缺乏相应机制

国家发展改革委、住房和城乡建设部发布的《生活垃圾分类制度实施方案》中要求，必须将有害垃圾作为强制分类的类别之一，但目前有害垃圾普遍存在分类不到位、存放不规范、运输不及时等问题，缺乏相应的标准及法规。

2.2.3.3 垃圾处理设施技术及管理总体水平有待提升

我国生活垃圾处理能力分布不平衡，部分城市配套设施仍然不足，存量设施提升改造进展缓慢。部分垃圾填埋场入场管理不到位，导致渗滤液产生量大，处理成本较高；部分垃圾焚烧厂烟气处理、飞灰处理技术工艺水平不高，难以实现稳定达标排放。

2.3 行业发展对策及建议

2.3.1 工业固体废物

2.3.1.1 完善相应法律法规和标准体系，加强工业固体废物行业监管

建议进一步完善工业固体废物相应法律法规和标准体系，规范工业固体废物处理处置市场，保障工业固体废物的减量化、无害化处置。

2.3.1.2 强化工业固体废物综合利用水平，提高综合利用率

应加大工业固体废物综合利用技术的研发投入，鼓励规模化利用和生产高附加值的产品，对于资源可回收型废物，建立健全有效的回收体系；提升工业固体废物的处置产能，推行新技术新工艺的应用。

2.3.2 危险废物

2.3.2.1 加强危险废物处理处置设施能力建设，提升运营管理水平

针对危险废物处理处置能力不足的地区，加大设施建设的投入力度，加强资金和技术支持，促进不同地区设施处理能力的协调发展；加强对危险废物处理设施的管理和技术人员的培训，研究和开发先进适用的危险废物处置技术和装备，提升运营管理水平。

2.3.2.2 完善标准体系，规范危险废物利用处置

分行业、分类别制定危险废物利用处置过程的污染控制标准、技术规范等，严格危险废物利用处置活动准入门槛。以全过程环境风险防控为基本原则，制定资源化利用过程环境保护要求，明确资源化利用产品中有毒有害物质含量限值，促进危险废物安全利用。

2.3.3 生活垃圾

2.3.3.1 加强垃圾分类，提高农村垃圾处理水平

源头分类是实现垃圾减量化、无害化和资源化的重要环节，应进一步深入推进城市生活垃圾分类处理，加强农村垃圾源头分类，建议根据当地实际情况制定相应的垃圾分类方法，强化公众参与生活垃圾分类的意识，加大农村垃圾处理投入力度，加强资金和技术支持。

2.3.3.2 推进有害垃圾分类收集、贮存、运输的标准化建设

应针对有害垃圾收集、贮存、运输等环节制定相应的标准体系，规范有害垃圾集中收集、贮存、运输要求，减少环境污染，降低人体健康和生态环境风险。

2.3.3.3 加强生活垃圾处置设施建设，提高运行管理水平

进一步加强生活垃圾处置设施建设，提高焚烧设施运行管理控制要求，确保稳定达标排放。提升生活垃圾填埋场入场标准，对可利用、可降解、可焚烧的生活垃圾限制进入填埋场，强化填埋场封场技术要求和后期管理，防范远期环境风险。

附录：固体废物处理利用行业主要（上市）企业简介

1. 格林美股份有限公司

格林美股份有限公司（以下简称"格林美"，股票代码：002340）于2001年12月28日在深圳市注册成立，2010年1月登陆深圳证券交易所中小企业板，总股本41.50亿股，净资产104.58亿元，在册员工近5000人。目前，格林美已建成7个电池材料再制造中心、6个电子废弃物绿色处理中心、6个报废汽车回收处理中心、3个动力电池回收与动力电池梯级再利用中心、3个废塑料再造中心、3个危险固体废物处理中心、2个硬质合金工具再造中心、2个稀有稀散金属回收处理中心、1个报

废汽车零部件再造中心。建成废旧电池与动力电池大循环产业链、钴镍钨资源回收与硬质合金产业链、电子废弃物循环利用产业链、报废汽车综合利用产业链、废渣、废泥、废水循环利用产业链等五大产业链。2019 年，公司总营业收入为 143.5 亿元。

2. 北京首创股份有限公司

北京首创股份有限公司（以下简称"首创股份"，股票代码：600008）是北京首都创业集团旗下国有控股环保旗舰企业。公司业务涵盖城镇水务、人居环境改善，延伸至水环境综合治理、绿色资源开发与能源管理；布局全国，拓展海外，已成为全球第五大水务环境运营企业。截至 2018 年6 月，首创股份在全国 23 个省（区、市）的 100 多个城市拥有项目，总资产达到 611 亿元。公司水处理能力达到 2400 万 t/d，服务总人口超过 5000 万，固废处理能力超过 4 万 t/d。2019 年，公司总营业收入为 149.1 亿元。

3. 盈峰环境科技集团股份有限公司

盈峰环境科技集团股份有限公司（以下简称"盈峰环境"，股票代码：000967），是致力于研发以环卫机器人为拳头产品的智能环境装备及服务的行业引领者，目前在全国已设置 6 大产业基地、10 个研发平台、64 家分公司、逾 300 个运营中心，业务网络覆盖全球。旗下拥有中联环境、盈峰科技、绿色东方、上专实业、威奇等子品牌，业务涵盖环卫装备、环卫智能机器人、环境监测、环卫一体化服务、智慧环境管理等各项领域。2019 年，公司总营业收入为 126.95 亿元。

4. 东江环保股份有限公司

东江环保股份有限公司（以下简称"东江环保"，股票代码：SZ002672，HK00895）创立于 1999 年，是深港两地上市环保企业，控股股东广东省广晟资产经营有限公司及第二大股东江苏汇鸿国际集团股份有限公司，两家公司均为中国 500 强企业。目前，东江环保具备 44 类危险废物经营资质，危废处置能力超过 180 万 t，下设 70 余家子公司，员工近 5000 人，业务网络覆盖中国珠三角、长三角、京津冀、环渤海及中西部市场等危险废物行业核心区域，服务客户超 2 万家，在全国危险废物行业的领先优势明显。2019 年，公司总营业收入为 34.59 亿元。

5. 瀚蓝环境股份有限公司

瀚蓝环境股份有限公司（以下简称"瀚蓝环境"，股票代码：600323）是一家专注于环境服务产业的上市公司，业务领域涵盖固废处理、能源、供水、排水等，是我国环境企业五十强、垃圾焚烧发电企业十强，连续六年被评为全国固废处理十大影响力企业。瀚蓝环境于 2006 年进入固废处理行业，目前已为广东、福建、湖北、湖南、河北等 14 个省（区、市）和 33 个城市提供了优质的固废处理服务。目前，瀚蓝环境生活垃圾焚烧发电处理总规模 27700 t/d，生活垃圾卫生填埋总库容量 1105 万 m³，垃圾压缩转运能力为 6650 t/d、餐厨垃圾处理能力为 1450 t/d、污泥处理能力为1550 t/d、危废处理能力为 16.5 万 t/a、农业垃圾处理能力为 125 t/d，并向处理规模为 3000 t/d 的北京首钢垃圾发电项目输出固废处理运营管理服务，规模和建设运营水平均居全国前列。2018 年，公司总营业收入为 48.48 亿元。

噪声与振动控制行业 2019 年发展报告

1 行业发展现状

1.1 行业发展环境分析

2019 年，生态环境部发布了《中国环境噪声污染防治报告》，对 2018 年全国声环境情况以及环境噪声投诉情况进行了汇总和描述。2018 年，全国地级及以上城市开展了功能区声环境质量、区域声环境质量（昼间和夜间）和道路交通声环境质量（昼间和夜间）3 项监测工作，共监测了 79 736 个点位。全国城市功能区声环境昼间监测总点次达标率为 92.6%，夜间监测总点次达标率为 73.5%。昼间区域声环境质量等效声级平均值为 54.4 dB（A），夜间为 46.0 dB（A）。昼间道路交通声环境质量等效声级平均值为 67.0 dB（A），夜间为 58.1 dB（A）。据 2018 年全国"12369 环保举报联网管理平台"统计数据显示，涉及噪声的举报占比为 35.3%，仅次于大气污染，位居第 2。在全国噪声问题举报中，施工噪声扰民问题以 43.0% 的比例占据首位。

2019 年，生态环境部正式开展了《环境噪声污染防治法》的修订工作，对《环境噪声污染防治法》实施情况开展了专题调研，对重大管理制度进行研究，做好修法前期工作，积极探索将环境噪声纳入排污许可管理。

生态环境部在《2019 年全国大气污染防治工作要点》中要求做好环境噪声管理工作。组织编制全国环境噪声污染防治报告，指导地级及以上城市完成声功能区调整和划定工作。

在生态环境部对噪声工作的重视下，各级地方政府根据地域噪声污染突出问题，出台了一系列符合当地实际的有关噪声污染防治的政策文件。如北京市住房城乡建设委会同北京市生态环境局、北京市城管执法局联合起草并公布了《关于加强房屋建筑和市政基础设施工程施工噪声污染防治工作的通知（征求意见稿）》，该通知提出，建设单位应对处于夜间施工噪声影响范围内的实际居住人进行补偿，补偿标准需与居民协商确定；黑龙江省哈尔滨市印发《哈尔滨市 2019 年扰民噪声整治工作方案》，全方位推进噪声污染防治工作，根据该方案，22 时至次日 6 时不得进行影响周边居民正常休息的广场舞活动，将重复投诉、群众反映强烈的噪声污染问题纳入挂牌督办范围；四川省攀枝花市批准施行《攀枝花市环境噪声污染防治条例》；辽宁省沈阳市修改《沈阳市环境噪声污染防治条例》；等等。

2019 年，GB 10069.3—2008/IEC 60034—9：2007《旋转电机噪声测定方法及限值

第 3 部分：噪声限值》、DT/L 2037—2019《变电站厂界环境噪声执行标准申请原则》、T/GDCKCJH 002—2019《电梯运行引起的住宅建筑室内结构振动与结构噪声限值及测量方法》等标准发布，由中国环境保护产业协会组织制定的 T/CAEPI 17—2019《阵列式消声器技术要求》也于 2019 年 5 月 6 日发布，开创了制定噪声团体标准的先河。

1.2 行业企业发展状况

根据企查查上的数据统计，截至 2019 年 12 月底，2019 年全国营业范围中包含噪声与振动控制的企业达 12 804 家，比 2018 年新增 1827 家，增幅为 16.6%。其中广东省 2945 家、江苏省 1314 家，其余各省（区、市）都在 1000 家以内。西藏自治区从事噪声与振动控制行业的企业最少，为 27 家；青海省次之，为 42 家。在所有企业中，国企 28 家，占所有企业的 0.22%；外商独资企业 708 家，占所有企业的 5.5%。整体而言，民营企业仍然是噪声与振动控制行业的中坚力量。

注册资金在 5000 万元以上的企业有 872 家。广东省依然最多，为 132 家；江苏省第二，为 129 家；北京市第三，为 94 家；青海省最少，只有 1 家企业。西藏自治区注册资金在 5000 万元以上的企业占比最高，为 22.2%。其次是北京市和上海市，分别为 17.0% 和 14.6%。而企业数量较多的广东省注册资金在 5000 万元以上的企业仅为企业总量的 4.5%。由此可见，广东省的从业企业以中小型为主。

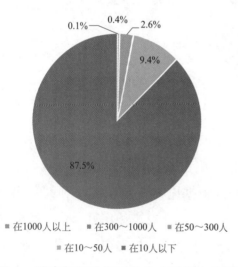

0.1%　0.4%　2.6%
9.4%
87.5%

■ 在1000人以上　■ 在300～1000人　■ 在50～300人
■ 在10～50人　■ 在10人以下

图 1　噪声与振动领域从业人数所占比例

在从事噪声与振动控制业务的企业中，从业人数在 1000 人以上的有 12 家、从业人数在 300～1000 人的有 46 家、从业人数在 50～300 人的有 332 家、从业人数在 10～50 人的有 1204 家、从业人数在 10 人以下的有 11 210 家。由此可见，噪声与振动控制领域仍然以小规模企业为主，10 人以下的企业占了 87.5%，如图 1 所示。

1.3 行业技术进展

2019 年为贯彻《环境噪声污染防治法》，推动相关领域污染防治技术进步，满足污染治理对先进技术的需求，生态环境部组织筛选了一批固体废物处理处置和环境噪声与振动控制先进技术，编制了《国家先进污染防治技术目录（环境噪声与振动控制领域）》（2018 年），并予发布。其中，"全采光隔声通风节能窗""集中式冷却塔通风降噪技术""大风量高声级尖劈错列复合消声系统""水泵复合隔振技术"入选 2018 年重点环境保护实用技术名录;"山西国际电力太原嘉节燃气热电联产项目全厂噪声治理工程" 入选 2018 年重点环境保护示范工程名录。"阵列式消声器项目"和"高阻尼复合隔声板研发及产业化应用项目"获得 2019 年环境技术进步奖二等奖。

2019 年 6 月 5 日,中国环境保护产业协会发布《阵列式消声器技术要求》团体标准。该标准由深圳中雅机电实业有限公司、上海新华净环保工程有限公司、北京万讯达声学设备有限公司共同编制。阵列式消声器是我国具有自主知识产权的原创性技术成果,自 2008 年研发成功以来,已获发明专利授权,于 2010 年和 2017 年两次入选《国家先进污染防治示范技术名录》,2017 年入选《环境保护专用设备企业所得税优惠目录》。由于阵列式消声器的吸声体可以根据消声器的宽度和高度进行灵活调整,对于紊乱的气流流场具有较好的自适应能力,可提升降噪的频带宽度和降噪量值,减小系统压力损失,还可提高生产效率,方便运输、贮存和安装。在保证同样降噪效果的情况下,与其他降噪措施相比,可显著降低通风系统的运行成本。目前,该产品已经在深圳、西安、长沙等地的多个地铁项目,太原、北京、上海等地多个电厂项目和商业建筑建设项目中得到应用,其优良的性能和便捷的安装得到了客户的普遍肯定。

2019 年噪声相关的商标注册申请 124 项;噪声领域申请专利 2815 项,其中 2418 项涉及环境噪声领域。

1.4 市场特点分析及重要动态

据初步统计,2019 年全国噪声与振动控制行业总产值约为 128 亿元,各类污染防治产值情况如表 1 所示。

表 1 噪声与振动控制行业产值情况

类别	交通	工业企业	社会生活	技术服务	其他
产值 / 亿元	50	16	20	8	34

近五年来,噪声与振动控制领域的总产值随国家整体经济情况有所起伏,近三年整体呈现下降趋势,如图 2 所示。

2019 年,主业从事噪声与振动控制相关产业和工程技术服务的企业总数、规模以上企业数量、从业专业技术人员数量与 2018 年相比变动不大,随着《环境噪声污染防治法》修订工作的开展,噪声与振动控制领域的相关工作必将得到更多关注。

1.5 骨干企业发展情况

目前,中国环境保护产业协会会员中主营业务从事噪声控制工程与装备制造的主要

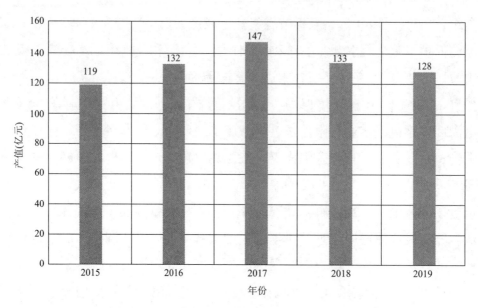

图 2　噪声与振动控制领域近五年产值变化趋势

（骨干）企业有：北京绿创声学工程股份有限公司、四川正升环保科技有限公司、深圳中雅机电实业有限公司、南京常荣声学股份有限公司、北京九州一轨隔振技术有限公司、上海申华声学装备有限公司、上海新华净环保工程有限公司、北京万讯达声学设备有限公司、福建天盛恒达声学材料科技有限公司、杭州爱华仪器有限公司、浙江天铁实业股份有限公司、华电重工股份有限公司、中船第九设计研究院工程有限公司等。其中，主板上市公司有华电重工股份有限公司，创业板上市公司有浙江天铁实业股份有限公司。

这些骨干企业的主营业务均为噪声与振动控制，普遍经历了多年噪声与振动控制工程实践的磨砺和考验，大都达到了较高的技术实力和装备水平，工程设计、产品研发和质量控制水平相对较高，也取得了十分丰富的工程业绩及实践经验。其中，部分骨干企业还积极开展了自备声学实验室、消声器检测台架等基础科研条件的建设，有力推动了全行业的技术进步。

1.6 行业企业国内外竞争力分析

我国噪声与振动控制行业的技术水平与发达国家基本相当，如吸声材料和吸声结构、隔声材料和隔声结构、消声器、隔振器及阻尼材料等常规产品与材料等，无论是在理论研究、产品研发还是工程技术应用上，都位居世界前列，在微穿孔板吸声材料吸声结构、微穿孔板消声器、小孔喷注高压排气消声器的研究方面表现得尤为明显。

近年来，我国城市轨道交通隔振降噪技术领域，在技术集成度、成熟度以及产品的标准化、系列化、自动化、机械化、规模化方面都取得了长足进步，填补了大量技术空白。轨道交通噪声与振动控制领域的市场份额依然保持良好的增长态势。

2 存在的主要问题

2.1 科研开发方面

噪声与振动控制领域基础理论研究相对薄弱，研究成果与应用结合不够紧密，重复性研究居多，真正具有高科技含量，拥有自主知识产权的科研成果较少。噪声与振动领域的研究缺乏与互联网技术、云存储和大数据等技术的结合，缺乏完善的噪声与振动控制领域的数据库。近期，各级政府、执法机构对噪声与振动控制专业领域的关注与支持在一定程度上有所削弱，一些必要的科研课题立项暂时得不到官方的重视与支持，许多噪声治理项目被拖延甚至拒绝。

2.2 规范设计方面

噪声与振动控制规范化设计文件的制订，对噪声与振动控制领域发展具有重要作用。建立完整的设计规范体系，是噪声与振动控制工程设计及产品制作的指导性文件，也是噪声与振动控制产业健康有序发展的重要保证。发达国家制订的设计规范涉及面广且很细，工程中遇到的问题都可以在规范化设计文件中找到依据，这些指导性技术文件主要包括:《低噪声机器设计导则》《消声器设计及在噪声控制中的应用》《隔声罩设计及在噪声控制中的应用》《隔声屏障设计规范》《低噪声工作场所设计导则》《建筑施工噪声控制导则》等。近年来，我国开始着手进行相关设计文件的制定，但与发达国家相比还存在较大差距，应尽快与国际接轨。

2.3 工程实践方面

发达国家拥有强大的技术储备，在工程实践中，他们应用本国的声源与振源数据库，应用噪声与振动传播规律的计算软件，采用计算机辅助技术（CAD）软件设计系统进行优化设计，因而可以以最小的投资达到最优的减振降噪目的。而我国的噪声与振动控制专家从技术上能够承接各种类型的噪声与振动控制工程的设计，但在设计手段与方法上与发达国家存在很大差距，故工程设计工作的效率和精度相对偏低。

2.4 规范生产方面

我国的大多数噪声控制产品和工程的性能和质量与发达国家同类产品相比，还存在较大差距，这主要受限于我国噪声与振动控制产品制造业的生产规模、加工能力和企业整体素质。我国噪声与振动控制设备生产厂大部分规模小，生产工艺装备落后，缺少专用生产工具和设备，有些加工环节只能靠手工完成，基本不具备规模化生产能力，自动化程度低。

2.5 市场环境方面

噪声与振动控制产业市场是被动市场，用户投资降噪是被动的，因此技术要求（标准）普遍低于发达国家，很多噪声控制产品（工程）的性能和质量不是赢得市场竞争的主要指标，导致一些产品及工程的性能和质量也明显不高。

3 解决对策及建议

3.1 加强立法、加大执法力度

环保产业是法规和政策引导型产业，这是环保产业区别于其他产业的一个突出特点。纵观世界各国环境保护史，环境保护法规越健全、环境标准与环境执法越严格的国家，环保产业就越发达，在国际市场中占优势的环保技术也就越多，市场占有量也就越大。因此，应加快《环境噪声污染防治法》的完善和落实，健全环境噪声污染防治领域的标准、法规体系建设，尽快与国际接轨。另外，在管理层面，还应进一步加大执法力度。

3.2 制定和颁布各类噪声与振动控制工程设计规范

在等效采用国际标准的基础上，根据我国国情制定有关噪声与振动控制导则规范，将噪声与振动治理中基本的、通用的技术要求贯穿工程的设计、施工、验收、运行全过程。噪声与振动治理工程的规范化、合理化、法制化是非常有必要的，不仅可以规范行业竞争行为，使噪声治理措施更合理、产品质量更优、工程造价更低、节约更多资源，还可以促进企业技术进步，提升整个噪声治理行业的水平。

3.3 加强技术储备与技术创新

加强科研领域的投入，加深我国与其他国家在基础研究和创新技术研究上的深层次合作。在积极推动对引进技术消化吸收的基础上，坚持自主创新，大力开展自主知识产权的技术创新和新产品研发，不断推动企业的技术进步。开发适合我国国情的噪声与振动传递规律计算软件和噪声与振动控制产品数据库，用以提高我国产品开发与工程设计的档次和水平。注重现代新技术（如计算机技术、数字技术、有源控制技术等）在噪声与振动控制中的应用，开发出更多科技含量高，拥有自主知识产权的噪声控制产品，使我国噪声与振动控制产业在技术层面得到提升，提高我国噪声与振动控制产品在国际市场的竞争力。

3.4 增加贷款支持力度

噪声与振动控制行业专业性强，并且存在市场规模较小，企业资金压力大等困难。应通过行业协会的力量，建立与银行金融系统的联络，为行业中信誉度高的企业，提供贷款优惠政策。重点扶持一批在噪声与振动污染控制领域有一定基础的骨干企业，在加工设备和技术力量的配备上加大对他们的支持力度，努力促进大型集团公司的建立和发展。引导企业和市场向标准化、规模化、专业化、多元化方向发展，不断提高噪声与振动控制企业的整体素质，树立企业整体形象，提高我国在国际市场上的竞争能力。

3.5 充分考虑技术的重要性

噪声与振动控制行业专业技术性强，但是可模仿度高。应宣传并鼓励业主充分考虑技术的必要性，从专业的角度对噪声问题进行可行性分析，将最终解决的效果放在第一位。减少低价中标等现象，引导降噪企业遵守行业规则，保证行业的公信力。

附录：噪声与振动行业主要企业简介

1. 上海申华声学装备有限公司

上海申华声学装备有限公司成立于1994年12月，是国内专业从事噪声治理的高新技术企业，拥有环保工程专业承包一级资质和环境工程专项乙级设计资质。公司拥有自己的声学实验室和声学设计研究所。上海申华声学装备有限公司集研发、咨询、设计、施工于一体，主要产品有消声、吸声、隔声三大类一百多个声学产品。公司成立至今在全国各地承接了千余项噪声治理项目，治理效果均达到不同区域声环境要求。工程项目涉及城市轨道交通、高速铁路、高速公路、文体场馆、电厂电网、钢铁企业、公共建筑、航天军工等众多领域，覆盖全国20多个省（区、市）。从1996年起，上海申华声学装备有限公司连续被认定为上海市高新技术企业，有专利产品54项，4项已完成上海市高新技术成果转化，6项产品获国家级重点新产品称号，5项产品被评为上海市重点新产品。公司在国内同行中率先通过ISO9001：2008《国际质量管理体系》认证和ISO14001《环境管理体系》认证以及GB/T 28001《职业健康安全管理体系》认证，基本实现了企业管理的正规化、现代化。

2. 北京绿创声学工程股份有限公司

北京绿创声学工程股份有限公司（以下简称"绿创声学"）（股票代码：834718）是混合所有制高新技术环保企业。专业从事声环境质量控制暨噪声与振动污染防治。绿创声学通过专业检测、技术研发、咨询设计、产品制造、工程承包、IAC全球为国内外客户提供专业化的服务和一站式噪声与振动控制达标运营服务。绿创声学以技术创新精准服务为企业核心竞争力，拥有国内一流专业人才组成的声学研发设计制造实施团队和先进设备的实验室及现代化的设备生产线。绿创声学是中国环保产业骨干企业，持有住建部颁发的环境工程（物理污染防治工程）专项设计甲级资质和环保工程专业承包壹级资质、中国合格评定国家认可委员会认定的CNAS实验室认可资质和CMA检验检测资质，企业信誉为3A等级。20年来，绿创声学已完成了逾千项客户满意的声环境质量控制和噪声与振动污染防治项目，涵盖电力、交通、冶金、石化、建材、机场、大型公共建筑、室内声学等诸多领域。

3. 四川正升环境科技有限公司

四川正升环境科技股份有限公司（以下简称"正升环境"）是一家新三板挂牌企业，成立于2008年，系在四川正升环保有限公司原有噪声控制资产、人才和业务的基础上，成立的提供噪声防控解决方案的专业化公司。正升环境降噪业务始于1999年，20余年来，一直致力于噪声防控方案咨询、产品设计、制造及工程设计、施工。产品与服务涉及电力、石化、轨道交通、文体建筑、市政、交通、商业地产等领域，业务覆盖印度、泰国、伊朗、印度尼西亚、巴基斯坦、卢旺达、马尔代夫、博茨瓦纳等国，已为全球超过500家企业提供过噪声控制服务。正升环境拥有目前西南地区最大的噪声控制技术及声学材料研究测试中心，在国内噪声控制领域处于领先水平。该中心于2015年获得中国合格评定国家认可实验室证书。正升环境拥有一支强大的研发和工程设计团队，现有研究生15名、中高级工程师73名。现已拥有发明专利19件、实用新型专利56项。

4. 福建天盛恒达声学材料科技有限公司

福建天盛恒达声学材料科技有限公司（以下简称"天盛恒达"）创建于2004年，是一家专业从事声学材料研发、生产噪声工程设计、施工监理的高新技术企业。天盛恒达总占地面积5000 m^2，员工40多人，天盛恒达生产的隔声材料年产量达50万 m^2，旗下的静馨系列隔声减振产品涵盖隔声毡、高阻尼材料、减振器、减振垫等。天盛恒达通过不断发展壮大，已然成为国内声学材料、噪声治理领域的一面旗帜。2007年，天盛恒达被福建省科技厅评为"国家高新技术企业"，同年通过ISO14001《环境管理体系》认证以及ISO18000《职业健康安全管理体系》认证。天盛恒达在产品技术上拥有自主知识产权，在产品质量和性能上已陆续通过了上海交大、清华大学、同济大学、国家塑料制品质量监督检验中心、德国Exova等相关专业机构的检测，在应用方面已逐渐成为国内主导的行业品牌，产品广泛应用于交通领域（车、船）、工业厂房设备、大型酒店、娱乐场所、大型体育场馆以及专业场所。

5. 深圳中雅机电实业有限公司

深圳中雅机电实业有限公司（以下简称"深圳中雅公司"）成立于1993年，是一家专业从事研发、设计、制造声学和噪声控制设备并承接声学和噪声控制工程的国家级高新技术企业。深圳中雅公司的业务范围涉及航空、航海、轨道交通、公路、重化工业、发电输变电、安防、医疗、文教、传媒以及普通工民建项目。深圳中雅公司具有科研开发、试验测试、工程和产品设计、制造以及工程承包的综合能力和资质，建有面积超过6000 m^2 的生产基地。深圳中雅公司是深圳市环境保护工程技术（噪声）甲级企业，多次获得"中国环保产业骨干企业"和"优秀环保企业"称号，是广东省首批环保产业产学研合作实习基地共建单位和国家先进污染防治示范技术依托单位。深圳中雅公司已获得发明专利4项、实用新型专利8项、外观设计专利2项。先后编制国家标准19项（主持6项，参与13项），编制行业标准3项（主持1项，参与2项）。

6. 上海新华净环保工程有限公司

上海新华净环保工程有限公司（以下简称"新华净公司"）创建于1992年，是专门从事噪声治理、废气治理和油烟净化、污水处理等环保设备生产和工程的专业公司。新华净公司现拥有环境工程设计专项（物理污染防治工程）乙级、环保工程专业承包一级、建筑施工安全生产许可证等资质，下属太仓华太消声通风设备有限公司、上海昊元净之王环保设备有限公司及北京世纪静业噪声振动控制技术有限公司。新华净公司工厂占地 31 000 m²，建筑面积 18 000 m²。新华净公司是中国环境保护产业协会理事单位、中国环境保护产业骨干企业，通过了 ISO9001、ISO14000 和 ISO18000 体系认证。参与了 T/CAEPI 17—2019《阵列式消声器行业标准》等多项标准的编制工作。公司是阵列式消声器产业技术联盟主要发起单位之一，该项技术入选了国家先进污染防治技术名录并已列入国家所得税优惠目录。应用于多个电厂项目的"电厂空冷岛阵列式消声降噪技术的应用""电厂冷却系统低阻力消声技术研究"获得 2015 年度、2017 年度电力建设科学技术进步三等奖及工程金奖。

7. 浙江天铁实业股份有限公司

浙江天铁实业股份有限公司成立于 2003 年，是一家专业从事轨道工程橡胶制品的研发、生产和销售的高新技术企业。浙江天铁实业股份有限公司主要产品包括轨道结构减振产品和嵌丝橡胶道口板等，主要应用于轨道交通领域，涵盖城市轨道交通、高速铁路、重载铁路和普通铁路。同时，也从事输送带等其他橡胶制品的研发、生产和销售。公司掌握轨道结构噪声与振动控制相关的多项核心技术，公司技术团队已开发出多种轨道结构减振产品。获得国家专利 40 多项，其中发明专利13 项。其中橡胶减振垫，即针对轨道交通列车运行引起的振动和噪声研发的一种新型道床类轨道结构减振产品，目前已在国内近百个轨道交通项目中应用，线路总长已超过 350 km。该产品还荣获 8 项国家专利及"浙江省名牌产品"等，并被列入 2013 年度"浙江省重大技术专项计划"。

8. 北京九州一轨隔振技术有限公司

北京九州一轨隔振技术有限公司成立于 2010 年，是由北京市基础设施投资有限公司、北京市科学技术研究院、北京市劳动保护科学研究所和国奥投资发展有限公司合力建设的新型产学研一体化国有控股公司。主营业务是轨道交通隔振降噪技术研发、产品制造、工程设计、市场推广、测试咨询以及轨道运维管理工程技术服务。公司为中关村股权激励科技创新示范单位之一，是中关村高新技术企业和国家高新技术企业。公司拥有一流的专家技术团队以及技术集成和推广转化管理团队；拥有授权专利 50 多项，专职技术研发团队 61 人；已完成全国 26 个城市轨道交通隔振近 200 km。公司拥有打破国外技术垄断的自主知识产权——"阻尼弹簧浮置板轨道隔振系统"。

9. 南京常荣声学股份有限公司

南京常荣声学股份有限公司（股票代码：832341）成立于 2001 年，是一家专业从事声学产品与工程研究的国家级高新技术企业，主要研发、生产和销售各类声学产品，承接各类环境噪声治理、声学除灰节能减排、声波除尘消白治理和大型声学实验室建设工程。公司具备环保工程专业承包壹级资质、大气污染防治工程设计乙级资质、军工三级保密资质，是江苏省创新型企业、江苏省企业知识产权管理标准化示范创建单位、南京市知识产权工作示范企业。公司拥有各类国家专利 50 余项，参与声学行业 3 部国家标准的起草与制定，并先后承建多个国家与省市科技计划项目。公司的高效复合声波团聚技术已应用于电力、钢铁、化工、建材等大气污染企业的超低除尘改造项目。该技术于 2017 年成功通过中国电力企业联合会科技成果鉴定，并入选工信部、科技部联合发布的《国家鼓励发展的重大环保技术装备目录（2017 年版）》，市场应用前景广阔。

10. 杭州爱华仪器有限公司

杭州爱华仪器有限公司是浙江省高新技术企业和软件企业，专业从事噪声、电声、声学和振动测量仪器的研发与生产，是国内著名声学测量仪器研制与生产厂家。通过了 ISO 9001：2008《质量管理体系》认证、浙江省《AAA 级标准化》认证，产品符合国家标准和国际标准，并较早获得制造计量器具许可证。公司建有杭州市爱华仪器高新技术研发中心，承担并完成国家技术创新基金项目、浙江省重点高新技术新产品研制项目和杭州市科技攻关项目。主导起草声级计国家标准，参与起草振动仪器、滤波器、仿真耳等国家标准。公司目前专业生产测试传声器、声级计和噪声测量仪器、环境噪声自动监测系统、电声测量仪器、振动测量仪器和实验室校准测试仪器等系列产品，产品品种达 100 多个，涵盖环境噪声测量、工业噪声测量、机场噪声测量、建筑声学测量、电声测量、机器振动测量、环境和人体振动测量等领域。产品用户遍及全国并出口多个国家。

11. 北京万讯达声学设备有限公司

北京万讯达声学设备有限公司成立于 1996 年，是专业生产消声设备、隔声设备及噪声治理的高新技术企业。产品通过了质量、环境、职业健康安全管理体系的认证及国家环境保护产品认证。总部位于北京市，在河南省许昌市设有分公司，建有占地约 50 亩[①]的生产加工基地，具有年产约5000 万元各类消声产品的生产加工能力。公司产品大多用于高标准高品质的标志性建筑，如大剧院、电视台、机场、地铁等。消声产品在高标准声学要求的广电类、剧院、剧场类建筑市场中的占有率达到 70% 以上。承接的所有项目均达标，满足项目声学要求。公司拥有建筑机电安装工程专业承包三级资质、环保工程专业承包三级资质、建筑装修装饰工程专业承包二级资质。可提供空调通风系统的消声设计、顾问咨询、消声复核服务、消声设备的加工生产及工艺消音空调系统的安装一条龙服务。

12. 中船第九设计研究院工程有限公司

中船第九设计研究院工程有限公司（以下简称"中船九院"）是由原中船第九设计研究院改制而成的，隶属于中国船舶工业集团公司。中船九院是一家多专业（30 余个）、综合技术强的大型综合设计研究院，是从事工程咨询、工程设计、工程项目总承包的骨干单位，也是国内甚少拥有声学专业的大型综合设计院。声学设计研究室是中船九院下属的一个专业设计室，是随中船九院发展和壮大而形成的、具有特色的专业设计团队，涌现了多名国内知名的声学专家，主要从事环境声学、振动、建筑声学及舰船声学的工程咨询设计，已有 30 多年的从业历史，是国内噪声与振动控制行业的主要创建者之一，在上海市及全国享有较高的声誉。声学设计研究室拥有先进声学软件、声学测试基地和用于现场测试分析的声学振动仪器。多年来承接完成了数以百计具有一定规模的工业噪声治理、交通噪声治理、专业的声学实验室、城市建筑行业的建声和噪声与振动控制设计和舰船声学控制项目。

13. 华电重工股份有限公司

华电重工股份有限公司（以下简称"华电重工"）（股票代码：601226）是中国华电科工集团有限公司的核心业务板块及资本运作平台，也是中国华电集团有限公司工程技术产业板块的重要组成部分，成立于 2008 年。华电重工以工程系统设计与总承包为龙头，与 EPC 总承包、装备制造和投资运营协同发展相结合，致力于为客户在物料输送工程、热能工程、高端钢结构工程、工业噪声

---

① 1 亩≈666.67m²，下同

治理工程和海上风电工程等方面提供工程系统整体解决方案。业务涵盖国内外电力、煤炭、石化、矿山、冶金、港口、水利、建材、城建等领域。华电重工以"创造绿色生产、促进生态文明"为己任，践行"拼搏进取、严谨高效"的企业精神，秉持"诚信求真、创新和谐"的核心价值观，奉行"客户至上、价值导向"的经营理念，坚持科技引领、资源协同、健康持续的发展道路，不断强化核心能力建设，着力成为具有国际竞争力的工程系统方案提供商。

14. 大连明日环境工程有限公司

大连明日环境工程有限公司成立于2003年，是中国环境保护产业协会理事单位，是辽宁省环境保护产业协会噪声与振动控制专业委员会委员单位，是大连市环境保护产业协会理事单位，并于2005年被辽宁省环境保护产业协会评为优秀企业。目前已荣获环境污染治理专项工程乙级设计证书、环保工程三级专业承包企业资质证书、国家重点环境保护实用技术（B类）DMRZ-Ⅱ声屏障证书、辽宁省环保产品（DMRZ-Ⅱ声屏障）认定证书、大连市高新技术企业认定证书，并获得4项国家专利。公司在从事环保"三废"治理的同时，注重产品的开发与研制，相继自主研发出各类声屏障系列产品、CEE系列地下车库智能通风系统、MTJ-DI罩式油烟净化装置及挡风抑尘墙等相关环保产品。拥有雄厚的技术创新和技术开发能力。同时已通过ISO9001《质量管理体系》认证和安全许可管理体系认证等。

15. 上海泛德声学工程有限公司

上海泛德声学工程有限公司（以下简称"泛德声学"）成立于2005年，是一家专业从事声学技术研究、声环境创建的高科技企业。泛德声学的主营业务为声学实验室、工业企业噪声治理和声学技术服务。在声学实验室方面，承接设计建造全消声室、半消声室、静音房、混响室、隔声室以及其他声学实验设备、声学实验装置等，并提供一系列声学实验测量服务。在工业企业噪声治理方面，承接工业企业内的各类噪声治理、振动控制工程，包括生产线、动力设备、厂界厂区等的噪声治理，为工业企业提供测量、设计、制造及安装等全方位的专业服务，为工业企业解决环评及职业健康中所遇到的各类噪声问题。泛德声学拥有自己的生产基地，已通过ISO9001质量管理认证体系。与清华大学、同济大学、南京大学、交通大学、中国科学院声学所以及德国BSW公司等国内外多家单位开展技术交流与合作。在创造超静音环境、控制噪声污染方面广泛服务于汽车、家电、医疗、电子、机械、电声、航空航天、化工、食品等领域，业务范围遍及全国。

16. 厦门嘉达环保建造工程有限公司

厦门嘉达环保建造工程有限公司秉承专业、专注、追求极致的理念，建立了声学实验室，完善了噪声与振动控制检测设备。针对工程实践中存在的技术难题，自主开展研发攻关，在不断提高技术能力的同时，已申请了自主研发的56项专利，获得22项发明专利授权。公司与厦门土木工程学会等单位共同开展工程建设地方标准 DBJ/T 13-269-2017《福建省民用建筑噪声控制技术规程》的编制工作，担任主编。该规程于2017年12月1日起实施。公司的水泵复合隔振技术、集中式冷却塔通风降噪技术入选2017年国家先进污染防治技术目录。2019年以来，厦门嘉达环保建造工程有限公司与福建省电力勘测设计院合作开展"双曲线冷却塔防风防冰降噪系统"的节能技术研究开发。并委托加拿大 Turbomoni Applied Dynamics Lab 进行双曲线冷却塔防风防冰降噪系统的阻力仿真试验（包括无环境侧风、有环境侧风的工况条件）。

17. 上海章奎生声学工程顾问有限公司

上海章奎生声学工程顾问有限公司成立于 2014 年，是由国内知名建声专家章奎生教授联合原章奎生声学设计研究所几名骨干合股成立的国内第一家以专家姓名命名的具有独立法人资质的声学专业设计顾问公司。公司配备有各型丹麦 B&K 品牌的音质、噪声及振动测试仪器，拥有丹麦技术大学开发的 ODEON 声场计算机模拟分析软件、B&K 的 DIRAC 建声测试分析软件、4292-L 型全指向球面声源、德国森海塞尔 MKH800 可调指向性无线测试话筒及 B&K2270-G4 型双通道精密噪声分析仪等高新声学测量仪器，具备现场快速采样、实时分析和无线化、数字化现场音质测试技术。同时，公司拥有自己的实验基地，可以进行混响室吸声系数、构件隔声性能、管道消声性能和声源声功率级测试。无论是现场检测还是实验室测试，均达到了国内领先水平。

环境监测仪器行业 2019 年发展报告

1 2019 年行业发展现状及分析

1.1 2019 年行业发展环境分析

2019 年，我国环保政策密集出台，环保力度进一步加大，环保政策措施由行政手段向法律、行政和经济手段延伸，第三方治理污染的积极性和主动性被充分调动起来。环保税、排污许可证等市场化手段陆续推出，政策红利逐步显现。2019 年 1 月召开的全国生态环境保护工作会议，要求聚焦打好污染防治攻坚战标志性战役，2019 年生态环保工作首先是要推动经济高质量发展，支持和服务京津冀协同发展、长江经济带、粤港澳大湾区、"一带一路"等国家重大战略的实施。2019 年以来，生态环境治理固定资产投资和公共财政节能环保支出均保持 20% 以上的增速，体现了国家治理环境的坚定决心。

2019 年无疑是一个全新的局面，水、土、固、废、气的大监管格局已形成。围绕蓝天、碧水、净土的政策持续加码。全国生态环境保护工作会议提出要坚决打赢"蓝天保卫战"、全力打好"碧水保卫战"、扎实推进"净土保卫战"。围绕三大"保卫战"，《关于推进实施钢铁行业超低排放的意见》《长江保护修复攻坚战行动计划》《"无废城市"建设试点工作方案》等政策陆续推出，大气治理效果持续巩固，水治理重要性不断提升，固废监管力度更严，气、水、土相关的监测要求更上一个台阶，细分领域治理需求仍充分。在新的格局下，环保产业已从政策播种时代进入到全面的政策深耕时代。

2019 年 1 月 11 日，国家发展改革委、财政部、自然资源部等九个部门联合印发《建设市场化、多元化生态保护补偿机制行动计划》，明确到 2020 年初步建立市场化、多元化生态保护补偿机制，初步形成受益者付费、保护者得到合理补偿的政策环境；到 2022 年，市场化、多元化生态保护补偿水平明显提升，生态保护补偿市场体系进一步完善。

2019 年 9 月 2 日，生态环境部召开部党组（扩大）会议，审议并原则通过《生态环境监测规划纲要（2020—2035 年）》《蓝天保卫战量化问责规定》。会议强调，生态环境监测是生态环境保护的"顶梁柱"和"生命线"。生态环境监测顶层设计和网络规划要先行一步，并以此为基础和依据，抓紧研究编制"十四五"监测规划。要进一步理顺工作机制，把统一负责生态环境监测评估的法定职责落到实处。要组织做好"十四五"

国控生态环境监测网点位调整工作。要多措并举，强化生态环境监测的机构队伍、能力建设与运行经费保障。会议指出，当前我国重点区域大气环境形势依然严峻，非重点区域部分城市大气污染问题日益凸显。制定实施《蓝天保卫战量化问责规定》，是落实《打赢蓝天保卫战三年行动计划》的具体举措。要准确把握量化问责的着力点，按照"季度告知、半年约谈、年度问责"的机制，对空气质量明显恶化的地区实施量化问责；对工作滞后、措施不力、大气污染明显反弹的城市，要持续传导压力，倒逼责任落实。要依法依规做到严肃问责、规范问责、精准问责，真正起到问责一个、警醒一片的效果。

作为国家战略性重点产业，全国各级政府对本省（区、市）的环保产业高度重视，纷纷积极推动节能减排和环境治理工作。如 2019 年 3 月，江苏省推出《江苏省环境基础设施三年建设方案（2018—2020 年）》；2017 年 7 月，浙江省发布《浙江省生态文明体制改革总体方案》；2017 年 10 月，陕西省印发《陕西省"十三五"生态环境保护规划》；2018 年 6 月，北京市发布《北京市节能减排及环境保护专项资金管理办法》；等等。

截至目前，几乎全国所有的省（区、市）均已出台生态环境保护相关政策、资金支持或项目管理方案，为我国全面推进节能环保产业建设提供了有力支持。

1.1.1 空气质量监测政策

空气质量监测仍是环境监测的重中之重，监测点位下沉持续带来新增需求。《打赢蓝天保卫战三年行动计划》要求优化调整扩展国控环境空气质量监测站点，加强区县环境空气质量自动监测网络建设，到 2020 年年底前，东部、中部区县和西部大气污染严重城市的区县实现监测站点全覆盖。空气质量要求进一步提升，空气质量监测是大气治理的主要抓手，未来将进一步向市、县、镇下沉。

2019 年 2 月，为深入贯彻全国生态环境保护大会精神，全面落实《打赢蓝天保卫战三年行动计划》有关要求，生态环境部编制了《2019 年全国大气污染防治工作要点》，指导各地扎实做好 2019 年度大气污染防治工作，持续改善环境空气质量。

2019 年 4 月，生态环境部印发《2019 年地级及以上城市环境空气挥发性有机物监测方案》，要求全国 337 个地级及以上城市均要开展环境空气非甲烷总烃（NMHC）和挥发性有机物（VOCs）组分指标监测工作。此外，每个城市至少在人口密集区内的臭氧高值区设置 1 个监测点位；有条件的城市，要在城市上风向或者背景点位、VOCs 高浓度点位、臭氧高浓度点位与地区影响边缘监测点（下风向点位）增设监测点位。

2019 年 6 月，为加强对各地的工作指导，提高 VOCs 治理的科学性、针对性和有效性，协同控制温室气体排放，生态环境部印发《重点行业挥发性有机物综合治理方案》，要求到 2020 年，建立健全 VOCs 污染防治管理体系，重点区域、重点行业 VOCs 治理取得明显成效，完成"十三五"规划确定的 VOCs 排放量下降 10% 的目标任务，协同控制温室气体排放，推动环境空气质量持续改善。

2019 年 7 月，生态环境部印发《工业炉窑大气污染综合治理方案》，指导各地加强对工业炉窑大气污染的综合治理，协同控制温室气体排放，促进产业高质量发展。要求到 2020 年，完善工业炉窑大气污染综合治理管理体系，推进工业炉窑全面达标排放，京津冀及周边地区、长三角地区、汾渭平原等大气污染防治重点区域工业炉窑装备和污染治理水平明显提高，实现工业行业二氧化硫（SO_2）、氮氧化物（NO_x）、颗粒物（PM）等污染物排放进一步下降，促进钢铁、建材等重点行业二氧化碳（CO_2）排放总量得到有效控制，推动环境空气质量持续改善和产业高质量发展。

2019 年 9 月，生态环境部印发《京津冀及周边地区 2019—2020 年秋冬季大气污染综合治理攻坚行动方案（征求意见稿）》的通知，其中提到，2020 年是打赢蓝天保卫战三年行动计划的目标年、关键年，2019—2020 年秋冬季攻坚成效将直接影响 2020 年目标的实现。同月，北京市生态环境局印发《2019 年北京市大气污染物排放自动监控计划》。

2019 年 11 月，生态环境部印发《长三角地区 2019—2020 年秋冬季大气污染综合治理攻坚行动方案》，要求稳中求进，推进环境空气质量持续改善，长三角地区全面完成 2019 年环境空气质量改善目标，协同控制温室气体排放。要求秋冬季期间（2019 年 10 月 1 日—2020 年 3 月 31 日），$PM_{2.5}$ 平均浓度同比下降 2%，重度及以上污染天数同比减少 2%。同月印发《汾渭平原 2019—2020 年秋冬季大气污染综合治理攻坚行动方案》，要求汾渭平原全面完成 2019 年环境空气质量改善目标，协同控制温室气体排放，秋冬季期间（2019 年 10 月 1 日—2020 年 3 月 31 日），$PM_{2.5}$ 平均浓度同比下降 3%，重度及以上污染天数同比减少 3%。

1.1.2 水环境监测政策

2019 年 1 月，经国务院同意，生态环境部、国家发展改革委联合印发《长江保护修复攻坚战行动计划》（以下简称《行动计划》）。《行动计划》提出，到 2020 年年底，长江流域水质优良（达到或优于 III 类）的国控断面比例达到 85% 以上，丧失使用功能（劣 V 类）的国控断面比例低于 2%；长江经济带地级及以上城市建成区黑臭水体控制比例达 90% 以上；地级及以上城市集中式饮用水水源水质达到或优于 III 类比例高于 97%。同月，生态环境部启动渤海地区入海排污口排查整治工作，将以改善渤海生态环境质量为核心，扎实做好"排查、监测、溯源、整治"四项任务，采取"试点先行与全面铺开相结合"的方式推进渤海入海排污口排查整治工作。

2019 年 3 月，为贯彻落实习近平总书记对地下水污染防治工作的重要批示精神，全面打好污染防治攻坚战，保障地下水安全，生态环境部印发《地下水污染防治实施方案》。综合考虑地下水水文地质结构、脆弱性、污染状况、水资源禀赋和行政区划等因素，建立地下水污染防治分区体系，划定地下水污染保护区、防控区及治理区。

2019年4月，住房和城乡建设部、生态环境部和国家发展改革委联合发布《城镇污水处理提质增效三年行动方案（2019—2021年）》，争取经过3年努力，我国地级及以上城市建成区基本无生活污水直排口，基本消除城中村、老旧城区和城乡接合部生活污水收集处理设施空白区，基本消除黑臭水体，城市生活污水集中收集效能显著提高。同月，生态环境部组织制定《地级及以上城市国家地表水考核断面水环境质量排名方案（试行）》，组织开展地级及以上城市国家地表水考核断面水环境质量排名工作。

2019年4月29日，生态环境部决定征集和筛选一批先进水污染防治技术，编制《国家先进污染防治技术目录（水污染防治领域）》，为各地水污染防治工作提供技术指导。推荐重点领域包括城镇及农村生活污水处理及资源化技术；工业企业废水处理及资源化技术；畜禽养殖废水处理及资源化技术；垃圾渗滤液处理及资源化技术；黑臭水体治理及水体修复技术；地下水污染治理技术；底泥及污（废）水处理产生的污泥处理处置技术；基于水质的入河排污口允许排放量核定及优化技术。

为及时更新完善船舶水污染物监测方法，规范船舶水污染物排放控制与监督实施，生态环境部自2019年7月起，监测GB 3552—2018《船舶水污染物排放控制标准》规定的石油类指标，采用HJ 894《水质　可萃取性石油烃（C10-C40）的测定　气相色谱法》，监测GB 3552—2018《船舶水污染物排放控制标准》规定的耐热大肠菌群数指标，采用GB/T 5750.12《生活饮用水标准检测方法微生物指标》、HJ 347.1《水质　粪大肠菌群的测定　滤膜法》和HJ 347.2《水质　粪大肠菌群的测定　多管发酵法》。停止执行CB/T 3328.1《船舶污水处理排放水水质检验方法　第1部分：耐热大肠菌群数检验法》、CB/T 3328.5《船舶污水处理排放水水质检验方法　第5部分：水中油含量检验法》和HJ/T 347《水质　粪大肠菌群的测定　多管发酵法和滤膜法（试行）》。

1.1.3　土壤监测政策

《土壤污染防治法》于2019年1月1日正式实施。

2019年5月12日，生态环境部发布HJ 1019—2019《地块土壤和地下水中挥发性有机物采样技术导则》、HJ 1020—2019《土壤和沉积物　石油烃（C6-C9）的测定　吹扫捕集/气相色谱法》、HJ 1021—2019《土壤和沉积物　石油烃（C10-C40）的测定　气相色谱法》、HJ 1022—2019《土壤和沉积物　苯氧羧酸类农药的测定　高效液相色谱法》、HJ 1023—2019《土壤和沉积物　有机磷类和拟除虫菊酯类等47种农药的测定　气相色谱-质谱法》、HJ 491—2019《土壤和沉积物　铜、锌、铅、镍、铬的测定　火焰原子吸收分光光度法》6项标准。以上6项标准自2019年9月1日起实施。

2019年5月30日，农业农村部印发《关于做好农业生态环境监测工作的通知》，全面部署农业生态环境监测工作。要求各级农业农村管理部门重点抓好3项工作：一是做好农产品产地土壤环境监测。根据农产品产地土壤环境状况、土壤背景值等情况，开展土壤和农产品协同监测，及时掌握全国范围及重点区域农产品产地土壤环境总体状况、潜在风险及变化趋势。二是做好农田氮磷流失监测。依据农田氮、磷污染的发生规律和地形、气候等情况，开展农田氮磷流失监测，分析不同种植模式下区域主推耕作方式和施肥措施等对农田氮磷流失的影响。三是做好农田地膜残留监测。

1.1.4 其他重要政策

2019年1月21日，国务院办公厅印发《国务院办公厅关于印发"无废城市"建设试点工作方案的通知》，指出在全国范围内选择10个左右有条件、有基础、规模适当的城市，在全市域范围内开展"无废城市"建设试点。

2019年4月1日，受全国人大环境与资源保护委员会委托，生态环境部召开了《环境噪声污染防治法》（以下简称《噪声法》）修改启动会。现行《噪声法》实施以来，在完善环境噪声有关规章和标准体系、提高环境噪声管理能力、促进产业发展、改善生活环境、保障人体健康等方面发挥了重要作用。《噪声法》实施20多年来，我国经济社会发生了巨大变化，为适应环境噪声管理的新形势、新要求，推进环境治理体系和治理能力现代化，需要及时修改《噪声法》。

2019年4月，国务院印发《关于推进国家级经济技术开发区创新提升打造改革开放新高地的意见》，助力推进国家级经济技术开发区创新提升，加快推进园区绿色升级。

2019年8月，生态环境部发布了《排污许可证申请与核发技术规范危险废物焚烧》，用于完善排污许可技术支撑体系，指导和规范危险焚烧排污单位排污许可证申请与核发工作。自2019年5月以来，生态环境部陆续发布了13个排污许可证申请与核发技术规范，涉及电子工业、无机化学工业等多个行业，其中针对废气、废水的排放均设置了大量的检测细则。

1.2 2019年行业经营状况分析

1.2.1 行业调查情况说明

2019年中国环境监测仪器行业发展情况调查共涉及70家企业，这些企业都是环境监测行业内各领域的主要骨干企业和我国各个省（区、市）市场占有率较高的企业，具有充分的行业代表性。

1.2.2 行业总体发展情况

1.2.2.1 环境监测市场规模

2019年环境监测领域政策频出，同时也面临"十三五"收官考核的压力，但主要监测设备市场趋于成熟，大型项目需求放缓，市场主要以创新技术监测设备和新增要素监测设备及对环境改善解决方案等需求的增加为主，因此整体环境监测市场2019年实现了平稳增长，销售额突破109亿元，同比增长11%（图1）。

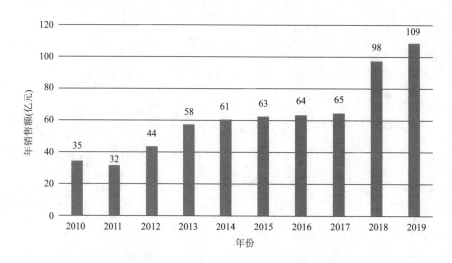

图1　2010—2019年环境监测行业销售额

1.2.2.2 环境监测行业从业人员情况

随着国家的支持力度的提升以及产业规模的不断扩大，环境监测仪器行业的从业人数不断上升，且高学历人才占比也在逐年提升，2019年环境监测相关领域年末从业人员共18836人（图2），其中硕士以上高学历人才1454人，占相关从业人数的7.7%（图3）。随着高端人才的不断涌入，将带动行业整体技术水平的不断提升。

1.2.2.3 环境监测产品细分结构

2019年，我国共计生产各类环境监测产品140 582台（套），销售各类环境监测产品130 464台（套），其中，销售量占比最大的是烟气排放连续监测设备，占总体市场销量的30.96%；常规水质监测、常规参数空气质量自动监测、采样/数据传输设备、废水排放连续监测设备分别占比18.67%、17.03%、16.04%和11.07%；便携式监测、其他参数水质监测、大气组分监测等其他监测设备市场销售占比则较低（图4）。从产品监测类型来看，我国大气类监测仪器占据市场的主要地位，围绕"蓝天保卫战"推出的《2019年全国大气污染防治工作要点》《蓝天保卫战量化问责规定》《关于推进实施钢铁行业超低排放的意见》等政策，驱动各污染排放企业陆续开展大气环境相关监测工作，从而激发了环境监测仪器的市场需求。

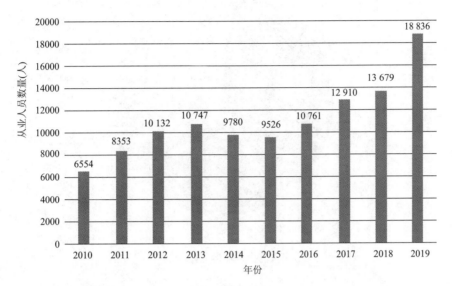

图 2　2010—2019 年环境监测行业从业人员情况

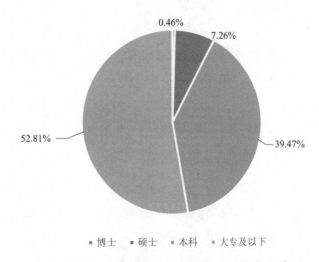

博士　硕士　本科　大专及以下

图 3　2019 年环境监测行业从业人员学历情况

1.2.2.4 行业研发投入情况

2019 年，行业环境监测产品全年科研经费投入总额为 8.7 亿元，占环境监测产品年销售收入的 7.98%。其中，19 家公司 2019 年度科研经费投入占销售总额的 10% 以上。随着科研经费投入的不断增加和国家对相关科研项目的支持，我国的环境监测技术研发将不断深入，产品仪器性能质量也将逐步提升。

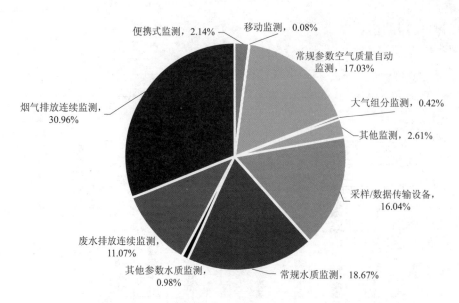

图4　2019年我国环境监测仪器细分产品结构

1.3　2019年行业技术发展进展

1.3.1　行业总体技术进展分析

2019年环境监测领域政策频出，在众多政策的刺激与引导下，在"十三五"面临收官考核的压力传导下，环境监测市场全年增长迅速。

2019年是《打赢蓝天保卫战三年行动计划》的第二年，是最为关键的一年。固定烟气污染源监测市场的发展整体平稳，传统的监测设备（SO_2、NO_x、PM）进入更换期。2019年包括钢铁在内的非电行业全面进入"超低"时代，带动了超低排放监测市场和逃逸氨监测市场的高速增长，引导了监测技术的创新及产品的迭代。在CEMS监测系统实际应用中，稀释法在系统预处理方面体现出了独有的技术优势，得到了较为广泛的应用。在烟尘监测实际应用中，特别是在电力行业的实际应用中，激光散射法体现出了明显的技术先进性，应用广泛。2019年，固定水质污染源监测市场基本与2018年保持一致，同时由于行业竞争加剧，产品门槛较低，利润空间大幅缩小。借助"十三五"规划中加强总磷和总氮指标的控制，总磷、总氮两项参数的监测市场呈现较大的增长。固定污染源监测市场整体随着国家政策的积极引导、技术升级的大力驱动，进一步拉近了国产设备和进口设备之间的差距。同时环保督察力度加强，对污染源运维市场也进行了一次洗牌，让有实力的企业得到发挥和证明。

2019年，VOCs减排和污染防治工作得到了进一步的重视，同时随着VOCs治理的排污费收费政策和补贴政策的逐渐落地，有利于VOCs监测设备行业的发展。VOCs监测设备也将迎来爆发期，2018—2019年我国各大企业纷纷布局加码VOCs监测仪器设备的研发，以争取在VOCs监测市场占有一定的份额。

水环境监测方面，针对常规固定监测站现场征地困难、建设资金需求大、布设密度高的细分市场需求，仪器厂家采用更加紧凑的集成优化方案，小型化、微量化预处理和检测模块，增加自动质控单元，系统整体向着小型化、低试剂使用量和高可靠性方向发展。为满足水质重金属监测单独的专业市场需求，由于原有比色法、阳极溶出法等技术难以解决水质干扰、测量精度受限、存在二次污染等问题，厂家不断进行新的技术应用尝试，电感耦合等离子体质谱（ICP-MS）、X射线荧光（XRF）、原子吸收光谱（AAS）等技术在水中重金属在线监测中被不断应用，解决了常规监测方法的应用局限，给水环境监测带来了新的细分专业应用领域。

1.3.2 新技术开发应用分析

（1）分析仪小型化技术。借助于微型部件、高精度定量、低试剂分析方法的不断成熟，通过采用小型或者微型部件和管路、高精度定量单元和检测单元、试剂废液分流结构等措施，提高了测量准确度，减少了试剂消耗和废液排放，降低了运维成本。

（2）水质综合毒性在线分析技术。该技术以各种探测生物作为被测物，可为评价水质提供较为理想的数据和信息。目前，水质综合毒性分析仪器处在起步阶段，只能对慢性毒性产生响应，但是生物法监测已经逐渐成为各种饮用水水源地水质预警系统中不可或缺的部分。

（3）烟气重金属检测技术。目前监测烟气中的重金属主要采用X射线荧光法，该方法具有同时监测多种重金属元素、灵敏度高、检测快速、无损检测、系统稳定、维护简单等优点。主要监测烟气中的铅、汞、铬、镉、砷等多种重金属污染物的含量。

（4）VOCs在线监测技术。VOCs在线监测采用的分析方法有气相色谱（GC）+氢火焰离子检测法（FID）、气相色谱/质谱（GCMS）、傅立叶变换红外光谱（FTIR）、差分吸收光谱、离子迁移谱、调谐吸收光谱等。其中，气相色谱/质谱（GCMS）分析监测灵敏度高，选择性强；GC-FID、催化氧化-FID法，技术原理成熟，系统使用技术难度较低，成为VOCs监测市场上应用最广泛的在线监测技术之一。

（5）无人载具立体监测技术。该方法采用无人机、无人船、水下机器人等载具系统，可实现对大气、河流、水下断面的立体监测，增加环境监测的细致度、提高效率、增加监测面。在大气、水质常规监测或者应急监测中，得到了广泛的应用和推广。

（6）大尺度遥感技术。随着遥感技术的不断发展，用于环境监测的环境卫星发射升空，利用遥感数据对水生态进行实时、动态、准确的监测和分析，作为流域水污染防治监测预警的新手段，已经在我国环保工作中得到了初步的应用。

1.4 2019 年市场特点分析及重要动态

1.4.1 政府购买服务及数据模式逐渐增多

近年来，在国内以"政府承担、定向委托、合同管理、评估兑现"为模式的政府购买公共服务呈方兴未艾之势。在政府购买公共服务背景下，政府逐步由买设备变成买服务、买数据，2019 年环境监测市场发生了明显变化，主要表现为市场中的主体由一元主体向多元主体发展；由原有的政府采购设备转变为政府采购监测数据或打包监测服务。在国内环境监测市场规模快速增长的趋势下，环境监测仪器公司只靠销售设备的传统模式受到极大挑战。优化营销模式、加快核心技术研发投入、提高盈利空间，逐渐成为抢占市场的不败准则。

1.4.2 环境监测手段向多源融合方向发展

随着国家对环境治理领域考核的全面升级，虽然当前环境监测领域内仍习惯以环境监测要素进行分类，但各地逐步开始将各种监测手段融合使用，通过布设监测网络，实现监测数据的集中整合，从而达到对环境质量的精细化管控，即当前的业内如火如荼开展的智慧环保。不同的供应商所针对的细分领域不同，提供的综合解决方案也有所偏向，因此，给行业市场带来了无限的可能和扩展。

为了要打赢"蓝天保卫战"，大气监测工作开展逐步细化，进行了重点管控的划分，监测指标和监测技术不断发展。2019 年，随着 VOCs 管控治理强度的上升，VOCs 监测市场持续保持上涨趋势。走航监测的运用也开始频繁，由原先用于应急监测的移动监测车，发展为边走边测的走航监测车，用于监测 VOCs 和常规污染物。以卫星、无人机、激光雷达为主的遥感监测技术，也得到了广泛的运用，通过遥感监测，可获取大范围大尺度的环境监测数据。同时，占据环境监测市场主要地位的烟气排放监测，在《关于推进实施钢铁行业超低排放的意见》发布后，市场需求也将逐步上涨。

2019 年，北京英视睿达科技有限公司（简称"英视睿达"）、北京雪迪龙科技股份有限公司（简称"雪迪龙"）、安徽蓝盾光电子股份有限公司（简称"安徽蓝盾"）、武汉天虹环保产业股份有限公司等以 19 809 万元中标江苏大气 $PM_{2.5}$ 网格化监测系统；英视睿达以 2662 万元中标北京石景山大气环境质量监测网络建设；中国铁塔股份有限公司玉林市分公司（联合体）以 5300 万元中标陕西榆林市中心城区空气质量监测系统监测项目。

1.4.3 跨领域从业者进入导致行业竞争进一步加剧

随着环保新政策的持续推出，环境监测的重要性凸显；市场商机大量涌现，行业蓬勃发展。众多小体量的技术型公司纷纷进入市场，推动环境监测新技术的应用，带动环境监测行业发展进入快车道。同时，巨大的市场商机对于环境监测外的行业公司产生了极大的吸引力，外部企业依据自身的行业特点，跨界进入环境监测领域，给行业带来了新的竞争压力。如 IT 公司、治理公司，甚至是房地产公司，跨界进入监测行业，并结合自身的优势，打造不同侧重点的监测竞争力，如 IT 公司从智慧环保平台切入，打造整体监测解决方案；房地产公司依靠其物业管理的强势，将物业管理思维引入环境监测领域。跨界进入的企业，对环保行业有着独到的理解和跨界思维，有着更加"专业"的布局。随着环保产业的不断向好，环保在跨界企业的企业版图中将占有越来越重要的位置，2019年，行业内的竞争呈现持续增加态势。

1.4.4 水质监测市场进入快速释放期

2019 年，我国各省（区，市）陆续开始水质自动监测网络的建设，如吉林省以 1.62 亿元采购 67 套站点仪器及一套管理平台；广东省中山市以 2.7 亿元建设河涌水质自动监测平台，深圳市以 1.91 亿元采购 122 个微型站、132 台摄像头以及运维和数据分析服务。2019 年，市场高昂态势也使相关厂商受益匪浅，代表厂商之一的力合科技于 2019 年 11 月登陆深交所创业板。虽然水质自动监测是一种发展趋势，但是目前自动监测还无法完全满足水质监测的需求，手工监测市场仍处于发展期。

与此同时，近岸海域环境监测相关意见的发布，规范和统一了我国近岸海域生态环境监测和评价要求，预示着我国近岸海域环境监测市场将迎来发展的高峰期。

1.4.5 固废监测政策频发带动市场发展

2019 年是我国固体废物政策标准密集发布的一年，"无废城市"、危险废物相关处理标准等众多政策标准在这一年有了新的进展。同时，众多厂商（赛默飞世尔科技（中国）有限公司、岛津企业管理（中国）有限公司等）也推出了相应的固体废物检测解决方案。由此可见，无论是国家政策推动，还是行业市场的响应，都显示了我国对固体废物治理的决心，也预示着固废监测市场的发展。

1.4.6 市场恶性竞争现象严重

2019 年，环境监测设备市场低价竞争现象仍然非常严重，恶性竞争导致企业利润空间严重压缩，并且低价中标也带来企业压缩成本、设备质量下降等问题。

1.5 主要（骨干）企业发展情况

环境监测产业链主要分为上游硬件、软件、检测试剂，中游监测仪器、监测系统，下游仪器维护、设备运营。上游产业基本由外资企业占领，中游市场主要由聚光科技（杭州）股份有限公司（简称"聚光科技"）、雪迪龙、河北先河环保科技股份有限公司（简称"先河环保"）、力合科技（湖南）股份有限公司（简称"力合科技"）、中节能天融科技有限公司（简称"天融科技"）等我国环境监测领域的骨干企业占据，下游行业主要为第三方环境服务企业。目前，行业内的领军企业都在向产业链上下游拓展，致力于成为涵盖软件、硬件、集成、运营维护的生态环境监测综合服务商。

近年来，环境监测设备及运营服务行业发展前景良好，吸引了更多的企业参与竞争，导致市场竞争加剧，行业整体利润率水平下降。从 2019 年主要骨干企业的发展情况看，营业收入或营业利润的下降是较为普遍的现象。

2019 年，聚光科技实现营业总收入为 38.55 亿元，与 2018 年同期基本持平，其中环境监测销售收入为 11.43 亿元，营业利润为 1.58 亿元，比 2018 年同期下降 78.46%，聚光科技 2019 年利润下滑幅度较大，一方面是在市场竞争加剧、经营策略的调整和强化业务风险控制等原因的影响下，综合毛利率下降，加之期间费用（含研发费用）率上升（上升 4%），最终导致净利润额下滑；另一方面为计提商誉减值准备所致。

2019 年，先河环保实现营业总收入 13.89 亿元，较 2018 年同期增长 1.06%。其中，环境监测销售收入为 9.41 亿元；运营及环境管理咨询业务营业收入增长幅度较大，上半年同比增长 127.92%，弥补了常规空气监测业务收入的减少。营业利润 3.03 亿元，较 2018 年有所减少。2019 年先河环保经营状况良好，订单执行进展较为顺利。先河环保加强了应收账款的回收力度和资金管理，经营性现金流持续改善。

2019 年，雪迪龙实现营业总收入为 12.43 亿元，较 2018 年同期下降 3.53%，其中环境监测销售收入为 9.35 亿元。营业利润为 1.66 亿元，比 2018 年同期下降 20.19%。

2019 年，力合科技 2 实现营业收入 7.34 亿元，较 2018 年增长 19.74%，其中环境监测销售收入为 7.32 亿元，实现营业利润为 2.62 亿元，同比增长 25.54%。

1.6 竞争力状况分析

1.6.1 行业企业竞争情况

本次调查显示，2019 年环境监测行业排名前十位公司的营业收入合计为 63.98 亿元，占总销售额的比例为 58.70%；排名前五位公司的营业收入合计为 43.57 亿元，占总销售额的比例为 39.97%，说明环境监测行业已经进入较为成熟的市场发展阶段，大型企业由于自身的技术优势、品牌影响力、综合型的解决方案及服务的多样化，受细分市场政策及需求的影响相对较小，市场占有率相对稳定。但相比 2018 年，各公司的排名有一定变化，表明监测仪器行业市场竞争激烈，以及受细分行业政策的影响较大。

随着国内企业在技术、经验、资金等各方面日渐成熟，以及对国产品牌支持的政策实施，本土企业更多抢占市场，导致 2019 年外资企业在环境监测行业的市场份额进一步减少，但在一些高端监测领域，外资企业仍占有优势地位。

1.6.2 2019年度骨干企业在国外市场的开拓情况

随着国内环境监测行业的日渐成熟，部分骨干企业在环境监测技术及环境质量改善中积累了丰富的经验和专业能力，2019年，一些领先企业开始探索将这种经验和能力向国外输出，共有12家企业开展环境监测产品出口业务，环境监测产品出口合同额共计6855.3万元。

2019年，先河环保通过申请，成功被列入联合国全球采购系统合格供应商名册；顺利通过联合国技术评选和商务竞标，成功中标联合国环境空气监测项目；与澳大利亚EVS公司签署战略合作协议，结合当地政府管理需求，建立了"天地空一体化监测网"，为政府科学治霾、精准治污提供决策依据。聚光科技获得4款常规站气体分析仪USEPA的认证，该项认证的获得，有利于提升聚光科技国际知名度，进一步打开国际市场。天融科技积极在泰国拓展智慧环境项目以及智慧城市项目，公司通过多种监测手段和设备的建设，开展数据的采集与分析，为当地政府提供城市雾霾研究与治理的策略支持。力合科技积极参与国家"一带一路"倡议的推进，与"环境科技与产业联盟"一起推动产品和技术走出国门，在多个国家援建了首台（套）水质自动监测站、自动化监测实验系统，实现了技术输出、环境监管理念输出。

1.6.3 我国骨干企业在国内外市场趋势分析

2019年，环境监测部分骨干企业在国外市场的开拓相比以往力度更大，这充分体现了随着我国环境监测体系的全面建设，市场需求持续旺盛，参与竞争的本土环境监测设备供应商的技术水平、资金实力得到了提升，尤其在环境改善方面的经验，已经具备了与国外企业竞争的实力。

但在技术方面，虽然近几年国内企业通过技术创新等方式缩小了与跨国公司的技术差距，但就行业整体而言，在行业前沿技术和高端产品的关键技术研究、产品性能及制造技术方面仍有差距；同时，还存在研发投入不足等影响国内行业整体水平提升的不利因素。内资监测仪器厂家多集中在废水、废气、水质、空气质量监测等在线分析领域，以CEMS同类产品居多。高端监测分析仪器偏少，目前高端监测分析市场仍被国外产品垄断。国产仪器虽然在数量上占有优势，但主要为中低端产品。

同时，国内具有自主知识产权的仪器种类较少，由"中国制造"转为"中国创造"仍需加大努力。除原子荧光外，其他环境监测系统虽然目前国产的也可以满足使用需求，但一次仪表、传感器等核心部件仍然依赖国外进口。

综上所述，目前国内企业在日益激烈的国际市场竞争中仍处于劣势，未来仍需要加大研发投入，不断提升自身技术实力，但不可否认中国企业在国际市场的开拓之路已经开始，随着国内企业实力的提升，以及国家各项政策的推动，未来会有越来越多的企业"走出去"，并逐步在国际舞台上占有一席之地。

1.6.4　2019 年度骨干企业主要技术进展

1.6.4.1　聚光科技

聚光科技一直将自主研发作为核心发展战略，经过多年的培养和投入，形成了一支行业经验丰富，创新能力强，跨学科的研发团队，逐步掌握了光谱类、分析化学类、色谱类、质谱类、电化学类等分析技术平台，开发出了技术先进、适应性强、具有自主知识产权的系列产品。截至 2019 年 6 月 30 日，聚光科技累积授权专利 504 项，目前有效专利 267 项，申请中的专利 89 项，登记计算机软件著作权 289 项。2019 年研发投入为 1.03 亿元。

聚光科技有 4 款环境空气质量监测仪器获得美国 EPA 标准认证，分别为 No.1 型号 AQMS-300 认证编号：EQOA-0719-253；No.2 型号 AQMS-400 认证编号：RFCA-0419-252；No.3 型号 AQMS-500 认证编号：RFSA-1219-255；No.4 型号 AQMS-600 认证编号：RFNA-0819-254。获得美国 EPA 标准认证是对聚光科技产品性能优越性的极大肯定，标志着其产品可对标国际主流品牌，在国内外同类产品中具备相当的实力和竞争力，有助于提升聚光科技的国际知名度，进一步打开国际市场。

1.6.4.2　先河环保

先河环保自主研发的生态环境网格化大数据应用系统已成功应用于我国 18 个省份、127 个地市，其水质监测产品的不断实现升级改造也进一步带动了相关业务的开展和落地。2019 年 6 月，先河环保位列工信部公示符合《环保装备制造业（环境监测仪器）规范条件》的企业名单（第一批）之中，也进一步体现其技术、产品创新水平和能力得到国家和市场的认可。2019 年公司研发投入为 3814 万元。

1.6.4.3　雪迪龙

以雪迪龙为主要完成单位的"工业园区有毒有害气体光学监测技术及应用"项目，荣获国家科学技术进步奖二等奖。雪迪龙在项目中致力于确保在恶劣工业环境下采样监测仪器的防爆稳定可靠运行，以及高温高粉尘环境下工业过程有毒有害气体的连续自动监测和防爆安全在线检测，助力整体解决方案的落实，实现了"点一线一面一区域＋移动监测"四位一体的工业园区有毒有害气体的全方位光学监测，为工业园区有毒有害气体的监测布下"天罗地网"。2019 年公司研发投入为 6974 万元。

1.6.4.4　力合科技

力合科技是国内较早从事环境监测系统研发、生产和销售的企业，力合科技重视研发投入，依托成熟的研发团队和多年来的现场应用经验，形成了较强的技术研发和自主创新优势，截至2019年年末，拥有专利共220项，其中发明专利72项、实用新型专利144项、外观设计专利4项，软件著作权26项。2019年公司研发投入为4994万元。2019年力合科技紧跟污染防治攻坚战大环境的步伐，在加强水质监测产品研发的同时，进一步开拓环境空气监测市场。力合科技是中国科学院牵头的"大气环境污染监测先进技术与装备国家工程实验室"的共建单位，针对空气污染物源解析监测需求，自主研发了颗粒物成分监测及臭氧前驱体成分监测系统，可实现对颗粒物水溶性离子、臭氧前驱体等组分的监测，通过组分的数据与常规污染物数据进行比较和变化趋势分析，可对污染物具体成分变化及来源进行分析，取得了较好的效果。针对空气质量网格化监测，公司采用固定监测点与移动监测点相结合的方式，通过超级站、常规站、微型站、污染物组分站的结合，扩大了监测区域、提高了时空分辨率，该技术可准确分析污染物组分及来源。在固定污染源挥发性有机物监测方面，可以连续监测VOCs、苯系物、甲烷/非甲烷总烃以及不同工艺排放的特征有机物等。2019年，空气组分监测站、网格化产品、VOCs等新产品均有良好的市场应用，有望能进一步提高市场份额。

1.6.4.5 天融科技

2019年，天融科技加强科研投入，强化科研管理，在研发产品方面基于色谱、光谱、电化学等技术按照大气、水质、VOCs方向开发出一系列环境监测产品。在知识产权方面，天融科技累计申请专利40项，其中2019年共申请专利10项，其中发明专利2项。

2019年，天融科技在中国环境保护产业协会获得12项认证，包括油烟检测仪、污染源挥发性有机物、环境噪声在线监测系统、环境空气颗粒物（$PM_{2.5}$）连续自动监测系统等10项产品，以及2项自动监控系统运营服务。2019年公司研发投入为2499万元。

2 2019年行业发展存在的主要问题

2.1 监测政策方面

市场需求程度对于行业发展至关重要，环保行业的需求较为依赖政府政策引导。在政策方面存在以下问题：当前监测市场上新政策需求的设备采购仍存在进口产品居多的现象。关于运营市场的管理力度，全国范围内并不统一，有些地区严格，有些地区宽松。

2.2 监测市场方面

随着环境监测市场化，越来越多的环境监测公司进入该领域，环境监测市场逐步繁荣，同时，也出现了恶性竞争等问题，环境监测市场低价竞争日趋激烈。

2.3 监测技术方法方面

当前环境监测行业中，涉及监测设备仪器的企业众多，因此，生产研发的仪器设备品种较多、质量参差不齐。

监测技术方法仍落后于发达国家，国内自主知识产权的仪器种类较少，监测水平还未达到国际水平，污染物分析方法缺乏统一标准。

当前很多监测部门采用的分析方法为单因子分析法，将监测的数据和控制标准展开处理分析，通过对比的方式检查监测结果是否超标，没有深入分析挖掘监测数据的应用价值，不能很好地全面反映环境质量。

应急监测技术发展不足，针对一些突发性的环境事故，在现场快速动态测定等方面还存在着不足，且应急监测设备仪器也较为落后。

2.4 监测人员方面

人员配置不合理，相关监测工作人员数量不足，这必然会制约监测水平的提高。对于当前监测技术而言，信息化水平的提高也要求在专业工作上匹配专业的人才，才能高效完成监测任务。

缺少复合型的人才、技术人员以及指导人员。从当前的人才储备来看，监测人员技术水平低，不能够完全熟练的操作现代化的设备，相关的技术能力不够强、分析能力比较薄弱。

人才培养体系不够完善。随着监测行业发展的数字化、信息化，监测工作人员在技术水平上也需随之提升，因此，培养一支高素质、专业过关、现代素质强的专业监测人才队伍迫在眉睫，从当前情况来看，我国监测行业的人才培养体系还需完善。

2.5 商业模式方面

从客户层面上看，传统的环境监测行业，主要以设备销售为主，客户经费投入不足，环境监测工作面临资金压力，从而影响环境监测工作的开展和质量，不能有效达到环境治理的辅助效果。

从监测企业层面上看，商业模式主要是与客户签订环境监测设备销售协议，同时为设备的运行维护提供服务，其利润大部分来源于设备销售。而当前行业市场竞争激烈，也限制了企业发展和产品技术研发资金的投入。

3 解决对策及建议

3.1 加强监测仪器／技术研发

（1）通过引进外国先进的监测技术，从而在较短的时间内提升监测设备的质量；同时，加强对外国先进技术的学习，进而服务于我国的环境监测，并提高环境监测的质量。

（2）提升监测设备的智能化水平。随着国家政策的推动和信息技术的发展，大数据智能应用已逐步普及，环境监测仪器/技术的研发需与大数据智能化等先进技术紧密结合，从而提升设备仪器的工作能效。

（3）监测分析精度向痕量方向发展。环境污染多数是人为源，大至工业生产，小至人们的日常生活均会产生各种污染物，因此，在环境污染全面精细化监测的发展道路上，需要监测仪器在监测分析精度上逐步向痕量或超痕量方向发展。

（4）环境监测仪器向小型自动便携式转变。环境监测仪器是环境监测工作必不可少的工具，在当前环境监管力度不断强化的形势下，污染管控逐步精细化，现场摸排、污染物浓度监测环节已逐渐普及，因此，需要研发更加先进可靠、小型、自动、便携的环境监测仪器，从而实现对污染物的动态、自动监测。

（5）加强现场快速分析等技术的研发。在环境管理的现场工作、突发应急状况下，通常需要对污染现象进行检测，监测内容主要包括对污染物的排放源与现场污染情况的监测，及对环境污染物浓度的分析。因此，需要加强监测仪器的快速分析等技术的研发，提高仪器设备的分析性、可靠性。

3.2 标准化制定

随着环境监测市场的不断扩大，监测设备的品种逐渐增多，数据类型、分析方式也逐渐呈现出多样性。因此，为确保监测行业的有序发展，监测数据的准确性和公信力，需尽快推动环境监测行业形成统一的分析标准、数据标准等，从而有效提升、统一监测仪器的质量，推进监测行业有序发展。

3.3 人才培养

（1）制定合理的人才培养计划。紧跟行业的技术发展情况，设定培训内容，增强人才的专业水平和实际工作能力。

（2）强化人才培养与队伍建设。大力加强环境监测人才培养与队伍建设，以准确定位、合理投入为基础，改革创新监测人才管理体制和用人机制，调整和优化人才结构，明确人员分工，重点培养骨干人才，形成一支人员数量充足、结构合理、技术精湛、精神奋发的专业化监测队伍。

3.4 扩大研发投入

我国环境监测市场民营企业较多，受限于企业的规模和发展过程，在研发上的投入不足，影响了国内行业整体水平的提升。建议国家加强政策扶植力度，扩大研发投入，研发前沿技术和高端产品的关键技术，提升产品性能及制造技术，由"中国制造"转为

"中国创造"。

3.5 商业模式探索

（1）产业链延伸，向行业上下游不断延伸产业链，形成集环境监测设备制造、环境监测系统运维等传统功能于一身的综合服务商。

（2）从设备销售转为服务提供，即通过向排污企业租用环境监测设备，将设备销售的利润包含在环境监测运维的服务项目里，将现阶段排污企业设备采购和监测运营两项服务合并为提供环境监测数据一项服务，简化交易流程。同时，搜集的环境监测数据将为一个地区生态环境和污染情况的大数据研究提供支撑，为探明某个地区环境污染的形成、生态环境的变迁及发展趋势提供客观的分析依据。

附录：环境监测仪器行业主要企业简介

1. 聚光科技（杭州）股份有限公司

聚光科技（杭州）股份有限公司（以下简称"聚光科技"）是由归国留学人员创办的高新技术企业，2002 年 1 月注册成立于浙江省杭州市国家高新技术产业开发区，2011 年 4 月 15 日上市，注册资金 4.53 亿元人民币，是国内先进的城市智能化整体解决方案提供商，同时也是国内绿色智慧城市建设的先驱之一。

聚光科技目前主营业务包括：环境与安全监测管理、环境治理、智慧水利水务、生态环境综合发展、智慧工业、智慧实验室。专注于为各行业用户提供先进的技术应用服务和绿色智慧城市解决方案。聚光科技拥有强大的研发、营销、应用服务和供应链团队，致力于业界前沿的各种分析检测技术研究与应用开发。

2. 河北先河环保科技股份有限公司

河北先河环保科技股份有限公司（以下简称"先河环保"）（股票代码：300137）成立于 1996 年，是集环境监测、大数据服务、综合治理为一体的集团化公司。先河环保于 2010 年 11 月在深圳创业板上市，是行业内首家上市公司。

先河环保开发了国内外领先的生态环境网格化精准监控及决策支持系统，通过全样本的有效性监测，可精准锁定污染源头，为区域环境污染防治提供强有力的决策支持和有效科技抓手。目前已在全国 18 个省份、137 个市县（含 16 个传输通道城市）应用，安装点位上万个。

3. 北京雪迪龙科技股份有限公司

北京雪迪龙科技股份有限公司（股票代码：002658），创立于 2001 年 9 月，坐落于北京市昌平区国际信息产业基地；注册资金 6 亿元，是专业从事环境监测、工业过程分析、智慧环保及相关服务业务的国家级高新技术企业。

作为国内环境监测和分析仪器市场的先入者，雪迪龙业务围绕环境监测、环境信息化及工业过程分析领域的"产品＋系统应用＋服务"展开，产品始终定位于中高端市场，广泛应用于环保、电力、垃圾焚烧、水泥、钢铁、空分、石化、化工、农牧业及科研等领域，并远销欧美、东南亚、中东、非洲等国家和地区。

4. 力合科技（湖南）股份有限公司

力合科技（湖南）股份有限公司（以下简称"力合科技"）成立于 1997 年 5 月，位于长沙市高新技术产业开发区，公司拥有"水环境污染监测先进技术与装备国家工程实验室"和"湖南省工程研究中心"等研究平台，专业从事环境自动化监测仪器仪表制造，以自主研发生产的环境自动监测仪器为核心，其应用自动化控制与系统集成技术可为客户提供自动化、智能化的环境监测系统解决方案，并为客户提供环境监测设施的第三方运营服务。作为一家科技创新型企业，力合科技掌握环境监测仪器生产及环境监测系统集成的技术，在环境监测设备行业，尤其是在水质监测设备领域具有一定竞争优势。力合科技主持或参与了多项重大国家科研课题，拥有 200 余项专利技术，多种环境监测产品获得国家重点新产品认证；获得国家发展改革委批复牵头建设的"水环境污染监测先进技术与装备国家工程实验室"，是大气环境污染监测先进技术与装备国家工程实验室共建单位。

5. 中节能天融科技有限公司

中节能天融科技有限公司（原名"中科天融（北京）科技有限公司"）隶属于中央企业中国节能环保集团有限公司的生态环境监测与大数据应用的专业公司。业务范围覆盖空气、水质、污染源等各领域的监测感知设备及应用系统的研发、生产、销售、运营，环保软件平台，以及环保大数据应用服务。天融科技在环境监测行业具有 20 年以上从业经验，产品及服务遍销全国 30 余个省（区、市），科研实力雄厚，拥有 70 多项科技成果、50 多项自主知识产权，两次牵头国家重大研发专项，一次参与国家重大研发项目，多次承担北京市研发课题。

6. 安徽蓝盾光电子股份有限公司

安徽蓝盾光电子股份有限公司（以下简称"安徽蓝盾"）是一家高新技术军工企业。安徽蓝盾在光学、电子及信息技术、精密机械制造等领域积累了 50 余年丰富的科研和生产经验。在智慧交通、智慧环保、智慧气象、食品药品安全等领域为用户提供高端分析测量仪器、应用解决方案和运维服务。安徽蓝盾成立于 2001 年，注册资金 9889.99 万元，安徽蓝盾生产经营涉足三大领域：智能交通电子及管理系统，环境监测仪器及监测系统，军用雷达及组件。先后获得：国家重点高新技术企业、国家规划布局内重点软件企业、安徽省软件五强企业、国家科学技术进步二等奖、安徽省科学技术一等奖、国家计算机信息系统集成一级、国家武器装备科研生产许可证。

7. 中兴仪器（深圳）有限公司

中兴仪器（深圳）有限公司（以下简称"中兴仪器"）是由中兴通讯母公司中兴新集团创办的，专注于自动监测仪器仪表创新研发的高新技术企业。自 1999 年进入自动监测行业，是国内最早从事该领域开发的企业之一。2017 年，由环保行业领军企业北京碧水源科技（股票代码：300070，中关村品牌企业）入股经营，现隶属于特大型央企中国交通建设集团。目前业务涉及：智能环境监测设备、环境监测物联网与生态环境大数据、智慧水务、安防特种通信设备、气象智能设备等领域高端在线仪器仪表的研发、生产和技术服务。

8. 宇星科技发展（深圳）有限公司

宇星科技发展（深圳）有限公司（以下简称"宇星科技"）成立于 2002 年 3 月。宇星科技致力研制国际领先的集通信、网络、自动化控制、精密仪器技术于一体的环保监测系列产品，致力于环境污染治理。宇星科技设有环保仪器事业部、系统集成事业部、脱硫脱氮事业部、污水处理事业部等专业部门。具备完善的技术开发、质量管理和售后服务体系，能为客户提供优质、满意的服务。宇星科技积极与国内外科研院所、企业合作，为防治大气、水质污染而不懈努力。

9. 青岛崂应环境科技有限公司

青岛崂应环境科技有限公司（以下简称"青岛崂应"）诞生于青岛，主营产品为涉及环境大气监测、工业废气监测、环境应急监测、环境水质监测、技术计量检测等领域的高科技精密仪器设备。目前，青岛崂应拥有专业的产研设备、雄厚的技术力量、完善的管理体系、健全的营销与服务网络。产品覆盖环保系统、科研机构、大专院校、厂矿企业、质监商检、检测服务、疾控、军事科技等众多领域，遍布全国各地并出口欧亚非等地区，同时为用户提供技术支持。

10. 杭州泽天科技有限公司

杭州泽天科技有限公司（以下简称"泽天科技"）成立于 2008 年 12 月，是一家集研发、生产、销售为一体的国家高新技术综合性运营集团公司，是一家为污染源气体、污染源水、移动污染源、环境空气、地表水、VOCs、扬尘等监测领域提供专业解决方案的智慧型环保企业。经过多年的市场耕耘，泽天科技业务领域已覆盖河长制河流断面、化工园区、市政工程、大型集团等，可向广大合作客户全面提供环境监测设备、大数据平台及服务等。泽天科技目前拥有 200 余人的研发团队，硕博占比 20% 以上，拥有数十项专利和软件著作权，先后被认定为"国家高新技术企业""杭州企业技术中心""国家双软企业"等。

机动车污染防治行业2019年发展报告

1 2019年行业发展现状及分析

2019年9月，据生态环境部发布的《中国移动源环境管理年报（2019）》数据显示，我国已连续十年成为世界机动车产销第一大国，机动车等移动源污染已成为大气污染的重要来源。特别是在北京、上海、深圳等大中型城市，移动源的颗粒物排放问题更加突出。汽车是移动源污染排放的主要贡献者，其排放的一氧化碳（CO）和碳氢化合物（HC）在移动源污染排放中的占比超80%，NO_x 和 PM 超90%。其中，柴油货车排放的 NO_x 和 PM 明显高于客车，是污染排放的主要贡献者，也是机动车污染防治的重中之重。非道路移动源排放对空气质量的影响也不容忽视，其 NO_x 和 PM 排放与机动车相当。重污染天气下，移动源污染物排放贡献率更高。同时，由于机动车大多行驶在人口密集的通道上，其污染排放直接危害人体健康。因此，机动车污染防治工作形势十分严峻。

2019年是打赢蓝天保卫战的关键一年，为贯彻落实党中央、国务院决策部署，彻底打赢柴油货车污染防治攻坚战，国务院、生态环境部等部委、各省（区、市）地方人民政府陆续出台政策、条例、标准、法规等，全面统筹油、路、车，协同推进交通运输行业高质量发展和高标准治理；深入贯彻习近平总书记重要讲话精神，以生态文明建设为统领，坚持问题导向、目标导向，深刻认识新阶段污染防治工作的新形势、新特征；切实提升精细化管理水平，聚焦柴油货车污染排放，推动空气质量持续改善；以降低柴油货车污染排放总量为主线，将提升柴油品质作为重点方向，把优化调整交通运输结构列为导向措施，以高污染高排放柴油货车为重点，建立实施最严格的机动车"全防全控"环境监管制度，实施清洁柴油货车、清洁柴油机、清洁运输和清洁油品四大行动，柴油货车排放达标率明显提升，污染物排放总量明显下降，城市和区域环境空气质量明显改善。

1.1 出台政策，强化机动车污染防治工作

依据蓝天保卫战政策要求，国家和地方就移动源减排开展了一系列研究和实施工作，积极推动机动车污染防治工作的持续深入开展。京津冀等地方生态环境部门、交通运输部门等制定的配套政策相继出台，各地方以国家文件为基础，针对移动源排放提出了具体的工作要求，对新车、在用车、非道路柴油机械、船舶排放及绿色运输、油品质量等方面工作进行了详细部署，为打赢蓝天保卫战提供了政策保障，因地制宜地提出了符合地方实际的移动源排放管控政策文件及相应管理条例，有效促进了移动源环保工作的落实。

严格源头控制：各地方加强新车准入管控、新生产和销售环节的环保达标监督检查，实行柴油货车注册登记环节环保审核全覆盖，并推进车辆结构升级。2019 年，我国部分省（区、市）提前实施了新车国六排放标准。另外，北京、上海、天津、广东等地跳过国六 a 阶段标准，直接实施国六 b 阶段标准。2019 年 7 月 1 日起，重点区域、珠三角地区、成渝地区率先实施机动车国六标准，部分城市也已将重型柴油车国六标准提前实施列入日程。全国各地严把机动车排放源头，有力加强了机动车环保工作力度，提升了环境空气质量。

强化在用车监管：针对在用车排放监管，国家和地方在政策条例基础上，结合机动车排放管理形势及排放标准升级，制定了一系列监管方案。在用车 I/M 排放闭环管理方面，国务院提出构建全国机动车超标排放信息数据库，追溯超标排放机动车生产和进口企业、注册登记地、排放检验机构、维修单位、运输企业等，实现全链条监管的要求；在用车环保检验方面，统一执行新的在用车环保定期检验标准，加强在用车环保达标监管；排放远程监管方面，各地陆续出台了移动源排放远程监管文件，推进在用柴油货车排放远程监控及在用非道路柴油机械精准定位等相关工作的实施，加强大数据分析和应用，为移动源污染联防联控提供数据支撑。

推进老旧柴油车深度治理：地方政府根据各地机动车污染防治实际状况，发布相应的排放治理减排文件，鼓励具备条件的老旧柴油车安装污染控制装置，配备实时排放监控终端，并与生态环境等有关部门联网，协同控制 NO_x 和 PM 排放。河北、河南等省份发布排放治理工作指导文件，推动工作开展。中国环境保护产业协会依托中国汽车技术研究中心有限公司等行业力量编制了《在用柴油车颗粒物与氮氧化物排放污染协同治理技术指南》，为地方开展在用柴油车颗粒物与 NO_x 深度治理提供技术指导。后续将依据《在用柴油车颗粒物与氮氧化物排放污染协同治理技术指南》技术要求推动开展"在用柴油车双降治理产品名录"，为地方环保部门和用户筛选排放治理产品提供指导和支持。

鼓励老旧车淘汰：京津冀及周边地区、长三角地区、汾渭平原等区域（以下简称"重点区域"）持续采取经济补偿、限制使用、严格超标排放监管的方式，大力推进国三及以下排放标准营运柴油货车和老旧非道路柴油机械提前淘汰更新，加快淘汰采用稀薄燃烧技术和"油改气"的老旧燃气车辆。

加快油品质量升级：自 2019 年 1 月 1 日起，全国全面供应符合国六标准的车用汽柴油，停止销售低于国六标准的汽柴油，实现车用柴油、普通柴油、部分船舶用油"三油并轨"，取消普通柴油标准，重点区域、珠三角地区、成渝地区提前实施国六排放标准。2019 年 5 月，生态环境部会同市场监管总局、公安部、商务部，在京津冀及周边"2+26"

城市以及秦皇岛、承德、张家口共 31 个城市 258 个县区开展清洁车用油品强化监督定点帮扶，采取"查黑—测油—溯源"方式，严查无证无照及证照不全的违法加油站点，抽检合规加油站柴油质量，追溯不合格油品来源，此项工作取得明显成效。同时，依据《关于扩大生物燃料乙醇生产和推广使用车用乙醇汽油的实施方案》，我国已经有超过 11 个省份试点推广了乙醇汽油，这将进一步推动我国机动车排放控制产业链技术的革新和发展，目前天津市已在全市推广应用车用乙醇汽油。

强化非道路移动机械管控：主要通过划定非道路移动机械低排放控制区、污染物排放治理改造、工程机械安装精准定位系统和实时排放监控装置、鼓励优先使用新能源或清洁能源机械等途径进行严格管控。

1.2 标准法规升级，推动机动车污染防治技术提升

随着机动车排放防治工作力度的加强，一方面重型柴油车排放法规不断升级，对新生产车辆的排放限值更加严格，测试方法也更加合理；另一方面在用车和非道路移动机械等成为机动车污染物控制的重点，需要使用更加科学的方法来限制和测量其排放水平。这些对机动车及非道路移动机械排放限值、排放检测技术等提出了更严格的要求。

在新车方面，2019 年我国多个省（区、市）提前实施 GB 18352—2016《轻型汽车污染物排放限值及测量方法（中国第六阶段）》排放标准，提前时间至少超过 1 年。轻型国六标准要求采用全球轻型车统一测试程序，有效减少实验室认证排放与实际使用排放的差距；引入实际行驶排放测试，改善了车辆在实际使用状态下的排放控制水平，有效防止了实际排放超标的作弊行为；采用燃料中立原则，对柴油车的 NO_x 和汽油车的 PM 不再设立较松限值；全面强化对挥发性有机物（VOCs）的排放控制并完善车辆诊断系统要求。同时，部分地区（如北京）已发布文件提前实施 GB 17691—2018《重型柴油车污染物排放限值及测量方法（中国第六阶段）》；自 2020 年 1 月 1 日起，对新增轻型汽车和其余行业重型柴油车实施国六 b 排放标准。轻型车国六 b 标准相比国五标准，限值加严了 40%～50%；增加了实际道路行驶排放控制要求；蒸发排放控制要求更加严格，排放限值降低了 65%，需安装 ORVR（车载加油油气回收系统），对加油过程的油气排放进行控制；同时增加了排放质保期的要求，低温排放试验 CO 和 HC 限值加严了 1/3，并引入了美国 OBD（车载诊断系统）控制要求，增加了循环外排放测试要求，加严了排放控制装置耐久里程，并提出 OBD 永久故障码等反作弊手段；首次应用远程排放管理车载终端（远程 OBD）。

在用车方面，GB 3847—2018《柴油车污染物排放限值及测量方法（自由加速法及加载减速法）》及 GB 18285—2018《汽油车污染物排放限值及测量方法（双怠速法及简

易工况法）》等标准正式实施，对机动车的排放限值提出了更严格的新标准。新的排放检测标准已于 2019 年 5 月起实施，全国范围内进行的汽车环保定期检验应采用新标准，注册登记、在用汽车 OBD 检查和 NO_x 测试自 2019 年 5 月 1 日起仅检查并报告，自 2019 年 11 月 1 日起实施。与 GB 3847—2005《车用压燃式发动机和压燃式发动机汽车排气烟度排放限值及测量方法》相比，新标准的修订，增加了在用车外观检验、OBD 检查、检验流程和检验项目等内容；增加了 NO_x 排放限值和测量方法，严格了烟度排放限值；增加了检测记录项目和检测软件的要求，明确了环保监督抽测内容和方法。而对于汽油车排放定期检验，与 GB 18285—2005《点燃式发动机汽车排气污染物排放限值及测量方法（双怠速法及简易工况法）》相比，GB 18285—2018《汽油车污染物排放限值及测量方法（双怠速法及简易工况法)》增加了外观检验、OBD 检查、燃油蒸发检测等内容，增加了相关检验项目和检验流程及检测记录项目和检测软件要求，调整了车辆排放限值并明确了环保监督抽测内容和方法。在用车定期环保检验标准的修订，将 OBD 检查列入必检项目，并加严了相关排放限值的要求，进一步改善了在用车排放水平。

非道路移动机械排放标准升级方面，2018 年 12 月正式实施的 GB 36886—2018《非道路柴油移动机械排气烟度限值及测量方法》，确定了不同非道路柴油移动机械的排放限值，为地方生态环境部门开展非道路柴油移动机械排放检测与执法提供了标准依据。2019 年，在全国范围内开展了非道路移动机械排放检测工作，提高了非道路移动机械排放要求。

随着国家生态环境主管部门对新车和在用车排放执法监管力度的不断加大和政策措施的逐步落地，环保产业潜在市场需求将加速到来。

1.3 机动车污染防治产业需求分析

目前国家及各地方在机动车污染防治政策、法规等方面，陆续出台诸多文件，强化机动车污染防治工作，为我国新车和在用车环保市场带来了巨大的机遇和挑战。

环境领域政府和社会资本合作加快推进，政府向社会力量购买服务、污染第三方治理、机动车监测社会化等政策需求不断释放。简政放权改革加快推进，促使市场准入和运行的制度成本大幅降低。绿色金融、绿色债券等有利于环保企业债权融资的政策逐步落地，金融政策支持环保产业发展的步伐加快。

2019 年，我国汽车工业经济运行情况较弱。据中国汽车工业协会数据显示，我国汽车产销量前三季度均呈同比下降趋势，但自 9 月开始，商用车产销量同比增长，11 月开始，汽车产量同比增长。1—11 月，我国汽车产销量分别完成 2303.8 万辆和 2311 万辆，较去年同期略有下滑但仍保持较高的产销基数。并且《中国移动源环境管理年报（2019）》

显示，全国机动车保有量已达 3.27 亿辆。我国仍是世界上汽车消费大国的形势没有发生改变，机动车污染防治工作将持续保持在十分重要的高度。

机动车污染防治产业除在传统的新车和在用车污染控制装置领域发展外，随着国家及地方对移动源污染排放工作的逐步推进和深化，一方面对源头排放的把控更加严格，通过采取更加先进的发动机管理、燃油蒸发控制、电控装置、后处理等技术手段降低新车排放污染。国六排放标准新车污染物排放的大幅削减将更加依赖于后处理技术的提升及控制策略等的优化，形成对后处理关键零部件（载体、催化剂、传感器、控制装置等）产销的巨大市场。另一方面在用车和非道路移动机械等愈发成为机动车排放管控重点，高排放车辆和机械的排放治理升级为机动车后处理装置的产销提供了巨大契机；同时，对机动车排放监测的迫切需求也会增加排放监测装置（OBD 车载通信终端、OBD 排放快速检测设备、非道路移动机械排放监控设备等）产业的发展潜力。

2 2019 年行业技术发展情况

汽车排放控制技术中与机动车污染防治行业相关的七大子系统为：尾气后处理系统（载体、催化剂、衬垫、封装、尿素喷射系统）、发动机管理系统（燃油喷射系统、传感器、电磁阀、电机等）、OBD 车载诊断系统、燃油蒸发系统（碳罐）、曲轴箱通风系统（PVC）、涡轮增压系统（涡轮增压器、增压中冷器）、废气再循环系统（EGR、EGR中冷器）。从控制角度来看可分为"防"与"治"两部分："防"指的是 OBD 系统、在线监测系统、发动机管理系统和涡轮增压系统等从源头控制污染物生成的技术，而"治"指的是尾气后处理系统、废气再循环系统等对生成的污染物进行处理的技术。

汽油车主要排放控制技术包括：电控发动机管理系统、三元催化转化器技术（TWC）、车载加油油气回收系统 ORVR 技术以及汽油机颗粒捕集器新技术 GPF 等，随着国六排放标准的实施，ORVR、GPF 等技术产品将成为轻型车上的标配装置。柴油机（道路和非道路）主要排放控制技术包括：排气后处理技术（DPF、SCR、ASDS、DOC+DPF+SCR系统）、电控高压喷射（共轨、泵喷嘴、单体泵等）技术、发动机综合管理系统、发动机本身结构优化设计技术、可变增压中冷技术、废气再循环（EGR）技术等。国家对非道路柴油机械排放控制持续加严，将极大促进非道路柴油机械排放控制技术和装置的发展应用。

2.1 柴油机排放控制技术

生态环境部于 2018 年 6 月发布《关于发布国家污染物排放标准〈重型柴油车污染物排放限值及测量方法（中国第六阶段）〉的公告》，标志着重型柴油车正式进入国六阶段。2019 年 12 月北京市生态环境局《关于实施国六机动车排放标准有关事项的通知》（京环发〔2019〕24 号）正式确定北京市自 2020 年 1 月 1 日起实施重型车国六排放标准，重型车国六排放标准正式进入落地实施阶段。

与重型车国五标准不同，重型车国六标准污染物排放限值加严了 40%～50%；蒸发排放限值加严了 65%，低温排放试验 CO 和 HC 限值加严了 1/3，并引入了美国车载诊断系统（OBD）控制要求。此外，还增加了粒子数量排放限值，变更了污染物排放测试循环。增加了非标准循环排放测试要求和限值（WNTE），以及整车实际道路排放测试要求和限值（PEMS），提高了耐久性要求。增加了排放质保期的规定，对车载诊断系统的监测项目、阈值及监测条件等技术要求进行了修订。增加了双燃料发动机的型式检验要求。增加了替代用污染控制装置的型式检验要求。增加了整车底盘测功机测量方法。

2.1.1 DOC+DPF+SCR 系统

重型柴油车排放后处理装置随着标准法规的逐步升级，其结构、功能设计和开发变得愈来愈复杂。以国六产品开发为例，相比于国四、国五阶段，须采用 DOC+DPF+SCR+ASC 技术路线及相应产品，整个系统中温度传感器和氮氧传感器数量翻了两倍，同时还引入了压力传感器和悬浮颗粒传感器。排放标准升级到国六后，OBD 在线诊断的复杂程度急剧上升。重型车在国五阶段通常采用 SCR 技术路线，由于国六对排放限值、耐久性和一致性的高要求，所以对 SCR 的要求也会随之提高。此外，欧Ⅵ系统里在线诊断参数较欧Ⅳ、欧Ⅴ多出近百倍，其中大部分是 OBD 参数。因此，从整个系统来看，欧Ⅵ后处理系统设计非常复杂，本身的成本翻了一倍不止，也给整车、发动机和后处理企业带来了极大的挑战。国六标准要求 SCR 在控制成本的前提下，在更加关注道路实际排放的同时提高耐久里程。并且通过添加欧六品质的尿素，满足对 OBD 的更高要求。

2.1.2 车用固态氨技术（ASDS）

除 SCR 外，车用固态氨系统（ASDS）也是可满足未来机动车 NO_x 严苛排放要求的一种车用氨储存和输送系统，其作用原理是产生的氨气与柴油车辆 SCR 催化剂作用，通过氧化还原反应将发动机尾气中的 NO_x 去除。ASDS 技术可用于商用柴油车（如公共汽车、中型车、中型 / 重型卡车和轻型卡车）、乘用车柴油车以及非道路移动机械的尾气处理系统中，降低 NO_x 排放。

2.2 汽油车排放控制技术

汽油车排放控制技术与重型柴油车不同，其排放控制技术要求主要有：①催化剂性能的优化，包括耐硫性能、耐久性能的提高，涂层更耐高温，起燃温度更低，重金属含量更少等方面；②发动机标定策略的优化，主要包括发动机标定的精细化，对更多不同工况下的参数进行数据采集和优化，并且对 OBD 性能进行优化。

2.2.1 蒸发排放控制技术（ORVR）

碳罐属于汽油蒸发控制系统（EVAP）的一部分，该系统是为了避免发动机停止运转后燃油蒸汽逸入大气而被引入的。从 1995 年起，我国规定所有新出厂的汽车必须具备此系统。其工作原理是发动机熄火后，汽油蒸汽与新鲜空气在罐内混合并贮存在活性炭罐中，当发动机启动后，装在活性炭罐与进气歧管之间的电磁阀门打开，活性炭罐内的汽油蒸汽在进气管的真空度作用下被洁净空气带入气缸内参加燃烧。这样做不但降低了排放，同时也降低了油耗。

随着排放法规的升级，车载加油油气回收系统 ORVR（Onboard Refueling Vapor Recovery）逐渐在汽车上得到应用。国六排放阶段轻型车若想满足蒸发排放标准，必须配备 ORVR 系统。

2.2.2 污染物排放后处理技术（TWC+GPF）

缸内直喷汽油机（GDI）因较好的动力性、燃油经济性等优点，在乘用车上得到愈来愈广泛的应用。但由于 GDI 汽油机的燃油直接喷入气缸，导致油气混合不均匀和燃油湿壁，致使 PM 排放质量和数量显著增加。

在用汽油车的后处理系统主要采用 TWC 催化剂，其重点要求是低温起燃性能、动态转化性能优异以及拓宽的反应窗口。当废气经过净化器时，铂催化剂就会促使 HC 与 CO 氧化生成水蒸气和 CO_2；铑催化剂会促使 NO_x 还原为氮气和氧气。对于新出厂的汽油车，越来越严苛的法规要求直喷汽油机在更宽范围的工况都保持稳定而且有较低的 PM 排放。欧Ⅵ排放法规对 PM 排放质量限制更加严格，PM 限值降为 4.5 mg/km。我国即将实行《轻型车污染物排放限值及测量方法（中国第六阶段）》排放标准，与传统的排放循环相比，国六标准对后处理系统的动态性能和颗粒物排放要求更高，且后处理系统的控制更为复杂，因此 TWC+GPF 的后处理系统应运而生。

GPF 过滤机理与 DPF 基本相同，排气以一定的流速通过多孔性的壁面，这个过程被称为"壁流"（Wall-Flow）。壁流式颗粒捕集器由具有一定孔密度的蜂窝状陶瓷组成，通过交替封堵蜂窝状多孔陶瓷过滤体，排气流被迫从孔道壁面通过而被捕集。大量研究表明，壁流式过滤器是目前减少颗粒排放最有效的装置。

目前，最新发布的《外商投资产业指导目录》（修订稿）中将"柴油颗粒捕集器"改为"颗粒捕集器"，意在除了柴油颗粒捕捉器，也鼓励外商投资 GPF。国外零部件企业如佛吉亚、巴斯夫等都在研究 GPF 技术，且已在市场上应用，大众集团宣布从 2017 年 6 月起逐步在汽油发动机上全面普及 GPF。事实上，很多企业制定了 GPF 策略，但并未正式公布全线布局，我国也有企业走 GPF 路线，如无锡威孚力达催化净化器有限责任公司、昆明贵研催化剂有限责任公司等企业拥有该技术，但与国外技术相比差距较大。随着排放法规的逐步推进，为满足轻型车国六阶段对 PM 数量的排放要求，GPF 将成为国六轻型车标配装置。

2.3 非道路移动机械排放控制技术

为了满足非道路移动机械第四阶段的排放法规，经行业企业共同探讨，认为电控方面有高压共轨、单体泵；后处理方面主要有两种基本的排放控制技术路线，EGR+DOC（DPF）和优化燃烧 +SCR 技术路线。对于 SCR，在法规方面，需满足排放限值，对尿素品质、NO_x 控制、EGR 监控提出了更高的要求。在市场方面，需考虑成本、系统布置、系统适应性的要求。针对这些要求，可以考虑集成式后处理系统结构设计、混合结构优化设计、优化整车布置、缩短排气管长度等。排气管过长时，包裹的保温材料、减小的热量损失都能使 SCR 得到更加充分的应用。

生态环境部已发布的《非道路移动机械及其装用的柴油机污染物排放控制技术要求（征求意见稿）》，为 GB 20891—2014《非道路移动机械用柴油机排气污染物排放限值及测量方法（中国第三、四阶段）》第四阶段标准内容进行额外补充和完善，主要有电控燃油系统、SCR 系统、DPF 系统等，并要求安装卫星定位系统车载终端，实现排放远程在线监控。

2.4 车载诊断系统

车载诊断系统（OBD）是监测汽车各系统运行参数并读取运行信息的终端产品。该系统将从发动机的运行状况随时监控汽车排放尾气是否正常，一旦超标，会发出警示。当系统出现故障时，故障（MIL）灯或检查发动机（Check Engine）警告灯亮，同时动力总成控制模块（PCM）将故障信息存入存储器，通过一定的程序可以将故障码从 PCM 中读出。该系统能在汽车运行过程中实时监测发动机电控系统及车辆其他功能模块的工作状况，系统自诊断后得到的有用信息可以为车辆的维修和保养提供帮助，维修人员可以利用汽车原厂专用仪器读取故障码，从而可以对故障进行快速定位，以便于对车辆进行修理，节省人工诊断的时间，提高维修效率。

OBD 装置可监测多个系统和部件，包括发动机、催化转化器、颗粒捕集器、氧传感器、排放控制系统、燃油系统、EGR 等。OBD 是通过各种与排放有关的部件信息，连接到电控单元（ECU），ECU 具备检测和分析与排放相关故障的功能。当出现排放故障时，ECU 记录故障信息和相关代码通过故障灯发出警告告知驾驶员。ECU 通过标准数据接口，保证专业人员对故障信息的访问和处理。

从20世纪80年代起，美、日、欧等各大汽车制造企业开始在其生产的电喷汽车上配备OBD，初期的OBD没有自检功能。比OBD更先进的OBD-Ⅱ产生于20世纪90年代中期，美国汽车工程师协会（SAE）制定了一套标准规范，要求各汽车制造企业按照OBD-Ⅱ的标准设置统一的诊断模式。20世纪90年代末，进入北美市场的汽车都按照新标准设置OBD。随着我国对机动车排放管控力度的逐渐加大，国六排放标准按照严格的美国OBD控制要求对OBD系统功能等方面进行了限定。对于国六重型柴油车，要求利用OBD系统建立车辆运行状态的实时监控。此外，在用车环保定期检验排放标准也已将OBD功能检查作为重要环节。车辆OBD功能是否稳定健全将成为决定车辆是否满足排放要求的重要一环。

2.5 基于OBD的远程监测技术

为满足中重型柴油车国六排放标准限值的要求，新生产柴油车必须安装符合要求的DPF、SCR等排气后处理装置，且营运重型商用车应采用OBD远程监控技术。新生产中重型柴油车OBD排放远程监测需求的提出，全面提升了对车辆排放状态的实时监控要求，可及时发现车辆排放故障，保证车辆得到及时和有效的维修。《非道路移动机械污染防治技术政策》要求新生产非道路工程机械增加排放在线诊断系统，对排放关键零部件运行状态进行实时监控。

蓝天保卫战三年行动计划提出加强移动源排放监管能力建设，并要求推进工程机械安装实时定位和排放监控装置；对于已进行过排放治理的在用柴油车，同样可采用远程检测技术，实时检测排放治理装置和车辆的运行情况。

依据"柴油货车污染治理攻坚战行动计划"要求，需建立建成"天地车人"一体化排放监控系统，构建互联互通、共建共享的机动车环境监管能力，整合现有监管手段，形成在用车全链条环境监管，形成基于数据的移动源排放远程在线监管能力。

3 行业主要企业发展情况

3.1 后处理行业总体概况

自蓝天保卫战开展以来，国家已将机动车污染防治工作提升到前所未有的高度，直接拉动了机动车环保产业的发展。据统计，2019年机动车环保产业链上相关企业依然保持在160余家，其中，载体生产企业有10家以上、催化剂涂层企业有8家以上、隔热衬垫企业有4家以上、催化器封装企业有60家以上、尿素喷射系统企业有5家以上、发动机管理系统相关产品生产企业有17家以上、燃油蒸发系统生产企业有25家以上、曲轴箱通风装置生产企业有15家以上、燃油喷射系统生产企业有10家以上、涡轮增压系统生产企业有 10 家以上、EGR 系统生产企业有 7 家以上，此外还有 OBD 排放远程监控设备生产企业 20 余家。机动车环保产品主要生产企业如表 1 所示。

表 1　机动车环保产品主要生产企业

企业类别		企业名称
尾气后处理系统	载体	康宁（上海）有限公司、NGK（苏州）环保陶瓷有限公司、江苏宜兴非金属化工机械厂、贵州黄帝车辆净化器有限公司、云南菲尔特环保科技股份有限公司、山东奥福环保科技股份有限公司
	催化剂涂层	巴斯夫催化剂（上海）有限公司、无锡威孚力达催化净化器有限公司、庄信万丰（上海）化工有限公司、优美科汽车催化剂（苏州）有限公司、昆明贵研催化剂有限责任公司、东京滤器（苏州）有限公司、科特拉（无锡）汽车环保科技有限公司
	隔热衬垫	3 M（中国）有限公司、奇耐联合纤维（上海）有限公司
	催化器封装	无锡威孚力达催化净化器有限公司、佛吉亚（中国）有限公司、上海天纳克排气系统有限公司、克康（上海）排气控制系统有限公司、康明斯排气处理系统、东京滤器（苏州）有限公司、埃贝赫排气技术（上海）有限公司、安徽艾可蓝节能环保科技有限公司、艾蓝腾新材料科技（上海）有限公司
	尿素喷射系统	博世汽车柴油系统股份有限公司、无锡威孚力达催化净化器有限公司、佛吉亚（中国）有限公司、天纳克（苏州）有限公司
发动机管理系统		北京德尔福万源发动机管理系统有限公司、博世汽车柴油系统股份有限公司、上海联合汽车电子有限公司、电装（中国）投资有限公司
燃油蒸发系统		天津市格林利福新技术有限公司、霸州市远祥汽车配件有限公司、厦门信源环保科技有限公司、河北华安汽车装备有限公司
曲轴箱通风系统		汉格斯特滤清系统（昆山）有限公司、上海曼胡默尔滤清器有限公司、爱三（佛山）汽车部件有限公司、贵州新安航空机械有限公司、北京市北汽新峰天霁汽车技术公司、天津认知汽车配件有限公司
燃油喷射系统	柴油机	德尔福（上海）科技研发中心、博世汽车柴油系统股份有限公司、电装（中国）投资有限公司、康明斯燃油系统（武汉）有限公司、成都威特电喷有限责任公司、辽宁新风企业集团吉尔燃油喷射有限公司、亚新科南岳（衡阳）有限公司、江苏南京威孚金宁有限公司
	汽油机	联合汽车电子有限公司、北京德尔福万源发动机管理系统有限公司、电装（中国）投资有限公司、大陆汽车电子（长春）有限公司
涡轮增压系统		霍尼韦尔汽车零部件服务（上海）有限公司、无锡康明斯涡轮增压器有限公司、湖南天雁机械有限责任公司、宁波天力增压器有限公司、上海菱重增压器有限公司
EGR 系统		北京新峰天霁科技有限公司、无锡隆盛科技有限公司、宜宾天瑞达汽车零部件有限公司、德国胡贝尔自动化股份有限公司
OBD 排放远程监控设备		北京蜂云科创信息技术有限公司、深圳市有为信息技术发展有限公司、天津布尔科技有限公司、天津同阳科技发展有限公司、智联万维（北京）网络信息科技有限公司等

3.2　产业总体规模分布及技术研发情况

目前的 160 多家企业中，江苏、上海、北京、浙江的企业数量位居前四位。通过调研，华东地区（沪、苏、浙等）的机动车污染防治生产企业大约占到全国机动车污染防治生产企业总数的 66%，是机动车污染防治产品的主要生产基地，我国后处理行业主要企业分布如图 1 所示。

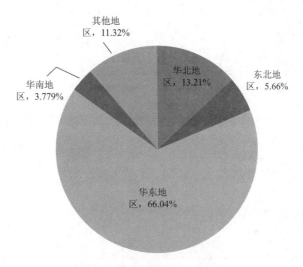

图 1　全国后处理企业分布

我国后处理行业主要技术来源如图 2 所示；后处理行业中研发费用比重如图 3 所示。

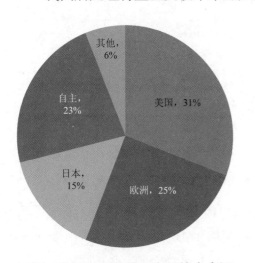

图 2　我国后处理行业主要技术来源

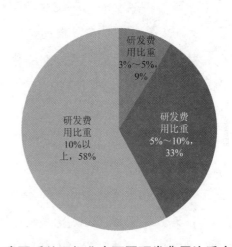

图 3　我国后处理行业中不同研发费用比重企业分布

由图 1～3[①] 可看出，我国后处理行业研发费用占销售额 10% 以上的企业约占 58%，表明现阶段后处理行业非常重视后处理产品的开发和升级。目前，我国后处理行业的自主技术仅占 23%，而来源于国外的后处理技术约占 77%，其中来源于美国的技术约占 31%，欧洲的技术约占 25%，这可能与我国的机动车排放标准现状以及油品质量等多方面因素

---

　　① 　图 1～3 所述数据均来自中国环境保护产业协会机动车污染防治委员会行业调研统计分析结果，未统计所有后处理企业。

有关，我国后处理行业的自主研发技术还有待进一步提高。同时，我国后处理企业主要分布在华东地区，其企业数量约占全国后处理行业企业总量的 66%，主要集中在上海、南京、苏州、无锡、杭州等地区，这一分布的形成主要与这些地区的机动车排放标准现状以及油品质量等方面因素有关。

3.3 机动车污染防治行业主要企业

机动车污染防治骨干企业是机动车环保行业的领军企业，在行业中发挥着引领示范作用，推动着产业结构的调整和经济转型升级，带动行业技术创新和进步。机动车污染防治骨干企业生产的产品基本满足实施国家机动车排放标准的要求。

4 存在的问题及解决方案

作为一项复杂的系统工程，机动车污染防治应加强"车、油、路"统筹，采取法律、行政、经济、技术等综合措施进行防治，强化信息公开，形成政府主导、部门协作、市场调节、社会监督的工作机制。以改善环境质量为核心构建机动车污染防治体系，形成区域联防联控机制，推进机动车污染防治的系统化、科学化、法治化、精细化和信息化。

4.1 我国机动车污染控制的发展现状和存在的问题

4.1.1 基于政策法规的机动车污染控制现状

目前，我国关于机动车排放标准的相关法律、法规、政策已基本形成框架。但是，机动车排放的管理与控制水平仍待提升。例如《大气污染防治法》，仅仅把机动车尾气排放污染的抽检定点定在了机动车停放的地方，但对于路中正行驶的机动车则难以进行动态监控；《道路交通安全法》没有明确的机动车尾气排放污染条文，交通相关执法部门不能以尾气超标为理由扣留驾驶证等。这使得机动车排放超标车辆的车主脱离了相关部门的监管，车主可以拒绝修理超标车辆，严重削弱了机动车道路抽检部门的执法力度。

同时，各地方生态环境部门近些年逐步成立了开展机动车工作的机构，但其管理人员和执法人员在机动车排放管理与控制方面缺乏基础和专业知识，难以开展相关工作，急需进行系统化、专业化的培训和学习。

4.1.2 基于排放控制技术的机动车污染控制现状

与国际先进的技术相比，我国的机动车排气污染控制技术尚存在较大差距，关于汽车产品的试验投资及技术设备不足，主要表现在两方面。

一是排放后处理装置售后市场混乱。当前尾气后处理装置售后市场管理不严，导致了售后市场的无序竞争，影响了在用车污染排放控制水平。

二是企业技术水平参差不齐，产品生产一致性存在问题。部分尾气后处理装置生产企业，存在技术水平较低、工艺管理流程不规范、研发和检测设备和手段缺乏等问题，应对这些企业的产品质量进行一致性监控。

4.2 建立科学合理的机动车污染控制对策方案

4.2.1 进一步完善法律法规，提高执法水平

2017年，国务院发布了《关于深化环境监测改革提高环境监测数据质量的意见》，明确把机动车排放检测纳入环境监测和监管执法体系。生态环境部将继续完善机动车排放监管，继续完善新生产机动车和非道路移动机械信息公开制度。

各地方应依据机动车污染防治工作基础和地方实际情况，制定符合地方实际的监管条例，细化权责主体，发挥地方放、管、服的工作效能，积极发布相应管控文件及条例，切实将移动源污染防治工作做到实处，避免部门间的责权冲突，落实国家污染防治要求。

4.2.2 通过信息化手段和现代化技术，提高监管机动车污染的技术水平

基于信息化技术，各部门相互配合、有效合作，构建"天地车人"一体化管理平台，通过数据和资源互通互联，加强相关部门间的交流与协作。拓宽监管渠道，在提高执法监管队伍执法能力及装备水平的基础上，实现机动车污染防治系统标准化的建设。

4.2.3 建立以达标排放为核心的社会信用评价体系

生态环境部提出把所有生产企业、所有生产行为通过现有的技术手段、科技手段，将环保定期检验、遥感监测、路检路查发现的超标车辆信息，建立超标排放车辆车型信息数据库，结合生产企业环保信息公开数据，全面分析超标车辆的生产、使用单位，以及与其配套的污染控制装置相关关键零部件供应商，把机动车排放超标的原因找出来，进而从产业链的各个环节实施精准打击。

4.2.4 制定行业规范，做好柴油车污染治理

为规范我国在用柴油车和非道路柴油机械排放治理，以当前技术发展和应用状况为基础，为在用柴油车的PM（和NO_x）排放和非道路柴油机械的PM排放污染治理提供技术指导，在中国环境保护产业协会的指导下，中国汽车技术研究中心有限公司联合机动车污染防治技术专业委员会制定了我国首个在用柴油车和非道路柴油机械排放治理技术指南行业规范《在用柴油车排放污染治理技术指南》和《非道路柴油机械排放污染治理技术指南》，并于2019年编制《在用柴油车颗粒物与氮氧化物排放污染协同治理技术指南》，已公开征求意见。

北京市大气污染综合治理领导小组办公室《关于组织本行业落实禁止使用高排放非道路移动机械有关规定的通知》（京大气办〔2017〕85号）和《河北省机动车污染防治三年作战方案（2018—2020年）》中提出，参照以上技术指南开展柴油车和非道路柴油机

械排放治理工作。此外，湖北省武汉市等多地生态环境部门参考以上技术指南作为排放治理验收的技术要求。

5 行业发展展望

2020 年是打赢蓝天保卫战三年行动计划的收官之年，党的十九届四中全会强调，实施最严格的生态环境保护制度，2019 年 12 月 10—12 日的中央经济工作会议在传递出中国经济发展新走向的同时，也为 2020 年环保攻坚战定下了"加强污染防治和生态建设，加快推动形成绿色发展方式"的清晰目标和政策基调。2020 年，国家及地方政府将继续探索采用多手段、多途径来全面降低机动车污染排放。

5.1 强化排放检验环节监管体制

GB 3847—2018《柴油车污染物排放限值及测量方法（自由加速法及加载减速法）》和 GB 18285—2018《汽油车污染物排放限值及测量方法（双怠速发及简易工况法）》中对新生产汽柴油车下线、注册登记和在用汽车年检等环节开展的排放检验工作进行了新的修订，环保定期检验机构将其作为机动车排放管控的有力抓手，将获取大量机动车排放数据，尤其是 OBD 数据。2020 年或将采取大数据比对、情景采集对比等多种方式，提高排放检验机构检验操作的合规性和准确度，加强排放检验环节的管理体制建设，切实降低高排放车辆造成的环境污染。

5.2 移动源排放监管手段升级

《柴油货车污染治理攻坚战行动计划》中要求，严厉打击污染控制装置造假、屏蔽 OBD 功能等行为。随着排放标准法规的升级，全国范围内已将车辆 OBD 检验作为机动车环保检验的重点，机动车环保监管手段将持续升级，推进开展面向国六阶段车辆 OBD 篡改、故障屏蔽、故障模拟等方面检查设备的研发和推广应用。同时，重型车国六标准与国五标准相比，新增了颗粒物个数（PN）和 NH_3 限值，未来或将针对 PN 检测开展常规车辆检查。机动车环保监管将持续推动排放检测技术和设备的升级。

5.3 I/M 闭环监管能力建设

GB 3847—2018《柴油车污染物排放限值及测量方法（自由加速法及加载减速法）》和 GB 18285—2018《汽油车污染物排放限值及测量方法（双怠速发及简易工况法）》中规定新生产汽柴油车下线检验、注册登记检验和在用汽车检验等环节均要开展 OBD 检查工作，并要求各个环节 OBD 检查等数据通过计算机系统实时自动检测、记录、传输、存储，并依法报送给生态环境管理部门。在此基础上，在用机动车环保检测机构将检测数据推送至交通部门，并与汽车维修机构联网互通，实现检验与维修的闭环监管能力和监管手段的升级，实现机动车排放 I/M 的闭环管理。

5.4 提升移动源排放远程在线监管手段

依据《柴油货车污染治理攻坚战行动计划》要求，应建立建成"天地车人"一体化排放监控系统，构建互联互通、共建共享的移动源环境监管平台。2020 年，各地将在已有工作基础上，整合现有监管方式及移动源排放监管信息化手段，形成在用车环境全链条数字化监管模式。同时，充分利用多源数据分析等大数据处理方法，将车辆检测、维修、实际行驶过程及燃料、尿素使用记录等多源数据进行整合，形成基于数据的移动源排放远程在线监管能力。

5.5 出租车三元催化器替代

经过国外以及北京、上海等地区实践证明，更换高排放出租车三元催化器能有效降低其污染物排放水平。国家已经要求有条件的城市定期更换出租车三元催化装置。需要提醒的是，目前我国部分省市出租车存在"油改气"的情况，在更换催化器时应有针对性地选择适用产品。

5.6 推广新能源汽车

财政部、国家税务总局、工信部和科技部等联合发布《关于免征新能源汽车车辆购置税》，自 2018 年 1 月 1 日至 2020 年 12 月 31 起日实施，在此期间，对购置的新能源汽车免征车辆购置税。

5.7 高排放移动源排放治理工作将持续推进

非道路移动机械在城市建设中起到十分重要的作用，但国二及以下非道路工程机械保有占比大、排放强度高且淘汰困难是当前的现实问题；同时，在用的老旧内河船舶仍占较大比例。按照国家及地方要求，各地还将持续推进在用高排放机械及船舶的排放治理工作，推广先进排放治理技术和设备，降低高排放移动污染源造成的排放污染。

附录：机动车污染防治行业主要企业简介

载体企业：

1. 康宁（上海）有限公司

独资企业。主营产品范围：汽油车尾气净化用蜂窝陶瓷载体、柴油机颗粒物过滤器。产品配套我国欧美系合资企业、奇瑞、吉利等。

2. NGK（苏州）环保陶瓷有限公司

独资企业。主营产品范围：汽油车尾气净化用蜂窝陶瓷载体、柴油机颗粒物过滤器。产品配套我国日系合资企业、奇瑞、吉利等。

3. 贵州黄帝车辆净化器有限公司

合资企业。主营产品：柴油车颗粒物捕集器载体、主动再生颗粒过滤器系统。员工总数为 500 余人，产品已获得 50 个专利，其中发明专利 22 个、国家重点专利 5 个。产品配套整车企业为：奇瑞、长城等。企业曾参与武汉、南京、天津等地区在用柴油车和非道路柴油机械排放改造。

4. 山东奥福环保科技股份有限公司

主营业务：制造蜂窝陶瓷、蜂窝陶瓷载体、精密陶瓷、填料；企业自产产品及技术的出口业务和企业所需的机械设备、零配件、原辅材料等。

催化剂企业：

1. 巴斯夫催化剂（上海）有限公司

独资企业。主营产品范围：汽油车、柴油车、摩托车用催化剂。产品配套整车企业：沈阳华晨、上汽通用五菱、奇瑞、安徽江淮、上海大众、玉柴、锡柴等。

2. 优美科汽车催化剂（苏州）有限公司

独资企业。主营产品范围：汽油车、柴油车用催化剂。产品配套整车企业：长安、上汽通用、奇瑞、沈阳华晨、上海大众、中国重汽等。

3. 庄信万丰（上海）化工有限公司

独资企业。主营产品范围：汽油车、柴油车用催化剂。产品配套整车企业：上海大众、昌河汽车、北京奔驰—戴姆勒·克莱斯勒、神龙富康、东风本田、长安福特、长城汽车、东南、江铃、吉利、中国重汽等。

4. 昆明贵研催化剂有限责任公司

国有企业。主要产品包括机动车催化剂产品：汽油车 TWC/NSR 催化剂、柴油机 SCR/DOC/POC 催化剂、摩托车催化剂、替代燃料车用催化剂；贵金属产品：贵金属化合物、失效催化剂回收贵金属；环境催化剂产品：工业废气 NO_x 净化催化剂；化工催化剂产品：炭载催化剂。产品配套的整车企业：沈阳华晨、上汽通用五菱、平原航空、长安、奇瑞、昌河。

5. 无锡威孚力达催化净化器有限责任公司

股份制公司。主要产品范围：汽油车、柴油车、摩托车、LPG（CNG）和非道路机械用催化剂和催化器封装。建有我国领先的催化剂和后处理系统生产线，具备 800 万件汽柴催化剂、800 万件摩托车催化剂、800 万件通机催化剂和 300 万套催化净化器年产能（其中歧管式净化器年产能 100 万套），产品达国四及以上排放水平。公司与我国各主要汽车、摩托车、通机厂家进行广泛配套，为主机厂家产品升级换代、满足更高排放标准提供了有力的支撑。产品配套整车企业：奇瑞、吉利、一汽夏利、一汽海马、北汽福田、江淮、锡柴等。

6. 中自环保科技股份有限公司

股份制企业。主要致力于汽油燃料发动机、柴油燃料发动机、CNG/LNG/LPG 燃料发动机等尾气净化催化（剂）器研发、生产和销售的国家火炬计划重点高新技术企业。依托四川大学雄厚的科研实力，坚持产学研用相结合的创新发展之路，共拥有专利 24 项，其中国际 PCT 发明专利 1 项、国家发明专利 16 项、实用新型专利 7 项；主持和参与制定行业标准 8 项。

电控系统企业

1. 博世汽车柴油系统股份有限公司

合资企业。主营产品范围：柴油机燃油高压共轨喷射系统、尿素喷射系统以及柴油机系统匹配。产品配套的主机企业：潍柴、玉柴、东风、一汽、东风朝柴、大柴、云内等。

2. 联合汽车电子有限公司

合资企业。主营产品范围：汽油发动机管理系统零部件生产、自动变速箱控制系统零部件生产、发动机系统匹配。产品配套的整车企业：吉利、奇瑞、上海大众、上海通用、长安等。

3. 北京德尔福万源发动机管理系统有限公司

合资企业。主要产品为汽油发动机零部件技术—电控燃油喷射系统。公司为上海通用、华晨集团、长安汽车等整车企业的几十种汽车成功开发了电喷系统。前十大客户除以上三家外，还包括沈阳航天三菱、一汽天津丰田、江淮、东风渝安、哈飞、东安三菱及吉利等。

4. 大陆汽车电子有限公司（以下简称"大陆集团"）

合资企业。大陆汽车电子传感器及执行器事业部为大陆集团动力总成旗下最重要的事业部之一，产品线遍布汽车各个领域。其核心产品氮氧化物传感器、空气流量传感器、爆震传感器、EGR 阀体等在全球市场占有率位居前两位。其中，氮氧化物传感器是全球的行业技术标准。当前，大陆集团是该产品在全球的唯一成熟供应商，客户涵盖了行业内绝大部分生产制造商。

排放后处理系统企业：

1. 佛吉亚（中国）排放控制技术有限公司

下属三家合资公司：上海佛吉亚红湖排气系统有限公司、武汉佛吉亚通达排气系统有限公司和长春佛吉亚排气系统有限公司，另有佛吉亚独资的佛吉亚（长春）汽车部件系统有限公司上海分公司。主营产品范围：排气歧管，催化转换器、排气消声器、柴油后处理系统集成。产品配套整车企业：一汽、上汽、上海大众、长安福特、上海通用、玉柴、一汽解放、东风汽车、潍柴动力等。

2. 上海天纳克研发中心

下属四大合资企业：上海天纳克排气系统公司、天纳克同泰（大连）排气系统有限公司、天纳克-埃贝赫（大连）排气系统有限公司、天纳克陵川（重庆）排气系统有限公司。主营产品范围：催化转化器、排气消声器、排气歧管、柴油机后处理系统集成。产品配套整车企业：上海大众、上海通用、上汽汽车、奇瑞汽车、长安福特、一汽大众、沈阳华晨、江铃汽车、长城汽车等。

3. 浙江邦得利汽车环保技术有限公司

股份制企业。主营产品为三元催化转化器、排气歧管等。各类排放后处理产品年生产能力达100万套，控股子公司上海歌地催化剂有限公司年生产能力达300万升。产品配套企业：一汽夏利、重庆庆铃、东风柳汽、东风轻发、东风朝柴、一汽轿股、东风商用车等。

4. 安徽艾可蓝节能环保科技有限公司

上市企业。已完成汽、柴油和天然气发动机尾气净化产品的全系开发，包括三元净化器（TWC）、氧化催化净化器（DOC）、选择性催化还原器（SCR）及尿素喷射控制系统、主动再生式颗粒物捕集器系统（DPF）和颗粒物氧化器（POC），产品全面达到国四和国五排放标准。产品配套企业：东风、广汽、陕汽、福田、江淮、奇瑞、潍柴、全柴、常柴、合力叉车、金城摩托、宗申摩托等。

5. 艾蓝腾新材料科技（上海）有限公司

独资企业。主营产品范围：柴油机颗粒捕集器系统。配套整车企业：安徽江淮汽车、东风朝阳朝柴动力、广西玉柴机器股、三一重工股份、恒天动力。

土壤与地下水修复行业 2019 年发展报告

1 土壤与地下水污染防治管理体系建设情况

科学的土壤污染防治管理体系是全面推进土壤质量保护和土壤污染防治工作的基础保障，土壤污染防治管理体系涵盖法律法规保障、技术标准和管理机制三个相互关联、相互影响的方面。其中，法律法规是标准制定和措施执行的核心原则和关键导向；技术标准导则是加强法律法规可行性的细化、具象；相应的配套管理机制是法律法规和标准导则实践层面的配套保障。以下从政策法规、技术标准导则、管理机制等方面对我国 2019 年土壤污染防治体系情况进行阐述。

1.1 政策和法规出台情况

1.1.1 国家政策和法规出台情况

2019 年 1 月，《土壤污染防治法》正式实施。该法是我国首次制定的土壤污染防治领域的专门法律，填补了我国污染防治立法的空白，完善了我国生态环境保护、污染防治的法律制度体系。该法就土壤污染防治的基本原则、土壤污染防治基本制度、预防保护、管控和修复、经济措施、监督检查和法律责任等重要内容做出了明确规定。

2019 年 2 月和 6 月，财政部分别印发了《重点生态保护修复治理资金管理办法》和《土壤污染防治专项资金管理办法》，这两项资金管理办法的出台，加强了对重点生态保护修复治理资金的管理，规范和加强了土壤污染防治专项资金管理，支持了生态修复及土壤污染防治工作的开展，有利于促进我国生态环境及土壤质量的改善。

2019 年 3 月，生态环境部、自然资源部、住房和城乡建设部、水利部和农业农村部五部门联合对外发布《地下水污染防治实施方案》（以下简称《方案》），对地下水污染防治工作提出了具体要求，《方案》提出，我国地下水污染防治的近期目标是"一保、二建、三协同、四落实"。"一保"即确保地下水型饮用水水源环境安全；"二建"即建立地下水污染防治法规标准体系和全国地下水环境监测体系；"三协同"即协同地表水与地下水、土壤与地下水、区域与场地污染防治；"四落实"即落实《水污染防治行动计划》确定的四项重点任务，开展调查评估、防渗改造、修复试点、封井回填工作。《方案》的出台是我国生态环境保护领域的一项重要举措，进一步加快推进了地下水污染防治各项工作，彰显了国家全面加强生态环境保护，坚决打好污染防治攻坚战的决心和信心。

2019 年 10 月，自然资源部发布《关于建立激励机制加快推进矿山生态修复的意见

（征求意见稿）》，提出需遵循"谁修复、谁受益"原则，通过赋予一定期限的自然资源资产使用权等奖励机制，吸引社会各方投入，推行市场化运作、开发式治理、科学性利用的模式，加快推进矿山生态修复。

2019 年 12 月，生态环境部、自然资源部联合发布了《建设用地土壤污染状况调查、风险评估、风险管控及修复效果评估报告评审指南》（以下简称《指南》），作为指导和规范建设用地土壤污染状况调查报告、风险评估报告、效果评估报告评审活动的主要依据。2019 年国家出台的主要政策和法规如表 1 所示。

表 1　2019 年国家主要政策和法规一览表

时间	政策和法规名称	发布部门	文号
2019.1	《中华人民共和国土壤污染防治法》	全国人大常委会	中华人民共和国主席令第八号
2019.2	《重点生态保护修复治理资金管理办法》	财政部	财建〔2019〕29 号
2019.3	《地下水污染防治实施方案》	生态环境部、自然资源部、住房和城乡建设部、水利部、农业农村部	环土壤〔2019〕25 号
2019.6	《土壤污染防治专项资金管理办法》	财政部	财资环〔2019〕11 号
2019.9	《建设用地土壤污染责任人认定办法（试行）（征求意见稿）》	生态环境部	
2019.9	《农用地土壤污染责任人认定办法（试行）（征求意见稿）》	生态环境部	
2019.10	《关于建立激励机制加快推进矿山生态修复的意见（征求意见稿）》	自然资源部	自然资生态修复函〔2019〕10 号
2019.12	《建设用地土壤污染状况调查、风险评估、风险管控及修复效果评估报告评审指南》	生态环境部、自然资源部	环办土壤〔2019〕63 号

1.1.2 地方政策和法规出台情况

随着《土壤污染防治法》的实施，在国家层面政策法规不断完善的同时，地方也紧随国家政策，出台了一系列地方性的政策法规，这些政策法规的出台，推动了各个省市土壤修复行业的发展。具体如表 2 所示。

表 2　2019 年地方主要政策和法规一览表

时间	政策和法规名称	地区	文号
2019.1	《河北省污染地块土壤环境联动监管程序》	河北	冀环土函〔2018〕238 号
2019.1	《河北省净土保卫战三年行动计划（2018—2020 年）》	河北	冀土领办〔2018〕19 号
2019.1	《江西省土壤污染防治项目管理规程（试行）》	江西	赣环办字〔2019〕10 号

续表

时间	政策和法规名称	地区	文号
2019.3	《河北省土壤污染防治评估考核办法（试行）》	河北	
2019.3	《四川省工矿用地土壤环境管理办法》	四川	川环发〔2018〕88号
2019.3	《四川省农用地土壤环境管理办法》	四川	川环发〔2018〕89号
2019.3	《四川省污染地块土壤环境管理办法》	四川	川环发〔2018〕90号
2019.5	《湖北省农业农村污染治理实施方案》	湖北	鄂环发〔2019〕9号
2019.5	《黑龙江省污染地块环境管理暂行办法》	黑龙江	环保厅文件〔2019〕11号
2019.5	《天津市土壤污染防治条例（草案）》（征求意见稿）	天津	
2019.7	《上海市建设用地地块土壤污染状况调查、风险评估、效果评估等报告评审规定（试行）》	上海	沪环规〔2019〕11号
2019.10	《辽宁省建设用地土壤污染风险管控和修复管理办法（试行）》	辽宁	
2019.11	《山东省土壤污染防治条例》	山东	山东省人民代表大会常务委员会公告（第83号）
2019.12	《天津市土壤污染防治条例》	天津	
2019.12	《重庆市建设用地土壤污染防治办法》	重庆	重庆市人民政府令（第332号）

1.2 技术标准和导则出台情况

1.2.1 国家标准和导则出台情况

2019年5月，生态环境部发布HJ 1019—2019《地块土壤和地下水中挥发性有机物采样技术导则》（以下简称《采样技术导则》），规范了地块土壤和地下水中挥发性有机物采样技术。《采样技术导则》自2019年9月1日起实施。

2019年6月，生态环境部发布HJ 25.6—2019《污染地块地下水修复和风险管控技术导则》（以下简称《地下水修复技术导则》）。《地下水修复技术导则》是我国污染地块环境保护系列标准之一，规定了污染地块地下水修复和风险管控的基本原则、工作程序和技术要求，适用于污染地块地下水修复和风险管控项目的技术方案制定、工程设计及施工、工程运行及监测、效果评估和后期环境监管。

2019年7月，生态环境部发布《异位热解吸技术修复污染土壤工程技术规范（征求意见稿）》，规定了异位热解吸技术修复污染土壤工程的工艺设计、检测与过程控制、施工与试运行、运行与维护等技术要求。

2019年8月，农业农村部发布NY/T 3499—2019《受污染耕地治理与修复导则》，并于2019年11月1日正式实施。该导则规定了受污染耕地治理与修复的基本原则、目标、范围、流程、总体技术性要求等，并提供了受污染耕地治理与修复实施方案的编制提纲与要点。

2019 年 11 月，生态环境部和国家市场监督管理总局联合发布 GB 5085.7—2019《危险废物鉴别标准　通则》和 HJ 298—2019《危险废物鉴别技术规范》。两项标准自 2020年 1 月 1 日起实施，自实施之日起，GB 5085.7—2007《危险废物鉴别标准　通则》废止。

2019 年 12 月，生态环境部发布 HJ 25.1—2019《建设用地土壤污染状况调查技术导则》、HJ 25.2—2019《建设用地土壤污染风险管控和修复监测技术导则》、HJ 25.3—2019《建设用地土壤污染风险评估技术导则》、HJ 25.4—2019《建设用地土壤修复技术导则》和 HJ 682—2019《建设用地土壤污染风险管控和修复术语》。

2019 年，生态环境部发布《土壤和沉积物石油烃（C6-C9）的测定吹扫捕集 / 气相色谱法》等 13 项土壤污染物的分析方法，涉及石油烃、石油类、农药类和六价铬。

2019 年国家发布的主要标准和导则如表 3 所示。

表 3　2019 年国家主要标准和导则一览表

时间	标准和导则名称	编号
2019.5	《地块土壤和地下水中挥发性有机物采样技术导则》	HJ 1019—2019
2019.6	《污染地块地下水修复和风险管控技术导则》	HJ 25.6—2019
2019.7	《异位热解吸技术修复污染土壤工程技术规范（征求意见稿）》	环办标征函〔2019〕31 号
2019.8	《受污染耕地治理与修复导则》	NY/T 3499—2019
2019.11	《危险废物鉴别标准　通则》	GB 5085.7—2019
2019.11	《危险废物鉴别技术规范》	HJ 298—2019
2019.12	《建设用地土壤污染状况调查技术导则》	HJ 25.1—2019
2019.12	《建设用地土壤污染风险管控和修复监测技术导则》	HJ 25.2—2019
2019.12	《建设用地土壤污染风险评估技术导则》	HJ 25.3—2019
2019.12	《建设用地土壤修复技术导则》	HJ 25.4—2019
2019.12	《建设用地土壤污染风险管控和修复术语》	HJ 682—2019
2019.5	《土壤和沉积物石油烃（C6-C9）的测定吹扫捕集 / 气相色谱法》	HJ 1020—2019
2019.5	《土壤和沉积物石油烃（C10-C40）的测定吹扫捕集 / 气相色谱法》	HJ 1021—2019
2019.5	《土壤和沉积物苯氧羧酸类农药的测定高效液相色谱法》	HJ 1022—2019
2019.5	《土壤和沉积物有机磷类和拟除虫菊酯类等47种农药的测定气相色谱质谱法》	HJ 1023—2019
2019.5	《土壤石油类的测定红外分光光度法》	HJ 1051—2019
2019.5	《土壤和沉积物 11 种三嗪类农药的测定高效液相色谱法》	HJ 1052—2019
2019.5	《土壤和沉积物 8 种酰胺类农药的测定气相色谱 - 质谱法》	HJ 1053—2019

续表

时间	标准和导则名称	编号
2019.5	《土壤和沉积物二硫代氨基甲酸酯（盐）类农药总量的测定　顶空气相色谱法》	HJ 1054—2019
2019.5	《土壤和沉积物草甘膦的测定高效液相色谱法 》	HJ 1055—2019
2019.5	《土壤和沉积物钴的测定火焰原子吸收分光光度法》	HJ 1081—2019
2019.5	《土壤和沉积物铊的测定石墨炉原子吸收分光光度法》	HJ 1080—2019
2019.5	《土壤粒度的测定吸液管法和比重计法》	HJ 1068—2019
2019.5	《土壤和沉积物六价铬的测定碱溶液提取 - 火焰原子吸收分光光度法》	HJ 1082—2019

1.2.2 地方标准和导则出台情况

随着国家政策法规、规范的出台，各省（区、市）根据区域的自身特点也出台了地方性的标准与导则。尤其是粤、渝、沪、京等经济发达地区，遗留污染场地相对较多，结合当地土壤污染状况，相继出台了有关污染地块的风险管控标准、风险评估导则以及评审流程等，这些地方标准导则的出台能够更好地指导各地土壤污染防治工作的开展，也将对全国相关工作的开展起到促进作用。2019 年地方发布的主要标准和导则如表4 所示。

表4　2019 年地方主要标准和导则一览表

时间	标准和导则名称
2019.2	《广东省建设用地土壤污染风险评估报告评审工作程序规定（试行）（征求意见稿）》
2019.6	《上海市建设用地地块土壤污染状况调查、风险评估、效果评估等报告评审规定（试行）》
2019.7	T/EERT 001—2019《农用地土壤污染风险评估技术指南》
2019.9	DB11/T 656—2019《建设用地土壤污染状况调查与风险评估技术导则》
2019.11	《污染场地风险评估技术导则（修订）》（征求意见稿）
2019.12	《江西省土壤环境质量建设用地土壤污染风险管控标准（试行）》（征求意见稿）

1.2.3 团体标准情况

2019 年，紧随土壤修复行业发展的需求，在国家政策法规、标准导则的基础上，各行业协会也出台了相应的团体标准，以促进行业不断发展。如2019 年中国环境保护产业协会在北京主持召开了《污染地块采样技术指南》《污染地块绿色可持续修复通则》《污染地块修复工程环境监理技术指南》团体标准审议会，与会专家对征求意见稿进行了充分讨论和审查，提出了中肯的意见和建议，并一致同意在标准修改完善后征求意见。2019 年4 月，浙江省生态与环境修复技术协会颁布了 T/EERT 001-2019《农用地土壤污染风险评估技术指南》，该标准规定了农用地土壤污染项目最小有效浓度数据获取技术要求、污染风险评判技术要求等细则。

1.3 管理机制情况

1.3.1 管理体系建设情况

土壤污染防治监管机构不断完善。2019 年生态环境部组建了土壤与农村生态环境监管技术中心，各级生态环境部门陆续成立负责土壤生态环境保护工作的机构，也建设了国家土壤环境监测网等，为土壤污染防治工作提供了强有力的监管机构。

农用地土壤污染风险管控工作有效推进。国家深入开展了涉镉等重金属重点行业企业三年排查整治行动，从源头防控农用地土壤污染，保障粮食安全。生态环境部积极配合农业农村部，做了耕地土壤环境质量类别划分、受污染耕地安全利用试点等工作。

工矿用地土壤污染防治监管体系进一步完善。各省（区、市）发布了土壤环境重点监管企业名单；在排污许可证核发中纳入土壤污染防治相关责任和义务；推动城镇人口密集区危险化学品生产企业搬迁改造过程中的土壤污染风险管控工作。

建设用地准入管理制度进一步完善。各地建立建设用地土壤污染调查评估制度、土壤污染风险管控和修复名录制度，以及污染地块准入管理机制。全国污染地块信息系统实现了污染地块信息从国家到基层的多部门共享。

1.3.2 各地土壤污染管控和修复名录建设情况

为贯彻落实《土壤污染防治法》《污染地块管理办法（试行）》，加强建设用地准入管理以及保障人居环境安全，各省结合近年土壤污染状况调查和风险评估情况，制定了建设用地土壤污染风险管控和修复名录，截至 2019 年 12 月 31 日，有北京等 26 个省（区、市）已公布建设用地土壤污染风险管控和修复名录。具体名录如表 5 所示。

表 5　建设用地土壤污染风险管控和修复名录

省（区、市）	建设用地土壤污染风险管控和修复名录名称	颁布时间
河南	《河南省污染地块土壤污染风险管控和修复名录》	2019.06.03
贵州	《贵州省建设用地土壤污染风险管控和修复名录（第一批）》	2019.07.10
广西	《广西壮族自治区建设用地土壤污染风险管控和修复名录》	2019.07.12
江西	《江西省建设用地土壤污染风险管控和修复名录（第一批）》	2019.09.05
上海	《上海市建设用地土壤污染风险管控和修复名录（第一批）》	2019.09.05
天津	《天津市建设用地土壤污染风险管控和修复名录》	2019.09.11
云南	《云南省建设用地土壤污染风险管控和修复名录（第一批）》	2019.09.14
河北	《河北省建设用地土壤污染风险管控和修复名录》	2019.09.26

省（区、市）	建设用地土壤污染风险管控和修复名录名称	颁布时间
山西	《山西省建设用地土壤污染风险管控和治理修复名录》	2019.09.29
四川	《四川省建设用地土壤污染风险管控和修复名录（第一批）》	2019.10.09
湖南	《湖南省建设用地土壤污染风险管控和修复名录（第一批）》	2019.11.05
新疆	《新疆维吾尔自治区建设用地土壤污染风险管控和修复名录（第一批）》	2019.11.11
北京	《北京市建设用地土壤污染风险管控和修复名录》	2019.11.27
甘肃	《甘肃省建设用地土壤污染风险管控和修复名录（第一批）》	2019.12.10
青海	《青海省建设用地土壤污染风险管控和修复名录》	2019.12.15
广东	《广东省建设用地土壤污染风险管控和修复名录》	2019.12.17
陕西	《陕西省建设用地土壤污染风险管控和修复名录》	2019.12.17
山东	《山东省建设用地土壤污染风险管控和修复名录（第一批）》	2019.12.19
福建	《福建省建设用地土壤污染风险管控和修复名录（第一批）》	2019.12.23
吉林	《吉林省建设用地土壤污染风险管控和修复名录》（第一批）	2019.12.23
江苏	《江苏省建设用地土壤污染风险管控和修复名录（第一批）》	2019.12.23
浙江	《浙江省建设用地土壤污染风险管控和修复名录（第一批）》	2019.12.24
安徽	《安徽省建设用地土壤污染风险管控和修复名录（第一批）》	2019.12.26
湖北	《湖北省建设用地土壤污染风险管控和修复名录（第一批）》	2019.12.26
宁夏	《宁夏回族自治区建设用地土壤污染风险管控和修复名录（第一批）》	2019.12.26
黑龙江	《黑龙江省建设用地土壤污染风险管控和修复名录（第一批）》	2019.12.27

根据对各省（区、市）建设用地土壤污染风险管控和修复名录地块数量统计分析可知，地块数量分布最多的区域为江苏63块，其次为浙江、天津、贵州、湖北等地，均超过30块，数量最少的为新疆、吉林、宁夏、陕西等地，具体如图1所示。

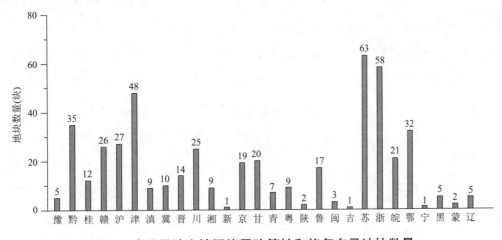

图1 建设用地土壤污染风险管控和修复名录地块数量

根据对各省（区、市）建设用地土壤污染风险管控和修复名录地块面积统计分析可知，地块累积面积最多的区域为天津，超过 700 万 m²，其次为贵州、浙江、江苏等地，约 500 万 m²，面积最少的是新疆、吉林、福建、陕西、青海、北京等地，具体如图 2 所示。

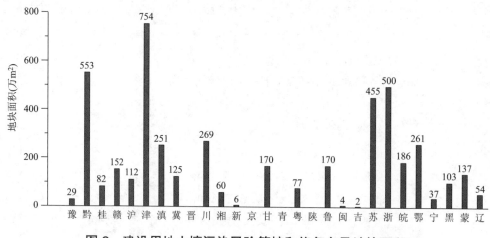

图 2　建设用地土壤污染风险管控和修复名录地块面积

1.3.3 专家咨询机构建设情况

近年来土壤修复工作取得了积极进展和明显成效，专家学者在其中发挥了重要作用。2019 年，生态环境部及各省（区、市）积极发挥行业专家专业优势，相继成立了多个土壤修复技术专家委员会。如 2019 年 12 月 18 日，生态环境部成立土壤生态环境保护专家咨询委员会，咨询委员会由来自土壤、地下水、农业农村生态环境领域的 60 余名知名专家学者组成，将有效发挥专家学者的专业优势，为土壤、地下水、农业农村生态环境保护重大政策、重大规划、重大问题提供决策咨询，提升管理决策的专业化、精细化水平，为打好净土保卫战提供高水平的智力支持。

我国各地生态环境部门为贯彻落实《土壤污染防治法》的有关规定，加强土壤环境保护和污染防治工作，提高土壤环境管理和决策水平，进一步规范土壤污染状况调查等相关工作的专家评审等活动，并纷纷增补了土壤污染防治专家库，如江苏省于 2019 年 12 月 13 日在南京土壤研究所正式成立了江苏省土壤修复标准化技术委员会。

1.4 其他情况

1.4.1 国家及省部级奖项情况

科技创新已经成为评判一个行业发展现状和潜力的关键指标。自《土壤污染防治行动计划》颁布以来，国家重视土壤与地下水污染防治科技创新工作，陆续批复了一批具有重大影响力的科研项目，加强科技研发和成果转化落地。土壤修复行业各企事业单位也提高站位意识，紧随国家战略，在坚持持续技术引进，加强国际合作的同时，不断提升自身的自主创新意识，加强科技创新，厚积薄发，一批批具有自主知识产权的科技成果陆续涌现。

2019年，土壤与地下水修复行业企事业单位共获得"国家科学技术进步奖""环境技术进步奖""环境保护科学家技术奖"等国家级、省部级、行业级奖项13项。

1.4.1.1 国家科学技术进步奖

2019年，根据《国家科学技术奖励条例》的规定，经国家科学技术奖励评审委员会评审，国家科学技术奖励委员会审定和科技部审核，国务院批准，授予土壤与地下水修复领域"稻田镉砷污染阻控关键技术与应用"和"煤矸石山自燃污染控制与生态修复关键技术及应用"两个项目国家技术二等奖，详见表6。

表6 土壤与地下水修复领域国家技术进步奖获奖名单

项目名称	级别	获奖单位
稻田镉砷污染阻控关键技术与应用	二等奖	广东省生态环境技术研究所、中国科学院亚热带农业生态研究所、中国农业科学院农业资源与农业区划研究所、生态环境部南京环境科学研究所、环境保护部华南环境科学研究所、华南农业大学、永清环保股份有限公司
煤矸石山自燃污染控制与生态修复关键技术及应用	二等奖	中国矿业大学（北京）、中国矿业大学、生态环境部南京环境科学研究所、山西潞安矿业（集团）有限责任公司、北京东方园林环境股份有限公司、中国平煤神马能源化工集团有限责任公司、阳泉煤业（集团）股份有限公司

1.4.1.2 环境技术进步奖

2019年1月，根据《国家科学技术奖励条例》以及《科技部关于进一步鼓励和规范社会力量设立科学技术奖的指导意见》，中国环境保护产业协会面向全国设立了"环境技术进步奖"，2019年正式启动首届环境技术进步奖评奖工作。根据《环境技术进步奖奖励办法（试行）》的规定，经过专家、单位提名，评审委员会评审、奖励委员会审定和公示，2019年12月20日，中国环境保护产业协会公布了获得2019年度环境技术进步奖的名单，授予土壤与地下水修复领域"典型化工类污染场地修复关键技术与应用"和"重金属污染土壤靶向修复共性关键技术开发与应用"两个项目一等奖，"有机污染场地原位修复关键技术研究与应用"和"有机污染地块精细化综合勘查和土壤、地下水联合修复关键技术研究及应用"两个项目二等奖，详见表7。

表7　土壤与地下水修复领域环境技术进步奖获奖名单

项目名称	级别	获奖单位
典型化工类污染场地修复关键技术与应用	一等奖	北京建工环境修复股份有限公司、中国科学院地理科学与资源研究所、中国环境科学研究院
重金属污染土壤靶向修复共性关键技术开发与应用	一等奖	武汉大学、葛洲坝中固科技股份有限公司、中国环境科学研究院、中冶南方都市环保工程技术股份有限公司
有机污染场地原位修复关键技术研究与应用	二等奖	北京高能时代环境技术股份有限公司、生态环境部南京环境科学研究所
有机污染地块精细化综合勘查和土壤、地下水联合修复关键技术研究及应用	二等奖	北京市勘察设计研究院有限公司、北京市市政四建设工程有限责任公司、北京大学

1.4.1.3 环境保护科学技术奖

2019 年，根据《环境保护科学技术奖励办法》的有关规定，经评审委员会评审，共授予土壤与地下水修复领域"多金属污染土壤植物联合修复技术体系及应用"等七个项目环境保护科学技术二等奖，详见表 8。

表8　土壤与地下水修复领域环境保护科学技术奖获奖名单

项目名称	级别	获奖单位
多金属污染土壤植物联合修复技术体系及应用	二等奖	中山大学、广东省耕地肥料总站、航天凯天环保科技股份有限公司、广西博世科环保科技股份有限公司
地下水型饮用水源—污染源环境调查评估与污染防治技术体系及规模化应用	二等奖	生态环境部环境规划院、清华大学、中国地质大学（北京）、中国环境监测总站、中国地质科学院水文地质环境地质研究所
铬盐生产场地土壤和地下水铬污染绿色修复控制集成技术及应用	二等奖	中国地质大学（北京）、中国环境科学研究院、陕西省商南县东正化工有限责任公司、中国科学院过程工程研究所、煜环环境科技有限公司
水泥窑多污染物协同控制关键技术开发与应用	二等奖	安徽省环境科学研究院、安徽海螺集团有限责任公司、中国科学技术大学、合肥水泥研究设计院有限公司、安徽海螺建材设计研究院有限责任公司
危险废物水泥窑协同处置关键技术与应用	二等奖	中国环境科学研究院、北京金隅集团股份有限公司、天津水泥工业设计研究院有限公司、生态环境部固体废物与化学品管理技术中心、中国建筑材料科学研究总院有限公司
地下水污染风险监控与应急处置关键技术及应用	二等奖	中国环境科学研究院、南方科技大学、生态环境部环境工程评估中心、成都理工大学、力合科技（湖南）股份有限公司
历史遗留冶金废渣堆场地下水污染系统防控与修复技术及应用	二等奖	中国环境科学研究院、清华大学、北京高能时代环境技术股份有限公司、成都理工大学、中国矿业大学（北京）

1.4.2 重点环境保护实用技术和工程示范获奖情况

为向打好污染防治攻坚战和改善生态环境质量提供技术支撑，加快环境保护先进适用技术推广应用，中国环境保护产业协会组织了2019年重点环境保护实用技术及示范工程申报评审工作，形成了《2019年重点环境保护实用技术及示范工程名录》。土壤与地下水修复领域入选实用技术名录及示范工程名录共9项，详见表9、表10。

表9　土壤与地下水修复领域实用技术名录入选名单

技术名称	申报单位
污染土壤双轴混合搅拌异位修复技术	北京建工环境修复股份有限公司
土壤及地下水浅层搅拌修复技术	北京建工环境修复股份有限公司
注入井原位修复技术	北京建工环境修复股份有限公司
土壤及地下水高压旋喷原位注射修复技术	北京建工环境修复股份有限公司
砷污染土壤层间离子交换稳定化修复技术	广西博世科环保科技股份有限公司

表10　土壤与地下水修复领域示范工程入选名录

工程名称	申报单位
宝山南大地区41-07地块（原南大化工厂）污染场地土壤与地下水修复工程	北京建工环境修复股份有限公司
石岐区青溪路90号地块污染场地环境修复工程	煜环环境科技有限公司
原武汉染料厂生产场地重金属复合污染土壤修复治理工程	北京建工环境修复股份有限公司 武汉中央商务区投资控股集团有限公司
广钢白鹤洞地块污染土壤修复项目	北京建工环境修复股份有限公司

1.4.3 国家重点科研项目情况

2018年，国家重点研发计划"场地土壤污染成因与治理技术"重点专项启动申报，在2018年研发计划目标和任务的基础上，2019年的研发计划结合《土壤污染防治行动计划》目标和任务，紧紧围绕国家场地土壤污染防治的重大科技需求，重点是场地土壤污染形成机制、监测预警、风险管控、治理修复、安全利用等方面的支持技术、材料和装备的创新研发与典型示范，形成土壤污染防控与修复系统解决技术方案与产业化模式，以期实现环境、经济、社会等综合效益展开。

该专项2019年共有21个项目，国拨资金总概算约5亿元，高校/科研院所牵头项目共15个，企业牵头项目6个。专项鼓励产学研用联合申报，对基础研究类项目，充分发挥各类国家级科研基础的作用；对典型应用示范类项目，充分发挥地方和市场作用，强化产学研用紧密结合，将为行业发展提供重大科技支撑，项目清单详见表11。

表11 2019年度国家重点研发计划项目清单

项目名称	项目牵头单位
污染场地中持久性有机污染物的积累效应和健康风险研究及预测模型建立	北京大学
重点区域场地有机污染空间分布与驱动机制	河海大学
重点行业场地土壤复合污染过程及生态效应	天津大学
重点行业场地土壤污染物的人体暴露组学与生物标志物	广东工业大学
场地土壤污染物环境基准制定方法体系及关键技术	中国环境科学研究院
场地污染物现场快速筛查和检测技术与设备	杭州谱育科技发展有限公司
场地地下水污染快速识别与风险监测管控技术	吉林大学
场地污染环境数字化与空间信息管理系统	北京建工环境修复股份有限公司
矿区酸化废石堆场复合污染扩散阻隔技术	北京矿冶科技集团有限公司
离子型稀土矿浸矿场地土壤污染控制及生态功能恢复技术	江西理工大学
铅锌冶炼场地土壤多重金属长效稳定修复材料、技术与装备	同济大学
有色金属矿区地下水污染防控技术体系	中山大学
煤矿区场地地下水污染防控材料与技术	中国矿业大学
页岩气开采场地特征污染物筛查与污染防控	中国科学院广州地球化学研究所
POPs污染场地土壤物化协同修复技术与装备	中节能大地（杭州）环境修复有限公司
复合有机污染场地原位热处理耦合修复技术与装备	中国科学院南京土壤研究所
石化污染场地强化多相抽提与高效净化耦合技术	上海大学
铬渣遗留场地土壤强化生物修复技术与装备	北京大学
遗留堆填场地及周边土壤与地下水原位协同修复技术	中节能大地环境修复有限公司
农药行业场地异味清除材料与控制技术	中科鼎实环境工程有限公司
大型复杂石化场地污染原位阻断与协同治理技术	中国环境科学研究院

2 土壤与地下水修复及风险管控市场空间分析

2.1 土壤专项资金情况

为贯彻落实《土壤污染防治行动计划》，中央财政设立土壤污染防治专项资金，支持土壤污染状况调查、风险管控、监测评估、监督管理、治理修复等工作。财政部《关于下达2019年土壤污染防治专项资金预算的通知》中，公布2019年度共计拨付专项资金额度总计50亿元，与2018年35亿元的资金额度相比呈上升趋势，扭转了2016年以来土壤专项资金逐年减少的趋势，且土壤修复资金占污染防治资金（大气、水、土壤）

比重也由 2018 年的 7.95% 增长至 2019 年的 8.33%。土壤污染防治专项资金分配额度超过 2 亿元的省（区）由多至少依次为云南、湖南、贵州、广西、广东、河北、浙江、湖北。此 8 省（区）资金总和达到约 32.2 亿元，占全国专项资金总额度的 64.4%，其中云南省专项资金支持额度约 7 亿元，比 2018 年增加了超 4 亿元，增加额度最大。从专项资金区域分配看，2019 年专项资金重点支持的省（区、市）主要分布在长江以南的西南、华中、华南等有色矿产丰富、重金属污染严重且环境较为敏感的区域，这与 2018 年的资金分配情况基本一致。这些区域专项资金的持续注入体现了国家对解决重点区域环境问题的重视与支持。

2.2 土壤修复行业市场分析

本报告通过在中国采购与招标网、中国采招网、政府及相关部门网站、土壤修复行业相关公司网站等公开渠道进行检索和查询，共收集并筛选 2019 年土壤修复项目 897 个，其中咨询类项目 637 个（主要为施工前期场地调查评估类项目），占比 71%；修复工程类项目 260 个（不含填埋场、水生态、底泥治理及污水处理等项目），占比 29%（图 3）。

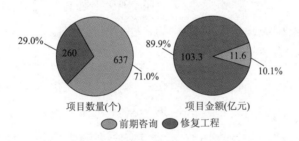

图 3 2019 年修复项目咨询类、工程类项目数及投资

从资金分配方面分析①，2019 年咨询项目投资额度约 11.6 亿元，占整个行业投资额度的 10.1%；工程类项目投资额度为 103.4 亿元，占比为 89.9%，两者的资金分配比接近 9∶1。此外，于琪等人的调研中指出，在对行业包括场地调查、方案设计、效果评估、专家评审类咨询业务进行全统计的情况下，其占比也仅为总投资额度的 14.51%[1]。根据美国环境商务国际有限公司（EBI）发布的《美国环境修复产业报告：修复与产业服务》，2019 年美国环境修复产业中，"前端工作（咨询、设计、分析、监测）"项目占行业收入的 40.7%[2]。由此可见，我国土壤与地下水修复咨询类业务相对于工程类业务还有较大的市场提升空间。

对于资金占比较大的工程类业务，2019 年相对于 2018 年也有较大的增长。通过对

---

① 咨询项目中有资金量信息的项目数为 624 个，工程项目中有资金量信息的项目数为 250 个，缺失资金量信息的项目资金量按各类型平均资金量赋值来估算总资金量。

2019 年工程类业务进行分类统计发现，项目数量和资金主要集中在工业污染场地修复和矿山修复两个方面。其中，工业污染场地修复项目 134 个，投入资金 69.1 亿元，资金占比约66.8%；矿山治理项目 100 个，投入资金 29.4 亿，资金占比约 28.5%；农田修复项目 26 个，投入资金 4.9 亿，资金占比约 4.7%。项目调研数据与于琪等人的调研结果基本一致[3]。

从工程项目组成及资金分配①来看，工业场地项目年投资额度基本保持在矿山治理项目与农田修复项目年投资总额度的 2 倍以上，主要是由于工业场地大多位于城市或周边，部分工业污染场地修复与土地出让的模式使得支付主体意愿充足，且后端的土地出让有力保障了土壤修复的资金需求。另外，工程修复类业务受政策影响较大。如发布《土壤污染防治行动计划》后，各地方政府相继发布了各省（区、市）土壤污染防治计划、规划和相对应的实施方案，受污染防治攻坚战和行动计划考核压力影响，城市产业空间调控的进一步深化以及中央环保督察的持续开展，一批民众关注度高，社会影响大的项目在短期内得以集中整治，致使工业污染场地修复项目热度得以持续，市场占比仍排名第一。矿山治理方面，受益于近期陆续出台的"矿山地质环境保护与土地复垦"等方面的政策、法规的影响，其项目数量和资金投入在 2019 年都有了较大的占比，接近 30%。而农田修复方面，受国家相关政策分类管理思路的引导，农田多以安全利用和严格管控为主导，对于中轻度污染农田优先采取农艺调控、替代种植、轮作、间作等措施。对严格管控类耕地，主要采取种植结构调整或者按照国家计划经批准后进行退耕还林还草等风险管控措施，仅有较少比例的耕地，因区域经济规划和地方民生等因素影响，责任人主动或不得不采取修复治理，并且农田修复项目资金来源主要依托国家专项资金及地方政府支持，由于其盈利模式不明，社会资本参与度较低（图 4）。

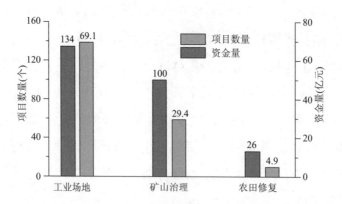

图 4　2019 年土壤修复项目各类型分布及总资金量

---

①　工业场地项目中有资金量信息的项目数为 129 个，矿山治理项目中有资金量信息的项目数为 95 个，农田修复项目有资金量信息的项目数为 26 个，缺失资金量信息的项目资金量按各类型平均资金量赋值来估算总资金量。

此外，通过与2018年进行多指标对比发现，2019年各类型修复项目除总体资金量外，单体项目平均资金规模、最大个体项目资金规模均有较大程度的增加。如2019年诞生了迄今为止行业最大的单体修复项目，天津农药厂污染土壤修复项目，资金规模17.3亿。矿山和农田最大单体项目资金相较往年也有数倍规模的增加（表12）。

表12　修复项目数量资金量与上一年对比

统计项	单位	年份	工业场地	矿山治理	农田修复
项目数量	个	2018	200	46	78
		2019	134	100	26
平均资金量	万元	2018	3119.2	2516.0	1205.5
		2019	5405.4	2938.4	1885.9
最大资金量	亿元	2018	4.6	3.6	0.4
		2019	17.3	9.3	2.2
总资金量	亿元	2018	61.6	10.1	9.2
		2019	69.1	29.4	4.9

从单个项目平均资金投入来看，工业场地、矿山、农田单个项目投资相对于往年均有不同程度的增加。矿山项目增长约16.8%，相对较缓，而农田和工业场地项目平均资金投入比例分别为56%和73%，增幅较大。分析认为，一是矿山修复已经持续数十年，治理市场相对比较成熟，而农田修复和工业污染场地市场启动相对较晚，市场的不确定性高；二是随着行业监管制度和标准规范体系的不断完善，市场监管水平和责任意识的不断提高，市场规范程度进一步提升，促使从业企业加强自律，修复工作的开展也逐渐理性；三是经过近10年的发展，随着监管和业主治理要求的提高，相关技术规范的完善，行业从业门槛呈逐年增高的趋势，这也加速了从业企业优胜劣汰，使行业初期野蛮的修复时代逐渐成为过去。

综上所述，土壤与地下水修复市场较往年有了一定规模的提升，但受制于修复资金来源和社会参与度等因素的影响，短期市场规模相较于水、气等环境治理市场仍然较小。随着2020年1月17日《土壤污染防治基金管理办法》（财资环〔2020〕2号）的发布，修复市场资金短缺的情况有望逐步得到缓解。该办法指出，土壤污染防治基金主要用于农用地土壤污染防治和土壤污染责任人或者土地使用权人无法认定的土壤污染风险管控和修复，这将促使该部分搁置项目陆续得到释放。另外，管理办法通过规范土壤污染防治基金（以下简称"基金"）的资金筹集、管理和使用，发挥引导带动和杠杆效应，吸引社会各类资本参与土壤污染防治，借以支持土壤修复治理产业的发展。

2.3 业主类型分析

2.3.1 咨询类业务业主类型分析

通过对 2019 年度约 637 个场地调查咨询类业务进行项目来源分析，其中约 88% 的项目来自各省（区、市）生态环境局、土地储备中心、自然资源局等财政类采购项目；仅有约 12% 的咨询业务为房地产开发及其他工程投资催生的调查咨询，并且其中很大一部分，约 6% 或以上为政府类投资工程项目。

纵观 2019 年调查咨询类业务，虽整体业务额和项目数较 2018 年有了较大的增长，但项目来源仍较为单一，多为政府采购类或政府投资类项目，占比达 9 成以上。由市场行为引导的咨询类项目更是少之又少，且多为房地产开发催生的调查类项目（图 5）。笔者分析，近几年咨询类项目有了较大规模的增长，短期

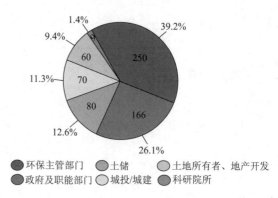

图 5　咨询类业务业主类型统计图

主要受益于国家土壤与地下水修复相关政策法规的密集出台，如《土壤污染防治行动计划》的实施以及重点行业企业用地土壤污染状况调查工作的稳步推进。中长期的业务发展还需修复行业内在的市场驱动，如工业企业污染责任方的自主性调查以及工业园区等工矿企业的长期土壤污染状况监测等。

2.3.2 工程类业务业主类型分析

2019 年，按照工业场地、矿山治理和农田修复三个业务板块收集了 260 个土壤修复工程实施类项目的业主组成情况进行统计分析。统计结果如图 6 所示。

对于工业场地修复项目，134 个修复项目中由政府及职能部门（指各级人民政府、环保局、农林局、管委会等）直接参与，或成立土储中心、城投 / 城建公司间接参与的修复工程数达 105 个，占比高达 78.4%；责任企业进行场地修复的项目数为 22 个，占比为 16.4%；地产开发土壤修复项目为 7 个，占比 5.2%。目前，土壤修复项目依然为政府及相关部门主导，但责任企业直接进行土壤修复的项目比例逐年提高，2019 年比 2018 年提高了 4.4 个百分点[4]，这主要是受政府鼓励支持与近些年土壤修复相关法律法规不断完善的影响。如 2017 年 7 月 1 日起施行的《污染地块土壤环境管理办法（试行）》要求污染地块责任人应制定风险管控方案，移除或者清理污染源，防止污染扩散，对需要开

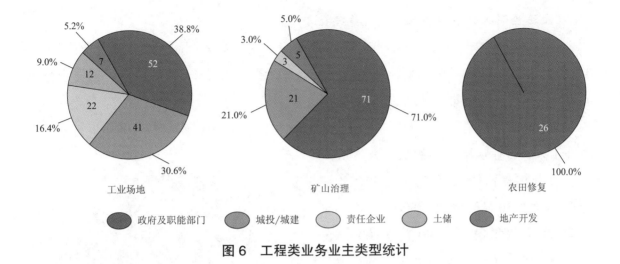

图6　工程类业务业主类型统计

发利用的地块应开展治理与修复，防止对地块及周边环境造成二次污染。2019年1月1日正式实施的《土壤污染防治法》从法律层面要求从事生产经营活动的，应当采取有效措施，防止、减少土壤污染，对所造成的土壤污染依法承担责任。

2.4 从业单位和从业人员情况

2.4.1 土壤与地下水咨询、修复类从业单位情况

2019年修复行业发展迅速，热度空前。但是，也需要清醒地看到，受中美贸易摩擦、全球经济低迷以及国内经济增速放缓的影响，一批中小企业甚至上市公司债务危机频现。此外，环保行业受制于国家战略、社会公益等多重属性的影响，以及工程投资规模、周期、收益率、盈利模式等工程属性的制约，相当规模的企业尤其是民营企业出现经营困局。而与之相对的，受国家环保战略的支配，中长期发展预期利好以及民众的关注度提升，一批具有投融资实力的央企、国企及上市公司正在开展相关业务布局。如江苏环保产业集团、长江环保产业集团等一批地域和流域性质的大型国有环保集团的成立和布局，将对修复板块的势力划分产生重大影响。

在不久的将来，对于一些区域性和流域性的治理工程和规划类项目，将以国有企业为主导，这主要受益于其强大的资本运作、体量规模、抗风险冲击以及盈利长效性等诸多优势。但随着修复行业的持续发酵和不断扩大，行业分工协作会越来越细化，那些真正拥有独家技术、明星产品，深挖技术研发，加大企业创新的高新技术企业，仍然具有一定的自主参与权，并且会与行业巨头之间形成绝佳的优势互补，不断促进行业的完善与进步。

2.4.2 土壤检测从业单位和从业人员情况

中国环境保护产业协会土壤与地下水修复专业委员会为调研土壤检测行业 2019 年度的运营情况，全面反映土壤检测行业发展动态，更好地服务各业内企业，面向全行业征集数据信息，共征集到 50 家企业的数据信息。

据本次土壤检测行业公开征集数据信息情况可知，50 家样本单位从业人员总人数为17 861 人，专业从事检测的从业人员从 18 人至 10 000 人不等，详见表 13。50 人以下的有 18 家，50 人至 100 人的有 13 家，100 人至 500 人的有 14 家，500 人至 1000 人的有 3 家，1000 人至 5000 人的有 1 家，5000 人以上的有 1 家，检测单位人员规模百分比详见图 7。根据国家市场监管总局认可检测司 2019 年检验检测（环境监测）行业发展现状及管理要求中的数据，截至 2018 年年底，我国共有各类环保（生态环境监测）类检验检测机构 6740 家，土壤检测按照 8.33%的比例计算，按照占比最多的小于 50 人来计算，土壤检测从业人员预计约 3 万人。

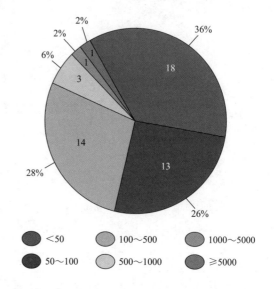

图 7　土壤检测单位从业人员不同比例分布

表 13　公开征集单位名称及人员数量统计（前 20 名）

省（市）	检测机构名称	检测机构 2019 年年末总人数
上海	华测检测认证集团股份有限公司	10 031
广东	广州检验检测认证集团有限公司	1600
上海	实朴检测技术（上海）股份有限公司	875
江苏	苏州市华测检测技术有限公司	700
江苏	江苏康达检测技术股份有限公司	557
江苏	江苏省优联检测技术服务有限公司	356
上海	澳实分析检测（上海）有限公司	280
四川	四川省天晟源环保股份有限公司	278
江苏	江苏国测检测技术有限公司	245
广东	广州华清环境检测有限公司	238
上海	上海国齐检测技术有限公司	200
黑龙江	黑龙江省地质矿产实验测试研究中心	160

续表

省（市）	检测机构名称	检测机构2019年年末总人数
山东	青岛京诚检测科技有限公司	160
山东	青岛衡立环境技术研究院有限公司	150
浙江	浙江九安检测科技有限公司	147
山东	山东嘉源检测技术股份有限公司	140
江苏	江苏国森检测技术服务有限公司	120
贵州	贵州隆鑫环保科技有限公司	110
浙江	浙江格临检测股份有限公司	102
江苏	江苏雁蓝检测科技有限公司	94

3 2019年土壤与地下水修复及风险管控咨询类业务分析

3.1 项目分布情况

除宁夏回族自治区外，2019年我国30省（区、市）均有公开招标项目产生，而且项目集中度较高，排名前10的地区，项目数量占比高达70%以上。排名前三的省分别为江苏、广东和浙江，其中江苏省以94例高居榜首。从投入资金总量来看，整体情况基本与项目数量分布呈正相关。资金投入较多的地区也是咨询业务发展较快的区域，资金投入前三的省分别为广东、江苏和山东（图8）。

但各地区资金投入与项目数之间的匹配度存在较大差距，广东、江苏、天津、山东等地项目数量和投入资金额匹配度较好，可以说是量价齐飞。与之对应，浙江、上海、四川、河南等地虽然咨询项目数量排名居前，但总体的资金投入情况却仅仅排在中档位置，分析原因为小型咨询项目居多，拉低了平均水平，抑或是咨询项目市场管理不规范，恶性竞争，竞相杀价造成整体资金投入与项目规模不匹配。当然也有数量规模排名并不靠前，但资金投入规模依然较大的地区，如云南、河北和北京等地，这与国家、区域政策和行业监管有关。

3.2 项目类型分析

从统计结果分析看，目前咨询类业务形式相对较为单一，还是以场地调查为主导，约占咨询类业务的71.3%。方案咨询、工程设计、效果评估等技术咨询业务有了一定程度的发展，尤其是方案编制和工程设计类业务有了较大的增幅，效果评估和技术评审类业务主要依托于现有的在施项目，整体变化不大（图9）。

咨询业务类型的拓展也反映出修复行业从业企业正由大而全的全产业链发展，逐步走向行业精细化分工协作，一批具有技术积累和专家团队的公司正将目光逐渐聚焦到技术咨询和项目管理服务等增值业务方面。一批从业较早，经验丰富的修复公司，也积极开展并布局咨询服务类业务，对修复行业整体服务水平的提升起到积极推动作用。

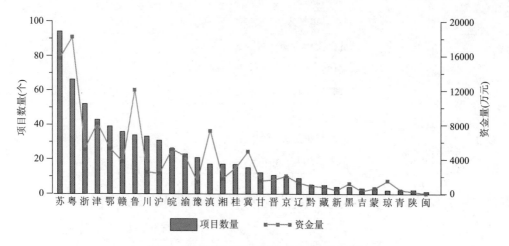

图8　咨询类业务地域分布情况统计

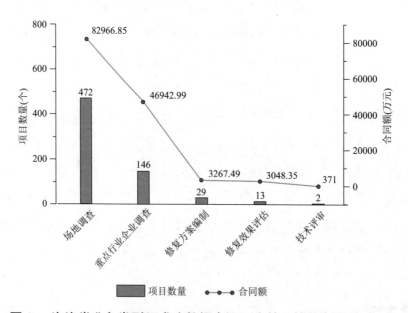

图9　咨询类业务类型组成（数据来源：宝航环境修复有限公司）

3.3 项目规模分析

通过对近 640 个咨询类项目的单个项目合同额进行区间统计分析，咨询类项目平均合同额为 190 万。相对于 2018 年及以前，有了较大提升。合同额在 100 万及以上的项目占比 46.5%，约占一半（图 10）。这主要得益于重点行业企业调查工作的快速推进，一批时间紧规模大的项目在短时间内得以释放。

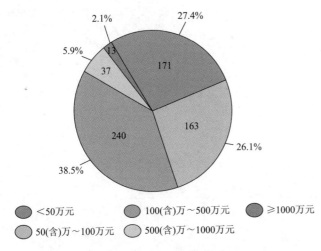

图 10　咨询类业务单个项目合同额分布区间

另外，从各地区的项目资金规模和合同额统计来看，资金规模投入较大的几个省（市）分别为江苏、广东、天津、山东和云南，最大资金投入为广东省1.8亿元，排名前五的省（市）平均资金投入高达1.22亿元。另外，通过对资金投入前十的省（区、市）进行统计，资金投入量为8.6亿元，占比约75.8%（图11）。

此外，从各区域的单个项目规模分

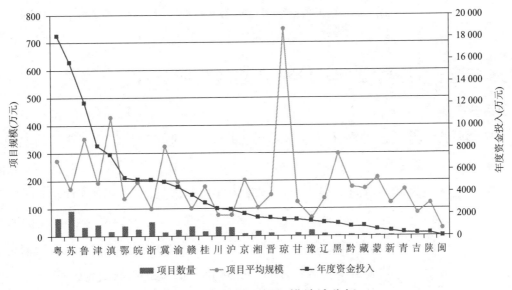

图 11　各地区项目规模统计分析

析看，单个项目合同额与区域整体资金投入情况的相关性不是很大。单个项目资金规模超过500万元的省仅有海南省，与其项目数量较少，个体项目体量大有关。单个项目平均资金规模在200万～500万元的省（区、市）共7个。从量价比来看，云南和山东的咨询市场最好，其次为广东和河北。单个项目平均资金规模在100万～200万元的省（区、市）共17个，代表了市场的平均水平。平均合同额在100万元以下的省（区、市）有5个，其中不乏上海、四川和河南等调查咨询的热点地区（图12）。

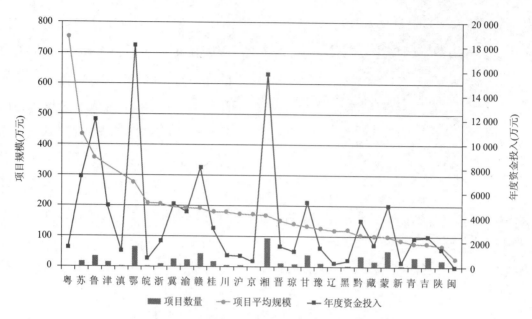

图 12　各地区单个项目平均合同额统计分析

4 土壤与地下水修复及风险管控工程实施类业务分析

4.1 项目分布情况

本次调研共收集到 2019 年土壤修复项目 260 个，工业场地修复项目数量排名前五的省（市）依次为湖南（16 个）、上海（16 个）、天津（10 个）、贵州（9 个）、湖北（9 个），主要集中在区域环境问题突出或经济较为发达的区域。矿山治理项目数量前五的省（市）依次为湖南（41 个）、贵州（21 个）、云南（6 个）、广西（6 个）、湖北（5 个），主要集中在"十二五"规划划定的 14 个重金属污染防控重点省（区）或有色金属采选冶炼行业较为发达的区域。农田修复项目数量排名前五的省依次为云南（5 个）、河南（5 个）、湖北（4 个）、湖南（3 个）、四川（3 个），主要集中在区域环境问题突出或农业较为发达的省。

土壤与地下水修复项目的实施与开展受区域经济发展、地理位置、场地类型、环境敏感性及土地价值等多种因素影响，其中，环境敏感性及土地价值是主要因素。土壤与地下水修复项目首先要解决资金来源问题，目前我国土壤修复项目的出资方主要是国家财政、地方政府和企业，其中国家财政出资约占 30%，而企业出资较少，地方财政是主要的资金来源。上述工业场地、矿山、农田修复项目主要集中在西南、华南、华中、长三角及京津冀等区域，既反映了国家及政府资金对环境敏感区域的重点支持，也反映出上海、天津等土地价值较高的区域，污染地块修复开发使土地价值增值，解决了修复实施的资金问题。根据中国指数研究院对全国 300 个主要城市的土地出让监测，2018 年的出让均价为 3966 元 /m²，而根据公开项目招标数据工业场地修复的均价约为 620 元 /m²（土方量以 1 m 深度计算对应面积），占出让金收入比重仅约 16%，而省会城市的修复金额占出让金比例仅约 7%[5]。因此，土地价值高的城市土壤修复既可以改善环境民生，又可以增加财政收入，政府土壤修复意愿强烈，修复项目成功实施的数量也相对较多。

4.2 污染类型分析

对 2019 年收集的土壤修复项目污染物类型进行统计（工业场地统计项目数 112 个；矿山治理项目统计项目数 33 个；农田修复项目统计项目数 19 个），结果如图 13 所示。

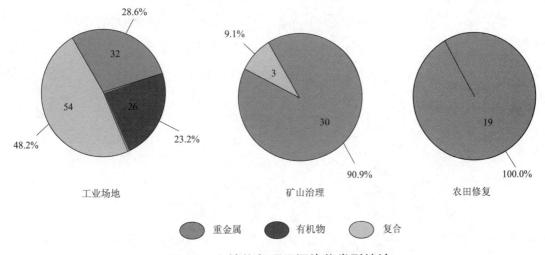

图 13　土壤修复项目污染物类型统计

从统计结果可以看出，工业污染场地污染相对复杂，复合类型污染场地数量占比高达 48.2%，接近一半。矿山治理与农田修复项目污染类型相对简单，以重金属污染为主，从本次收集的项目情况来看，矿山与农田项目几乎全部含有重金属污染，矿山治理的 3 个复合污染项目场地均为硫铁矿土法炼硫废渣治理，主要污染物为重金属和硫化物。土壤修复项目污染类型与原场地所属行业相关，工业场地涉及焦化、石化、医药、农药、基础化工、金属冶炼及电子拆解等行业，污染物种类多、毒性大，多数项目含有挥发性和半挥发性有机污染物，其中，农药化工及塑料加工等行业多含有持久性有机污染物。矿山治理项目原场地多属于有色金属选、冶、炼行业，以重金属污染和矿山酸性排水污染为主，治理内容以生态修复和废渣等污染治理为主。农田重金属污染主要来自采矿废渣、农药、废水、污泥和大气沉降等，如汞主要来自含汞废水，镉、铅污染主要来自冶炼排放和汽车废气沉降，砷则被大量用作杀虫剂、杀菌剂、杀鼠剂和除草剂。本次统计的农田修复项目共涉及 5 种重金属元素（图 14），出现频次依次为镉（Cd，19 次）、砷（As，9 次）、铅（Pb，7 次）、汞（Hg，2 次）、锌（Zn，2 次），与 2014 年《全国土壤污染状况调查公报》结果相似，为公布的 8 种无机物重金属中的 5 种。镉出现频次最多（19 个项目均出现）的原因与以下因素有关：①我国是全球最大的有色金属生产国和消费国，也是镉使用最多的国家。我国金属冶炼地区广泛，企业数量庞大，并且以煤作为主要能源，镉排放数量巨大，镉污染问题突出[6, 7]。②我国水稻产量居世界之首，镉相比其他重金属更容易被水稻吸收累积[8]。关共凑等研究指出，在水稻生长季节重金属在水稻植株中的迁移能力依次为 Cd>Cr>Zn>Cu>Pb[9]，陈慧如等的研究也得出相似的结论[10]；林华等在重金属复合污染条件下，得出水稻植株中重金属富集大小依次为 Cd>Cu>Ni>Cr[11]，同样得出镉被水稻吸收富集的能力较强。③镉的执行标准较严。我国农用地标准镉总量为 0.3 mg/kg（pH<5.5），而英国制定的镉标准高达 2.0 mg/kg，大多数国家镉标准均高于我国。陈能场指出，若用其他国家土壤镉标准来计算，我国耕地土壤镉的超标率会大大下降[7, 12]。

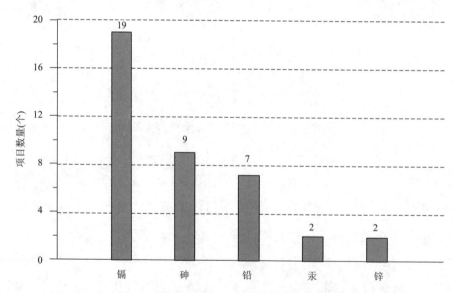

图 14 农田修复项目重金属污染因子出现频次统计（项目数量：19 个）

4.3 项目修复周期分析

工业污染场地、矿山及农田三种场地类型的修复周期信息统计情况如图 15、表 14 所示。

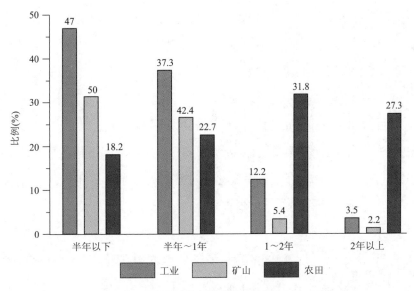

图 15　修复项目修复周期统计

表 14　三种场地类型修复周期统计分析结果

场地类型	周期均值（d）	周期中位数（d）	周期<1年项目比例（%）
工业污染场地	254	210	84.3
矿山治理场地	253	190	92.4
农田修复场地	602	540	40.9

从 2019 年我国三种场地类型的土壤修复项目周期统计结果来看：

根据招投标信息统计，工业污染场地修复项目平均修复周期 254 天，小于 1 年的项目数占比高达 84.3%，多数项目属于短平快。造成目前工业污染场地修复工期短的因素很多，主要有以下因素：①当前，我国土壤修复行业仍处于起步阶段，修复后的场地大多用于地产开发，为缩短开发周期加快土地周转，一般对修复项目工期提出较为苛刻的要求。②受行业技术和监管水平的限制，在修复项目开始实施的几年里，部分修复项目依然采用客土置换、填埋、焚烧等方式进行治理，导致很多实施方把土壤修复当作土石方工程，过于粗糙简单的修复方式也是修复项目短工期的原因之一。③项目业主方对场地修复项目流程不熟悉，再加之行业从业企业参差不齐，为赢得项目，与业主方面进行业务对接时，过分强调自身优势，将项目承诺工期一压再压，对业主不合理的工期设置起到了推波助澜的作用。④项目前期咨询单位话语权较弱，在进行技术方案编制时，工期的设置受业主意愿影响较大，致使诸多修复工程的工期设置不合理。因此，建议在工业场地修复项目立项时，监管机构应该根据项目特点、规模和采用修复模式技术等情况加强对其工期设置合理性的审查。矿山治理修复项目工期略少于工业污染场地修复项目，平均修复周期 253 天，小于 1 年的项目数占比高达 92.4%；矿山治理修复项目修复周期较短的主要原因是修复技术较为单一，大多采取异位填埋或阻隔等工程措施进行风险控制。

农田修复项目所耗费的时间最长，平均修复周期 602 天，小于 1 年的项目数占比仅为 40.9%，超过一半的农田修复项目修复周期超过 1 年。农田土壤修复不仅需要降低污染物质浓度，同时还需要考虑修复以后的农作物耕种问题，不能只简单清除重金属，还需要对土壤肥力进行把控，因此修复过程较为复杂，修复时间较长。

4.4 项目规模分析

根据收集的 2019 年已开展实施的工业污染场地修复工程案例，其中有修复规模数量的项目 89 例，统计结果如图 16 所示。

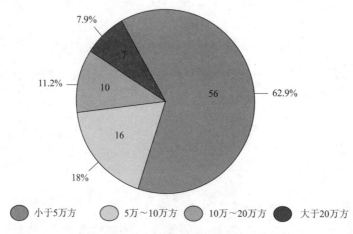

图 16 工业场地修复工程规模分布（项目数量：89 个）

根据这 89 个已知规模修复工程样本进行统计，大多数修复工程规模小于 5 万 m^2，统计项目数为 56 个，占总统计样本量 62.9%。暂定规模大于 10 万 m^2 的修复项目为特大型修复项目，2019 年特大型项目仅 17 个，占总统计样本量的 19.1%。特大型修复项目相对较少的原因主要是受资金、技术限制，根据资金落实情况、开发进度及修复企业技术持有情况将整个项目拆分成多个地块、多个标段修复项目进行治理。不过近年来，随着国内修复项目的实施、土壤修复环保示范项目的开展及环境修复企业经验的积累，特大型修复项目数量基本呈逐年增多的趋势（图 17）。

矿山修复项目以工程措施为主，有土地平整、边坡治理、排水工程、风险管控（含废渣稳定化处理）、生态封场、植被恢复等。本报告不再对其工程规模分布情况进行统计分析。

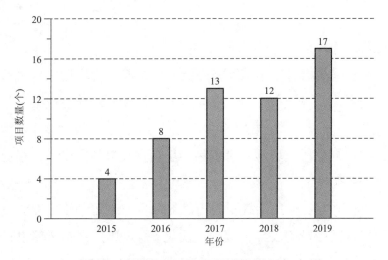

图17 规模特大型修复项目数量逐年变化

(部分数据源自：2017年、2018年土壤与地下水修复行业发展报告)

本报告对农田修复项目的污染面积进行了统计，结果如图18所示。

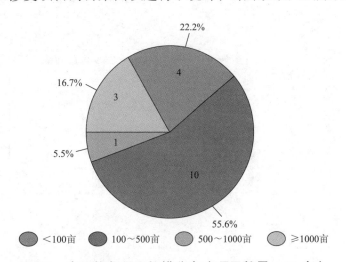

■ <100亩　■ 100~500亩　■ 500~1000亩　■ ≥1000亩

图18 农田修复项目规模分布（项目数量：18个）

统计结果显示，污染面积小于100亩的项目数4个，占比22.2%；100~500亩项目数10个，占比55.6%，超过一半；大于500亩的项目数4个，占比22.2%。农田修复项目具有"面大"（规模较大）的特点，超过百亩修复范围的项目数量占比达到77.8%，小于百亩的4个项目修复面积为93亩、58亩、40亩和1.7亩（58亩、40亩为同一项目的两个标段），仅1个项目小于90亩。同时，农田土壤关系到粮食安全问题，国家非常重视农田土壤修复产业，《土壤污染防治法》指出"设立中央土壤污染防治专项资金和省级土壤污染防治基金，主要用于农用地土壤污染防治和土壤污染责任人或者土地使用权人无法认定的土壤污染风险管控和修复以及政府规定的其他事项"，未来农田修复市场可期。

4.5 主要修复技术应用情况

污染场地修复技术是指可用于消除、降低、稳定或转化场地中目标污染物的各种处理处置技术，包括可改变污染物结构、降低污染物毒性、迁移性或数量与体积的各种物理、化学或生物技术[13]。工业污染场地由于生产历史久，污染程度重，大多含有多种重金属和多种有机物，复合污染场地及有机污染场地占比高达48.2%，接近一半，污染物类型的复杂性使工业场地大多很难通过单一某种技术达到修复目标，一般选取多种修复技术组合的方式进行修复；矿山治理与农田修复项目由于污染物主要为重金属，矿山治理项目一般采取工程阻控措施、异位填埋或固化/稳定化技术进行修复；农田修复技术一般采取固化/稳定化、土壤改良、农艺调控等技术进行修复。

本报告重点分析工业场地修复项目技术应用情况。根据收集的2019年已开展实施的修复工程案例，其中有技术应用信息的工程案例74个，各修复技术应用情况统计结果如图19所示。

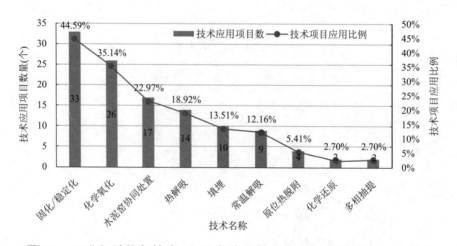

图 19 工业场地修复技术 2019 年应用情况统计（项目样本：74 个）

2019年工业场地修复项目应用次数排名前五位修复技术依次为固化/稳定化技术（33次，占比44.6%）、化学氧化技术（26次，占比35.1%）、水泥窑协同技术（17次，占比23%）、热解吸技术（14次，占比18.9%）、填埋技术（10次，占比13.5%）及常温解吸技术（9次，占比12.2%），各技术应用比例与往年基本一致，针对有机污染场地的化学氧化修复、热解吸技术、原位热脱附技术，以及针对重金属污染的固化/稳定化仍是我国工业污染场地修复的主流技术。

（1）重金属固化/稳定化技术，具有修复周期短、修复价格低、施工灵活、适用性强等优点，应用广泛，符合我国土壤修复项目工期短的现状要求，但是，目前修复后的合格土壤的去向是一大难题。

（2）化学氧化技术针对中轻度有机污染土壤，具有修复效果良好、施工便捷、经济性好等优点，近几年原位化学氧化技术应用频率明显升高。随着此项技术的深入发展，其修复效率和精度将得到逐步提高。

（3）异位热脱附技术经过数年的应用和沉淀，工艺和装备已经相对比较成熟，成为目前我国处理有机污染土壤（尤其是难挥发性）的首选技术。技术装备方面随着一批优秀装备制造企业的不断创新迭代，装备整体制造水平也已经达到国际先进水平。

（4）水泥窑协同处置作为目前行业应用热点技术，因其处置成本低廉、处置效果好，无须现场处理，项目周期短，且修复后的土壤无须另行处置等优点，深受行业专家和业主欢迎。此外，受国家区域固体废物处置中心建设试点等一系列政策的促进和引导，水泥窑协同处置将成为未来一段时间应用最广、最受欢迎的修复技术。短期受制于环保改造、空间布局、处置能力等因素的影响，其应用受到一定程度的限制。

（5）原位热修复技术呈多元化发展趋势。传导式电加热、电阻加热、燃气加热等技术均有应用和发展，其中传导式加热技术应用较多；燃气加热和传导式电加热技术在我国已有成功案例；电阻加热技术门槛相对较高，应用相对较少。

（6）根据我国污染场地优先"安全利用"的管理思路，风险管控技术将得到广泛的应用。如重庆等地探索了"源头治理—途径阻断—制度控制—跟踪监测"的风险管控模式，北京等地探索了"合理规划—管控为主—有限修复"的安全利用模式[14]。

5 土壤与地下水修复及风险管控土壤检测类业务分析

目前，由于我国修复过程中的检测公开招投标项目鲜有报道，本章节所用数据信息主要有三个来源：①引用其他公开渠道涉及的本章所用信息；②引用本报告第2章通过中国采购与招标网、中国采招网、政府及相关部门网站、土壤修复行业相关公司网站等公开渠道收集整理分析得出的信息；③整理分析中国环境保护产业协会土壤与地下水修复专业委员会为调研土壤检测行业2019年度的运营情况，全面反映土壤检测行业发展动态，更好地服务各业内企业，面向全行业征集到的数据信息，样本数为50家（以下简称"公开征集数据信息"）。

5.1 资金情况

方式一：按照土壤检测项目的来源统计。

据不完全统计，2019 年修复工程类项目合同额约 103.4 亿元，按照行业经验修复检测费用占比为 5% 来估算，再考虑 20% 未统计数据，修复工程的检测金额约为 6.2 亿元；2019 年场地咨询类项目约 11.6 亿元，按照行业经验检测费用占比为 30% 来估算，再考虑 20% 未统计数据，咨询项目的检测金额约为 4.2 亿元。

根据农业农村部和生态环境部联合发布《国家土壤环境监测网农产品产地土壤环境监测工作方案（试行）》，国家土壤环境检测组织建设国家土壤环境监测网：国家土壤环境国控监测点 40 061 个、中国地质调查局数据国家地下水监测工程的 20401 个监测站点及应急监测约为 5 亿元。

以上合计，2019 年土壤检测项目合同额约为 15.4 亿元。

方式二：按照市场监督管理局 2018 年的环境检测数据来统计。

截至 2018 年年底[15]根据市场监督管理局数据，我国环保（环境监测）类检验检测营业收入为 269.59 亿元，较上年增长 31.3%。检验和检测的收入按照 1∶10 的比例来计算，环保检测机构的营业收入约 245 亿元，按照 2018 年的各项增幅，估算 2019 年营业收入约为 321 亿元。按照 3.3%[16]占比估算，2019 年土壤检测的营业收入约为 10.6 亿元（表 15）。

表 15　土壤检测资金情况

2019 市场估算方式	按照土壤检测项目的来源来统计	按照市场监督管理局 2018 年的环境检测数据来统计	估算均值
估算金额 / 亿元	15.4	10.6	13.0

5.2 收入分布情况

据本次土壤检测行业公开征集数据信息情况，涉及土壤地下水检测相关的，共 50 个数据样本。在土壤和地下水修复检测方面，年检测营业额 1 亿元以上的有 2 家，分别为华测检测认证集团股份有限公司和实朴检测技术（上海）股份有限公司。5000 万～1 亿元之间的有 2 家，为澳实分析检测（上海）有限公司和江苏康达检测技术股份有限公司，2000 万～5000 万元之间的有 4 家，500 万～2000 万元之间的有 21 家，500 万元以下有21 家，土壤检测单位的营业收入百分比详见图 20。由图 20 可知，大多数土壤检测单位的年营业收入为 500 万～2000 万元。

据本次土壤检测行业公开征集数据信息情况及行业内知名企业估算值共计形成 55 家数据样本。去除土壤检测收入为 0 的企业数，得到最终统计样本为 54 家检测机构。由表 16 可知，2019 年各单位土壤检测年收入平均值为 2290 万元，但标准偏差为 4759 万元

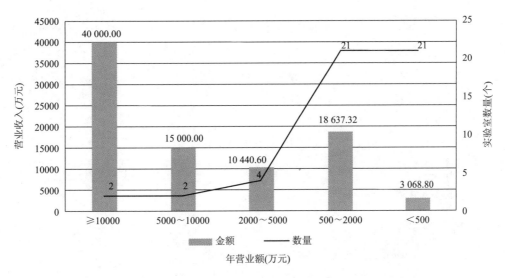

图 20　土壤检测行业从业单位营收范围与实验室数量

（标准偏差越小，这些值偏离平均值就越少，反之亦然），年收入最小值 10 万元，最大值为 29000 万元，中位数 625 万元。该组数字说明各检测机构收入差距明显，行业中的马太效应将越发明显，集团化、规模化将成为未来检测行业的主流。

单个样品的平均单价为 699 元，标准偏差为 907 元，最小和最大平均单价分别为 36 元和 4861 元，单价水平差异可能是由检测因子的不同造成的。

表 16　样本统计分析

	2019 年土壤检测收入（万元）	单价（元）	人均产值	单位成本产出	仪器原产值（万元）
n	54	54	54	54	54
最小值	10	36	2.0	0.06	167
最大值	29 000	4861	62.3	5.79	100 000
平均值	2290	699	23.6	1.54	6702
中位数	625	861	23.1	1.58	1831
SV	4759	907	14.2	1.13	18545

5.3 人均产值和单位成本产出情况

评估实验室的两个重要指标是人均产值和单位成本产出。据本次土壤检测行业公开征集数据信息情况可知（表 17），土壤检测行业人均产值平均值为 23.6 万元，中位数 23.1 万元，符合正态分布规律；单位成本产出平均值 1.54，中位数 1.58，同人均产值符合正态分布规律。

而本次分析中的龙头企业人均产值在 32.39 万元，单位成本产出龙头企业达到了 2.36。土壤检测行业总网点数为 347 个，土壤检测龙头企业为 44 个，占比 12.7%，且有 80% 的企业服务全国。由此看出，土壤检测龙头企业不论从人均产值、单位成本产出、网点数等各方面，优势更强。

表 17 人均产值及单位成本产出情况统计

	人均产值（万元）	单位成本产出	网点数（个）
总人均	23.6*	1.54*	347*
土壤检测龙头企业人均 **	32.39	2.36	44

注：* 为估算值；** 土壤检测龙头企业指年收入 ≥ 5000 万元的企业。

6 土壤与地下水修复行业发展存在的主要问题

6.1 政策方面

随着 2016 年《土壤污染防治行动计划》和 2019 年《土壤污染防治法》的实施，我国相继制定实施了一系列土壤修复配套政策法规，但仍难以从整体上支撑区域土壤生态环境战略安全，土壤修复配套政策法规有待进一步完善。

在土壤修复污染状况调查和风险评估及修复工程实施业务方面，目前出台的管理政策很多，但各项政策之间的协调和衔接仍需要进一步提高。如缺乏重金属污染农用地修复效果评价标准，当前主要结合农用地重金属污染暴露途径和人体健康风险对污染农用地修复效果进行评价，具体包括农产品安全达标率、作物产量、土壤中重金属有效性或含量降低程度等指标。但在实际农用地环境中，土壤理化性质差异大、重金属有效态浸提剂不同、土壤中重金属有效态含量与农产品污染程度非简单的对应关系等因素，使得我国重金属污染农用地修复效果评价标准混乱，并出现农用地修复项目难以达到修复目标的困境。

在土壤修复检测业务方面，目前土壤检测方法稍滞后于土壤修复行业发展，现有的检测方法难以识别污染地块的所有有毒有害物质，且技术规范和检测标准的规定存在差异。如关于土壤六价铬保存条件和保存时间，《工业企业场地环境调查评估与修复工作指南（试行）》（公告 2014 年第 78 号）、GB/T 32722—2016/ISO 18512：2007《土壤质量 土壤样品长期和短期保存指南》和 HJ 1082—2019《土壤和沉积物 六价铬的测定 碱溶液提取 - 火焰原子吸收分光光度法》等存在差异。因此，土壤检测业务须紧随修复行业发展的进程，在现有标准方法基础上，建立健全土壤检测标准方法。

6.2 市场方面

针对工业和农用地污染场地，资金问题是目前很多土壤修复项目的主要障碍，土壤修复收费机制缺乏，资金仍多数依赖于政府，缺乏明确的盈利模式，且难以满足国内土壤污染防治的巨大资金需求，约70%的资金来源仍是政府投入和专项资金补贴，而通过市场融资的项目较少，仅有6.3%[17]。中央层面，用于工业和农用地污染场地治理的土壤污染防治专项资金为财政专项资金，按照《预算法》规定，属于当年划拨使用范畴，具有"资金来源单一、资金总量少、政府严格把控用途、无法有效运用社会融资机制、资金使用效益差、难以达到良好保值增值效果"等限制。

针对矿山修复行业，同样存在资金来源单一，大多依靠政府投入和专项资金补贴，资金总量小，地方配套困难，修复后的盈利模式不清晰等问题，制约了矿山修复行业的发展。此外，矿山环境治理和生态修复缺乏全面系统的统筹管理，矿山占地范围内的植被与生态破坏状况不清，治理中重地质灾害预防、弱生态修复的现象明显，并缺乏系统的修复规划和再利用规划，造成了矿区植被保护和生态恢复治理的滞后。

针对土壤检测行业，目前大型修复、咨询类项目的检测业务相对较为集中，主要由澳实、实朴、华测等一批规模大、专业化程度高、全国性布局的检测公司承担，其检测业务量陡增。另外，随着土壤修复行业的不断发展扩大，一些地方监测站、分析中心等原有公共检测平台也逐渐将业务向土壤检测方面扩展和延伸，地区性的检测业务竞争正逐步加剧。

6.3 技术方面

经过土壤修复行业10余年来的快速发展，我国的土壤修复行业技术研究紧跟国际前沿，形成了较全面的研究布局，部分技术已达到国际先进水平，整体来说，我们在土壤修复技术创新方面的研究产出较多，且增速明显高于其他国家，但在发展的过程中，同时存在一些待解决的技术问题[5]。

修复技术创新成果产业化水平较低、原创性技术较少、核心技术创造不足，存在研究偏基础、产业化水平较低的问题。我国现有土壤修复技术研发主体仍然是高校和研究院所，企业的创新能力明显不足，企业研发实力不具备国际竞争力，高校和企业的研发与转化应用脱节的问题突出，导致自主研发技术多处于小试或中试阶段，技术产业化水平远落后于发达国家，甚至缺乏支撑环境质量改善的核心技术和产品[1]。

在检测技术方面，我国环境监测的方法主要以类别测试为主，缺少针对污染场地中多目标物的检测方法。同时监测的方法对于不同的目标物其提取溶剂、净化方法都有差异，检测单位建立的多目标物的检测方法和国标方法相比有部分偏离。

7 行业发展展望

7.1 政策方面

国家将持续推进《土壤污染防治法》的贯彻实施，在不断完善配套的法规标准体系的同时，有效落实已颁布法律法规的实施，加强监管工作。

2020 年是"十三五"的收官之年，也是落实《土壤污染防治行动计划》关于农用地和建设用地安全利用率均达到 90% 要求的最关键一年，依据《土壤污染防治法》的实施要求，2020 年将重点落实关于构建现代环境治理体系的指导意见，包括制定实施中央和国家机关生态环境保护责任清单，基本建立生态环境保护综合行政执法体制，实现固定污染源排污许可全覆盖，支持国家绿色发展基金启动运营，加强生态环境保护宣传引导，加快建设生态环境"大平台、大数据、大系统"，快速妥善应对突发环境事件，加强国际交流和履约能力建设等多个方面。在土壤环境管理方面，将进一步突出精准治污、科学治污、依法治污，严格禁止"一刀切"，避免处置措施简单粗暴。目前，相关部门正组织起草《土壤／地下水执法手册》，加强对土壤和地下水违法行为的监管，重点强化对土壤污染重点监管单位的监管；加强对从业单位监管，重点是修复单位、修复工程；加强对土壤污染责任人、使用权人的监管，重点是防止非法开发利用。推动《企业土壤污染隐患排查指南》的发布，加强对在产企业土壤污染预防和监管，建立排查制度。

依据《土壤污染防治法》，结合治理能力和治理体系现代化需求，未来将进一步开展现有土壤污染数据挖掘，并对典型区域、典型行业和典型污染物进行成因分析，开展大数据分析。进一步落实土壤污染责任主体；梳理需制定和颁布的各项土壤污染风险管理制度；明确土壤污染防治基金的使用和管理要求；明确行业企业环境管理要求；规范第三方土壤环境服务机构，即从业单位管理要求。

7.2 市场方面

2020 年 2 月 28 日，财政部、自然资源部、生态环境部、农业农村部等六部门联合印发了《土壤污染防治基金管理办法》。随着《土壤污染防治基金管理办法》的出台，通过设立省级土壤污染防治基金，首先，可在保证专项资金投入的前提下，缓解政府财政压力，引导社会资本参与，放大资金杠杆，提高土壤修复资金的使用效率，并改善土壤污染防控及治理效果，助力净土保卫战[17]。其次，结合本报告对 2019 年北京等 26 省（区、市）已公布建设用地土壤污染风险管控和修复名录统计可知，土壤风险管控地块数量和面积相对较多的省（市）为江苏省、浙江省、天津市、湖北省等，未来有望在这些土壤污染防治任务重的省（市）率先设立基金。

《土壤污染防治行动计划》要求到 2020 年，受污染耕地安全利用率达到 90% 左右，污染地块安全利用率达到 90% 以上；2020 年，作为《土壤污染防治行动计划》收官之年，中央财政资金有望持续增长，有力支持了土壤污染状况详查、土壤污染源头防控、土壤污染风险管控和修复、土壤污染综合防治先行区建设、土壤污染治理与修复技术应用试点、土壤环境监管能力提升等工作。

此外，随着《土壤污染防治法》和各省（区、市）土壤污染防治条例的实施，《土壤污染防治行动计划》的收尾，全国各地重点工业企业详查的陆续开展，土壤检测市场将保持 10%～15% 的增长，预计到 2020 年年底，工作重点将转入治理，修复项目有望加速释放。

7.3 技术方面

对于工业污染场地管控与修复技术，热修复、化学氧化和固化/稳定化仍将是三大主流技术。技术的耦合应用将更普遍，针对复杂场地采用多元化修复技术将成为主流修复方式。在产企业修复将成为行业新热点，风险管控技术及配套的监测管理技术将成为行业研发重点。

对于农用地污染管控与修复技术，仍将坚持风险管控的总体思路，针对高风险污染农用地将更多地采用替代种植、退耕还林还草、退耕还湿、轮作休耕、轮牧休牧等风险管控措施。推动中、低风险污染农用地的安全利用。以农艺调控、种植结构调整、原位稳定化为主要修复手段，推动中、低风险污染农用地的安全利用，实现保障农产品质量安全、提高受污染农用地利用率的双重目标。

对于矿山管控与修复技术，在矿区修复过程中强化国土空间规划管控和引领作用，所采用的技术既要保证矿区的生态安全，又要考虑资源开采、产业发展的需求，为矿区合理开发创造条件。

对于土壤检测技术而言，现场快速筛选设备稳定性和准确性以及实验室快速广谱检测筛选手段将是研究的一个重要技术方向。

在未来几年的土壤修复行业发展动态中，随着万物互联和大数据等技术的快速发展，土壤环境管理和管控修复方式将会逐渐向智能化方向发展。土壤生态环境的监控预警体系、风险管控平台和污染的精准修复技术将逐步成熟[18]。

参考文献

［1］于琪，马骏. 分析了 873 个项目，土壤修复市场原来是这样的【上篇—咨询篇】［EB/OL］.（2020-02-2）［2020-06-12］. https://mp.weixin.qq.com/s/ZkYHw_M0-ki1QK1tRbgOgA

［2］守沪净土. 2019 美国修复市场权威发布，［EB/OL］.（2020-02-18）［2020-06-12］. http：//huanbao.bjx.com.cn/news/20200218/1044309.shtml

［3］于琪，马骏. 分析了 873 个项目，土壤修复市场原来是这样的【下篇—工程篇】.［EB/OL］.（2020-03-17）［2020-06-12］. https：//mp.weixin.qq.com/s/O3Nw0wgGPW8LfLRRxcroMw.

［4］李书鹏，刘阳生，王艳伟，等. 土壤与地下水修复行业 2018 年发展报告［M］. 北京：气象出版社，2019：198-215.

［5］温宗国. 专家观点："十四五"环保技术与产业发展趋势［J］. 中国环保产业，2019，（12）：8-10.

［6］中国产业信息网. 2017 年中国有色金属行业总体现状及发展趋势［J］. 中国钼业，2017，41（6）：49.

［7］陈能场，郑煜基，何晓峰，等.《全国土壤污染状况调查公报》探析［J］. 农业环境科学学报，2017，36（9）：1689-1692.

［8］韩娟英，张宁，舒小丽等. 水稻对重金属吸收特性及其影响因素［J］. 中国稻米，2018，24（3）：44-48.

［9］关共凌，徐颂，黄金国. 重金属在土壤—水稻体系中的分布、变化及迁移规律分析［J］. 生态环境学报，2006，15（2）：315-318.

［10］陈慧如，董亚玲，王琦，等. 重金属污染土壤中 Cd、Cr、Pb 元素向水稻的迁移累积研究［J］. 中国农学通报，2015，31（12）：236-241.

［11］林华，张学洪，梁延鹏，等. 复合污染下 Cu、Cr、Ni 和 Cd 在水稻植株中的富集特征［J］. 生态环境学报，2014（23）：1991-1995.

［12］陈能场. 应客观看待农田镉污染［N］. 中国科学报，2016-04-20（5）.

［13］中国环境保护产业协会. 污染场地修复技术筛选指南：CAEPI 1—2015［S］. 北京：中国环境保护产业协会，2015.

［14］刘阳生，李书鹏，邢铁兰，等. 2019 年修复行业发展评述和 2020 年发展展望［J］. 中国环保产业，2020（3）：26-30.

［15］中国国家认证认可监督管理委员会. 市场监管总局发布 2018 年度检验检测服务业统计结果［EB/OL］，（2019-06-18）［2020-06-12］. https：//www.cnca.gov.cn/xxgk/hydt/201906/t20190606_57262.shtml

［16］2018 年中国产业分析报告［R］. 中国环境保护产业协会，2018.

［17］冯虚御风. 土壤污染防治基金前景解读［EB/OL］.（2020-03-06）［2020-06-12］. https：//mp.weixin.qq.com/s/ko59RfxLpgCI3FNV2xNEGw.

［18］张红振，董璟琦，杨成良，等. 我国土壤污染可持续风险管控与治理修复发展策略［EB/OL］.（2020-03-13）［2020-06-12］. https：//mp.weixin.qq.com/s/xvfPFxn77ajKRdFnNmeckQ

环境影响评价行业 2019 年发展报告

1 2019 年行业发展现状及分析

1.1 2019 年行业发展环境分析

1.1.1 2019 年行业监管政策变化情况

2018 年 12 月 29 日，第十三届全国人民代表大会常务委员会第七次会议通过了《关于修改〈中华人民共和国劳动法〉等七部法律的决定》，对《中华人民共和国环境影响评价法》（以下简称《环评法》）做出修改，从法律层面取消了建设项目环境影响评价资质行政许可事项，并要求生态环境部制定建设项目环境影响报告书（表）编制监督管理办法及能力建设指南等配套文件。

2019 年 1 月 19 日，生态环境部发布《关于取消建设项目环境影响评价资质行政许可事项后续相关工作要求的公告（暂行）》（生态环境部 2019 年第 2 号），明确废止了《建设项目环境影响评价资质管理办法》（环境保护部令第 36 号）和《关于发布〈建设项目环境影响评价资质管理办法〉配套文件的公告》（环境保护部公告 2015 年第 67 号）。

2019 年 9 月 25 日，生态环境部发布《建设项目环境影响报告书（表）编制监督管理办法》（以下简称《办法》），《办法》对规范建设项目环境影响报告书（表）编制行为，保障环评工作质量，维护资质许可事项取消后的环评技术服务市场秩序，具有十分重要的意义。

2019 年 10 月 28 日，生态环境部发布《建设项目环境影响报告书（表）编制能力建设指南（试行）》《建设项目环境影响报告书（表）编制单位和编制人员信息公开管理规定（试行）》《建设项目环境影响报告书（表）编制单位和编制人员失信行为记分管理办法（试行）》三个配套文件，对《办法》的具体实施进行了补充。《办法》及三个配套文件的出台标志着环评行业监管全面进入"后资质"时代，正在形成以质量为核心、以公开为手段、以信用为主线的建设项目环境影响报告书（表）编制监管体系。

1.1.2 法律法规进一步修订，行业政策进一步完善

2019 年国家修正了《中华人民共和国城乡规划法》，修订了《废弃电器电子产品回收处理管理条例》《放射性同位素与射线装置安全和防护条例》《民用核安全设备监督管理条例》，为环评工作指引了方向。

"三线一单"（指生态保护红线、环境质量底线、资源利用上线和环境准入清单）和规划环评方面，生态环境部发布《关于印发〈长江经济带 11 省（市）及青海省"三线一单"成果技术审核规程〉的通知》（环办环评函〔2019〕273 号）。

建设项目环评方面，生态环境部发布《关于做好"三磷"建设项目环境影响评价与排污许可管理工作的通知》（环办环评函〔2019〕65 号）、《关于发布〈生态环境部审批环境影响评价文件的建设项目目录（2019 年）〉的公告》、《关于进一步做好当前生猪规模养殖环评管理相关工作的通知》（环办环评函〔2019〕872 号）、《关于进一步加强石油天然气行业环境影响评价管理的通知》（环办环评函〔2019〕910 号）、《关于印发淀粉等五个行业建设项目重大变动清单的通知》（环办环评函〔2019〕934 号）等。

1.1.3 环保标准持续更新发布

2019 年，发布环境保护国家标准 97 项。其中，环境监测方法标准及监测规范 55 项、排污许可 19 项、技术导则 8 项、污染物排放标准 3 项、其他标准 12 项。

2019 年，开始实施的环境保护国家标准 121 项，其中 73 项为 2018 年发布并在 2019 年实施（图 1）。

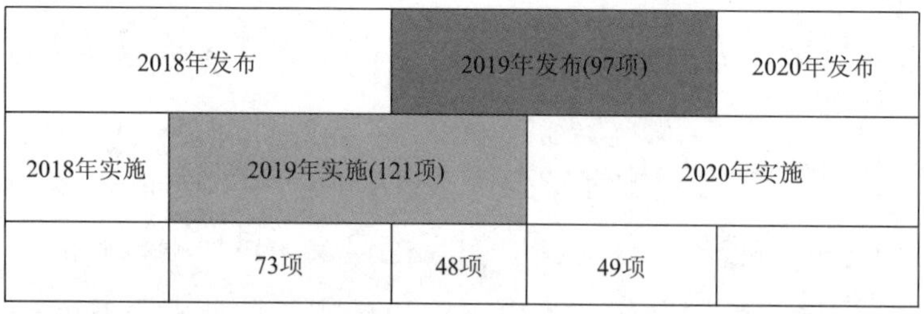

2018年发布	2019年发布(97项)		2020年发布
2018年实施	2019年实施(121项)		2020年实施
	73项	48项	49项

图 1　2019 年环境保护国家标准发布与实施数量对比

环境保护标准体系的完善，为环境监测、环境执法和环境保护主管部门依法行政提供了更多依据，可为环评工作保驾护航。

1.2 2019 年行业状况分析

1.2.1 开启信用管理新时代

2019 年 11 月，环评行业正式启动环境影响评价信用平台（以下简称"信用平台"），标志着环评行业进入信用管理的新时代。截至 2019 年 12 月 31 日，信用平台已显示注册编制单位 3620 家，已注册编制人员 23 370 人，其中具有职业资格的有 10 159 人。

1.2.2 编制单位数量激增

2019 年 10 月 31 日（信用平台管理模式启动前夕），资质管理时代的全国环评机构数量定格在910家，其中甲级资质184家，乙级资质726家。资质管理时代，环评机构数量长期稳定在900家左右，信用管理启动仅两个月，环评单位数量激增了290%，新增环评机构数量达3620家以上。全国不同时期环评单位数量对比详见表1和图2。

表1　全国各地区不同时期环评机构数量

省（区、市）	环评机构数量（个）		省（区、市）	环评机构数量（个）	
	2019.12.31	2019.10.31		2019.12.31	2019.10.31
广东	383	50	内蒙古	90	20
山东	367	66	云南	87	21
江苏	256	65	江西	84	15
河北	206	49	广西	83	20
四川	175	41	黑龙江	75	14
河南	164	43	天津	70	18
浙江	148	46	上海	70	35
安徽	139	24	新疆	69	20
辽宁	127	39	吉林	63	23
陕西	126	34	贵州	63	12
北京	122	83	甘肃	55	9
福建	119	22	宁夏	28	6
湖北	118	36	海南	16	5
山西	104	25	青海	10	1
湖南	104	34	西藏	7	2
重庆	92	32	合计	3620	910

已在信用平台注册的环评单位中，拥有10名以上环评工程师的约占10%，主要为以前有环评资质、规模较大的环评机构；环评单位中拥有1～2名环评工程师的约占50%，主要为以前受阻于环评资质门槛，只能依附有资质单位生存，资质取消后新成立的环评机构。信用平台真实反映了环评参与者的实际情况，环评咨询机构普遍规模较小，成立时间较短。

1.2.3 失信惩戒威力初显

2019年12月16日，生态环境部发布《关于2018年下半年和2019年第一季度环评文件复核发现问题及处理意见的函》（环办环评函〔2019〕913号）；2019年12月27日，湖南省生态环境厅发布《关于通报2018年度环评文件复核发现问题及处理意见的函》（湘环函〔2019〕237号）；2019年12月30日，山西省生态环境厅发布《山西省生态环

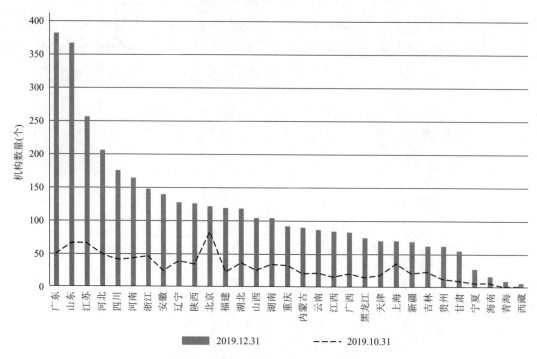

图2　全国环评机构地区分布情况

境厅关于2019年前三季度全省环评文件抽查复核情况的通报》（晋环环评函〔2019〕758号）。3份处罚文件共计对19家环评单位和24名人员做出处罚，其中19家单位、19名编制主持人和2名主要编制人员受到"通报批评并失信记分5分"的处罚，2名编制主持人和1名主要编制人员受到"限期整改六个月"的处罚。

信用管理创新采用积分制，积分信息公示公开，建立了守信激励和失信约束的奖惩机制，有利于营造"守信者受益、失信者难行"的良性市场秩序。信用平台的上线是环评行业深化"放管服"改革的重要举措，通过信息公开为环评行业提供了大数据，使高效监管成为可能，使公众监督得以实现。

1.3 2019年市场特点分析及重要动态

1.3.1 环评行业规模持续萎缩

受简政放权、固定资产投资增速放缓和供给侧改革的影响，环评审批权限逐年下放，固定资产投资建设项目减少，环评报告类别和内容简化，环评市场规模整体萎缩态势持续。

1.3.2 其他环境咨询市场蓬勃发展

2019年启动第二轮中央环保督察，环境保护继续保持高压态势，地方管理部门和工业园区、企业等各方的环保服务需求量大，以"环保管家"为代表的综合性环境服务受到欢迎，诸多环评机构根据市场需求纷纷转型，开展各项环境咨询服务。

2 2019年环境影响评价行业发展存在的主要问题及分析

2.1 环评单位小型化分散化

信用平台上线后，涌现了一大批仅有1～2名环评工程师的环评单位，其中一部分是从幕后走到台前，也有一部分是个别技术机构进行拆分，同时注册多家技术机构，分散风险和业务数量。这种现象与我们长期以来鼓励技术机构做大做强的初衷背道而驰，应引起重视并加强研究。

2.2 行业洗牌即将来临

在环评市场整体萎缩的背景下，环评技术单位数量却呈爆发式增长，这一现象将带来行业矛盾和转型痛点，这预示着行业重新洗牌在所难免。

3 环境影响评价行业发展展望

3.1 进一步加强环评事中、事后监管

环境影响评价信用平台的运行，第一次全面掌握了全国环评技术机构、从业人员和环评报告书（表）的所有信息和真实情况。但目前还没有专门的队伍或人员分析利用这些大数据，尚未通过大数据加强对环评行业的监管，促进环评质量的提高。预计2020年将通过信用平台加大监管和处罚力度与范围，更多的公司、个人将进入重点监管名单或黑名单。

3.2 环评报告书（表）复核和抽查将更有针对性

环评报告复核和抽查工作将根据行业最新情况及时进行调整，加大整治行业乱象的针对性，从提高全行业质量信用着手，而不是更多关注具体项目的审批风险。环评行业劣币驱逐良币、扰乱市场秩序的现象将不再持续。

3.3 信用的约束机制将快速形成

通过信用平台大数据一方面可以加大正面宣传引导，鼓励做大做强，树立行业正气；另一方面，对一些技术机构和个别人员无信用的情况将坚决予以处罚。

3.4 建设项目环评报告书（表）将进一步简免

近年来环评审批改革取得积极进展，"放"已经到位，但在简化和豁免方面还有空间，对那些环境影响小，不涉及敏感区，符合规划和"三线一单"要求的建设项目将大幅简化环评要求，尤其是一些编制报告表的项目，同时还要做好与排污许可的有机衔接。

通过深入调研和全面分析国民经济发展态势、环境保护政策法规、行业发展趋势等，判断2020年环评行业管理将更加有序，业务将更加多元化，并将涌现更多的在线服务模式。

附录：骨干企业简介

1. 北京国寰环境技术有限责任公司

北京国寰环境技术有限责任公司（以下简称"国寰公司"）前身为中日友好环境保护中心环境影响评价研究中心。

国寰公司是中国环境保护产业协会的常务理事单位和中国环境保护产业协会环境影响评价行业分会副主任委员单位；北京市高新技术企业；国家级三系认证企业；企业信用等级为AAA。

国寰公司目前开展的业务范围涉及四大板块：环保咨询板块、监测板块、工程咨询板块、环保工程板块。环保咨询板块具体包括以下六个方面：建设项目类环保咨询、环保管家服务、环境管理部门第三方决策支持、各级环保部门科研课题支撑、区域和规划类环保咨询、环境要素类专项环保咨询。

2. 南京国环科技股份有限公司

南京国环科技股份有限公司（以下简称"国环公司"）成立于2015年，是一家由生态环境部南京环境科学研究所环评中心整体脱钩改制成立的，专业从事环保技术服务和咨询的机构。国环公司作为专业的环保技术服务单位，具有环境影响评价、环境污染治理能力和环境污染治理工程设计能力等多项资质证书。

国环公司在全国设有18个分公司和5个办事处，员工总数近350名，拥有高级技术以上职称人员39名、各类持证人员100余名。国环公司是中国环境保护产业协会理事单位、中国环境保护产业协会环境影响评价行业分会副主任委员单位、中国矿业联合会绿色矿山促进工作委员会副秘书长单位、江苏省环境保护产业协会会员单位，荣获"江苏省民营科技企业""南京市瞪羚企业""AAA级信用单位"荣誉。

3. 浙江省环境科技有限公司

浙江省环境科技有限公司（以下简称"浙江环科"）隶属于浙江省国有资本运营有限公司，是一家专业从事环保咨询和环境集成服务的综合性环保企业。

浙江环科技术力量雄厚，拥有一支250余人的专业技术团队及一大批国家级、省级环保技术专家，业务涵盖环境影响评价、环境规划、环境应急、污染地块调查评估和修复等多个领域，曾担任浙江省"五水共治""蓝天保卫战"首席技术专家。

浙江环科连续多年被评为省级优秀环境影响评价单位，曾荣获国家级"优秀环评机构""优秀环评工程师""优秀环评报告"等荣誉。是中国环境保护产业行业企业信用等级评价AAA级企业、中国环境保护产业协会常务理事单位、中国环境保护产业协会环境影响评价行业分会副主任委员单位、浙江环评与监理协会副会长单位、中国环保管家联盟核心成员。

4. 河北省众联能源环保科技有限公司

河北省众联能源环保科技有限公司（以下简称"河北众联"）成立于2005年，前身为河北省冶金能源环保研究所。公司业务范围主要包括建设项目环境影响评价、规划环境影响评价、排污许可、环境监测、竣工环保验收、环保管家服务、环境污染治理设施运营（除尘脱硫）、环境监理、污染场地调查与土壤修复、清洁生产审核、安全评价、能源审计、工程咨询、合同能源管理、节能环保技术开发、污染在线监测设施运营、生态环保类规划编制等。

河北众联是河北省最早从事环评工作的单位之一（原资质证书编号：国环评证甲字第1209号），人员涵盖环境、化学、制药、机械、暖通、给排水、农业资源与环境、生态、生物、热能、安全、核工程等二十余个专业，形成了系统的专业技术结构体系。现已成为河北省环评领域中影响力较大的评价机构之一。

5. 南京大学环境规划设计研究院股份公司

南京大学环境规划设计研究院股份公司（以下简称"南大环规院"）是南京大学为进一步完善环境学科"科学研究—人才培养—技术开发—服务社会"的一体化平台体系，根据国家事业单位体制改革和高校产业转型的相关要求，整合相关资源而组建的综合性环境科研、规划和咨询服务机构。

南大环规院拥有原环境影响评价甲级资质、工程设计甲级资质、环境损害司法鉴定、工程咨询、环境监测等各项资质，在环保服务领域开展了顾问咨询、技术支持和方案解决等工作，为各级管理部门、各类开发区、百余家世界500强企业等客户提供了高品质的服务，获得了主管部门和社会各界的高度肯定。

6. 四川省环科源科技有限公司

四川省环科源科技有限公司（以下简称"四川环科源"）成立于2015年，是四川省环境保护科学研究院原环评机构脱钩改制组建而成的环境综合咨询服务公司。四川环科源是中国环境保护产业协会环境影响评价分会副会长单位、四川省环境保护产业协会环境影响评价分会会长单位。

四川环科源控股的四川省川环源创检测科技有限公司，拥有面积为3000 m^2 的检测中心，包括理化分析、光谱分析、气相（气质）、液相（液质）、微生物及嗅辨等各类实验室，具备各项环境要素、职业安全与卫生、食品药品检测、民用建筑工程验收等各类检测的能力和资质。

由四川环科源合资的四川环科美能环保科技有限公司，集环保科研、高新环保产品开发生产、环境治理为一体；专注于工业污水治理及资源化利用。

7. 广西博环环境咨询服务有限公司

广西博环环境咨询服务有限公司（以下简称"广西博环"）是由广西环境保护科学研究院全资子公司——广西环科院环保有限公司通过生态环境系统环评机构脱钩，依法将建设项目环评业务整体划归社会资本和环评工程师自然人共同出资组建的企业，总部位于广西南宁，持有原环评甲级资质证书，是广西环评行业中类别最齐全、注册环评工程师人数最多的环境影响评价机构之一。

广西博环现登记有34名注册环评工程师，拥有环评、工程咨询、水体保持等技术人员100余人。业务范畴包括建设项目环境影响评价、规划环境影响评价、生态建设和环境规划、竣工环保验收、环境监理、环境监测、环境应急预案、环境风险评估、环境综合整治方案、环保管家、排污许可等环境咨询服务行业等。

室内环境控制与健康行业 2019 年发展报告

1 2019 年行业发展概述

大气环境治理成效显著，对新风、净化行业的影响较大，行业增速放缓，市场呈不同程度的下滑。但随着人们对室内空气污染的认识水平和重视程度的不断提高，国家对室内空气质量管理的日益严格，室内环境行业将逐渐走出低谷；新的市场对企业和产品有更高的技术要求，需要企业有雄厚的技术储备和完善的设计解决方案，而不是仅用一个产品一个方案去满足多元化、复杂化的新室内环境行业。

1.1 主要政策

2019 年 3 月 6 日，国家发展改革委、中国人民银行等联合发布《绿色产业指导目录（2019 年）》（以下简称《目录》），《目录》的出台为各部门制定相关政策措施提供了"绿色"判断标准。《目录》涵盖节能环保、清洁生产、清洁能源、生态环境、基础设施绿色升级和绿色服务等六大类，并细化出 30 个二级分类和 211 个三级分类，其中每一个三级分类均有详细的解释说明和界定条件，是目前我国关于界定绿色产业和项目最全面最详细的指引，能切实解决金融市场在具体实践操作过程中所遇到的困难。

2019 年 8 月 1 日，GB/T 50378—2019《绿色建筑评价标准》正式实施。新版标准确立了"以人为本、强调性能、提高质量"的绿色建筑发展新模式，标准中的绿色建筑评价指标体系由节地与室外环境、节能与能源利用、节水与水资源利用、节材与材料资源利用、室内环境质量、施工管理、运营管理 7 类指标组成。其中室内环境质量为：①主要功能房间的室内噪声级应满足现行国家标准 GB 50118《民用建筑隔声设计规范》中的低限要求；②主要功能房间的外墙、隔墙、楼板和门窗的隔声性能应满足现行国家标准 GB 50118《民用建筑隔声设计规范》中的低限要求；③建筑照明数量和质量应符合现行国家标准 GB 50034《建筑照明设计标准》的规定；④采用集中供暖空调系统的建筑，房间内的温度、湿度、新风量等设计参数应符合现行国家标准 GB 50736《民用建筑供暖通风与空气调节设计规范》的规定；⑤在室内设计温、湿度条件下，建筑围护结构内表面不得结露；⑥屋顶和东西外墙隔热性能应满足现行国家标准 GB 50176《民用建筑热工设计规范》的要求；⑦室内空气中的氨、甲醛、苯、总挥发性有机物、氡等污染物浓度应符合现行国家标准 GB/T 18883《室内空气质量标准》的有关规定。

2019 年 8 月 23 日，生态环境部公开关于征求《餐饮业油烟污染物排放标准（征求意见稿）》意见的函，修订国家环境保护标准 GB 18483—2001《饮食业油烟排放标准》，修订的内容包括：名称调整，收紧了油烟排放浓度限值（注：由 2.0 mg/m³ 降低为 1.0 mg/m³）；增设了非甲烷总烃排放浓度限值；将油烟净化设施去除效率要求调整为资料性附录。还有一个值得注意的地方是，2001 版本限值指数根据饮食业单位规模分为了大、中、小三级，而征求意见稿中则是统一数值。如油烟排放限制均为 1.0 mg/m³，非甲烷总烃排放限制都是 10 mg/m³，油烟污染物净化设施去除效率都要大于 90%，非甲烷总烃去除效率都要大于 60%。

新版国标 GB 37488—2019《公共场所卫生指标及限值要求》等 7 项公共场所卫生强制性国家标准，于 2019 年 11 月 1 日起正式实施。该标准中的 4.1.1、4.1.2、4.1.3、4.1.4.1、4.1.5.2、4.2.4、4.4.1.2 和 4.4.3.2 为推荐性条款，其余为强制性条款。该标准规定了公共场所物理因素、室内空气质量、生活饮用水、游泳池水、沐浴用水、集中空调通风系统和公共用品用具的卫生要求（表 1、表 2、表 3）。该标准只适用于公共场所，住宅和办公建筑物室内空气质量标准应按照 GB/T 18883—2002《室内空气质量标准》执行。除地铁站台、地铁车厢外，公共场所是地下空间的，不适用该标准。

表 1　公共浴室和游泳场（馆）冬季室内温度要求

场所类别			温度（℃）
公共浴室	更衣室、休息室		≥ 25
	浴室	普通浴室（淋、池、盆浴）	30 ～ 50
		桑拿浴室	60 ～ 80
	游泳场（馆）		池水温度 ±（1 ～ 2）

表 2　公共场所室内空气中的一氧化碳、可吸入性颗粒物、甲醛、苯、甲苯和二甲苯卫生要求

指标	要求
一氧化碳（mg/m³）	≤ 10
可吸入性颗粒物（mg/m³）	≤ 0.15
甲醛（mg/m³）	≤ 0.10
苯（mg/m³）	≤ 0.11
甲苯（mg/m³）	≤ 0.20
二甲苯（mg/m³）	≤ 0.20

表3　公共场所室内空气中的臭氧、总挥发性有机物、氧卫生要求

指标	要求
臭氧（mg/m³）	≤ 0.16
总挥发性有机物（mg/m³）	≤ 0.60
氧（Bg/m³）	≤ 400

2 行业发展

近年来，随着人们对生活品质追求的提升和受年轻群体亚健康趋势明显，老龄化现象日趋严重等问题影响，消费者对健康类设施的关注和需求逐年升高，用户对室内产品的需求有了更高的"健康"标准，使得消费者的健康生活需求已成为未来的消费趋势。

据数据显示，2019年上半年各类健康电器均实现增长，其中带自清洁、除尘净化、温湿双控等功能的健康空调销量同比增长185%，净水设备销量同比增长21%，新风空气净化器销量也呈现大幅增长。

2.1 新风行业

2019年新风系统整体增速逆势上涨，销售规模达146万套，同比增长39%；销售额139亿元，同比增长37%。2019年，受一系列如长租公寓、校园室内空气质量安全事件曝光的影响，更多消费者对新风系统的认知和需求会整体提升。从整个行业增速来看，没有出现大家期望的高速增长的风口，但市场整体向好。

2.1.1 线上销售规模

新风系统线上市场的销售规模继续保持较高速增长，2019年，线上渠道新风系统累计销售额4.5亿元，同比增长63.7%。除12月销量下降，"双12"拉动效果不明显外，全年其余促销节点均呈高增长，新风线上市场整体依然保持着较好的增长态势。线上市场以壁挂式新风系统为主，销量占比达到79.6%（图1）。

2.1.2 渠道和地产现状

2019年，中国房地产精装修市场规模319.3万套，同比增长26.2%。随着地产精装修的普及和推动，新风系统在地产精装修渠道的推广和应用越来越多，越来越多的地产精装修楼盘，主打舒适概念、品质概念，这无形中加大了新风系统在地产精装修渠道的应用。2019年地产精装修新风系统在地产精装修渠道的配置量已经达到88.4万套，同比增长18%，全年配套率达27.7%；全年配套新风系统的精装修项目达到976个同比上升23.9%（图2）。

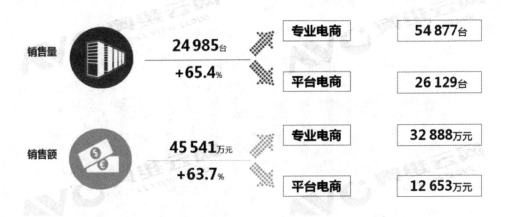

图1 新风行业2019年线上零售市场销售规模

（数据来源：奥维云网（AVC））

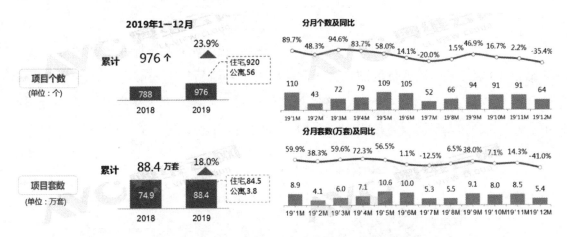

图2 2019年房地产精装市场新风配套数据

（数据来源：奥维云网地产大数据监测）

除了地产渠道，随着整个社会对健康、环保理念的认知提升，新风系统在一些行业渠道的应用得到了加强，尤其是校园渠道，很多中小学及幼儿园都加大了新风系统的配置安装和应用。互联网渠道的推广和宣传发力，一些互联网品牌和空调企业的进入，大大提升了新风产品在市场的普及应用，推动了新风系统在零售渠道的销售额提升。

2.1.3 品牌市场情况

随着更多新风品牌参与到精装修地产，TOP10品牌集中度降低至60.9%，但品牌格局相对稳定。50强开发商新风配置占比72.1%，继续主导整体市场发展，非50强开发商份额略有提升，企业对品牌的选择相对分散，竞争力不足，但对项目配置新风的意愿很高（图3）。

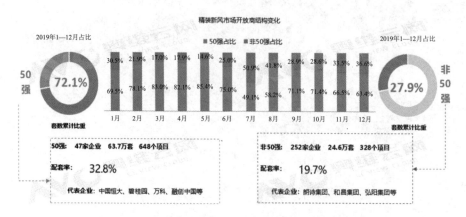

图3　2019年精装新风市场开发商结构逐月变化

（数据来源：奥维云网地产大数据监测）

2019年，线上渠道品牌有所减少，截至12月线上监测新风品牌数量共计102家，比去年减少10家。虽然品牌量依旧较大，每月也不断有新品牌进入市场，但在市场上有销量的品牌数保持在55家左右，行业格局基本稳定。品牌集中度逐步提升，TOP3品牌的松下、小米和造梦者的集中度占比为63.7%，较2018年增长近7.5个百分点（图4）。

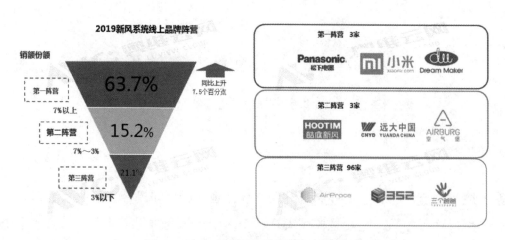

图4　2019年新风系统线上品牌阵营

（数据来源：奥维云网）

2.1.4　产品结构分析

　　2019年新风系统线上市场以壁挂式新风系统为主，销量占比达到79.6%。同时，风量在 400 m³/h 以下的中小风量新风机更受青睐，各风量段市场占比差距缩小，体现出消费者对新风产品的认知越来越成熟，从早期的低价格、小风量产品，逐步升级到中高品质的风量及产品，市场结构更加优化（图5）。

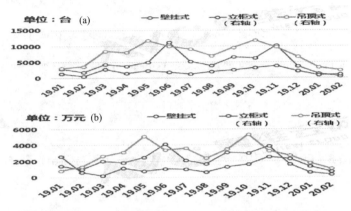

图5　分安装方式月度销量（a）和销售额（b）的变化

2.1.5　行业发展趋势

2020 年新风行业销售规模预计突破 211 万台，同比增长 45% 左右，销售额预计实现 199 亿元。随着国家政策的引导、消费意识的提升，产品和技术的升级，新风系统的行业应用和推广将为新风市场注入活力，行业也许会迎来破局点。

2.2　空气净化器行业

2019 年，空气净化器市场整体仍然处于下行态势，虽然部分地区出现短期的雾霾天气反复，但对市场影响不大，目前市场增速更依赖于市场推广和促销。据奥维云网（AVC）推总数据显示，2019 年 1—11 月空气净化器市场销售额 81.8 亿元，同比下滑 21.7%；销量 413.7 万台，同比下滑 12.2%（图6）。

2.2.1　线上销售规模

2019 年空气净化器市场凭借宣传面广、调动资源快等特点，市场拉动影响明显，线上市场降幅大幅度收窄，整体有企稳迹象。据奥维云网（AVC）推总数据显示，2019 年 1—11 月空气净化器线上市场销售额 43.7 亿元，同比下滑 6.3%；销量 282.1 万台，同比增长 0.8%（图7）。

2.2.2　产品市场分析

（1）2019 年空气净化器的市场规模大幅下滑。统计显示，2016 年空气净化器品牌数量有816个，而到2019年年底，只剩下423家左右，三年时间内退出或消失的品牌数量达48%（图8）。

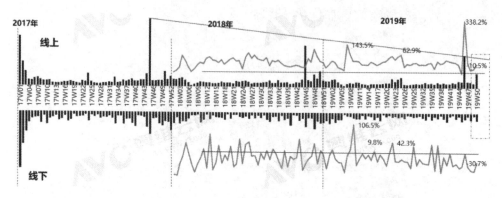

图6　2017—2019年空气净化器线上、线下市场销售额走势

（数据来源：奥维云网）

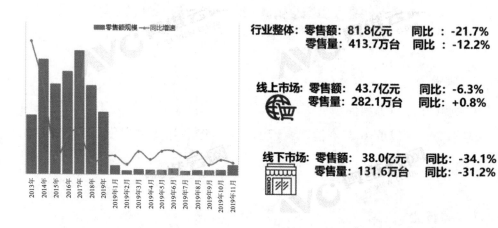

图7　2013—2019年及2019年各月空气净化器市场零售规模

（数据来源：奥维云网）

图8　2015—2019年净化器市场品牌数变化

（数据来源：奥维云网）

（2）通过2019年的全年数据，可看到空气净化器智能渗透率依然在快速增加，在空气净化器开机率较低的情况下，企业希望通过智能化来提升空气净化器面对室内复杂环境的适用性。从市场数据情况看，除甲醛是空气净化器未来市场发展的方向之一，但受技术开发因素的影响，目前空气净化器除甲醛效率相对偏低。线下市场具有除甲醛功能的空气净化器比例较线上要高，企业布局相对完善。除甲醛类产品价格较高，净化效果不能明确体验也是制约其在空气净化器市场普及的重大原因（图9）。

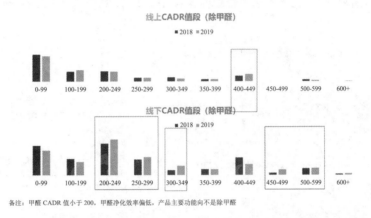

备注：甲醛CADR值小于200，甲醛净化效率偏低，产品主要功能向不是除甲醛

图9　2018—2019年线上、线下除甲醛类产品监测数据对比

（3）随着近年来我国汽车保有量的不断增大及汽车功能化发展的不断丰富，车载净化器市场需求规模增大，尤其是线上规模发展较为快速。2019年我国车载净化器线上市场规模达20.07亿元，线下市场规模约9.44亿元。车载净化市场成新宠，未来可期（图10）。

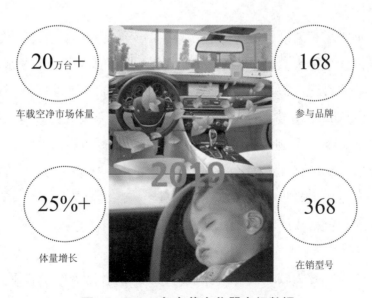

图10　2019年车载净化器市场数据

2.2.3 行业发展趋势

目前，从行业发展情况来看市场上的空气净化器与消费者需求间仍有较大的改善空间。从对消费者的调研数据看，消费者对环境监测具有强烈需求，除 $PM_{2.5}$、除菌、除甲醛等依然是消费者关注的功能，净化器除 $PM_{2.5}$ 已成为标配，但是除甲醛、除菌等能力有待提高。在无明确政策或者强力的舆论引导的情况下，除甲醛净化器的普及依然有较长的路要走，暂时不能填补因除霾型产品需求骤降所带来的行业下滑，预计未来 3～5 年净化器市场依然走低，但也在逐步触底的过程中，净化器降幅将逐年收窄（图 11）。

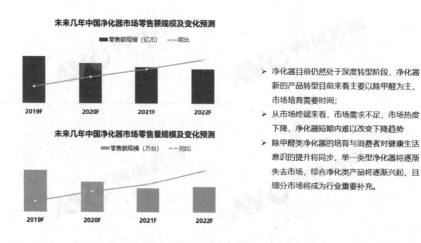

图 11　2019—2022 年我国净化器市场零售额、零售量规模及变化预测

2.3 净水器行业

随着居民生活水平和健康意识的提高，水污染已经成为当下居民最关注的问题之一。净水器市场规模近几年稳步增长，在家电产业逐年下滑的大环境下，净水产业被看作"蓝海"。整个净水器市场在过去短短 7 年就扩容了 10 倍，市面上销售净水器的品牌超过 300 家。但从 2018 年开始，净水器行业连续两年出现了同比下滑，行业进入疲态期。

2019 年，净水器行业受到国内经济环境、房地产调整等外部因素影响，2019 年 1—11 月净水器销额为 284.9 亿元，同比下滑 1.6%，销量为 1045.2 万台，同比增长 6.9%，存量市场企业竞争继续大打价格战和以大通量升级产品的趋势，均价空间被极度压缩，市场销量主要由企业价格战或促销来带动（图 12）。

2.3.1 行业市场规模

目前，因线上市场发力较晚，市场暂未饱和，同时伴随着线上各平台快速的市场下沉，线上市场仍然有较大的扩容空间。而线下一、二级市场增长受限，渠道下沉效率较

图 12　2019 年 1—11 月净水器市场规模情况

（数据来源：奥维云网（AVC）全渠道推总数据）

低，整体处于收缩态势。在线下市场中，百货商场和家电专营店呈稳定态势，三、四级市场中的百货商场增幅明显，这与家电专营店和大型超市对此地区渗透不够有关。不论是家用还是商用市场，净水器产品市场下沉是有空间和前景的，只要在产品中做好布局，增值空间可期。据奥维云网（AVC）推总数据显示，2019 年 1—11 月净水器线上市场继续维持了 20.0% 的销额增速，而线下市场则出现了大幅度下滑，销额同比下滑 7.8%（见图 13）。

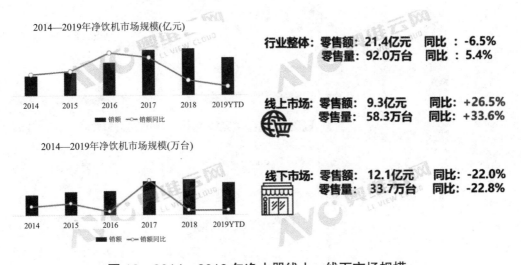

图 13　2014—2019 年净水器线上、线下市场规模

（数据来源：奥维云网（AVC）推总数据）

2.3.2　产品结构分析

（1）从整体市场的产品结构端分析，直饮机现在占据 60.17% 的市场，以 RO 净水器为代表的直饮机占据了主流，而传统饮水机占据 33.22% 的市场份额，对于商用市场而言，这部分是完全可以被直饮机、管线机等产品替代的，替换的过程，便是利润产生的过程（图 14）。

（2）在产品方面，以大通量、低废水、无桶、智能为主线的产品升级趋势 2019 年更为明确，其中大通量、低废水、无桶在线上、线下渗透率增长都在 15% 以上。除此之外，从企业新上市的机型中可看到，企业在滤芯升级及附加功能方面做了更多的尝试，而年轻化、中端价位、小体积的产品在线上市场同样表现不俗。另外，在品类拓展方面，可看到台式净饮机在线上市场继续快速增长，全屋产品伴随着精装修市场的快速提升，其普及也在加速（图 15）。

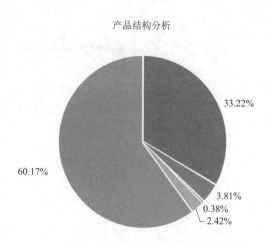

图 14　净水器产品结构分析

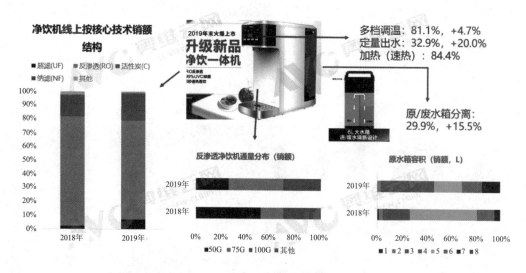

图 15　2018—2019 年净水机核心技术及销量

（数据来源：奥维云网（AVC）推总数据）

（3）不难看出，通过畅销机型在各地市场的表现，一线城市主流价位产品排在第一、二名的均价在 6000 元以上，说明一线城市消费者在净水器产品选购时，并不是将价格放在第一位的，更看重品牌的服务和产品的技术先进性。二线城市情况与一线城市情况略有不同，二线城市主流的净水器产品中，没有价格低于 1000 元的产品，排在第一、二名的均价也在 4000 元附近，用户对于价格的宽容度仍较高。到了三、四线城市的净水器品类中，少了价格在 5000 元以上的产品，但均价仍不低。因此不管是在何种地区，有意识去选择净水器产品的用户，对于价格的敏感度并没有想象的那么高。除了净水器产品，三、四级市场中出现了较多的饮水机产品，除净水器之外，他们也信赖饮水机，这与一级市场形成了反差（图 16）。

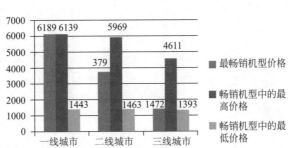

图 16　我国一至四线城市净水器畅销机型价格比较（单位：元）

2.3.3　市场发展趋势

2019 年，从市场情况来看，净水器市场外部环境短期内难有明显改善，内生推动力不足，净水器行业短期内将进入市场回调阶段，预计 2020 年市场将继续处于下滑状态，且降幅会有小幅加大的趋势，2021 年市场价格战激烈程度将继续深化，无桶大通量渗透率将继续提升，但大通量产品的均价将会降低（图 17）。

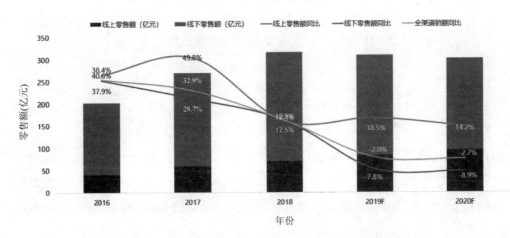

图 17　2016—2020 年净水器分渠道零售额及同比变化趋势

（数据来源：奥维云网（AVC）推总／预测数据）

2.4 厨电行业

在经历了几年的高速增长后，厨房电器市场增速开始放缓。2018 年烟灶行业的工业企业出货额下滑 6%，但是 2019 年全年油烟机零售额为 352.4 亿元，同比下滑 7.5%；燃气灶零售额为 200.2 亿元，同比下滑 4.1%，油烟机、燃气灶、消毒柜等品类下滑明显。让人不得不感觉 2018 年不过是这轮蛰伏行情的开始。实际上，自 2018 年开始厨电市场已进入增速"换挡期"，传统厨电企业纷纷调整经营策略，通过多品类、多品牌、渠道下沉等手段迎接多元化的市场竞争。

2.4.1 线上线下销售

据奥维的零售数据显示，2019 年 1—10 月，国内油烟机零售量 2029 万台，同比下滑 5.5%；零售额 288.9 亿元，同比下滑 8.7%；灶具零售量 2473 万台，同比下滑 2.8%；零售额 167 亿元，同比下滑 5.4%（图 18）。

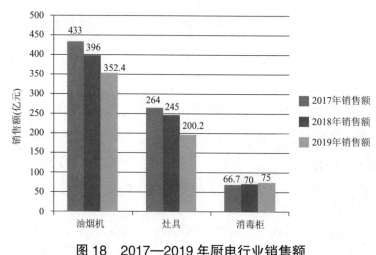

图 18　2017—2019 年厨电行业销售额

（数据来源：公开数据整理）

因家电产品体积、消费习惯等因素，特别是厨电品类中的油烟机、燃气灶、一体式消毒柜、洗碗机等还有着烦琐的安装程序，所以厨电产品的销售情况一般还会与房地产市场挂钩，使得厨电行业线上渠道的增速一直跑不过大环境。不过，在目前多变的市场作用下，这一情况将在短时间内被迅速打破。并且，不少一线品牌已经在线上渠道进行发力。如苏泊尔、老板等传统厨电品牌已经将发布会搬到了线上；万和、格兰仕等品牌正进一步加强与电商平台的联系，包括与苏宁云店、京东、全国性家装、整装平台合作，弥补销量。而类似小熊电器这种，作为电商渠道的"原住民"，其优势将得到进一步体现。

渠道改变后，营销模式也将随之改变。"直播＋秒杀"已经成为整个厨电行业的不二选择，并且还有更多的模式正在被发掘。像老板电器，除了举办线上发布会，之前更是凭借各种内容营销，收获了不少人气。

2.4.2 市场需求情况

2019年，从增长结构来看，预计厨电市场新增需求占比58%，更新需求占比42%。我国厨电市场未来5年将处于结构换挡期，来自低线农村市场的新增需求和来自一、二线市场的换新需求将成为下一阶段的核心增长要素（图19）。

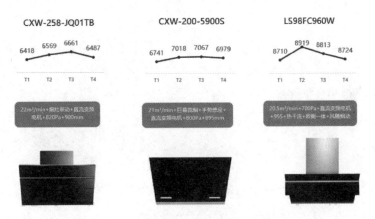

图19　2019年油烟机畅销机型价格趋势对比

（数据来源：奥维云网（AVC）线下监测数据）

同时，厨电行业已经表现出产品智能化的趋势。行业新研发智能嵌入式一体化厨电产品组合——智领套系厨电产品，如可智能控温的防干烧燃气灶、消毒效果可视化消毒柜等，这些产品可以通过智能操控终端和手机操控。经调研发现，大家电的智能化趋势更明显，厨电行业还在摸索阶段。2015年智能家电在电视、空调、洗衣机、冰箱市场零售额的渗透率分别为82.1%、7.8%、4.1%、1.2%，而在智能厨电产品领域的总体渗透率还不足0.5%。厨电整体正向智能化方向发展，可以看到我国的智能化厨电普及一定会遵循从单品到组合，从智能科技到智能生活这样的渐进式发展路径，从最初的伪智能慢慢转向以满足用户的需求为前提的真智能（图20）。

图20　智能可视化厨电

2.4.3 行业发展趋势

2019 年，从产品发展来看，油烟机目前处于产品成长后期，市场开始趋向于分化，异形烟机成为重要的细分市场切入点。稳定的二元格局给予我国厨电"腰部以下"市场很好的成长条件，细分市场的成长性将成为下一阶段构建品牌格局的关键。燃气灶目前处于稳定的更新需求释放期，在安全隐患的无死角防护升级和火力升级的推动下，预计燃气灶下行态势将趋于平缓（图 21）。

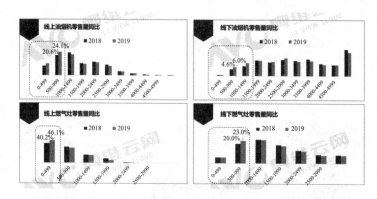

图 21　2018—2019 年厨电线上、线下市场销量同比

（数据来源：奥维云网（AVC）全渠道监测数据）

从产品迭代历程来看，由于生产制造端核心零部件差异化有限，油烟机研发更多聚焦于外观造型设计和品质工艺把控。从最早的中式深腔型、Q 型厨后、欧式 T 型、近吸式，到最新的集成式油烟机，外观设计美观上档次成为企业孜孜以求的差异化方向。

"智能化"在家电市场的许多产品上已经获得体现，厨电产品智能化也正成为一个热点方向，智能电饭煲、智能油烟机正慢慢进入消费者的视野。2019 年以集成灶为代表的集成厨电、以生态融合为代表的智能厨电、以无油烟为核心突破的炒菜机均有所斩获。智能厨电会变得越发普及，技术升级带来体验感的提升，像智能控制、一键设置将各种现代化的智能科技融入做饭中。提升感官的舒适度，也让整个行业更加亲民化和贴心化。智能化能否为厨电市场带来变化，值得期待。

厨电品牌方对于"健康"的投入颇早。例如，老板电器从 2006 年开始打造健康厨房体系，海尔在 2007 年就推出了主打厨房健康的防干烧燃气灶，康宝于 2015 年成立了研究院。随着人们生活水平的提高和环保意识的增强，人们逐渐认识到油烟对身体健康会产全危害，生产企业通过对技术进行提升，研发出环保节能型抽油烟机，将成为我国抽油烟机发展的主要方向。

3 展望

　　健康是人类永恒的主题，也是社会进步的重要标志。在全民追求品质生活的时代，消费者对"健康"的关注已经达到了较高的高度。随着5G时代的到来，人们生活进入品质提升时代，健康类产品大有可为。在2020年健康环境电器行业热门产品预判上，除净水产品稳居榜首外，空气净化产品紧随其后，而随着垃圾分类在全国的相继实施，垃圾处理器产品稳居第三，除此之外，智能马桶、扫地机器人、净食机以及洗碗机等产品也深受消费者推崇。风口已经开启，室内健康环境行业潜力巨大。

附录：室内环境行业主要企业介绍

1. 青岛海信日立空调系统有限公司

　　青岛海信日立空调系统有限公司（以下简称"海信日立公司"）成立于2003年，是由海信集团与日立空调共同投资在青岛建立的集商用空调技术开发、产品制造、市场销售和用户服务为一体的大型合资企业，也是目前日立空调在日本本土以外的大型变频多联式空调系统生产基地。

　　海信日立公司拥有国际先进的生产设备和品质保证设施，在全面掌握世界领先的核心技术的基础上，不断推出先驱性的新型空调产品。海信集团与日立空调强强联手，共同打造国内高端中央空调市场龙头企业。

2. 江苏保丽洁环境科技股份有限公司

　　江苏保丽洁环境科技股份有限公司（以下简称"保丽洁"）是一家融空气净化设备研发、制造、销售于一体的高新技术企业。公司位于江苏省张家港市，地处沪苏杭一小时经济圈，北靠长江黄金水道，南邻沿江高速，地理位置优越，水陆交通便捷。保丽洁目前拥有一定规模的生产基地和油烟净化实验室。2016年7月，保丽洁成功登陆新三板，成为国内油烟净化第一股。保丽洁，掌握核心科技，引领国内净化行业的发展，是目前国内油烟净化较好的品牌。

3. 埃尔斯虏森空气净化系统（上海）有限公司

　　埃尔斯虏森空气净化系统（上海）有限公司为外商独资企业，是一家专注于空气净化整体解决方案的全球性领先企业。早在1995年，即把商用静电空气净化技术引入中国市场，空气解决方案范围涉及商用厨房、商业通风及工业废气净化等领域。旗下包括SUPAR、BARTON、ATT、DIRK、SHARK等全球领先的子品牌。

4. 江苏万全智能环境设备有限公司

　　江苏万全智能环境设备有限公司是江苏万全科技有限公司旗下控股子公司。江苏万全智能环境设备有限公司以物联网技术为载体，云技术为核心，致力于环境质量提升的一系列产品的研发与制造。全方位解决空气净化、水净化、光污染治理、电磁污染治理、水质/水文监测分析、大气监测分析、环境污染源在线自动监测等多方面的问题。公司作为中国空气净化行业联盟的副理事长单位，2016年董事长陶涌先生获得空气净化行业领军人物荣誉，江苏万全智能环境设备有限公司同时被评选为中国空气净化行业十大品牌，空气净化行业特别贡献企业，并以副主编单位身份担负起校园新风净化设计导则等多项标准的制定工作。

5. 上海永健仪器设备有限公司

上海永健仪器设备有限公司（以下简称"永健仪器"）是国内首个研制开发、生产销售静电除菌型空气净化系列产品的公司。永健仪器同时承接与中央空调配套的空气净化工程、新风系统工程、室内空气净化设备，以及开发研制与静电灭菌技术有关的医用环保产品，也是经国家科学技术委员会批准的技术依托单位。自2001年起，永健仪器开始致力于发展中央空调用高压静电净化产品和纳米光催化产品的研发和推广，产品类别包括：中央空调机组应用净化系统、风机盘管应用净化系统、回风口应用净化系统。

6. 深圳市康弘环保技术有限公司

深圳市康弘环保技术有限公司是一家专注于空气净化器、净化新风系统及相关环保材料技术研发、生产和销售的高新技术企业，是目前全球最专业的空气净化器生产商之一。公司技术力量雄厚，拥有国内外专利105余项。公司自2000年开始研发的集"初效过滤、HEPA、活性炭吸附、纳米级光触媒分解技术、紫外线杀菌、并释放千万级负氧离子"六大过滤功能的家用空气净化系统被授予国家级火炬计划项目，并与国家863计划的压电陶瓷专利技术、国际PCT发明专利——压电负离子技术相结合，使得空气净化器走入更高效、更环保、更节能的新时代。公司引入先进的管理经验，2006年建立独立的实验室，2013年初通过Intertek认可，2017年成为CQC现场检测实验室，并成为《空气净化器能效限定值及能效等级》国家标准委员会成员，2018年获得实验室认可证书，同年年底获得广东省科学技术厅颁发的"广东省工程中心"称号。

7. 江苏中科睿赛污染控制工程有限公司

江苏中科睿赛污染控制工程有限公司是中国科学院过程工程研究所投资建设的集研发、设计、制造、工程、技术服务为一体的综合性国家高新技术企业。公司是国家大气污染防治知识产权联盟理事长单位、中国质检协会空气净化设备专业委员会副理事长单位、中国环境保护产业协会室内环境控制与健康分会副主任委员单位、江苏省级创新能力建设重大载体项目建设单位、江苏省高层次创新创业人才引进计划承担单位、江苏省双创示范基地；也是盐城市"十三五"科技发展规划重点支持省级制造业创新中心试点、盐城市"十三五"重点技术创新服务平台。公司成立于2012年，具备年产30万台新风设备的自动生产线；拥有环境污染治理工程（大气污染治理）甲级设计资质，环保工程三级承包资质，ISO9001、ISO14001、OHSAS18001管理体系认证资质，执行6S标准和精益生产管理体系。围绕室内环境控制与健康产业，主营新风净化系统、净水系统、油烟净化、室内环境监测等业务。

8. 美埃（中国）环境净化有限公司

美埃（中国）环境净化有限公司（以下简称"美埃"）隶属于美埃集团，注册品牌为"MayAir"。

美埃致力于为全球客户提供优化的洁净空气解决方案和独具竞争力的增值解决方案。美埃拥有超过20年提供空气净化解决方案的专业经验，现已成长为空气净化行业中的顶尖品牌之一。美埃为电子、半导体、液晶显示屏、生物制药、食品、石化工业、汽车涂装、商用/民用建筑等领域提供整体空气净化解决方案；产品涵盖各行业所需的空气净化设备及服务，包括对颗粒物（PM_{10}、$PM_{2.5}$、$PM_{0.1}$）、病菌、气态分子污染物（TVOC、酸性、碱性气体）等的评估和检测，并提供有效的空气净化解决方案。在中国，美埃拥有21家销售分公司办事处，并在江苏南京、广东中山、天津和四川成都分别设有专业的生产及研发基地，以满足国内快速的供货响应。

9. 江苏净松环境科技有限公司

江苏净松环境科技有限公司是专注于新风行业产、研、销的创新性企业，拥有风量实验室、性能实验室、噪声实验室等多个专业级实验室。产品覆盖智能壁挂式新风、立柜式新风、中央恒净新风、中央恒湿新风、中央商用新风系统，空气净化器等产品。是中国环保产业协会室内环境控制与健康分会成员单位。先后通过了ISO9001《质量管理体系》、ISO14001《环境管理体系认证》，并荣获全国环保行业质量领军企业，全国产品和服务质量诚信示范单位称号，拥有多项国家专利，也是中国新风行业标准起草单位之一。公司拥有多名中外专家团队秉承着对新风系统卓越品质的追求，致力于将瑞典VÅRKI品牌引入国内，打造家庭三维恒净空间。

环境监测服务行业 2019 年发展报告

1 环境监测服务业政策分析

环境监测服务社会化是生态环境保护体制机制改革创新的重要内容。长期以来，我国实行的是以政府有关部门所属环境监测机构为主开展监测活动的单一管理体制。在环境保护领域日益扩大、环境监测任务快速增加和环境管理要求不断提高的情况下，推进环境监测服务社会化已迫在眉睫。一些地方已经开展了实践探索，出台了相应的管理办法，许多从事生态环境检验检测、环境监测设备运营维护的社会生态环境监测机构已经进入了环境监测服务市场。引导社会环境监测机构进入环境监测的主战场，提升了政府购买社会环境监测的服务水平，有利于整合社会环境监测资源，激发社会环境监测机构活力，形成各级生态环境主管部门所属生态环境监测机构和社会环境监测机构共同发展的新格局。

2018 年 11 月，市场监管总局和生态环境部联合发布《检验检测机构资质认定 生态环境监测机构评审补充要求》，该文件于 2019 年 5 月 1 日起正式实施，生态环境监测机构资质认定评审将遵循"通用要求 + 特殊要求"（A+B）的模式开展。同时，国家市场监管总局和生态环境部联合开展的《生态环境监测质量监督检查三年行动计划（2018—2020）》进入最后一年，通过连续三年的集中监督抽查，生态环境监测机构的从业行为越来越走向正规化。

2019 年 9 月 2 日，生态环境部召开部党组（扩大）会议，审议并原则通过《生态环境监测规划纲要（2020—2035 年）》，要求完成"十四五"期间国家环境空气、地表水、海洋生态环境监测网络优化调整，其中，空气站点从 1436 个增加到近 1800 个，填平补齐城市站点；地表水断面从 1940 个增加到 3700 个，实现十大流域干流及重要支流、地级及以上城市、重要水体省（区、市）界和重要水功能区"四个全覆盖"。海洋监测点位也整合优化到 1400 个，实现近岸与近海统筹。同时，该纲要指出要进一步加大对社会监测机构的扶持与监管力度，鼓励社会环境监测机构、科研院所、社会团体广泛参与监测科研、标准制修订、大数据分析等业务领域，充分激发和调动市场活力，丰富监测产品与服务供给。

2019 年 10 月 24 日，生态环境部发布《生态环境监测条例（草案征求意见稿）》，公开征求意见。该条例建立了监测机构建设、职能定位、责任追究等方面的法律依据。

一是明确指出从事环境监测设备运营维护的机构属于生态环境监测机构，县级以上人民政府应当支持和鼓励社会生态环境监测机构参与生态环境监测活动，推进生态环境监测服务社会化、制度化、规范化。二是对生态环境监测机构及人员提出明确要求，并将机构名称及相关监测活动向当地生态环境部门备案。三是明确提出禁止篡改伪造数据，并列出了具体篡改和伪造监测数据行为的情景。四是对于不具备与该条例规定相适应的监测能力及不符合规定条件的人员，由生态环境部门责令停止违法行为，并处以罚款。五是对生态环境监测机构进行信用管理，除了对违法篡改伪造数据行为的机构和人员进行一定的罚款和整改，还会将该机构和涉及弄虚作假行为的人员列入不良记录名单，并报上级生态环境主管部门，禁止其参与政府购买环境监测服务或政府委托项目。同时生态环境监测机构、从事生态环境监测业务的人员存在与从事生态环境监测业务有关违法记录和严重失信行为的，限期或者终身禁止其从事生态环境监测活动。

专业领域方面，2019年4月，生态环境部印发《2019年地级及以上城市环境空气挥发性有机物监测方案》，要求全国337个地级及以上城市均要开展环境空气非甲烷总烃（NMHC）和VOCs组分指标监测工作。2019年11月，生态环境部印发《生活垃圾焚烧发电厂自动监测数据应用管理规定》，提出数据标记和自动监测数据的有效性要求，明确自动监测数据可作为环境违法判定证据使用。新规于2020年1月1日起正式实施。这一文件的出台标志着生活垃圾焚烧发电厂进入严监管时代。该规定出台后，受到业内企业积极响应。2019年12月13日，中国环境保护产业协会组织光大国际、三峰环境、绿色动力等13家生活垃圾焚烧发电企业负责人做出"我是环境守法者，欢迎任何人员、任何时候对我进行监督"的公开承诺，从"要我守法"向"我要守法"转变。

标准方面，在经历了近2年的修订工作后，2019年《水污染源在线监测系统（CODCr、NH3-N等）安装技术规范》（HJ/T 353—2019）、《水污染源在线监测系统（CODCr、NH3-N等）验收技术规范》（HJ/T 354—2019）、《水污染源在线监测系统（CODCr、NH3-N等）运行技术规范》（HJ/T 355—2019）三项标准正式发布。

地方政策方面，江苏省发布了首个地方法规即《江苏省生态环境监测条例》。2020年1月9日，江苏省第十三届人民代表大会常务委员会第十三次会议通过《江苏省生态环境监测条例》（以下简称《条例》），是全国首部生态环境监测地方性法规。《条例》重点建立了生态环境监测质量管理、监测机构监督管理、点位管理、污染源监测、监测信息公开与共享等制度。《条例》对环境监测设备运行维护机构的要求不多，仅提出污染物排放自动监测设备的运行、维护由排污单位自行负责，也可以委托环境监测设备运行维护机构进行。对于因篡改、伪造监测数据或者出具虚假监测报告受到行政处罚的生态环境监测机构、环境监测设备运行维护机构，根据信用管理有关规定，禁止或者限制其参与政府购买环境监测服务或者政府委托项目。

2 环境监测服务业发展状况分析

2.1 环境监测仪器运维行业发展状况

2019 年环境监测仪器运维行业调研主要以"中环协（北京）认证中心管理系统"的子系统"自动监控服务认证管理"参与年审填报的 176 家企业信息为数据来源。

2.1.1 营业收入

2019 年调研单位全年总收入为 235.66 亿元，其中制造业营业收入 191.41 亿元；运维服务营业收入 44.25 亿元，约占 18.78%。在全年运维服务收入中，污染源领域运维收入 18.56 亿元，占比 41.94%；环境质量领域运维收入 20.85 亿元，占比 47.12%；其他 4.84 亿元，占比 10.94%（图 1）。

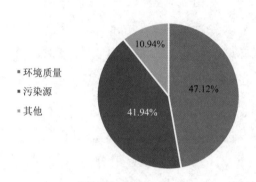

图 1　2019 年环境监测仪器运维收入结构

从发展趋势上看，2016—2018 年，环境监测仪器运维行业整体发展迅速，年增长率在 35% 以上，2019 年继续保持强劲的增长势头，年增长率达到 47%（图 2）。

图 2　2016—2019 年运维服务行业发展

从企业的运营营业收入分布来看，企业营收规模在 1000 万元以下的占比 58.52%；1000 万～5000 万元的占比 31.25%；5000 万～1 亿元占比 3.98%；1 亿元以上占比 6.25%

（图3）。可以看出，行业整体以低营收企业为主。

2.1.2 利润

根据2019年176家重点环境监测仪器运维单位调研结果，2019年运维服务行业总利润约7.6亿元，运维服务行业利润率约为17%（图4）。

从企业利润分布来看，企业运维净利润规模在500万元以下的占比82.95%、

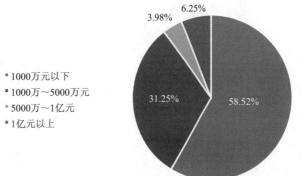

图3 环境监测仪器运维企业营业收入规模分布

500万～1000万元的占比6.25%、1000万～2000万元占比6.82%、2000万元以上占比3.98%（图5）。可以看出整体盈利状况是跟营收相匹配的。

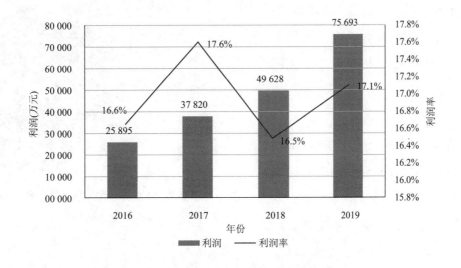

图4 2016—2019年行业利润情况

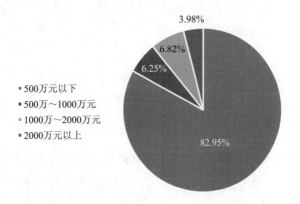

图5 环境监测仪器运维企业净利润规模分布

2.1.3 运维设备数量

2019 年，在本次研究范围内的 176 家企业中：运营污染源自动监控系统（水）设备达 100 套以上的企业有 72 家，30 ～ 100 套的企业有 37 家；运营污染源自动监控系统（气）、设备达 80 套以上的企业有 61 家，20 ～ 80 套的企业有 58 家。

运营环境质量自动监控系统（水）的设备达 100 套以上的企业有 18 家，30 ～ 100 套的企业有 14 家；运营环境质量自动监控系统（气）的设备达 80 套以上的企业有 22 家，20 ～ 80 套的企业有 11 家。

2.1.4 企业性质

从企业的性质来看，176 家企业中，股份有限公司 30 家，占比 17 ％，剩余的绝大部分是有限责任公司。

2.1.5 注册资本

从注册资本来看，超过 70% 的企业注册资本都在 3000 万元以内，但仍有 6.3% 的企业注册资本超过了 1 亿（图 6）。

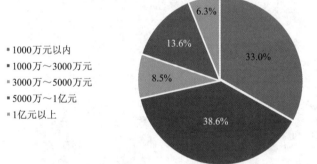

图例：
■ 1000 万元以内
■ 1000 万～3000 万元
■ 3000 万～5000 万元
■ 5000 万～1 亿元
■ 1 亿元以上

图 6　环境监测仪器运维企业注册资本分布情况

2.1.6 地域分布

按照企业注册登记省份的分布情况进行统计，环境监测仪器运维公司最多的省份为山东、江苏、广东三省，均超过 20 家，吉林、宁夏、黑龙江、广西等省（区）运维公司数量少于 5 家。

各省参与环境监测仪器运维的公司数量与注册地分布基本一致，山东、江苏、广东、湖北、河北等省份，均超过了 20 家，青海、宁夏、贵州、云南、吉林等省（区）都少于 5 家。

2.1.7 企业影响力

58 家企业有 2 个或 2 个以上省（区）的业务，其中在超过 5 个省（区）有业务的企业有 19 家，其他的企业基本都在自己注册所在省（区）内经营业务。

2.1.8 人员结构

本次研究的 176 家企业，共有人员 41 600 余人，人员学历结构如下：具有硕士及以上学历的 2400 余人，占人员总数的 5.8%；具有本科学历的近 19 200 人，占人员总数的 46.1%；大专及以下学历的 20 000 余人，占人员总数的 48.1%（图 7）。

在41 600余人的总人数中，运营人员有33 500余人，运营人员结构如下：运营管理人员4100余人，占总运营人数的12.2%；运营技术人员18 800余人，占总运营人数的56.1%；运营工近10 600人，占总运营人数的31.7%（图8）。

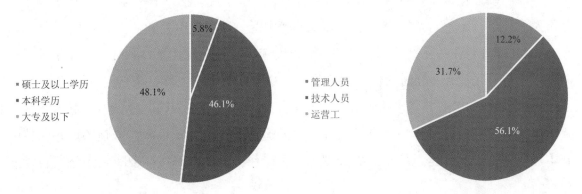

图7 环境监测仪器运维企业人员学历结构情况 **图8 环境监测仪器运维企业运维人员结构情况**

2.1.9 成立年限

从企业设立年限来看，成立1～3年的企业7家，占比4%；成立4～10年的企业75家，占比42.6%；成立10年以上的企业94家，占比53.4%（图9）。

由于参与年审填报的企业在2019年或之前均已获得运营资质认证，因此没有成立1年以内的企业。因本次研究样本受限，但仍可以看出近10年来持续有新企业进入这个增长的市场。

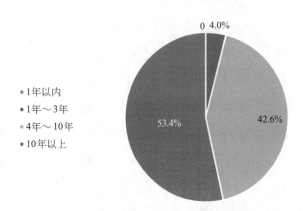

图9 环境监测仪器运维企业成立年限分布

2.2 环境监测仪器运维行业存在的问题

2.2.1 违法违规界定不清晰

随着各地政府监管力度的不断加大，环境监测服务业，特别是污染源自动监控运维行业已逐渐成为"高危"行业，从业风险逐渐增大。近年来，污染源自动监控运维行业的多数龙头企业正逐步分离污染源运营业务，有些企业成立专业运营公司专门负责污染源自动监控设施的运维；有些企业将承担的污染源自动监控运维业务分包；还有部分企业退出污染源自动监控设施运维业务，只保留环境质量自动监控设施运维业务。违法违规界定不清晰是龙头企业分离污染源运营业务的重要原因之一。尽管2015年原环境保护部印发了《环境监测数据弄虚作假行为判定及处理办法》，但地方政府在具体实施时，经常会出现不同地区要求不一致的情况。

2.2.2 部分第三方企业的运营能力不足

整个自动监控运维行业普遍存在人员流动大、部分人员业务不熟练、部分现场操作人员不熟悉仪器标定等日常操作、记录不规范等情况。通常这些企业主要存在如下问题。

（1）部分企业的质量控制水平差，缺乏完善的质量控制体系，制定的作业指导书不能有效指导现场操作。同时责任意识不强，自身考核制度不完善，缺乏相应的考核力度。

（2）人员的专业技术水平不够。部分企业在招聘运维工程师时降低学历和技术水平要求，导致其在实际工作中对自动监控设施的运维不到位，现场操作人员不熟悉仪器的基本原理，不熟悉日常巡检、故障处理等基本操作，无法准确按照要求正常运行自动监控设备。

（3）企业配备的实验室水平差。部分企业缺乏甚至没有运营维护区域的实验室建设，未配备专业性的实验室技术人员及必备的常用检测设备，配备的检测设备未按要求及时开展校准检定等。

（4）企业在现场运维时，受限于成本，出现降低校准频次、减少校验流程、不符合国家有关标准规范的情况，进而无法保证监测数据质量等问题。

2.2.3 低价中标导致劣币驱使良币

现在运维单位数量众多，质量参差不齐，导致低价竞争、恶性竞争现象普遍。第三方运维服务市场近年来竞争激烈，难免出现低价中标的情况。低价中标是恶性竞争的结果，给第三方运维服务行业带来了一定的问题，体现在以下两方面。首先对于中标者来说，由于中标价格较低，甚至低于成本价，导致其在实际的运维服务中会减少人力、设备等方面的投入，降低运维服务水平，无法保证运维质量和环境监测数据质量。其次低价中标导致同行业恶性竞争，不利于第三方运维服务行业的健康发展。

2.3 环境监测类检测机构行业发展状况

截至 2018 年年底国家市场监管总局的统计数据，我国共有各类生态环境监测类检验检测机构 6740 家，同比增幅 13.4%（图 10）；其中既包含生态环境监测系统监测站，也包括社会化检测机构，粗略估计，从事环境监测工作的社会化检测机构约有 3500 家。

各类生态环境监测类检验检测机构营业收入 269.6 亿元，增长 31.3%，向社会出具检验检测报告 1616 万份（图 11）。全行业共有从业人员 22.86 万人。共拥有各类仪器设备 131.16 万台套，全部仪器设备资产原值 750.24 亿元，实验室面积 983.37 万 m^2。

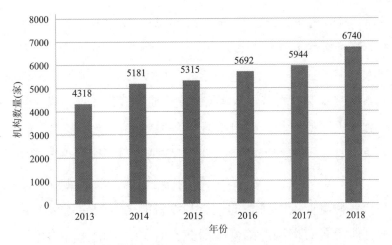

图10　环保（环境监测）类检验检测机构增长情况

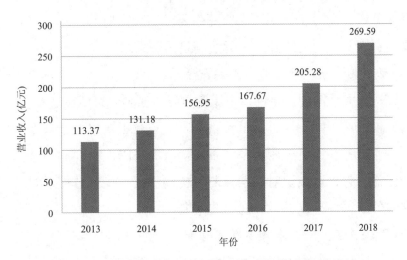

图11　环保（环境监测）类检验检测机构营收增长情况

2.4 环境监测类检测机构行业问题分析

随着生态环境监测社会化的推进，对第三方检测机构缺乏有效监管的不利影响已经显现，社会化环境监测行业和运维行业普遍出现了恶性竞争严重、机构发展水平良莠不齐的现象，存在着社会检测机构数据质量堪忧，影响政府公信力的问题。社会检测机构之间恶性竞争，严重扰乱市场秩序，主要体现在以下几个方面。

2.4.1 监测能力和质量管理体系不完善

相当一部分环境监测社会化服务机构业务能力薄弱，日常质量管理措施落实不到位，监测（采样）质控体系不完善，监测能力与监测质量仅能基本保障环境监测要求不高的初级阶段，仅依靠机构的自我约束和内部监督手段，较难保证监测过程的真实性和可追溯性。而由于环境监测工作的不可复制性，少数机构通过不检测、少检测、篡改数据等不当操作，出具虚假的环境检测数据，缺乏法律意识和社会责任。

2.4.2 大多数监测机构规模小，服务内容单一

根据《中华人民共和国计量法》的要求，所有对社会出具公正数据的产品质量监督检验机构及其他各类实验室，均需要取得 CMA 资质。随着环保产业的蓬勃发展，社会化环境监测机构的数量也迅速增长，但机构规模普遍较小，绝大多数人员数量小于 50，一些机构为了能够通过 CMA 资质评审，通过临时招聘人员、租用设备等方式应付评审，评审完毕后，解散人员，退还设备，开始在环境检测领域开展检测业务、出具检测报告。由于这些机构在开展检测业务时具备的人员和设备能力与资质评审时具有一定的差别，这也必然会影响其所出具数据的准确性。因此，对于这些检测机构还缺乏有效的事中事后监管手段。此外，这些检测机构的人员、设备、技术和资金投入有限，往往仅能开展简单常规项目的分析，而对于一些高端监测需要较高投入监测服务的项目（如二噁英监测、危险废物鉴别等），则无法开展，无法满足监测需求。

2.4.3 恶性无序的市场竞争，严重影响数据质量

由于监测机构的大量涌现，导致了市场竞争异常激烈，为了在市场竞争中取得优势，一些检测机构无视市场规则，通过压低价格获得业务，不惜以低于成本价的价格接单，为了获取利润，通过一些违背检测规范和不诚信行为来降低必要的成本开支，进而严重破坏了市场的正常行为，造成了对诚信监测机构的伤害。检测数据质量的下降，影响了环境监测机构的公信力，造成了不可挽回的损失。

2.4.4 检测市场开放程度不一，检测发展不均衡

我国由于本身在经济发展上存在不均衡，因此监测市场的开放程度也不一致，在沿海和东部发达地区的检测机构发展迅速，环境检测市场已初具规模，以生态环境部门监测机构为主、社会化环境监测机构为辅的格局已经形成，并在环境监测领域发挥了重要的补充作用，其中尤以江苏、浙江、上海、广东等省（市）为代表。而其他区域的开放程度近年在逐步实施，社会化监测机构也逐步得到发展。

2.4.5 从业人员储备不足

由于社会化监测机构发展相对较晚，机构管理水平有限，在专业技术人员的储备、培养方面存在不足。技术人员流动频繁，尤其以基层技术人员的流动较为频繁，技术在沉淀、积累方面出现了断层，同时，缺乏专业性的环境监测人员导致环境检测质量不高，影响了业务发展。从业人员的素质普遍不高，主要表现在从业人员总体接受专业技术教育水平偏低，大多从业时间不长，缺乏丰富的业务经验。

3 上市环境监测领域企业发展状况

由于上市公司对行业经济和区域经济的带动作用日趋明显，将从上海证券交易所、深圳证券交易所和全国中小企业股转系统中筛出的具有代表性的环境监测上市公司作为研究对象，分析2019年环境监测服务上市公司的经营情况。因信息披露的差异性，本节将上海证券交易所和深圳证券交易所上市的环境监测类企业合并为一组，全国中小企业股转系统相关挂牌企业单独为一组。

3.1 沪深两市的环境监测领域企业

3.1.1 基本情况

截至2019年12月16日，沪深两市上市公司共计3765家，总市值达57.78万亿元。本节将筛选出的主营业务涉环境监测服务的10家上市公司作为研究对象。

10家企业数据汇总后市值为804.01亿元，总资产为584.43亿元，同比增长4.70%；营业收入达到276.66亿元，同比增长1.98%；净利润29.47亿元，同比增长2.33%（备注：由于力合科技是2019年11月上市的，使用的同比2018年数据为其上市前的财务数据）。按总资产排序，前三名为盈峰环境科技集团股份有限公司（简称"盈峰环境"）、聚光科技（杭州）股份有限公司（简称"聚光科技"）和汉威科技集团股份有限公司（简称"汉威科技"）；按年度营业收入排序前三名为盈峰环境、聚光科技和华测检测认证集团股份有限公司（简称"华测检测"）；按净利润排序前三名为盈峰环境、华测检测和宁波理工环境能源科技股份有限公司（简称"理工环科"）。

就经营指标的平均值而言，上述10家上市公司的平均总资产额为58.44亿元，平均营业收入为27.67亿元，平均净利润为2.95亿元。可以看出，环境监测服务行业上市公司的总资产均值、营业收入均值、净利润均值远低于A股市场的平均水平，表明现阶段环境监测服务行业还没有出现大的巨无霸企业；就增长速度而言，三项指标2018年的同比增长率较低，这也反映出随着国家对环保重视程度的不断加深，环境监测服务行业已经处在稳定增长的阶段。

3.1.2 上市时间

上述10家公司从2009年开始逐渐上市。其中，主营业务涉及环境监测服务的有6家：华测检测2009年登陆创业板、河北先河环保科技股份有限公司（简称"先河环保"）和北京海兰信数据科技股份有限公司（简称"海兰信"）2010年登陆创业板、北京雪迪龙科技股份有限公司（简称"雪迪龙"）2010于中小板上市、聚光科技于2011年成功登陆创业板、力合科技（湖南）股份有限公司（简称"力合科技"）于2019年在创业板上市。

通过资产重组涉足环境监测服务的企业有 4 家：汉威科技于 2014 年通过收购嘉园环保正式进军环境监测领域、理工环科于 2015 年通过并购北京尚洋东方环境科技有限公司涉足环境监测、盈峰环境则通过借壳浙江上风高科专风实业股份有限公司于 2015 年 11 月登陆主板市场、2018 年江苏天瑞仪器股份有限公司（简称"天瑞仪器"）通过收购江苏国测检测技术有限公司进入第三方检测领域。

3.1.3 资产负债率

10 家上市公司的平均资产负债率约为 36.36%，这表明环境监测上市公司并没有过多地运用财务杠杆，经营水平有进一步的提升空间（图 12）。

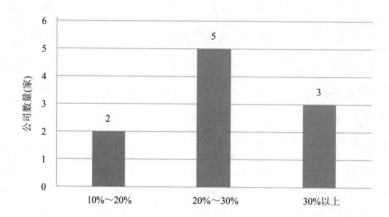

图 12　环境监测上市公司 2019 年资产负债率分段统计

3.1.4 净利润率

10 家公司 2019 年的净利率除理工环科、力合科技外均在 20% 以下，其中 10% 以下的有 3 家、10%～20% 的有 5 家。可以看出环境监测行业内上市公司的整体盈利状况良好，高于市场平均水平（图 13）。

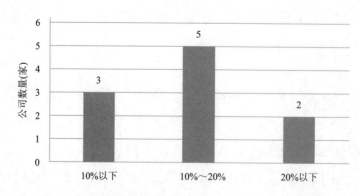

图 13　10 家环境监测上市公司 2019 年净利润率分段统计

3.1.5 三费情况

三费主要指上市公司的销售费用、管理费用和财务费用。10家公司2019年的三费占营业收入的比重为10%～32%。

10家上市公司三费合计占营业收入的比重平均值为17%左右，其中销售费用占比约11%，管理费用占比约5.8%，财务费用占比约0.8%。可见，环境监测上市公司在销售推广和日常管理方面的开支较大（图14）。

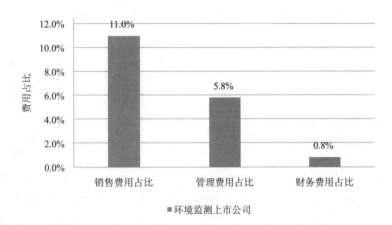

图 14 环境监测上市公司三费占营收比均值

据2019年各公司年报公布的数据，生态环境监测领域A股上市公司里的骨干龙头企业的经营情况如表1所示。

表 1 2019 年生态环境监测领域的 A 股上市公司经营情况

证券代码	企业名称	2019年总收入（亿元）	同比增长率	2018年总收入（亿元）	同比增长率	2017年总收入（亿元）	同比增长率
300203.SZ	聚光科技	38.96	1.86%	38.25	36.65%	27.99	19.18%
002658.SZ	雪迪龙	12.43	-3.57%	12.89	18.89%	10.84	8.63%
300137.SZ	先河环保	13.7	-0.29%	13.74	31.74%	7.9	32.04%
000967.SZ	盈峰环境	126.96	-2.68%	130.45	166.33%	48.98	43.77%
300165.SZ	天瑞仪器	9.08	-11.33%	10.24	29.31%	7.92	84.02%

从表1可以看出，2019年度聚光科技等5家A股上市公司的营业收入的平均同比增长率为-2.34%，2018年5家A股上市公司的营业收入的平均同比增长率为98.37%，五家A股上市公司的营业收入正处于高速增长阶段。从以上5家生态环境监测领域的A股上市公司里的骨干龙头企业的2018年度的总营业收入来看，2018年生态环境监测领域企

业的经营情况很好，相比 2017 年的经营业绩都有大幅度的提高。2019 年生态环境监测领域企业的经营情况，相比 2018 年的经营业绩多有下降。

3.1.6 5 家 A 股上市公司介绍

聚光科技：主要从事环境监测、工业过程分析和安全监测领域仪器仪表的研发、生产和销售，公司产品能够在线监测气体、液体和固体的成分和含量，产品广泛应用于环境保护、冶金、石油化工、电力能源、水泥建材，公共安全等多个领域；收购东深电子后扩展至水资源、水环境监测领域。该公司 2017 年实现总营业收入 2 799 399 315.57 元，2016 年总收入 2 348 896 833.32 元，2017 年总收入比上年增加 19.18%；2017 年归属于上市公司股东的净利润 448 907 030.13 元，2016 年净利润 402 333 150.09 元，2017 年比上年增加 11.58%。2018 年度的总营业收入为 38.25 亿元，同比上涨 36.65%。2019 年度的总营业收入为 38.96 亿元，同比上涨 1.86%。

盈峰环境：国内领先的高端装备及环境综合服务商，其控股股东为家电巨头美的电器集团公司。2017 年总营业收入 4 898 388 995.53 元，2016 年总收入 3 407 198 360.32 元，2017 年比上年增加 43.77%；归属于上市公司股东的净利润 2017 年为 352 656 553.59 元，2016 年为 245 789 877.16 元，2017 年比上年增长 43.48%。2018 年度的总营业收入为 130.45 亿元，比上年同期上涨 166.33%。2019 年度的总营业收入为 126.96 亿元，同比下降 2.68%。

雪迪龙：专业从事环境监测、工业过程分析智慧环保及相关服务业务的高新技术企业。在 2017 年胡润全球富豪榜上，雪迪龙是唯一一家主要业务为环境监测的中国环保企业。2017 年总营业收入为 1 084 248 535.55 元，2016 年总营业收入为 998 118 989.39 元，2017 年比 2016 年增长 8.63%；2017 年归属于上市公司股东的净利润为 214 788 230.39 元，比 2016 年的 193 903 638.09 元增加 10.77%。2018 年度的总营业收入为 12.89 亿元，比 2017 年同期上涨 18.89%。2019 年度的总营业收入为 12.43 亿元，同比下降 3.57%。

先河环保：专业从事高端环境在线监测仪器仪表研发、生产和销售的高新技术企业。2017 年总营业收 1 042 537 654.56 元，2016 年总营业收入 789 543 369.79 元，2017 年总营业收入比 2016 年增长 32.04%；归属于上市公司股东的净利润，2017 年为 188 169 290.74 元，2016 年为 105 311 976.46 元，2017 年的净利润比 2016 年增长 78.68%。2018 年度的总营业收入为 13.74 亿元，比 2017 年同期上涨 31.74%。2019 年度的总营业收入为 13.7 亿元，同比下降 0.29%。

天瑞仪器：国内监测检测仪器龙头，业务覆盖医药、食品、环保等多个领域。2017 年实现总营业收入 792 027 581.70 元，2016 年实现总营业收入 430 400 414.30 元，2017 年比 2016 年总营业收入增加 84.02%；2017 年归属于上市公司股东的净利润 103 709 109.05 元，2016 年净利润为 55 743 978.55 元，2017 年比 2016 年增长 86.05%。前 8 名 A 股上市公司的生态环境监测检测仪器龙头企业中，天瑞仪器在 2017 年的经营业绩增长幅度最大。2018 年度的总营业收入为 10.24 亿元，比去年同期上涨 29.31%。2019 年度的总营业收入为 9.08 亿元，同比下降 11.33%。

另外，以上 5 家环保监测仪器领域上市公司 2017 年度的营业净利润同上一年度（2016 年）的营业净利润相比有大幅度的提高（两位数），2018 年度，有 2 家上市公司的营业净利润出现了负增长，分别是天瑞仪器和雪迪龙，出现了分化。而 2019 年度，有 4 家上市公司的营业净利润出现了负增长。

3.1.7 科创板情况

上海证券交易所科创板正式开板是我国资本市场一件里程碑式的大事，节能环保产业是科创板重点支持的六大领域之一。共有 9 家环保企业获得科创板入场券。

9 家企业分别来自北京、福建、陕西、河南和江苏省（市），其中 3 家来自北京、3 家来自江苏，分别占总数的 1/3。成功过会的企业中，6 家企业成立超过 10 年。按照专业领域来看，从事大气污染防治相关的企业 2 家，从事固体废弃物处理处置的企业 1 家，从事智慧环保的企业 1 家，从事水污染防治的企业 5 家（南京万德斯环保科技股份有限公司（简称"万德斯"）计入水污染防治企业），其中三达膜、金科环境股份有限公司（简称"金科环境"）均从事专业膜技术开发与应用。

从企业规模来看，9 家公司 2018 年营业收入基本不超过 10 亿元，利润为 0.47 亿～1.81 亿，营收最高为龙岩卓越新能源股份公司（简称"卓越新能"）、利润最高为三达膜。企业研发投入占营收比例为 3.28%～6.64%。据统计，首批登录科创板的 25 家企业研发投入占比平均为 11.3%，环保企业在研发投入方面较电子科技、航天科技、生物医药等其他领域科创板上市企业仍有较大差距。9 家企业共需募集资金 55.91 亿元。其中，山东奥福环保科技股份有限公司（简称"奥福环保"）、卓越新能、三达膜、洛阳建龙微纳新材料股份有限公司（简称"建龙微纳"）四家企业已经正式发行，发行价分别为 26.17 元、42.93 元、18.26 元和 43.28 元。还有一些环保公司正在接受上交所问询或已主动终止科创板上市申请。

3.2 新三板的环境监测领域企业

3.2.1 基本情况

截至 2020 年 3 月 31 日，新三板挂牌的企业有 8755 家，其中基础层 8038 家，创新层 717 家。本节筛选出主营业务涉及环境监测服务的新三板挂牌企业共计 24 家作为研究对象。

24 家企业 2019 年资产总额 21.73 亿元，同比增长 9.94%；营业收入总额 15.28 亿元，同比增长 3.38%；净利润总额 1.89 亿元，同比下降 1.37%。营业收入略涨，净利润出现下滑。

从整体新三板市场角度来看，这 24 家环境监测服务企业总资产、营业收入和净利润指标的平均值都低于市场整体情况。

3.2.2 挂牌时间

24 家企业中 2013 年挂牌 1 家，2014 年挂牌 1 家，2015 年挂牌 7 家，2016 年挂牌 7 家，2017 年挂牌 6 家，2018 年挂牌 2 家。2015 年后在新三板挂牌的企业比较多共计 22 家，占比达到 92%，这与前述环保监测服务行业相关政策明显相关（图 15）。

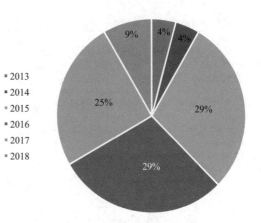

图 15　24 家新三板环境监测
服务企业挂牌时间分布

3.2.3 分层管理

随着新三板挂牌公司数量不断增多，自 2016 年 6 月 27 日起，全国股转公司正式对挂牌公司实施分层管理。相对于基础层，创新层的企业经营情况更好、首次公开募股（IPO）潜力更大、受到的市场关注度也更高。目前上述 24 家新三板挂牌企业大都属于基础层。

3.2.4 转让方式

目前，新三板交易方式包括集合竞价转让和做市转让，主要以集合竞价为主，集合竞价转让占新三板全部挂牌企业的比例达到 90% 以上。24 家新三板环境监测挂牌企业中，仅有 3 家企业选择做市转让，21 家企业选择竞价转让，占比为 87.5%。

3.2.5 资产负债率

24 家涉及环境监测的新三板挂牌企业 2019 年资产负债分段统计占比如图 16 所示，有半数企业资产负债率低于 30%。

平均资产负债率为 29.83%，该情况说明大多数企业比较谨慎，同时反映出大多数企业

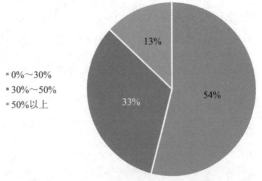

图 16　24 家涉及环境监测挂牌企业
2019 年资产负债率分段统计占比

对财务杠杆应用不足，可开发的举债潜力较大。同时，环境监测服务类企业的轻资产特点，在债性融资方面确实有天然劣势。

3.2.6 净利润率

24家企业中有12.5%的企业2019年亏损，净利润率在0%～10%的企业占37.5%，净利润率在10%～20%的企业占20.8%，净利润率在20%以上的企业占29.2%（图17）。总体盈利水平一般，但个体差异较大。

24家企业中有8家企业净利润率同比下降，表明随着国家对环境保护越来越重视，越来越多的企业开始涉足环境监测领域相关业务，市场竞争逐步加剧，企业盈利水平下降。

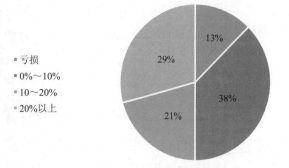

图17　24家涉及环境监测挂牌企业
2019年净利润率分段统计占比

但这24企业的平均净利润率高于新三板整体水平，虽然环境监测企业的营业收入均值要小于整体新三板企业，但该行业的盈利能力强，毛利空间大，这也是吸引越来越多人才和资金进入该行业的重要原因。

3.2.7 三费占比

24家企业2019年三费占营业收入分段统计如图18所示，可看出三费占比在30%以下的企业占比67%，比例超过一半。大部分环境监测挂牌企业可以将三费占比控制在50%以下。

从三费结构来看，管理费用是其最大的组成部分，其次为销售费用，也符合研发和销售是环境监测企业最为重视的特点。

新三板挂牌的环境监测企业的平均三费占比低于新三板整体水平，说明环境监测企业较为重视费用管理。

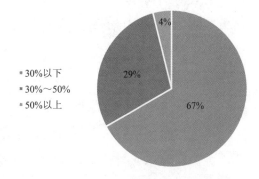

图18　24家涉及环境监测挂牌企业
2019年三费占比分段统计占比

4 行业整体发展趋势

4.1 生态环境大数据进一步融合应用

生态环境大数据是环境信息化发展到一定阶段，在IT技术革新与环境管理转型的共同作用下，应运而生的环境管理创新工具。随着信息技术的发展，借助生态环境物联网等技术，各地开始逐步搭建完善的生态环境大数据管理平台、大数据应用平台，进而开展大数据挖掘与应用。在此基础上，人工智能、云计算、机器学习等技术手段，逐步引入生态环境大数据应用中，在环境监测溯源、预测预警等模型基础上，实现模型的自学习，不断提升模型的可靠性。同时生态环境大数据的应用，将朝着数据融合应用的方向发展，实现数据在各个区域部门之间的共享共用，在提高办事效率的同时，以数据作为生产资料，带动新兴产业的发展，实现数据资源的最大化利用。

4.2 环境监测服务业监管力度加大

2015 年以来，社会化环境监测机构快速发展，随之出现了操作不规范等一系列问题，市场监管总局和生态环境部连续三年开展的生态环境监测质量监督检查活动，对广大从业机构产生了极大的震慑作用。2019 年 3 月 26 日，湖北省生态环境厅针对"咸宁市中德环保电力有限公司监督性监测结果均超标，但武汉华测公司出具的两份监测报告均显示监测结果达标"这一线索，对咸宁市中德环保电力有限公司委托武汉市华测检测技术有限公司（以下简称"武汉华测"）开展的企业自行监测行为进行调查核实，并将报告数据问题调查结果上报生态环境部监测司。生态环境部监测司依据《环境监测数据弄虚作假行为判定及处理办法》，判定武汉华测存在监测数据弄虚作假行为，该公司被禁止参与政府购买环境监测服务和政府委托项目，相关责任人亦被列入弄虚作假不良记录名单。2019 年通报的环境监测运维质量专项检查结果，也给环境监测运维行业敲响了警钟。未来，随着社会化环境监测机构越来越多地参与到环境监测活动中，政府对其监督管理也会持续加严。

4.3 多路资本跨界环境监测行业

环境监测市场的快速发展引来了众多跨界企业。2019 年，深圳市生态环境局采购的"深圳市河流水质科技管控项目"发布中标公告，中标供应商为深圳市万科物业服务有限公司，中标金额为 19 055.7788 万元。在房地产行业增速放缓的大环境下，地产公司纷纷跨界，万科集团曾宣布进军环保产业，此项目应该是万科集团进军环保产业的第一个标志性项目。

除了房地产公司，跨界进入环境监测领域的还有移动通信行业的公司，2019 年 9 月，中国移动中标"宝鸡市陈仓区购买空气质量监测数据及服务项目"，金额为 2400 万元。

随着环境监测行业的市场化、智能化发展，地产领域等企业通过整合第三方监测资源的方式跨界加入，通信技术行业则凭借其信息技术能力，推动环境监测行业信息化、智能化发展。未来，还将有更多的技术加入，推动环境监测行业的发展。

4.4 社会化环境监测机构社会关注度增高

近年来，我国社会环境监测机构快速发展，技术水平迅速提高，广泛服务生态环境管理和企业污染源监测等领域，成为生态环境领域一支不可忽视的重要力量。2019年10月23日，生态环境部、人力资源和社会保障部、全国总工会、共青团中央、全国妇联和国家市场监督管理总局六部门联合举办的"第二届全国生态环境监测专业技术人员大比武"活动在江苏省南京市落下帷幕。来自全国各省（区、市）的500余家社会环境监测机构及其2000余名技术人员参加了省级赛和全国总决赛，占全部参赛机构和人员数量的约四成。

冶金环保行业 2019 年发展报告

1 2019 年行业发展现状及分析

1.1 主要政策分析

2019 年 4 月 29 日，生态环境部等五部委联合发布《关于推进实施钢铁行业超低排放的意见》（环大气〔2019〕35 号）（以下简称《意见》），鼓励钢铁企业分阶段分区域完成全厂超低排放改造，力争通过提出史上最严排放限值要求，从有组织源头减排、工艺过程优化控制、治理设施提标升级、无组织精准管控与交通运输结构调整等多方面同时发力，实现行业环保水平的大幅提升。我国钢铁工业已处在由大到强、绿色转型的历史节点，要以超低排放改造为契机，实现企业污染物排放的大幅压减，全工序有组织排放超低限值较国内现行标准收严 33% ～ 83%，对比国外同类标准，我国超低排放限值除个别节点的颗粒物排放浓度与国外同类标准相当外，绝大部分指标均优于国外同类标准。

2019 年，随着"蓝天保卫战"进入攻坚年，京津冀及周边"2+26"城市、长三角地区、汾渭平原地区作为"主战场"，区域内钢铁、焦化行业的主要大气污染物排放减量问题被推至紧要位置，特别是国内钢铁产能最为集中的唐山市、邯郸市。2019 年 7 月生态环境部正式发布《关于加强重污染天气应对夯实应急减排措施的指导意见》（环办大气函〔2019〕648 号），根据工艺装备、治理措施、有组织排放限值、运输方式等绩效将企业分为 A、B、C 级，A 级企业少限或不限、C 级企业多限，各级之间减排措施拉开差距，扶优汰劣、奖优惩劣，形成良币驱逐劣币的公平竞争环境。

为进一步做好钢铁行业超低排放评估监测工作，统一超低排放认定程序和方法，生态环境部编制了《关于做好钢铁行业超低排放评估监测工作的通知》（征求意见稿），夯实《关于推进实施钢铁行业超低排放的意见》（环大气〔2019〕35 号）要求，要求市级及以上生态环境部门应加强对企业的指导和服务，利用烟气自动监控系统（CEMS）、视频监控、门禁系统、空气微站、卫星遥感等方式，加强对企业超低排放的事中、事后监管，开展动态管理，对不能稳定达标的企业，视情况取消相关优惠政策，解决地方验收评价标准不一的混乱情况。《钢铁企业超低排放改造技术指南》（中环协〔2020〕4 号）的发布为企业实施超低排放改造路径提供了技术方案与案例考察的选择依据，可避免重复投资。

1.2 行业发展情况

2019年1—9月，全国粗钢产量7.48亿t，同比增长8.4%，年化粗钢产量9.998亿t，再创历史新高。按照《意见》要求，到2020年年底前，重点区域钢铁企业超低排放改造需取得明显进展，力争60%左右产能完成改造；到2025年年底前，重点区域钢铁企业超低排放改造基本完成，全国力争80%以上产能完成改造。同时要求各省（区、市）及新疆生产建设兵团制定具体实施方案报生态环境部，目前共有20个省（区、市）的生态环境部门发布了超低排放改造实施方案，其中河北省和江苏省于2018年发布，安徽、湖北、山西、广西等18个省（区、市）于2019年发布，山东、辽宁、河南、广东、甘肃、青海、内蒙古7个省（区）以及新疆生产建设兵团尚未发布超低排放改造实施方案。

部分钢铁企业已开始超低排放改造，从清洁生产与源头洁净化物料把控方面减排；采用烟气循环、煤气精脱硫、低氮燃烧等工艺过程优化，实现下游加热炉、电厂等煤气用户燃烧后污染物排放满足超低限值要求；选用烧结机头与球团焙烧、焦炉烟气脱硫脱硝、高效覆膜袋式与滤筒式除尘等治理设施提标升级，全行业烧结机头烟气氮氧化物高效脱除技术随着标准的提出已成功积累了多项案例，其中宝钢、裕华钢铁、中天钢铁等以SCR工艺为主与邯郸钢铁、首钢迁钢等以活性炭/焦工艺为主的治理设施均能稳定达到超低排放限值要求；无组织管控治一体化通过原料库封闭与煤筒仓技术，与受卸料、供给料过程如汽车受料槽、火车翻车机、铲车上料、皮带转运点等易产尘点位采用抽风除尘或抑尘的方式优化作业环境，辅以喷淋或干雾抑尘确保原料系统储运粉尘排放得到有效控制。通过大数据、机器视觉、源解析、扩散模拟、污染源清单、智能反馈等技术，开展全厂无组织尘源点的清单化管理，将治理设施与生产设施、监测数据联动，对无组织治理设施工作状态和运行效果进行实时跟踪，实现无组织治理向有组织治理转变。多措并举，实现行业环保排放绩效与管理水平的大幅提升。此外，钢铁行业通过实施"三干"等节水型清洁生产工艺，实施串接、分质用水，吨钢废水排放量已由2005年的4.88 m³降至2018年的0.69 m³，且部分特别排放限值地区与沿海钢铁企业实现废水"近零排放"。

据统计，规模在500万～1000万t级的钢铁企业，有组织排放口数量就有近百个，甚至多达数百个。有组织排放超低排放限值较国内现行标准收严33%～83%，对标国外同类标准，我国超低限值除个别节点颗粒物排放浓度与国外同类标准相当外，绝大部分指标均严于国外同类标准，因此，改造工程量与部分节点实施难度较大，改造后投资运行费用较现状会提高近百元。初步测算，一个国内先进环保水平的500万t钢铁企业完成超低排放改造的一次性建设投资约20亿元，环保运行成本将达到250元/t钢以上，甚至近300元/t钢。环保水平低的钢铁企业相应的投资将大幅增加。总体来看，冶金环保领域市场空间较大，超低排放的稳步推行未来还将继续拉动行业环保治理需求。

1.3 行业关键技术发展情况

1.3.1 有组织治理关键技术

1.3.1.1 烧结机头、球团焙烧烟气脱硫脱硝技术

（1）湿法／半干法脱硫＋中温 SCR 脱硝技术

目前，全国钢铁企业超低排放改造中应用湿法／半干法脱硫＋中温 SCR 脱硝技术路线的占比达 70% 以上，此种工艺路线在宝钢 600 m² 烧结机率先投运后，当前在河北、江苏、山东、山西、河南等省钢铁企业烧结机头烟气超低排放改造中均有成功应用，通过对关键工艺参数的控制，可实现在按基准氧含量折算后颗粒物、SO_2、NO_x 排放浓度分别在 10 mg/m³、35 mg/m³ 和 50 mg/m³ 以内的排放限值要求。

（2）活性炭／焦一体化脱硫脱硝技术

活性炭／焦一体化脱硫脱硝技术自 2010 年在太钢 2×450 m² 烧结机率先投运后，截至 2019 年，首钢集团迁钢公司、河钢集团邯钢公司、安阳钢铁集团、新兴铸管集团等企业陆续增建，市场份额逐步提升，通过活性炭／焦的质量、装载量把控与工况条件的精准调配，也可实现颗粒物、SO_2、NO_x 折算后排放浓度分别在 10 mg/m³、35 mg/m³ 和 50 mg/m³ 以内，符合排放限值要求。

1.3.1.2 焦炉烟气脱硫脱硝技术

（1）半干法或干法脱硫+SCR 脱硝技术

半干法或干法脱硫+SCR 脱硝技术采用钙基或钠基脱硫剂与烟气中 SO_2 反应后，经布袋除尘工艺，通过烟气升温，在还原气氛下经由 SCR 脱硝工艺实现对 NO_x 的去除。在基准氧含量 8% 的条件下，颗粒物、SO_2、NO_x 排放浓度分别为 10 mg/Nm³、30 mg/Nm³ 和 150 mg/Nm³。企业一般根据自身炉型、烟气入口参数与运行成本考虑脱硝设施的前置或后置。

（2）SCR 脱硝＋湿法脱硫＋湿电技术

对于已建湿法脱硫企业，可直接通过增加 SCR 脱硝装置满足超低排放限值要求，湿法脱硫工艺以石灰／石灰石—石膏、氨法为主。通过湿式静电除尘器对烟气中含固物质进行深度处理，满足超低排放颗粒物限值要求。

1.3.1.3 高炉与焦炉煤气精脱硫技术

焦炉煤气净化一般采用串级湿式氧化法或真空碳酸盐法煤气脱硫技术，可实现对焦炉煤气中硫化氢的高效脱除，目前采用微晶材料吸附工艺去除煤气中有机硫的技术已有应用案例；针对高炉煤气精脱硫技术，2019 年年底前个别钢铁企业投运了"水解催化＋

脱酸"技术路线的示范项目。对于两类煤气精脱硫工艺,一般认为通过源头煤气精脱工艺,将出口 H_2S 浓度降至 20 mg/Nm³ 以下时,可实现下游煤气用户燃烧后 SO_2 排放浓度满足超低排放限值要求,不会因频繁的末端脱硫设施增建导致投运成本明显上升。

1.3.1.4 高效除尘技术

(1)全厂环境除尘

目前,钢铁企业超低排放实施过程中对于烧结机尾、高炉出铁场、矿槽、转炉二次等环境除尘,除可采用覆膜袋式除尘技术外,2019 年,企业改造过程中选用滤筒除尘工艺可确保颗粒物外排浓度在 10 mg/m³ 以内。滤筒除尘工艺适合企业现有除尘系统超低改造,可在场地有限的情况下,不单纯依靠加长布袋来增加过滤面积,实现截留粉尘效果达到超低限值要求。

(2)精轧机除尘

塑烧板除尘技术因具有耐湿性强、耐高温等优势,被用于轧钢精轧机组烟气净化工艺,尤其是针对板材产品,经塑烧板脱除后可保证烟气排放污染物稳定达到 10 mg/m³ 以内的超低排放限值要求。

1.3.2 无组织管控治一体化关键技术

1.3.2.1 原料场无组织控制技术

(1)原料库封闭技术

采用原料库封闭技术,可通过对厂房整体封闭,并配备天雾、雾炮等抑尘设备来控制扬尘,实现岗位粉尘的大幅降低,并彻底防止粉尘逸散至大气中。

(2)筒仓技术

通过建设筒仓,可实现燃料煤、炼焦煤与烧结矿等原燃料的全封闭装卸与输运,同时可满足安全生产要求,可实现上料、物料称量及转运等一体化,彻底控制无组织排放。

1.3.2.2 受卸料、供给料过程中的抑尘技术

在钢铁企业受卸料、供给料过程中,如汽车受料槽、火车翻车机、铲车上料、皮带转运点等易产尘点位均可采用抽风除尘或抑尘的方式优化作业环境。抑尘技术又可分为喷淋抑尘及干雾抑尘两类。皮带转运主要采取机头、机尾局部密封或整体二次密闭形式,配套皮带清扫器及点式除尘,确保在物料转移过程中实现无组织排放管控。

1.3.2.3 无组织排放管控治一体化系统

(1)料棚智能综合管控治系统

可实现"鹰眼"智能捕捉信号,区域连锁雾炮、天雾与上料口雾帘装置启动,对料棚内汽运车辆倒运、装卸料等过程进行干雾抑尘,有效缓解封闭料棚内无组织排放超标

问题，确保区域内无可见粉尘，满足超低排放政策中对于料棚无组织管控的要求。

（2）物料输送智能管控治系统

针对皮带运输过程中机头、机尾扬尘严重的问题，通过导料槽二次密闭、点式除尘增建、纳膜剂喷洒等除尘抑尘形式，可实现对各类物料运输过程的智能管控，根据现场物料含湿量与周围车间空气质量变化情况，合理优化调配各类技术使用场景，能够在达到超低排放管控要求的同时，最大限度地实现对运行成本的精益化控制。

（3）厂区环境智能管控治系统

通过对厂区主要节点空气质量微站的设置，将信号接入管控治一体化平台，借助洗扫车辆 GPS 定位系统，合理配置厂区洗扫车辆第一时间前往道路扬尘较为严重的区域进行作业，所有操作过程均可由主控室管控治一体化平台完成，做到污染物源头监控、车辆动态管理、效果实时检验的协同管控过程，开创无组织排放措施管控治一体化行业的先河，属钢铁行业首创，指标达国际领先水平。

2 行业发展展望

2.1 政策方面

目前，生态环境部组织编制的《关于做好钢铁企业超低排放评估监测工作的通知》（环办大气函〔2019〕922 号）与中国环境保护产业协会冶金环保专业委员会编制的《钢铁企业超低排放改造技术指南》（中环协〔2020〕4 号）已正式发布，成为钢铁联合企业全流程超低排放改造实施过程中的技术指导文件，编制说明和解读中也对重点技术的实施单位与企业应用情况进行了介绍。已实施超低改造或正在进行超低改造的企业均可参照指南，择优选择适合企业整改的工艺路线，避免重复投资或采用非可行技术导致无法达到治理效果。

2019 年年底，生态环境部大气司组织第三方权威评估与监测机构依据《关于推进实施钢铁行业超低排放的意见》和《关于做好钢铁行业超低排放评估监测工作的通知（征求意见稿）》对首钢迁钢公司开展试点评估工作，首钢迁钢公司基本达到 A 级企业要求，成为我国首家全流程实现超低排放的钢铁联合企业。预计自 2020 年开始，将有更多的环保绩效水平处于国际领先水平的企业向 A 级与 B 级企业发起冲击，形成行业中力争上游的高质量绿色发展新阶段，体现生态环境部分类分级、差异化科学管控所带来的正向政策激励。

2020 年钢铁工业固体废物也将纳入排污许可监管范围，要求企业向生态环境主管部门提供工业固体废物的种类、产生量、流向、贮存、处置等有关资料，并阐明固废资源综合利用的具体措施，申请领取排污许可证，并按照排污许可证要求管理所产生的工业固体废物。至此，除废气、废水污染物外，固体废物一并纳入钢铁行业排污许可监管范畴。

2.2 市场方面

《意见》要求到2020年年底前，重点区域钢铁企业超低排放改造将取得明显进展，力争60%左右产能完成改造。且随着分类分级、差异化管控政策的深入，地方政策加严各自区域钢铁企业完成超低排放改造时限，市场空间将得到继续释放，有组织提标、无组织管控、智能化监控监管、清洁化运输等改造项目将给下游治理企业创造更多的项目机会。

排污许可证纳入对冶金固废的监管，将带动钢铁企业合规处置与综合利用自产一般工业固体废物与危险废物的积极性。随着生态环境主管部门对一般工业固体废物合规处置关注度的持续上升，将促使大部分钢铁企业在现有低品质利用甚至抛弃固体废物的基础上，新建资源综合利用项目，并通过转底炉、回转窑等炉窑实现对部分冶金灰渣的协同处置，为冶金固体废物的综合处理处置企业提供了较为广阔的市场空间。

随着环保政策的持续加严、源头减量与末端治理技术的持续升级，以及排污许可制度的不断细化，已进入冶金环保领域的龙头企业将继续保持较强的行业竞争力，同时，诸如烧结烟气循环、高炉煤气均压及休风放散、煤气精脱硫、冶金固体废物资源化利用等一些在细分领域专业性强的新兴技术企业也将脱颖而出，占据一定的市场份额。

2.3 技术方面

2020年，在有组织排放方面，除目前已深入推进并基本完成烧结机头、球团焙烧烟气脱硫脱硝改造的河北、河南、山东等省和"2+26"重点城市钢铁企业外，位于长三角与汾渭平原等重点区域的江苏、山西、陕西等省的钢铁企业将加快超低排放改造进程，参照《钢铁企业超低排放改造实施指南》予以实施；高炉与焦炉煤气精脱硫技术也将随着示范项目的落地，有意向冲击A级全面实现超低排放的钢铁企业将通过考察业绩逐步增建。即使不进行煤气精脱硫的企业，也将按照地方政策要求，对烟气中H_2S进行洗涤脱除，开启一轮对于煤气系统源头污染物减量的改造进程；CO的排放整治也将作为2020年钢铁企业改造的重点，可预见烧结烟气循环与高炉煤气炉顶均压、休风放散等技术将被更多企业所采用。

在无组织管控方面，无组织管控治一体化关键技术将以河北省邯郸、唐山等地先行示范区域向周边重点区域辐射，对标超低排放改造意见与超低排放改造实施指南要求，钢铁企业需对料棚、物料输送与厂区环境进行智能化管控，经由"鹰眼"识别智能抓拍与天雾、雾炮等抑尘设施联动，同时将无组织管控治一体化平台的监控范围覆盖全厂所有监控点，以信息化手段实现洗扫车辆对无组织扬尘点位的及时清理。

2019 年中国环保产业政策综述

1 2019 年环保产业相关政策概述

2019 年是新中国成立 70 周年，也是打好污染防治攻坚战、决胜全面建成小康社会的关键一年。在这一年里，习近平总书记就加强生态文明建设和生态环境保护提出了一系列新理念、新思想、新战略、新要求，党中央、国务院做出了一系列重大决策部署，环保产业市场需求得到进一步释放，环保产业发展的营商环境持续改善，环保产业继续保持快速发展，全行业工艺和技术装备水平稳步提升、创新模式得到示范和推广，创新型企业充满生机活力。据测算，2019 年全国环保产业营业收入达 1.78 万亿元，较 2018 年增长约 11.3%。

环保产业相关政策的制定与实施，对释放环保产业发展需求、促进各类资源向环保产业集聚、强化引导环保产业自身发展方向，发挥了重要作用。现将 2019 年环保产业相关政策制定与实施情况概述如下。

1.1 出台生态环境保护法规政策，促进环保产业需求释放

1.1.1 进一步完善固废法律法规，启动实施"无废城市"建设试点，持续推进危险废物环境管理，有序开展垃圾分类，带动固体废物处理利用行业迅速发展

2019 年，《固体废物污染环境防治法》修订草案二审稿提请十三届全国人大常委会第十五次会议审议，从立法层面切实推动形成绿色发展方式和绿色生活方式。该法于 2020 年 9 月 1 日起正式实施。批复实施"11+5"个城市和地区"无废城市"建设试点实施方案，"无废城市"建设试点工作全面启动。生态环境部印发《关于提升危险废物环境监管能力、利用处置能力和环境风险防范能力的指导意见》（环固体〔2019〕92 号），聚焦重点地区和重点行业，提出到 2025 年年底着力提升危险废物环境监管能力、利用处置能力和环境风险防范能力。地级及以上城市启动生活垃圾分类，以上海为代表的各省市《垃圾分类管理条例》正式实施，生活垃圾进入强制分类时代。截至 2019 年年底，全国已有 237 个地级及以上城市启动垃圾分类。上海、厦门、宁波、广州等 18 个城市生活垃圾分类居民小区覆盖率超过 70%，46 个重点城市平均覆盖率达到 53.9%。

1.1.2 为打赢蓝天保卫战，与大气污染治理相关的政策和标准紧密出台，大气治理产业需求不断提升

2019 年，京津冀及周边地区、长三角地区和汾渭平原等重点区域持续实施秋冬季攻坚行动，印发了《京津冀及周边地区 2019—2020 年秋冬季大气污染综合治理攻坚行动方

案》（环大气〔2019〕88 号）、《长三角地区 2019—2020 年秋冬季大气污染综合治理攻坚行动方案》（环大气〔2019〕97 号）、《汾渭平原 2019—2020 年秋冬季大气污染综合治理攻坚行动方案》（环大气〔2019〕98 号）。生态环境部等五部委联合发布《关于推进实施钢铁行业超低排放的意见》（环大气〔2019〕35 号），钢铁企业超低排放改造时间表敲定，2025 年前力争 80% 以上产能完成改造。生态环境部等四部委印发《工业炉窑大气污染综合治理方案》（环大气〔2019〕56 号），对应用于钢铁、焦化、有色、建材、石化、化工、机械制造等行业的工业炉窑工艺装备、污染治理技术和环境管理水平提出了更高的要求。2019 年 6 月 26 日，生态环境部印发《重点行业挥发性有机物综合治理方案》（环大气〔2019〕53 号），针对石化、化工、工业涂装、包装印刷、油品储运销、工业园区和产业集群等行业和领域从源头减排、无组织控制、末端治理适用技术等方面进行了规定，VOCs 治理行业整体发展势头良好。

1.1.3 加快补齐水环境治理短板，持续打好碧水保卫战

住房和城乡建设部、生态环境部和国家发展改革委联合发布《城镇污水处理提质增效三年行动方案（2019—2021 年）》（建城〔2019〕52 号），推进生活污水收集处理设施改造和建设，要求尽快实现污水管网全覆盖、全收集、全处理。城镇污水处理由污水处理厂提标改造向管网、泵站、厂站等全系统的提质增效转变，从污水处理达标排放向水环境改善、实现水生态修复目标转变。生态环境部等九部委联合印发《关于推进农村生活污水治理的指导意见》（中农发〔2019〕14 号），提出开展农村黑臭水体排查识别、推进农村黑臭水体综合治理、开展农村黑臭水体治理试点示范和建立农村黑臭水体治理长效机制等主要任务。生态环境部发布《农村黑臭水体治理工作指南（试行）》（环办土壤函〔2019〕826 号），全面推动农村地区启动黑臭水体治理工作。生态环境部、自然资源部、住房和城乡建设部、水利部和农业农村部五部委联合发布《关于印发地下水污染防治实施方案的通知》（环土壤〔2019〕25 号），主要明确实现近期目标的措施，即"一保、二建、三协同、四落实"。

1.2 持续推进"放管服"改革，环保产业发展环境不断优化

1.2.1 出台首部针对营商环境优化的法规

2019 年，国务院发布《优化营商环境条例》（国令第 722 号），重点围绕强化市场主体保护、净化市场环境、优化政务服务、规范监管执法、加强法治保障等五个方面，明确了一揽子制度性解决方案。

1.2.2 规范政府投资行为

颁布《政府投资条例》（国令第 712 号），围绕政府投资范围、投资决策、项目实

施和事中、事后监管等关键环节，确立基本制度规范，并规定政府投资资金应当投向市场不能有效配置资源的社会公益服务、公共基础设施、农业农村、生态环境保护、重大科技进步、社会管理、国家安全等公共领域的项目，应以非经营性项目为主。体现了政府着眼于把经营性项目收益让渡给市场、激发市场活力的思路。生态环境领域成为政府投资的重点领域。

1.2.3 推动信用信息公开和共享

国务院公布了修订后的《政府信息公开条例》（国令第 711 号），进一步扩大了政府信息主动公开的范围和深度。国务院办公厅印发《关于加快推进社会信用体系建设构建以信用为基础的新型监管机制的指导意见》（国办发〔2019〕35 号），以加强信用监管为着力点，创新监管理念、监管制度和监管方式。国家发展改革委将市场主体公共信用综合评价结果纳入地方信用信息平台。

1.2.4 推动建设项目审批制度改革

国务院发布《关于全面开展工程建设项目审批制度改革的实施意见》（国办发〔2019〕11 号），对工程建设项目审批制度实施全流程、全覆盖改革。要求统一审批流程、统一信息数据平台、统一审批管理体系、统一监管方式，实现工程建设项目审批"四统一"。

1.2.5 进一步深化监管服务能力建设和水平提升

国务院发布《关于加强和规范事中事后监管的指导意见》（国发〔2019〕18 号），提出夯实监管责任，健全监管规则和标准，创新和完善监管方式，构建协同监管格局，提升监管规范性和透明度，强化组织保障等要求。生态环境部发布《关于进一步深化生态环境监管服务推动经济高质量发展的意见》（环综合〔2019〕74 号），深化放管服改革，提升生态环境管理水平。2019 年，在"放"方面，生态环境部依法取消环评单位资质许可，逐步下放项目环评审批权。在"管"方面，强化事中、事后监管，推动环保信用评价，建设完成全国统一的环境影响评价信用平台。

1.2.6 扶持民营企业发展

生态环境部、中华全国工商业联合会印发《生态环境部全国工商联关于支持服务民营企业绿色发展的意见》（环综合〔2019〕6 号），提出鼓励民营企业积极参与污染防治攻坚战，帮助解决环境治理困难，提高民营企业绿色发展能力，营造公平竞争市场环境，提升服务保障水平，完善经济政策措施，形成支持服务民营企业绿色发展的长效机制。河北省开展"万名环保干部进万企、助力提升环境治理水平"活动，帮扶包联企业1.12 万家。中共中央办公厅、国务院办公厅印发《关于加强金融服务民营企业的若干意见》（中办发〔2019〕6 号），聚焦金融机构对民营企业"不敢贷、不愿贷、不能贷"

问题，要求积极支持民营企业融资纾困，着力化解流动性风险并切实维护企业合法权益，从实际出发帮助遭遇风险事件的企业摆脱困境，加快清理拖欠民营企业的账款，企业要主动创造有利于融资的条件。财政部、科技部、工业和信息化部、人民银行和银保监会五部门联合印发《关于开展财政支持深化民营和小微企业金融服务综合改革试点城市工作的通知》（财金〔2019〕62号），支持地方因地制宜打造各具特色的金融服务综合改革试点城市，探索改善民营和小微企业金融服务的有效模式。从2019年起，中央财政通过普惠金融发展专项资金每年安排约20亿元资金，对我国东、中、西部地区每个试点城市的奖励标准分别为3000万元、4000万元、5000万元。2019年12月4日，中共中央、国务院发布《关于营造更好发展环境支持民营企业改革发展的意见》，立足于民营企业改革发展首个中央文件的总体定位，提出了一系列有分量的政策措施，力求为民营企业营造更好的发展环境。

1.3 落实财税、金融、价格、贸易政策，加快环保产业资源集聚

1.3.1 财政资金持续支持节能环保领域，发挥财政资金引导作用

中央基本建设支出中节能环保支出预算减少，2019年节能环保支出预算数362.68亿元，是2018年节能环保支出执行数的84.9%。2019年节能环保预算中，自然生态保护、污染减排及其他节能环保支出预算有所增加，环境保护管理事务、环境监测与监察、污染防治、天然林保护、退耕还林、退牧还草、能源节约利用、可再生能源、循环经济、能源管理事务等方面预算均有所减少。2019年中央财政安排的环保专项资金规模达到556.84亿元，较2018年增长2.2%，主要围绕水污染防治、大气污染防治、土壤污染防治、农村环境整治及生态保护修复等方面。同时，为了加强资金管理，提高资金使用效益，财政部发布水污染防治专项资金、土壤污染防治专项资金、农村环境整治专项资金、服务业发展资金、可再生能源发展专项资金、城市管网及污水处理补助资金等资金管理办法。推进地方政府专项债发行，支持有一定收益但难以商业化合规融资的重大公益性项目。完善政府绿色采购政策，对政府采购节能产品、环境标志产品实施品目清单管理，不再发布"节能产品政府采购清单"和"环境标志产品政府采购清单"。

1.3.2 实施绿色价格，推进产业市场化发展

四川、贵州、甘肃、青海、新疆、河南、云南、内蒙古等多个省（区）结合当地实际情况不断完善污水处理费、固体废物处理费、水价、电价、天然气价格等收费政策。全面实行城镇非居民用水超定额累进加价制度。截至2019年年底，全国31个省（区、市）均已制定出台城镇非居民用水超定额累进加价制度。农业水价综合改革的加快推进，进一步降低了一般工商业电价。

1.3.3 实施税收优惠政策，降低企业经营成本

对符合条件从事污染防治的第三方企业减按 15% 的税率征收企业所得税，鼓励污染防治企业的专业化、规模化发展。重新修订重大技术装备和产品目录以及进口关键零部件、原材料商品目录，对重大技术装备和产品免征关税和进口增值税。涉及大型环保及资源综合利用设备共 7 项，其中，大气污染治理设备 2 项，资源综合利用设备 5 项。对小微企业实施普惠性税收减免政策，支持小微企业发展。推进增值税实质性减税，制造业等行业增值税税率将由 16% 降至 13%，交通运输业和建筑业等行业增值税税率将由 10% 降至 9%。

1.3.4 大力发展绿色金融，强化金融支持

发布《绿色产业指导目录（2019 年版）》（发改环资〔2019〕293 号），界定绿色产业和项目，进一步厘清产业边界。深入推进绿色金融改革创新试验区工作，开展绿色金融创新，推出创新碳排放权抵（质）押融资、绿色市政专项债券、"一村万树"绿色期权等多项创新型绿色金融产品和工具。允许将专项债券作为符合条件的重大项目资本金，支持生态环保项目。国家开发银行加大绿色金融支持，推进工业节能与绿色发展。财政部、生态环境部、上海市人民政府推进国家绿色发展基金设立，引导社会资本投入生态环境保护领域，重点支持生态体系保护和修复工程，推进环保产业发展。

1.4 加快制定技术规范、标准，有利推进了环保产业规范发展

1.4.1 技术规范政策方面

2019 年，生态环境部发布了家具制造工业、畜禽养殖行业、乳制品制造工业等 19 项行业的排污许可证申请与核发技术规范，发布关于水、大气、土壤、固体废物等领域的环境监测分析方法与技术规范 59 项，制定环境影响评价技术标准 4 项，发布制糖工业、陶瓷工业、玻璃制造业和炼焦化学工业 4 项污染防治可行性技术指南，制定技术导则 15 项、发布绿色技术标准规范 6 项。此外，国家发展改革委、生态环境部、工业和信息化部联合发布了煤炭采选业等 5 个行业的清洁生产评价指标体系，指导和推动企业实施清洁生产。同时，规划环评、建设用地土壤污染状况调查、大型活动碳中和、废弃电器电子产品拆解、生态保护红线勘界定、化学物质环境风险评估、印染行业绿色发展、新能源汽车废旧动力蓄电池综合利用等的技术指南、规程相继印发，为指导相关行业发展提供了依据。

1.4.2 引导示范政策方面

2019 年工业和信息化部发布第四批绿色制造名单、国家发展改革委发布了《市场准入负面清单（2019 年版）》（发改体改〔2019〕1685 号），工业和信息化部等发布了

《国家鼓励的工业节水工艺、技术和装备目录（2019 年）》（工业和信息化部水利部公告 2019 第 51 号）、《"能效之星"产品目录（2019）》（工业和信息化部公告 2019 年第 53 号）、《国家工业节能技术装备推荐目录（2019）》（工业和信息化部公告 2019 年第 55 号），生态环境部发布了《固定污染源排污许可分类管理名录（2019 年版）》（生态环境部令第 11 号）等。公布了一批生态环保领域具有引导示范作用的企业名单。各部委继续开展国家生态工业示范园区、大宗固体废物综合利用基地和工业资源综合利用基地、国家生态文明建设示范市县和"绿水青山就是金山银山"实践创新基地等试点工作。通过试点实施，形成可复制、可推广的经验做法，发挥试点的带动作用。

1.5 强化环保科技与模式创新，提高环保产业发展内生动力

1.5.1 科技创新政策方面

2019 年 4 月 15 日，国家发展改革委、科技部印发《关于构建市场导向的绿色技术创新体系的指导意见》（发改环资〔2019〕689 号），围绕生态文明建设，以解决资源环境生态突出问题为目标，强化产品全生命周期绿色管理，加快构建以企业为主体、产学研深度融合、基础设施和服务体系完备、资源配置高效、成果转化顺畅的绿色技术创新体系，形成研究开发、应用推广、产业发展贯通融合的绿色技术创新新局面。生态环境部印发《关于深化生态环境科技体制改革激发科技创新活力的实施意见》（环科财〔2019〕109 号），提出要重点完善科技创新能力体系建设，构建支撑生态环境治理体系与治理能力现代化的科技创新格局，打造高水平科技创新平台，推进产学研用协同创新模式，优化科研立项，加大投入力度，深化科研管理"放管服"改革，加大专业领域人才培养力度，建立灵活的高层次人才引进交流机制，落实科技成果转化政策，推进实施科研人员股权激励。2019 年 7 月 19 日，国家生态环境科技成果转化综合服务平台的启用，为各级政府部门的生态环境管理工作和环保企业提供了技术服务。科技部等部门出台相关系列文件，推动扩大高校和科研院所强化科研相关自主权，进一步优化科研力量布局，强化产业技术供给，促进科技成果转移转化；地方综合采用风险补偿、后补助、创投引导等财政投入方式，支持科技成果转移转化；积极建设绿色技术银行，加快推进市场导向绿色技术创新体系建设；加快推动固废资源化、大气、水和土壤污染防治，农业面源和重金属污染防控，脆弱生态修复，化学品风险防控等领域的科技创新。

1.5.2 模式创新方面

推进环境污染治理模式创新，根据《关于深入推进园区环境污染第三方治理的通知》（发改办环资〔2019〕785 号）的要求，经省级发展改革委、生态环境部门申报以及第三方机构组织专家评审等程序，对广东省江门市新会区崖门定点电镀工业基地等 27 家符合

规定的园区建设项目给予中央预算内投资支持。2019 年 5 月 9 日，生态环境部印发《关于推荐环境综合治理托管服务模式试点项目的通知》（环办科财函〔2019〕473 号），开展环境综合治理托管服务模式试点，同意上海化学工业区、苏州工业园区、国家东中西区域合作示范区（江苏省连云港徐圩新区）和湖北省十堰市郧阳区等四个项目开展环境综合治理托管服务试点工作。持续探索环境领域污染防治模式创新，探索将农村黑臭水体治理和农业生产、农村生态建设相结合，促进形成一批可复制、可推广的农村黑臭水体治理模式。

2 环保产业需求拉动型相关政策

2.1 法律法规制度

2.1.1 修订《固体废物污染环境防治法》

《固体废物污染环境防治法》修订草案二审稿于 2019 年 12 月 23 日提请第十三届全国人大常委会第十五次会议审议。修订草案二审稿中多处体现垃圾减量理念，从立法层面切实推动形成绿色发展方式和绿色生活，提出避免过度包装、组织净菜上市、减少生活垃圾产生量；鼓励电子商务、快递、外卖等行业优先采用可重复使用、易回收利用的包装物；鼓励和引导减少使用塑料袋等一次性塑料制品；旅游、餐饮等行业应当逐步推行不主动提供一次性用品；机关、企业事业单位等办公场所减少使用一次性办公用品。

2.1.2 首次提请审议《长江保护法（草案）》

2019 年 12 月 23 日，《长江保护法（草案）》（以下简称《草案》）首次提请十三届全国人大常委会第十五次会议审议。《草案》共计九章八十四条，依据长江流域自然地理状况，以流经的相关 19 个行政区域范围为基础，将法律适用的地理范围确定为长江全流域相关县级行政区域。针对特定区域、特定问题，《草案》从国土空间用途管控、生态环境修复、水资源保护与利用、推进绿色发展、法律实施与监督等方面做出了具体制度和措施规定。《草案》明确规定在长江流域从事各类活动，应当坚持生态优先、绿色发展，共抓大保护、不搞大开发；坚持以人为本、统筹协调、科学规划、系统治理、多元共治、损害担责的原则。

2.1.3 正式颁布《优化营商环境条例》

2019 年 10 月 22 日，国务院发布《优化营商环境条例》（以下简称《条例》），自 2020 年 1 月 1 日起施行，从制度层面为优化营商环境提供了更为有力的保障和支撑。《条例》共 7 章 72 条，确立了"放管服"改革关键环节的基本规范，重点围绕强化市场主体保护、净化市场环境、优化政务服务、规范监管执法、加强法治保障五个方面，明确了一揽子制度性解决方案。一是针对市场准入和市场退出问题，明确了通过深化商事制度改革、推进证照分离改革、压缩企业申请开办的办理时间、持续放宽市场准入等措施，为市场主体进入市场和开展经营活动破除障碍；二是实施减税降费政策，明确各地区各部门应当严格落实国家各项减税降费政策，保障减税降费政策全面及时惠及市场主体，并对设立涉企收费做出严格限制，切实降低市场主体经营成本；三是针对长久以来困扰民营企业的"融资难、融资贵"问题，提出鼓励和支持金融机构加大对民营企业和中小企业的支持力度、降低民营企业和中小企业综合融资成本，不得对民营企业和中小企业设置歧视性要求。对于以民营企业为主的环保产业而言，优化营商环境将促进形成公平的市场环境，更好地发挥民营企业的创新活力，推进行业长期稳定发展。

2.1.4 正式实施《政府投资条例》

2019年5月6日国务院颁布了《政府投资条例》（国务院令第712号，以下简称《条例》），并于2019年7月1日起施行。《条例》围绕政府投资范围、投资决策、项目实施和事中、事后监管等关键环节，确立基本制度规范。体现了政府把经营性项目收益让渡给市场、激发市场活力的思路。为了确保政府投资项目顺利实施，条例坚持问题导向，主要做了三方面规定：一是政府投资项目开工建设应当符合规定的建设条件，并按照批准的建设地点、建设规模和建设内容实施，需要变更的应当报原审批部门审批。二是政府投资项目所需资金应当按照规定确保落实到位，不得由施工单位垫资建设；项目建设投资原则上不得超过经核定的投资概算，确需增加投资概算的，项目单位应当提出调整方案及资金来源，按照规定的程序报原、初步设计审批部门或者投资概算核定部门审核。三是政府投资项目应当合理确定并严格执行建设工期，项目建成后应按规定进行竣工验收并及时办理竣工财务决算。政府投资工程垫资施工将从"违规"升级为"违法"。因此，对于社会资本投入公益性环保项目的渠道仅限于规范的PPP模式，之前所采用的BT、EPC+F等实施模式则不再合规。

2.2 相关规划政策

2.2.1 坚决打赢蓝天保卫战

2.2.1.1 实施重点区域秋冬季攻坚行动

2020年是打赢蓝天保卫战三年行动计划的目标年、关键年，2019—2020年秋冬季攻坚成效直接影响2020年目标的实现。2019年5月6日，生态环境部印发《蓝天保卫战重点区域强化监督定点帮扶工作方案》（环执法〔2019〕38号），从2019年5月—2020年3月，每15天为一个轮次，持续对重点区域城市开展强化监督定点帮扶，督促落实蓝天保卫战各项任务措施。同时，京津冀及周边地区、长三角地区和汾渭平原等重点区域持续实施秋冬季攻坚行动，生态环境部印发了《京津冀及周边地区 2019—2020 年秋冬季大气污染综合治理攻坚行动方案》（环大气〔2019〕88 号）、《长三角地区 2019—2020 年秋冬季大气污染综合治理攻坚行动方案》（环大气〔2019〕97 号）、《汾渭平原 2019—2020 年秋冬季大气污染综合治理攻坚行动方案》（环大气〔2019〕98 号）。

2.2.1.2 开展钢铁行业超低排放改造，推进工业炉窑和重点行业挥发性有机物治理

2019 年 4 月 22 日，生态环境部等五部委联合发布《关于推进实施钢铁行业超低排放的意见》（环大气〔2019〕35 号），要求到 2025 年年底前，重点区域钢铁企业超低排放改造基本完成，全国力争 80% 以上产能完成改造。山西、江苏、宁夏、上海、湖北、浙江、福建、河南、陕西等省（区、市）纷纷发布了钢铁行业超低排放改造方案。浙江、上海等地要求钢铁企业超低排放改造工作提前至 2022 年年底前基本完成，钢铁行业迈入超低排放时代。2019 年 7 月 1 日，生态环境部等四部委印发《工业炉窑大气污染综合治理方案》（环大气〔2019〕56 号），针对应用于钢铁、焦化、有色、建材、石化、化工、机械制造等行业的工业炉窑工艺装备、污染治理技术和环境管理水平提出了更高的要求。2019 年 6 月 26 日，生态环境部印发《重点行业挥发性有机物综合治理方案》（环大气〔2019〕53 号），针对石化、化工、工业涂装、包装印刷、油品储运销、工业园区和产业集群等行业和领域从源头减排、无组织控制、末端治理适用技术等方面进行了规定。进一步引导非电行业污染防治工作向精细化、规范化和深度治理方向发展，促进非电行业污染防治技术进步与行业发展。

2.2.1.3 大气污染排放标准进一步加严

2019 年 5 月，生态环境部与国家市场监督管理总局联合颁布 GB 37822—2019《挥发性有机物无组织排放控制标准》、GB 37824—2019《涂料、油墨及胶粘剂工业大气污染物排放标准》和 GB 37823—2019《制药工业大气污染物排放标准》三项强制性国家标准，进一步完善了国家污染物排放标准体系，补齐了挥发性有机物污染防治短板，为打赢蓝天保卫战提供重要支撑。

2.2.2 持续打好碧水保卫战

2.2.2.1 提升城市生活污水收集处理能力和水平

2019 年 4 月 29 日，住房和城乡建设部、生态环境部和国家发展改革委联合发布《城镇污水处理提质增效三年行动方案（2019—2021 年）》（建城〔2019〕52 号），提出经过 3 年努力，实现地级及以上城市建成区基本无生活污水直排口；基本消除城中村、老旧城区和城乡接合部生活污水收集处理设施空白区；基本消除黑臭水体，城市生活污水集中收集效能显著提高；推进生活污水收集处理设施改造和建设，健全排水管理长效机

制，完善激励支持政策，强化责任落实。

2.2.2.2 补齐农村水环境治理短板

2019年7月8日，生态环境部、住房和城乡建设部、水利部、科技部、国家发展改革委、财政部、银保监会等九部委联合印发了《关于推进农村生活污水治理的指导意见》（中农发〔2019〕14号），提出开展农村黑臭水体排查识别，推进农村黑臭水体综合治理，开展农村黑臭水体治理试点示范和建立农村黑臭水体治理长效机制等4项主要任务，结合我国不同地区的发展水平现状，明确提出了2020年农村污水治理需要达到的目标要求。2019年11月7日，生态环境部发布《农村黑臭水体治理工作指南（试行）》（环办土壤函〔2019〕826号），明确了农村黑臭水体排查、治理方案编制、治理措施要求、试点示范内容以及治理效果评估、组织实施等方面的标准和要求，全面推动农村地区启动黑臭水体治理工作。要求形成一批可复制、可推广的农村黑臭水体治理模式，加快推进农村黑臭水体治理工作。

2.2.2.3 加快推进地下水污染防治工作，保障地下水安全

2019年3月28日，生态环境部、自然资源部、住房和城乡建设部、水利部、农业农村部联合发布《关于印发地下水污染防治实施方案的通知》（环土壤〔2019〕25号），提出到2020年，初步建立地下水污染防治法规标准体系、全国地下水环境监测体系；全国地下水质量极差比例控制在15%左右；典型地下水污染源得到初步监控，地下水污染加剧趋势得到初步遏制。到2025年，建立相对完善的地下水污染防治法规标准体系、全国地下水环境监测体系；地级及以上城市集中式地下水型饮用水水源水质达到或优于Ⅲ类比例总体为85%左右；典型地下水污染源得到有效监控，地下水污染加剧趋势得到有效遏制。到2035年，力争全国地下水环境质量总体改善，生态系统功能基本恢复。

2.2.3 扎实推进净土保卫战

2.2.3.1 开展"无废城市"建设试点

2018年12月29日，国务院办公厅印发《"无废城市"建设试点工作方案》（国办发〔2018〕128号），要求探索建立"无废城市"建设综合管理制度和技术体系，形成一批可复制、可推广的"无废城市"建设示范模式，为推动建设"无废社会"奠定良好基础。2019年4月，生态环境部印发《"无废城市"建设试点推进工作方案》（固体函〔2019〕12号），遴选"11+5"个城市和地区作为"无废城市"建设试点，试点期限为2年。"无废城市"建设试点分别为广东省深圳市、内蒙古自治区包头市、安徽省铜陵市、山东省威海市、重庆市（主城区）、浙江省绍兴市、海南省三亚市、河南省许昌市、江苏省徐州市、辽宁省盘锦市、青海省西宁市。雄安新区（新区代表）、北京经济技术开发

区（开发区代表）、中新天津生态城（国际合作代表）、福建省光泽县（县级代表）、江西省瑞金市（县级市代表）作为特例，参照"无废城市"建设试点一并推动。随后，生态环境部印发《"无废城市"建设指标体系（试行）》和《"无废城市"建设试点实施方案编制指南》（环办固体函〔2019〕467号），标志着试点城市任务重点、建设目标有章可循。

根据《深圳市"无废城市"建设试点实施方案》，试点各项任务所需资金由财政保障。编制国土空间规划时，应前瞻预留固体废物处理处置设施用地。到2020年年底，固体废物全部实现无害化处置。人均生活垃圾产生量趋零增长，工业固体废物产生强度比2018年下降5%。到2025年，"无废城市"主要指标达到国际先进水平。生活垃圾实现全量焚烧和零填埋。到2035年，一般工业固体废物综合利用率达到98%，房屋拆除废弃物资源化利用率达到98%。深圳市将建立布局合理、交售方便、收购有序的一般工业固体废物回收网络；到2020年，新增2个以上工程渣土泥沙分离综合利用项目，建筑废弃物综合利用能力达到1000万 m^3/a。鼓励危险废物产生量大的企业自行配套建设危险废物资源化利用设施。

重庆市相关方案提出，到2020年，完成工程渣土填埋场、装修垃圾填埋场及监管平台建设。政府投融资建设项目使用建筑垃圾资源化再生产品替代用量不少于30%。到2020年，完成一批矿山地质环境生态修复工程建设。重庆还将建立多元化、多层次的资金投入保障体系，引导和鼓励社会资本加大对固体废物处理处置设施投入力度。市级财政落实市级层面"无废城市"建设试点工作经费保障，将相关经费纳入预算。市级有关部门对接国家部委，争取国家资金支持。重庆市主城区政府（管委会）加强"无废城市"建设试点工作的资金投入，结合生活垃圾收运处理设施、污水污泥处置设施、建筑垃圾消纳设施等重点工程建设，加大财政资金统筹整合力度。创新重点领域固体废物投融资机制，建立循环经济融资平台，加强政、银、企信息对接，引导和鼓励社会资本加大对固体废物处理处置设施的投入力度。

北京经济技术开发区的方案提出，到2025年，开发区"无废城市"建设模式在"亦庄新城"范围内全面铺开，落地一批先进的固体废物处理工程设施，基本实现依靠区内基础设施处理处置固体废物，初步实现园区趋零排放。创新融资方式，支持社会资本参与、发行绿色债券，扩展绿色发展资金项目等，用于支持固体废物源头减量、资源化利用和安全处置体系建设。

根据浙江省绍兴市的方案，该市将重点培育一批市级绿色工厂和绿色园区，持续打造一批绿色设计产品。到2020年12月底前，累计实施国家级绿色制造系统集成项目、创建国家级绿色制造名单 15 个以上；创建市级以上绿色工厂 49 家；创建市级以上绿色园区、循环化改造园区 8 家。以动力电池、电器电子产品、汽车、铅酸蓄电池等为重点，落实生产者责任延伸制，基本建成废弃产品逆向回收体系。在要素投入方面，将加强财政资金统筹整合，明确"无废城市"建设试点资金范围和规模。将固体废物分类收集及无害化处置设施纳入城市基础设施和公共设施范围，保障设施用地。鼓励金融机构在风险可控的前提下，加大对"无废城市"建设试点的金融支持力度。建立绍兴市"无废城市"技术支撑服务专家库。

2.2.3.2 地级及以上城市全面启动生活垃圾分类工作

2019 年 4 月 26 日，住房和城乡建设部与国家发展改革委等 9 部门在 46 个重点城市先行先试的基础上，印发《关于在全国地级及以上城市全面开展生活垃圾分类工作的通知》（建城〔2019〕56 号），目标是：到 2020 年，46 个重点城市基本建成生活垃圾分类处理系统；其他地级城市实现公共机构生活垃圾分类全覆盖，至少有 1 个街道基本建成生活垃圾分类示范片区。到 2022 年，各地级城市至少有 1 个区实现生活垃圾分类全覆盖；其他各区至少有 1 个街道基本建成生活垃圾分类示范片区。到 2025 年，全国地级及以上城市基本建成生活垃圾分类处理系统。2019 年 11 月，住房和城乡建设部公布了最新修订的生活垃圾分类标准，相较于 2008 版标准，标准的适用范围进一步扩大，生活垃圾类别调整为可回收物、有害垃圾、厨余垃圾及其他垃圾 4 个大类和纸类、塑料、金属等11 个小类，标志图形符号共删除 4 个、新增 4 个、沿用 7 个、修改 4 个。

截至 2019 年年底，全国已有 237 个地级及以上城市启动垃圾分类。上海、厦门、宁波、广州等 18 个城市生活垃圾分类居民小区覆盖率超过 70%。46 个重点城市居民小区垃圾分类平均覆盖率达到 53.9%。46 个重点城市中，30 个城市已经出台垃圾分类地方性法规或规章，还有 16 个城市将垃圾分类列入立法计划。各省、自治区、直辖市均制定了垃圾分类实施方案，浙江、福建、广东、海南 4 省已出台地方法规，河北等 12 个省的地方法规进入立法程序。很多城市通过推行生活垃圾分类，居民幸福感得到显著提升，也形成了可复制、可推广的经验。

2019 年 7 月 1 日起，《上海市生活垃圾管理条例》正式实施，上海开始普遍推行生活垃圾强制分类。生活垃圾实施强制分类以来，上海市 1.2 万余个居住区达标率已由去年年底的 15% 提升到 90%。2019 年，上海市可回收物回收量达每日 5960 t，较 2018 年同期增长 4.6 倍；湿垃圾分出量约达每日 8710 t，较 2018 年同期增长 1 倍；干垃圾处置量控制少于每日 14830 t，较 2018 年同期减少 33%；有害垃圾分出量每日 1 t，较 2018 年同期增长 9 倍多。随着生活垃圾分类的理念日益深入人心，生活垃圾分类在影响公众生活方式的同时也对垃圾焚烧发电行业产生深远的影响。一方面，垃圾分类后，进入垃圾焚烧发电厂的垃圾量得到有效降低；另一方面，随着餐厨垃圾等含水率高的垃圾有效分离，入厂垃圾含水率降低，低位热值提升，发电效率提高。

2.2.3.3 着力提升危险废物管理能力

2019 年 10 月 15 日，生态环境部印发《关于提升危险废物环境监管能力、利用处置能力和环境风险防范能力的指导意见》（环固体〔2019〕92 号），提到 2025 年年底前着力提升危险废物"三个能力"的具体目标，包括针对环境监管能力，建立健全"源头严防、过程严管、后果严惩"的危险废物环境监管体系；针对利用处置能力，各省（区、市）危险废物利用处置能力应与实际需求基本匹配，全国危险废物利用处置能力应与实际需要总体平衡，布局趋于合理；针对环境风险防范能力，危险废物环境风险防范能力显著提升，危险废物非法转移倾倒案件高发态势得到有效遏制。生态环境部对 GB 18598—2001《危险废物填埋污染控制标准》进行了修订，并于 2019 年 10 月 10 日印发 GB 18598—2019《危险废物填埋污染控制标准》，修订重点围绕完善填埋场选址要求，加强设计、施工与质量保证要求，细化废物入场填埋要求等方面，旨在降低填埋场渗漏导致污染地下水的可能性，该标准自 2020 年 6 月 1 日起实施。

3 环保产业激励促进型相关政策

3.1 财政政策

3.1.1 节能环保支出适度调整降低

2019 年 3 月 29 日，财政部发布《2019 年中央一般公共预算支出预算表》，2019 年中央一般公共预算支出预算数为 111 294 亿元，加上使用以前年度结转资金 1840.3 亿元，2019 年中央一般公共预算支出为 113 134.3 亿元。数据显示，2019 年节能环保支出预算数为 362.68 亿元，是 2018 年节能环保支出执行数的 84.9%，节能环保支出预算减少 64.73 亿元。主要是基本建设支出减少，2019 年中央基本建设支出中，节能环保支出预算数为 147.77 亿元，为 2018 年执行数的 66.2%，减少 75.45 亿元。

2019 年节能环保预算中，自然生态保护、污染减排及其他节能环保支出预算有所增加，其中，自然生态保护预算数 6.7 亿元，比 2018 年执行数增加 0.97 亿元，增长 16.9%，主要是生物多样性调查评估等支出增加；污染减排预算数为 19.57 亿元，比 2018 年执行数增加 0.28 亿元，增长 1.5%，主要是环境监察执法等支出增加；其他节能环保支出预算数为 125.48 亿元，比 2018 年执行数增加 30.1 亿元，增长 31.6%，主要是可再生能源电价附加收入增值税返还支出增加。

环境保护管理事务、环境监测与监察、污染防治、天然林保护、退耕还林、退牧还草、能源节约利用、可再生能源、循环经济、能源管理事务等方面预算均有所减少。其中，环境保护管理事务预算数为 8.09 亿元，比 2018 年执行数减少 0.78 亿元，下降 8.8%；环境监测与监察预算数为 5.1 亿元，比 2018 年执行数减少 3.01 亿元，下降 37.1%；污染防治预算数为 7.7 亿元，比 2018 年执行数减少 1.58 亿元，下降 17%；天然林保护预算数为 23.24 亿元，比 2018 年执行数减少 2.75 亿元，下降 10.6%；退牧还草预算数为零，比 2018 年执行数减少 0.23 亿元，下降 100%；能源节约利用预算数为 6.75 亿元，比 2018 年执行数减少 41.79 亿元，下降 86.1%；能源管理事务预算数为 157.65 亿元，比 2018 年执行数减少 35.4 亿元，下降 18.3%。以上方面预算主要是 2018 年安排了部分一次性的基本建设支出，2019 年年初预算不再安排，导致 2019 年预算金额降低。另外，由于新疆生产建设兵团退耕还林任务到期，相关补助支出减少，退耕还林预算数为 1.46 亿元，比 2018 年执行数减少 1.21 亿元，下降 45.3%；2018 年执行中安排了煤层气开发利用补贴支出，2019 年年初预算没有安排，可再生能源预算数为 0.91 亿元，比 2018 年执行数减少 9.33 亿元，下降 91.1%；循环经济预算数为 0.03 亿元，与 2018 年执行数持平。

3.1.2 落实中央环保专项资金补助政策

2019 年，中央财政安排的环保专项资金规模达到 556.84 亿元，较 2018 年增长 2.20%，主要围绕水、大气、土壤污染防治、农村环境整治及生态保护修复等方面。

3.1.2.1 水污染防治资金

2019 年 6 月 13 日，财政部发布《关于下达 2019 年度水污染防治资金预算的通知》（财资环〔2019〕7 号），下达各省（区、市）2019 年水污染防治资金，用于支持水污染防治和水生态环境保护方面相关工作。2019 年水污染防治资金预算共计 190 亿元，其中，长江经济带生态保护修复奖励 50 亿元，流域上下游横向生态保护补偿奖励 13 亿元，重点流域水污染防治 127 亿元。与 2018 年相比，水污染防治资金预算增加了 40 亿元。"十三五"以来，我国对于水污染防治和水生态环境保护方面的资金支持力度不断加大，中央财政累计安排水污染防治专项资金已达 586 亿元。同时，为加强水污染防治资金使用管理，财政部于 2019 年 6 月 13 日发布的《水污染防治资金管理办法》（财资环〔2019〕10 号）中提到，防治资金重点支持重点流域水污染防治、集中式饮用水水源地保护、良好水体保护、地下水污染防治等方面，防治资金实施期限至 2020 年。

2019 年 5 月 15—24 日，生态环境部组织开展了 2019 年统筹强化监督（第一阶段）工作，会同住房和城乡建设部以长江经济带城市为重点，对全国地级及以上城市黑臭水体整治情况开展了现场排查。排查情况显示，全国 259 个地级城市黑臭水体数量为 1807

个，消除比例为 72.1%。其中，长江经济带 98 个地级城市黑臭水体数量为 1048 个，消除比例为 74.4%，黑臭水体整治工作取得了明显的成绩。2019 年 6 月，财政部等三部委公布第二批城市黑臭水体治理示范城市，包括辽宁省辽源市、广西壮族自治区南宁市、四川省德阳市等 20 个城市。2019 年 10 月，财政部等三部委公布了第三批城市黑臭水体治理示范城市入围名单，河北省衡水市、山西省晋城市、内蒙古自治区呼和浩特市等 20 个城市入围。

3.1.2.2 大气污染防治资金

2019 年 9 月 27 日，财政部发布《关于下达 2019 年度大气污染防治资金预算的通知》（财资环〔2019〕6 号），安排大气污染防治专项资金 250 亿元，其中，清洁取暖试点资金 152 亿元，打赢蓝天保卫战重点任务资金 95.94 亿元，氢氟碳化物销毁资金 2.06 亿元。2019 年，大气污染防治专项资金预算比 2018 年增加了 50 亿元。我国对于大气污染防治工作支持力度不断增强，中央财政累计安排大气污染防治专项资金（于 2013 年设立）778 亿元。我国在大气污染防治方面取得了显著的成绩，煤炭消费占一次能源的比重从 2013 年的 67.4% 下降到 2018 年的 59.0%，煤炭消费比重首次降低到 60% 以下；清洁能源消费占比从 2013 年的 15.5% 提升到 2018 年的 22.1%。

3.1.2.3 土壤污染防治资金

为深入贯彻落实《土壤污染防治行动计划》，促进土壤环境质量改善，财政部于 2019 年 6 月 13 日发布《关于下达 2019 年土壤污染防治专项资金预算的通知》（财资环〔2019〕8 号），2019 年土壤污染防治专项资金预算共计 50 亿元，比 2018 年土壤污染防治专项资金增加 15 亿元。"十三五"以来，已累计安排土壤污染防治专项资金 240 亿元。同时，为加强土壤污染防治资金使用管理，财政部于 2019 年 6 月发布《土壤污染防治专项资金管理办法》（财资环〔2019〕11 号），提出土壤污染防治资金实施期限至 2020 年，重点支持土壤污染状况详查和监测评估，建设用地、农用地地块调查及风险评估和土壤污染源头防控、土壤污染风险管控、土壤污染修复治理，支持设立省级土壤污染防治基金，土壤环境监管能力提升以及与土壤环境质量改善密切相关的其他内容等方面。

3.1.2.4 农村环境整治资金

2019 年 6 月 13 日，财政部发布《关于下达 2019 年农村环境整治资金预算的通知》（财资环〔2019〕9 号），各省（区、市）2019 年农村环境整治资金预算共计 41.8351 亿元，其中农村污水治理综合试点预算 4.2 亿元。2019 年计划完成 2.5 万个建制村的环境综合整治任务，经过整治的村庄，饮用水水源地保护得到加强，农村生活污水和垃圾处理、畜禽养殖污染防治水平得到提高，村庄人居环境质量明显改善。与 2018 年相比，2019 年农村环境整治资金预算降低了 18.01 亿元。从 2008 年启动至今，中央财政累计安排农村环境整治专项资金 536.84 亿元。为加强农村环境整治资金使用管理，财政部于 2019 年 6 月 13 日印发《农村环境整治资金管理办法》（财资环〔2019〕12 号），强调专项资金实施期限至 2020 年，专项资金重点支持农村污水和垃圾处理、规模化以下畜禽养殖污染治理、农村饮用水水源地环境保护、水源涵养及生态带建设以及其他需要支持的事项。

3.1.2.5　生态保护修复治理专项资金

2019 年 6 月 13 日，财政部发布《关于下达 2019 年度重点生态保护修复治理专项资金（第三批）预算的通知》（财资环〔2019〕13 号），根据第二批山水林田湖草生态保护修复试点工作安排，下达重点生态保护修复治理资金 5 亿元。2019 年 7 月 10 日，财政部发布《关于下达 2019 年度重点生态保护修复治理专项资金（第四批）预算的通知》（财资环〔2019〕23 号），根据历史遗留废弃矿山环境治理工作安排，下达重点生态保护修复治理资金 20 亿元。2019 年 10 月 31 日，财政部下达了 2020 年度重点生态保护修复治理资金（第一批）及 2020 年度重点生态保护修复治理资金（第二批）共计 120 亿元，其中第一批 100 亿元，第二批 20 亿元，分别用于第三批山水林田湖草生态保护修复工程试点基础奖补及开展历史遗留废弃工矿土地整治工作。

3.1.3　支持民营及小微企业发展

民营和小微企业是我国经济社会发展不可或缺的重要力量。为贯彻落实党中央、国务院关于支持民营和小微企业发展的决策部署，更好地发挥财政资金引导作用，探索改善民营和小微企业金融服务的有效模式，2019 年 7 月 16 日，财政部联合科技部、工业和信息化部、人民银行、银保监会印发《关于开展财政支持深化民营和小微企业金融服务综合改革试点城市工作的通知》（财金〔2019〕62 号），开展财政支持深化民营和小微企业金融服务综合改革试点城市工作，中央财政给予奖励资金支持。从 2019 年起，中央财政通过普惠金融发展专项资金每年安排约 20 亿元资金，支持一定数量的试点城市。

对于试点城市的选择，通知规定为更好地发挥统筹资源、优化平台、创新服务的作用，试点城市一般应为地级市（含直辖市、计划单列市所辖县区）、省会（首府）城市所属区县、国家级新区。地市级行政区少于 10 个的省、自治区（包括吉林、福建、海南、贵州、西藏、青海、宁夏，共 7 个省、区）及 5 个计划单列市，每年确定 1 个试点城市；其他省、自治区及 4 个直辖市，每年确定 2 个试点城市。试点城市可重复申报。

3.1.4　推动新能源汽车产业发展

为支持新能源汽车产业高质量发展，做好新能源汽车推广应用，财政部、工业和信息化部、科技部和国家发展改革委于 2019 年 3 月 26 日发布了《关于进一步完善新能源汽车推广应用财政补贴政策的通知》（财建〔2019〕138号），提出要完善补贴标准，分阶段释放压力，根据新能源汽车规模效益、成本下降等因素以及补贴政策退坡退出的规定，降低新能源乘用车、新能源货车补贴标准，促进产业优胜劣汰；完善清算制度，提高资金效益，从2019年起，对有运营里程要求的车辆，完成销售上牌后即预拨一部分资金，满足里程要求后可按程序申请清算。

该通知从2019年3月26日起实施，2019年3月26日—6月25日为过渡期。过渡期期间，符合2018年技术指标要求但不符合2019年技术指标要求的销售上牌车辆，按照《关于调整完善新能源汽车推广应用财政补贴政策的通知》（财建〔2018〕18号）对应标准的0.1倍补贴，符合2019年技术指标要求的销售上牌车辆按2018年对应标准的0.6倍补贴。过渡期期间销售上牌的燃料电池汽车按2018年对应标准的0.8倍补贴。燃料电池汽车和新能源公交车补贴政策另行公布。

为促进公共交通领域消费，推动公交行业转型升级，加快公交车新能源化，财政部、工业和信息化部、交通运输部、国家发展改革委四部委发布《关于支持新能源公交车推广应用的通知》（财建〔2019〕213号），通知明确，有关部门将研究完善新能源公交车运营补贴政策，从2020年开始，采取"以奖代补"方式重点支持新能源公交车运营。

为贯彻落实《中华人民共和国车辆购置税法》，财政部、税务总局于2019年6月28日发布《关于继续执行的车辆购置税优惠政策的公告》，将继续执行的车辆购置税优惠政策进行公告。自2018年1月1日至2020年12月31日，对购置新能源汽车免征车辆购置税。具体操作按照《关于免征新能源汽车车辆购置税的公告》（财政部税务总局工业和信息化部科技部公告2017年第172号）有关规定执行。

3.1.5 推进农村"厕所革命"

2019年4月3日，财政部、农业农村部发布《关于开展农村"厕所革命"整村推进财政奖补工作的通知》（财农〔2019〕19号），组织开展农村"厕所革命"整村推进财政奖补工作。中央财政安排资金，用5年左右时间，以奖补方式支持和引导各地推动有条件的农村普及卫生厕所，实现厕所粪污基本得到处理和资源化利用，切实改善农村人居环境。

提出以行政村为单元进行奖补，实施整村推进、整体规划设计，整体组织发动，同步实施户厕改造、公共设施配套建设，并建立健全后期管护机制，逐步覆盖具备条件的村庄，持续稳定解决农村厕所问题。改厕过程中注重发挥农民作为参与者、建设者和受益者的主体作用。强化政府规划引领、资金政策支持作用，引导村组织、农民和社会主体共同参与实施整村推进。

明确落实"地方为主、中央补助"政策，地方各级财政部门应加强农村"厕所革命"财政保障，注重资金绩效。中央财政对地方开展此项工作给予适当奖补。中央财政统筹考虑不同区域经济发展水平、财力状况、基础条件，实行东、中、西部差别化奖补标准，结合阶段性改厕工作计划安排财政奖补资金，并适当向中、西部倾斜。

2019年8月15日，农业农村部、财政部召开农村厕所革命视频会议。据悉2019年，中央财政首次启动实施农村"厕所革命"整村推进奖补政策，安排70亿元资金用于支持实施奖补政策，确保改厕任务优质高效落实。

3.1.6 完善行业资金管理办法

3.1.6.1 支持服务业发展

为支持服务业加快发展，中央财政设立服务业发展资金。为加强资金管理，提高资金使用效益，财政部于2019年3月15日发布《服务业发展资金管理办法》（财建〔2019〕50号），对《服务业发展资金管理办法》进行了重新修订。新办法指出，服务业发展资金主要用于支持创新现代商品流通方式，改善现代服务业公共服务体系，推动流通产业结构调整，促进城乡市场发展，扩大国内消费，提升消费品质。具体包括：电子商务、现代供应链、科技服务、环保服务、信息服务、知识产权服务等现代服务业；养老服务、健康服务、家政服务等民生服务业；农村生产、生活用品流通及服务体系建设；全国跨区域农产品流通网络建设；现代服务业的区域性综合试点；规范商贸流通业的市场环境，建设维护诚信等制度体系；财政部会同相关业务主管部门确定的其他相关领域。资金不得用于征地拆迁、人员经费等经常性开支以及提取工作经费。地方应发挥财政引导、市场主导作用，结合项目特点，因地制宜采取财政补助、以奖代补、股权投资、政府购买服务等支持方式，明确支持比例和上限，对符合要求的项目予以支持。

服务业发展资金原则上以因素法分配，确需考虑专业规划布局、项目特点的，采取项目法分配，实施全过程绩效管理。采取因素法分配的，主要依据当年预算规模、支持方向及工作基础等因素，进行测算及安排资金。每年度资金分配到各省、自治区、直辖市级财政部门时，工作基础权重30%、发展指标权重30%、绩效考核结果或资金使用情况权重20%、其他相关因素权重20%。采取项目法分配的，通过专家评审、竞争性谈判、招标等方式选拔符合要求的企业或单位。服务业发展资金实施期限至2022年。届时将根据国家服务业发展情况评估确定是否继续实施和延续期限。

3.1.6.2 支持可再生能源行业发展

按照《中央对地方专项转移支付管理办法》（财预〔2015〕230号）等文件要求，财政部于2019年6月11日发布《可再生能源发展专项资金管理暂行办法》的补充通知，对《可再生能源发展专项资金管理暂行办法》（财建〔2015〕87号）有关事项进行了补充。提出，可再生能源发展专项资金实施期限为2019—2023年。其中，"十三五"农村水电增效扩容改造中央财政补贴于2020年政策期满后结束。财政部根据国务院有关规定及可再生能源发展形势需要等进行评估，根据评估结果再做调整。可再生能源发展专项资金支持农村水电增效扩容改造。农村水电增效扩容改造采取据实结算方式，"十三五"期间按照改造后电站装机容量（含生态改造新增）进行奖励。可再生能源发展专项资金支持煤层气（煤矿瓦斯）、页岩气、致密气等非常规天然气开采利用。2018年，补贴标准为0.3元/m³。自2019年起，不再按定额标准进行补贴。按照"多增多补"的原则，对超过上年开采利用量的，按照超额程度给予梯级奖补；相应的，对未达到上年开采利用量的，按照未达标程度扣减奖补资金。同时，对取暖季生产的非常规天然气增量部分，给予超额系数折算，体现"冬增冬补"。

3.1.6.3 支持污水处理行业发展

2019年6月13日财政部发布《城市管网及污水处理补助资金管理办法》（财建〔2019〕288号）支持城市管网建设、城市地下空间集约利用、城市污水处理设施建设、城市排水防涝及水生态修复。补助资金用于支持"海绵"城市建设试点、地下综合管廊建设试点、城市黑臭水体治理示范、中西部地区城镇污水处理提质增效等事项。补助资金整体实施期限不超过5年。"海绵"城市建设及地下综合管廊建设试点每批次实施期限为3年，到2018年年底全部到期结束。2019年、2020年开展政策收尾有关工作；城市黑臭水体治理示范2018年起分批启动，2020年年底全部到期结束；2018年中西部地区城镇污水处理提质增效启动，2021年年底到期结束。

规定"海绵"城市、地下综合管廊建设试点，按照既定补贴标准对试点城市给予定额补助（"海绵"城市试点：直辖市6亿元/年、省会城市5亿元/年、其他城市4亿元/年；地下综合管廊试点：直辖市5亿元/年、省会城市4亿元/年、其他城市3亿元/年）。试点期满后，根据绩效评价结果，对每批次综合评价排名靠前及应用PPP模式效果突出的，按照定额补助总额的10%给予奖励。黑臭水体治理示范通过竞争性评审等方式确定示范城市。财政部会同住房和城乡建设部等部门共同印发申报通知，通过组织专家资料审核、现场公开评审，确定年度入围城市。中央财政对入围城市给予定额补助，根据入围批次，补助标准分别为6亿元、4亿元、3亿元。中西部城镇污水处理提质增效根据住房和城乡建设部组织中西部省上报确定的3年建设任务投资额，按因素法分配资金，并按照相同投资额中西部0.7∶1的比例，对西部地区给予倾斜，即：某省年度获取资金额度＝年度资金总额×某省3年建设任务总投资额×中西部调节系数/Σ（中西部省3年建设任务总投资额×中西部调节系数）。

3.1.7 推进地方政府专项债发行

中共中央办公厅、国务院办公厅印发《关于做好地方政府专项债券发行及项目配套融资工作的通知》，提出"充分发挥专项债券作用，支持有一定收益但难以商业化合规融资的重大公益性项目（以下简称'重大项目'）"。提出"合理明确金融支持专项债券项目标准。对没有收益的重大项目，通过统筹财政预算资金和地方政府一般债券予以支持。对有一定收益且收益全部属于政府性基金收入的重大项目，由地方政府发行专项债券融资。"其中，重点领域与重大项目包括京津冀协同发展、长江经济带发展、"一带一路"建设、粤港澳大湾区建设、长三角区域一体化发展、推进海南全面深化改革开放等重大战略和乡村振兴战略，以及推进棚户区改造等保障性安居工程、易地扶贫搬迁后续扶持、自然灾害防治体系建设、铁路、收费公路、机场、水利工程、生态环保、医疗健康、水电气热等公用事业、城镇基础设施、农业农村基础设施等领域以及其他纳入"十三五"规划符合条件的重大项目。

地方政府专项债支持生态环保项目力度不断增强。2019年9月4日国务院常务会议要求提前下达2020年部分专项债额度，加快地方政府专项债发行速度，并扩大专项债使用范围，重点用于包括污水垃圾处理、水电气热等基础设施和生态环保项目等基础建设领域，并明确上述领域为专项债可用作项目资本金的范围（专项债资金用于项目资本金的规模可占该省专项债规模20%左右）。2019年11月13日，国务院常务会议明确指出对补短板的生态环保等基础设施项目，在收益可靠、风险可控前提下，可适当降低资本金最低比例，下调幅度不超过5个百分点。据WIND数据统计，2019年地方政府专项债发行规模达2.15万亿元，其中投入环保公用事业的专项债总额达1214亿元。综上，生态环保领域有望成为专项债的重要投资领域。

3.1.8 优化政府采购机制及环境

3.1.8.1 调整优化节能产品、环境标志产品政府采购执行机制

为落实"放管服"改革要求，完善政府绿色采购政策，简化节能（节水）产品、环境标志产品政府采购执行机制，优化供应商参与政府采购活动的市场环境，2019年2月1日，财政部、国家发展改革委、生态环境部、市场监管总局等部门发布《关于调整优化节能产品、环境标志产品政府采购执行机制的通知》（财库〔2019〕9号）。

（1）对政府采购节能产品、环境标志产品实施品目清单管理

财政部、国家发展改革委、生态环境部等根据产品节能环保性能、技术水平和市场成熟程度等因素，确定实施政府优先采购和强制采购的产品类别及所依据的标准规范，

以品目清单的形式发布并适时调整。不再发布"节能产品政府采购清单"和"环境标志产品政府采购清单"。依据品目清单和认证证书实施政府优先采购和强制采购。采购人拟采购的产品属于品目清单范围的，采购人及其委托的采购代理机构应当依据国家确定的认证机构出具的、处于有效期之内的节能产品、环境标志产品认证证书，对获得证书的产品实施政府优先采购或强制采购。

（2）要逐步扩大节能产品、环境标志产品认证机构范围

逐步增加实施节能产品、环境标志产品认证的机构，建立认证机构信用监管机制，严厉打击认证违法行为。发布认证机构和获证产品信息，市场监管总局组织建立节能产品、环境标志产品认证结果信息发布平台，公布相关认证机构和获证产品信息。加大政府绿色采购力度，对于已列入品目清单的产品类别，采购人可在采购需求中提出更高的节约资源和保护环境要求，对符合条件的获证产品给予优先待遇。对于未列入品目清单的产品类别，鼓励采购人综合考虑节能、节水、环保、循环、低碳、再生、有机等因素，参考相关国家标准、行业标准或团体标准，在采购需求中提出相关绿色采购要求，促进绿色产品推广应用。

3.1.8.2 推动政府采购公平竞争

2019年7月26日，财政部发布《关于促进政府采购公平竞争优化营商环境的通知》（财库〔2019〕38号），提出全面清理政府采购领域妨碍公平竞争的规定和做法，重点清理和纠正以下问题：①以供应商的所有制形式、组织形式或者股权结构，对供应商实施差别待遇或者歧视待遇，对民营企业设置不平等条款，对内资企业和外资企业在中国境内生产的产品、提供的服务区别对待；②除小额零星采购适用的协议供货、定点采购以及财政部另有规定的情形外，通过入围方式设置备选库、名录库、资格库作为参与政府采购活动的资格条件，妨碍供应商进入政府采购市场；③要求供应商在政府采购活动前进行不必要的登记、注册，或者要求设立分支机构，设置或者变相设置进入政府采购市场的障碍；④设置或者变相设置供应商规模、成立年限等门槛，限制供应商参与政府采购活动；⑤要求供应商购买指定软件，作为参加电子化政府采购活动的条件；⑥不依法及时、有效、完整发布或者提供采购项目信息，妨碍供应商参与政府采购活动；⑦强制要求采购人采用抓阄、摇号等随机方式或者比选方式选择采购代理机构，干预采购人自主选择采购代理机构；⑧设置没有法律法规依据的审批、备案、监管、处罚、收费等事项；⑨除《政府采购货物和服务招标投标管理办法》第六十八条规定的情形外，要求采购人采用随机方式确定中标、成交供应商；⑩违反法律法规相关规定的其他妨碍公平竞争的情形。

强调严格执行公平竞争审查制度，充分听取市场主体和相关行业协会商会意见，评估对市场竞争的影响，防止出现排除、限制市场竞争问题。加强政府采购执行管理，优化采购活动办事程序，细化采购活动执行要求，规范保证金收取和退还，及时支付采购资金，完善对供应商的利益损害赔偿和补偿机制等。同时，加快推进电子化政府采购，进一步提升政府采购透明度并完善政府采购质疑投诉和行政裁决机制。

3.2 价格政策

3.2.1 多地推动创新和完善绿色发展价格机制

2018年国家发展改革委发布《关于创新和完善促进绿色发展价格机制的意见》（发改价格规〔2018〕943号）。此后，四川、贵州、甘肃、青海、新疆、河南、云南、内蒙古等多个省（区、市）结合当地实际情况推出了相应的促进政策。提出按照污染者付费和补偿成本并合理盈利的原则，加快建立健全能够充分反映市场供求和资源稀缺程度、体现生态价值和环境损害成本的资源环境价格机制，不断完善污水处理费、固体废物处理费、水价、电价、天然气价格等收费政策，创造更加有利于环保投资、营运的环境，不断做大环境企业盈利空间，催生环保行业的投资机会。

3.2.2 全面实行城镇非居民用水超定额累进加价制度

为充分发挥价格机制在水资源配置中的调节作用，促进水资源可持续利用和城镇节水减排，2017年10月，国家发展改革委会同住房和城乡建设部印发《关于加快建立健全城镇非居民用水超定额累进加价制度的指导意见》（发改价格〔2017〕1792号），指导各地全面推行非居民用水超定额累进加价制度，合理确定分档水量和加价标准。2019年4月15日，国家发展改革委、水利部《印发关于〈国家节水行动方案〉的通知》（发改环资规〔2019〕695号），要求全面深化水价改革，适时完善居民阶梯水价制度。2019年1月，四川省发展改革委、住房和城乡建设厅、水利厅发布《关于建立健全和加快推行城镇非居民用水超定额累进加价制定的实施意见》（川发改价格〔2018〕509号）。2019年7月，上海市发展改革委发布《建立健全上海市城镇非居民用水超定额累进加价制度的实施方案》（沪发改规范〔2019〕9号）。截至2019年年底，全国31个省（区、市）均已制定出台城镇非居民用水超定额累进加价制度。

3.2.3 加快推进农业水价综合改革力度

2019年《中共中央国务院关于坚持农业农村优先发展做好"三农"工作的若干意见》（中发〔2019〕1号）中明确指出，"加快推进农业水价综合改革，健全节水激励机制。" 2019年5月15日，国家发展改革委、财政部、水利部、农业农村部联合印发《关于加快推进农业水价综合改革的通知》（发改价格〔2019〕855号），提出2019年新增改革实施面积 1.2 亿亩以上，北京、上海、江苏、浙江等重点地区确保改革任务大头落地。明确 2019 年农业水价综合改革工作绩效考核内容主要包括当年改革实施面积、供水计量设施配套、农业用水总量控制、田间工程管护、水价形成机制、精准补贴和节水奖励 6 项重点改革内容。福建、广东、河南、湖南等地区也陆续发布推进农业水价综合改革工作的相关通知，扎实开展各项工作。已实施改革的区域要对照《国务院办公厅关于推进农业水价综合改革的意见》（国办发〔2016〕2 号）的要求，统筹推进农业水价形成机制、精准补贴和节水奖励机制、工程建设和管护机制、用水管理机制等四项机制的建立。

3.2.4 降低一般工商业电价

3.2.4.1 进一步降低一般工商业电价

2019 年政府工作报告提出："深化电力市场化改革，清理电价附加收费，降低制造业用电成本，一般工商业平均电价再降低 10%"。2019 年 3 月 27 日，国家发展改革委发布《关于电网企业增值税税率调整相应降低一般工商业电价的通知》（发改价格〔2019〕559 号），开启了降电价热潮。全国已有 26 个省市区域发布了 2019 年降电价通知，并公开了降价后电网销售电价表。

3.2.4.2 持续完善差别电价政策

2019 年 9 月 19 日，江苏省发展改革委、工业和信息化厅发布《关于完善差别化电价政策促进绿色发展的通知》（苏发改价格发〔2019〕846 号），进一步明确差别化电价政策执行范围，实行更加严格的差别化电价政策，实施动态的差别化电价政策管理机制，对能源消耗超过限额标准的企业实行惩罚性电价，最高加价 0.35 元 /kW·h；对于使用国家明令淘汰的高耗能设备的，实施淘汰类设备差别电价，加价标准最高 0.50 元 /kW·h。2019 年 9 月 16 日，安徽省发展改革委发布《安徽省发展改革委关于完善差别电价政策有关事项的通知（征求意见稿）》，明确铁合金、水泥、钢铁等 7 大淘汰类和限制类企业用电将实行更高用电价格。

3.3 税收政策

3.3.1 污染防治第三方企业所得税优惠政策

为鼓励污染防治企业的专业化、规模化发展，更好地支持生态文明建设，2019 年 4 月 13 日，财政部、税务总局、国家发展改革委、生态环境部联合发布《关于从事污染防治的第三方企业所得税政策问题的公告》（财政部公告 2019 年第 60 号），对符合条件的从事污染防治的第三方企业减按 15% 的税率征收企业所得税。公告执行期限为 2019 年 1 月 1 日至 2021 年 12 月 31 日。

3.3.2 免征部分环保设备关税和进口环节增值税政策

2019年11月26日，财政部、工业和信息化部、海关总署、税务总局、能源局印发《关于调整重大技术装备进口税收政策有关目录的通知》（财关税〔2019〕38号），对符合规定条件的国内企业为生产《国家支持发展的重大技术装备和产品目录（2019年修订）》所列装备或产品而确有必要进口《重大技术装备和产品进口关键零部件、原材料商品目录（2019年修订）》所列商品的，免征关税和进口环节增值税。《国家支持发展的重大技术装备和产品目录（2019年修订）》包括大型环保及资源综合利用设备共7项，其中，大气污染治理设备2项、资源综合利用设备各5项，与《国家支持发展的重大技术装备和产品目录（2018年修订）》相比减少了挥发性有机污染物处理设备、生活垃圾热解气化装备、报废汽车拆解生产线，新增了生物质气发电机组。

3.3.3 小微企业普惠性税收减免政策

为贯彻落实党中央、国务院决策部署，进一步支持小微企业发展，2019年1月17日，财政部、税务总局发布《关于实施小微企业普惠性税收减免政策的通知》（财税〔2019〕13号），对月销售额10万元以下（含本数）的增值税小规模纳税人，免征增值税；对小型微利企业年应纳税所得额不超过100万元的部分，减按25%计入应纳税所得额，按20%的税率缴纳企业所得税；对年应纳税所得额超过100万元但不超过300万元的部分，减按50%计入应纳税所得额，按20%的税率缴纳企业所得税；进一步扩大了创投企业和天使投资人享受投资抵扣优惠的投资对象范围，享受创业投资税收优惠的被投资对象范围由从业人数不超过200人、资产总额和年销售收入均不超过3000万元进一步扩展到从业人数不超过300人、资产总额和年销售收入均不超过5000万元。执行期限为2019年1月1日至2021年12月31日。

3.3.4 推进增值税实质性减税

2019年3月20日，财政部、税务总局、海关总署发布《关于深化增值税改革有关政策的公告》（财政部税务总局海关总署公告2019年第39号），从2019年4月1日起，我国制造业等行业增值税税率由16%降至13%，交通运输业和建筑业等行业增值税税率由10%降至9%。

3.4 金融政策

3.4.1 《绿色产业指导目录（2019年版）》出台

2019年3月，国家发展改革委等七部委联合出台《绿色产业指导目录（2019年版）》（发改环资〔2019〕293号）。这是我国目前界定绿色产业和项目最全面、最详细的指导文件，该目录的出台有利于进一步厘清产业边界，将有限的政策和资金引导到对推动绿色发展最重要、最关键、最紧迫的产业上，有效服务于重大战略、重大工程、重大政策，为打赢污染防治攻坚战、建设美丽中国奠定了坚实的产业基础，也为制定绿色信贷标准、绿色债券标准、绿色企业标准以及地方绿色金融标准等其他标准提供了统一的基础和参考，有助于金融产品服务标准的全面制定、更新和修订。随着绿色金融各项标准的不断出台与落地，将有效促进和规范我国绿色金融健康、快速发展，我国绿色金融将迎来标准的逐步统一。

3.4.2 强化绿色金融改革创新试验区工作

自 2017 年 6 月国务院批准浙江、江西、广东、贵州和新疆五省（区）八地（市）绿色金融改革创新试验区以来，我国绿色金融迈入"自上而下"的顶层设计和"自下而上"的区域探索相结合的发展新阶段。各个绿色金融试验区从不同角度开展绿色金融创新，陆续推出了环境权益抵（质）押融资、绿色市政债券等多项创新型绿色金融产品和工具。广东省广州市花都区创新碳排放权抵（质）押融资等产品，带动企业自觉实现节能减排与绿色转型发展。江西省推动了绿色市政专项债券，赣江新区于 2019 年 6 月成功发行 3 亿元绿色市政专项债券，期限为 30 年，为全国首单绿色市政专项债。浙江省衢州市探索创新了"一村万树"绿色期权，由投资主体对"一村万树"进行天使投资，向村集体出资认购资产包，并享受约定时限期满后的资产处置权。浙江省湖州银行采纳赤道原则，成为我国境内第三家赤道银行，在组织保障上从上到下设立董事会绿色金融委员会、领导小组、绿色金融部、绿色支行，形成了较完善的绿色金融组织体系。同时紧紧围绕地方产业特色开发的"园区贷"等绿色信贷产品，并成功发行绿色金融债 10 亿元，发放地方版绿色科企"投贷联动" 6.8 亿元。

3.4.3 增强金融支持绿色发展和环保产业的力度

3.4.3.1 国家开发银行加大绿色金融支持，推进工业节能与绿色发展

2019 年 3 月 19 日，工业和信息化部、国家开发银行联合发布《关于加快推进工业节能与绿色发展的通知》（工信厅联节〔2019〕16 号），双方进一步发挥部行合作优势，充分借助绿色金融措施，大力支持工业节能降耗、降本增效，实现绿色发展，提出以长江经济带、京津冀及周边地区、长三角地区、汾渭平原等地区为重点，强化工业节能和绿色发展工作，重点支持工业能效提升、清洁生产改造、资源综合利用、绿色制造体系建设。国家开发银行切实发挥国内绿色信贷主力银行作用，按照"项目战略必要、整体风险可控、业务方式合规"的原则，以合法合规的市场化方式支持工业节能与绿色发展重点项目，推动工业补齐绿色发展短板。拓展中国人民银行抵押补充贷款资金运用范围至生态环保领域，给予低成本资金支持。工业和信息化部则会同国家开发银行统筹用好

各项支持引导政策和绿色金融手段，对已获得绿色信贷支持的企业、园区、项目，优先列入技术改造、绿色制造等财政专项支持范围，实现综合应用财税、金融等多种手段，共同推进工业节能与绿色发展。

3.4.3.2 加快金融支持服务民营企业

2019年1月11日，生态环境部、中华全国工商业联合会发布《关于支持服务民营企业绿色发展的意见》（环综合〔2019〕6号），指出加快推动设立国家绿色发展基金，鼓励有条件的地方政府和社会资本共同发起区域性绿色发展基金，支持民营企业污染治理和绿色产业发展。完善环境污染责任强制保险制度，将环境风险高、环境污染事件较为集中的行业企业纳入投保范围。健全企业环境信用评价制度，充分运用企业环境信用评价结果，创新抵押担保方式。鼓励民营企业设立环保风投基金，发行绿色债券，积极推动金融机构创新绿色金融产品，发展绿色信贷，推动解决民营企业环境治理融资难、融资贵等问题。目前，财政部、生态环境部、上海市人民政府正推进国家绿色发展基金设立，引导社会资本生态环境保护投入，推进环保产业发展。中共中央办公厅、国务院办公厅印发了《关于加强金融服务民营企业的若干意见》（中办发〔2019〕6号），聚焦金融机构对民营企业"不敢贷、不愿贷、不能贷"的问题，要求积极支持民营企业融资纾困，着力化解流动性风险并切实维护企业合法权益，从实际出发帮助遭遇风险事件的企业摆脱困境，加快清理拖欠民营企业账款，企业要主动创造有利于融资的条件。

3.4.3.3 加大对生物天然气项目的信贷支持

2019年12月4日，国家发展改革委、能源局、财政部等十部门联合发布《关于促进生物天然气产业化发展的指导意见》（发改能源规〔2019〕1895号），指出要引导银行业金融机构开展绿色金融产品的创新及加大对生物天然气项目的信贷支持。组织生物天然气产业化项目建设，加快建立完善支持政策体系。表明国家将加快生物质能产业转型升级的步伐，未来非电利用（生物燃气、清洁供热、液体燃料等）将成为生物质能主要的利用方式，这将有利于畜禽粪污、餐厨垃圾、农副产品加工废水等对水环境有较大影响的城乡有机废弃物的无害化处置。

3.4.3.4 银行保险业助力美丽乡村建设

2019年3月1日，中国银保监会办公厅发布《关于做好2019年银行业保险业服务乡村振兴和助力脱贫攻坚工作的通知》（银保监办发〔2019〕38号），指出要进一步加大对农村高标准农田、交通设施、水利设施、电网、通信、物流等领域的中长期信贷支持。大力发展绿色金融，重点支持生态体系保护和修复工程。

3.4.4 推进绿色金融产品持续放量[①]

3.4.4.1 绿色信贷取得积极进展

据中国银行保险监督管理委员会数据显示，我国21家主要银行机构[②]绿色信贷贷款余额从2013年6月末的4.85万亿元提升至2019年6月末的10万亿元以上（10.6万亿元），占21家银行各项贷款总额的9.6%。其中，绿色交通项目、可再生能源及清洁能源项目、工业节能节水环保项目的贷款余额及增幅规模位居前列。

3.4.4.2 绿色债券市场呈爆发态势

2019年，我国境内外绿色债券发行规模合计3390.62亿元人民币，发行数量214单，同比分别增长26%和48%，约占同期全球绿色债券发行规模的21.3%，位居全球绿色债券市场前列。从境内发行情况看，2019年共有146个主体累计发行贴标绿色债券197单，发行规模总计2822.93亿元，同比增长26%。其中，包括普通绿色债券发行165单，规模2430.87亿元；绿色资产支持证券发行32单，规模392.06亿元。从境外发行情况看，2019年我国境内主体在境外累计发行17单绿色债券，规模约合人民币567.69亿元，同比增长25%。从债券类型发行数量看，我国全年绿色公司债券共发行65单，同比增长97%，增长最快。

3.4.4.3 绿色保险创新产品及政策保障不断推出

2019年3月，中国人保财险北京市分公司向北京永辉志信房地产开发有限公司颁发了全国首张绿色建筑性能责任保险保单，以北京市朝阳区崔各庄奶东村企业升级改造项目为试点，大力推进绿色建筑由绿色设计向绿色运行转化。2019年6月18日，福建省厦门市人民政府发布《关于在环境高风险领域推行环境污染强制责任保险制度的意见》，提出在重金属污染行业、危险废物污染行业、使用尾矿库且环境风险等级为较大及以上的企业、其他环境高风险行业推行环境污染强制责任保险制度。2019年7月31日，浙江宁波斯迈克制药、欧诺法化学等6家企业负责人分别与人保财险、第三方环保服务机构签署合作协议，标志着浙江省首创的生态环境绿色保险项目[③]率先在北仑试行。2019年9月13日，广西玉林市博白县（广西第一生猪大县）沼液粪肥收运还田服务第三方——广

---

① 所用数据来源于新华财经中国金融信息网绿色债券数据库 http://greenfinance.xinhua08.com/zt/database/。
② 21家主要银行机构包括：国家开发银行、中国进出口银行、中国农业发展银行、中国工商银行、中国农业银行、中国银行、中国建设银行、交通银行、中信银行、中国光大银行、华夏银行、广东发展银行、平安银行、招商银行、浦发银行、兴业银行、民生银行、恒丰银行、浙商银行、渤海银行、中国邮政储蓄银行。
③ 宁波生态环境绿色保险采用"保障＋服务＋补偿"模式，通过保险公司聘请第三方环保服务机构为企业提供专业服务，对存在的环境问题进行"问诊"和"会诊"。保险公司一方面对聘请的第三方环保服务机构进行监督，确保服务质量；另一方面为第三方环保服务机构的服务效果进行部分保证背书，若其服务过失或服务缺失造成企业额外支出的由第三方机构核定相关费用，保险公司按照保险协议约定进行补偿。同时，保险公司还对突发环境污染事故责任部分进行兜底保障。

西益江环保科技与中国大地财产保险玉林中心支公司签订了一份保单，对承保区域博白县东平镇因规范施用沼液造成的作物烧苗死苗损失提供赔付保障，这是全国第一张"沼液粪肥还田服务第三者责任险"保单，开创了利用保险工具助力粪污治理和资源化的先河。

绿色发展基金与绿色资产支持票据实践活跃。2019年11月，河南省财政统筹整合资金，吸引省辖市、社会资本参与，组建河南省绿色发展基金，基金总规模设立为160亿元，重点支持河南省内清洁能源、生态环境保护和恢复治理、垃圾污水处理、土壤修复与治理、绿色林业等领域的项目[①]。2019年11月27日，长江绿色发展投资基金成立，总规模1000亿元，重点投向长江经济带水污染治理、水生态修复、水资源保护、绿色环保及能源革命创新技术等领域[②]。据中债资信统计，2019年，我国共发行绿色资产支持证券/票据33只，发行总规模394.28亿元。其中，绿色资产支持证券发行数量为24单，发行规模为264.54亿元；绿色资产支持票据发行数量为9单，发行规模为129.73亿元[③]。

3.5 贸易政策

3.5.1 共建绿色"一带一路"

2019年4月22日，推进"一带一路"建设工作领导小组办公室发表《共建"一带一路"倡议：进展、贡献与展望》报告，提出共建"一带一路"倡议，践行绿色发展理念，倡导绿色、低碳、循环、可持续的生产生活方式，致力于加强生态环保合作，防范生态环境风险，增进沿线各国政府、企业和公众的绿色共识及相互理解与支持，共同实现2030年可持续发展目标。沿线各国需坚持环境友好，努力将生态文明和绿色发展理念全面融入经贸合作，形成生态环保与经贸合作相辅相成的良好绿色发展格局。各国需不断开拓生产发展、生活富裕、生态良好的文明发展道路。开展节能减排合作，共同应对气候变化。制定落实生态环保合作支持政策，加强生态系统保护和修复。探索发展绿色金融，将环境保护、生态治理有机融入现代金融体系。中国愿与沿线各国开展生态环境保护合作，将努力与更多国家签署建设绿色丝绸之路的合作文件，扩大"一带一路"绿色发展国际联盟，建设"一带一路"可持续城市联盟。建设一批绿色产业合作示范基地、绿色技术交流与转移基地、技术示范推广基地、科技园区等国际绿色产业合作平台，打造"一带一路"绿色供应链平台，开展国家公园建设合作交流，与沿线各国一道保护好我们共同拥有的家园。

---

① 引自新华网.河南设立百亿元绿色发展基金推动生态文明建设 http：//www.xinhuanet.com/fortune/2019-12/01/c_1125294452.htm

② 引自三峡记者站.千亿长江绿色发展投资基金落户宜昌 http：//sanxia.comnews.cn/article/dfsw/201911/20191100026403.shtml

③ 引自 http：//greenfinance.xinhua08.com/zt/database/greenabsabn.shtml

2019 年 4 月 25—27 日，第二届"一带一路"国际合作高峰论坛在北京成功举行。习近平总书记出席论坛并发表主旨演讲，强调要秉持共商共建共享原则，坚持开放、绿色、廉洁理念，努力实现高标准、惠民生、可持续目标，推动共建"一带一路"沿着高质量发展方向不断前进。在绿色之路分论坛上，"一带一路"绿色发展国际联盟正式成立，并启动"一带一路"生态环保大数据服务平台，发布绿色高效制冷行动倡议、绿色照明行动倡议和绿色"走出去"行动倡议。

3.5.2 推进禁止洋垃圾入境制度

3.5.2.1 禁止洋垃圾入境工作稳步推进

2019 年，《禁止洋垃圾入境推进固体废物进口管理制度改革实施方案》不断落实，顺利完成 2019 年度改革任务目标。据生态环境部统计，2019 年全国固体废物进口总量为 1347.8 万 t，同比减少 40.4%，2020 年是禁止洋垃圾入境推动固体废物进口管理制度改革的收官之年，力争在 2020 年年底基本实现固体废物零进口，全面完成各项改革任务。

3.5.2.2 海关总署"蓝天 2019"专项行动使"洋垃圾"走私活动得到有效遏制

"蓝天 2019"共开展三轮专项行动，海关总署在山东、福建、天津等 9 个省（市）同步开展集中查缉抓捕行动。经过持续强化监管、高压严打、综合治理等治理措施，禁止洋垃圾入境专项工作取得阶段性成果，固体废物进口量、发案数呈双下降趋势。据生态环境部统计，2019 年共查办洋垃圾走私案件 354 起，查证涉案废物 76.32 万 t，同比分别下降 21% 和 48.64%；抓获犯罪嫌疑人 376 名，同比下降 20.34%。在持续严打之下，按照最高人民法院、最高人民检察院、海关总署联合发布的关于敦促走私废物违法犯罪人员投案自首的公告要求，共有 56 名走私废物违法犯罪人员主动投案自首。

3.5.3 支持外商投资节能环保产业

经党中央、国务院同意，国家发展改革委、商务部于 2019 年 6 月 30 日发布第 27 号令《鼓励外商投资产业目录（2019 年版）》，自 2019 年 7 月 30 日起施行。制定《鼓励外商投资产业目录（2019 年版）》，是贯彻落实党中央、国务院开放发展部署的重要举措，在保持鼓励外商投资政策连续性、稳定性基础上，进一步扩大鼓励外商投资范围，促进外资在现代农业、先进制造、高新技术、节能环保、现代服务业等领域投资，促进外资优化区域布局，更好地发挥外资在我国产业发展、技术进步、结构优化中的积极作用。《鼓励外商投资产业目录（2019 年版）》是我国重要的外商投资促进政策，属于该目录的外商投资项目，可以依照法律、行政法规或国务院的规定享受税收、土地等优惠待遇。该产业目录涉及污染防治设备、资源循环利用设备、环境监测仪器、水务环保及生态修复等数十项节能环保细分领域，有助于推动环保产业的技术进步、结构优化及转型升级。

3.5.4 新发展理念引领对外贸易高质量发展

2019年11月19日，中共中央、国务院印发《关于推进贸易高质量发展的指导意见》（国务院公报2019年第35号）。这是新形势下指导和引领我国外贸质量变革、动力变革、效率变革，充分发挥外贸对国民经济发展全局重要作用的纲领性文件，该文件将新发展理念贯穿推进贸易高质量发展的全过程。明确提出要促进研发设计、节能环保、环境服务等生产性服务进口；发展绿色贸易，严格控制高污染、高耗能产品进出口。鼓励企业进行绿色设计和制造，构建绿色技术支撑体系和供应链，并采用国际先进环保标准，获得节能、低碳等绿色产品认证，实现可持续发展；拓宽双向投资领域，推动绿色基础设施建设、绿色投资，推动企业按照国际规则标准进行项目建设和运营。

4 环保产业引导规范型相关政策

4.1 监管政策

4.1.1 推动信用信息公开和共享

2019年4月3日，国务院公布了修订后的《政府信息公开条例》（国令第711号），进一步扩大了政府信息主动公开的范围和深度，坚持"公开为常态、不公开为例外"的原则，凡是能主动公开的一律主动公开。

2019年7月9日，国务院办公厅印发《关于加快推进社会信用体系建设构建以信用为基础的新型监管机制的指导意见》（国办发〔2019〕35号），提出以加强信用监管为着力点，创新监管理念、监管制度和监管方式，建立健全贯穿市场主体全生命周期，衔接事前、事中、事后全监管环节的新型监管机制，不断提升监管能力和水平。

2019年9月1日，国家发展改革委发布《关于推送并应用市场主体公共信用综合评价结果的通知》（发改办财金〔2019〕885号），对全国3300万家市场主体开展第一期公共信用综合评价，并将评价结果纳入地方信用信息平台。

4.1.2 推进建设项目审批制度改革

2019年3月11日，国务院发布《关于全面开展工程建设项目审批制度改革的实施意见》（国办发〔2019〕11号），对工程建设项目审批制度实施全流程、全覆盖改革。要求统一审批流程、统一信息数据平台、统一审批管理体系、统一监管方式，实现工程建设项目审批"四统一"，提出到2019年上半年全国工程建设项目审批时间压缩至120个工作日以内，省（区、市）和地级及以上城市初步建成工程建设项目审批制度框架和信息数据平台。2019年年底工程建设项目审批管理系统与相关系统平台实现互联互通。

到 2020 年年底，基本建成全国统一的工程建设项目审批和管理体系。试点地区要继续深化改革，加大改革创新力度，进一步精简审批环节和事项，减少审批阶段，压减审批时间，加强辅导服务，提高审批效能。

4.1.3 加快国有企业改革

2019 年 6 月 22 日，国家发展改革委等十三部门联合印发《加快完善市场主体退出制度改革方案》，进一步畅通市场主体退出渠道，降低市场主体退出成本，激发市场主体竞争活力，完善优胜劣汰市场机制，明确国有企业退出机制。国务院国资委向各中央企业、地方国资委印发授权放权清单（2019 年版），赋予企业更多自主权，促进激发微观主体活力与管住管好国有资本有机结合。

2019 年 10 月 30 日，国资委在总结中央企业混改所有制改革工作的基础上，制定了《中央企业混合所有制改革操作指引》，要求中央企业所属各级子企业通过产权转让、增资扩股、首发上市（IPO）、上市公司资产重组等方式，引入非公有资本、集体资本实施混合所有制改革，相关工作参考此次发布的操作指引。

2019 年 11 月 8 日，国资委发布《关于进一步推动构建国资监管大格局有关工作的通知》，要求统筹推进国有企业改革，各地国资委要充分发挥基层首创精神，组织实施好国有资本投资运营公司试点、"双百行动"和"区域性国资国企综合改革试点"，探索在地方国有企业开展创建世界一流示范企业工作。

4.1.4 进一步深化监管服务能力和水平

2019 年 9 月 6 日，国务院发布《国务院关于加强和规范事中事后监管的指导意见》（国发〔2019〕18 号），指出要持续深化"放管服"改革，坚持放管结合、并重，把更多行政资源从事前审批转到事中、事后监管上来，加快构建权责明确、公平公正、公开透明、简约高效的事中、事后监管体系，形成市场自律、政府监管、社会监督互为支撑的协同监管格局，切实管出公平、管出效率、管出活力，促进提高市场主体竞争力和市场效率，推动经济社会持续健康发展。

2019 年 9 月 8 日，为深化"放管服"改革，进一步优化营商环境，主动服务企业绿色发展，协同推进经济高质量发展和生态环境高水平保护，生态环境部发布《关于进一步深化生态环境监管服务推动经济高质量发展的意见》（环综合〔2019〕74 号），加大"放"的力度，激发市场主体活力；优化"管"的方式，营造公平市场环境；提升"服"的实效，增强企业绿色发展能力；精准"治"的举措，提升生态环境管理水平。

在"放"方面，依法取消环评单位资质许可，逐步下放项目环评审批权。2018 年 12 月 29 日，《环境影响评价法》（修正案）获第十三届全国人民代表大会常务委员会第七次会议通过。新《环境影响评价》从法律层面取消了建设项目环境影响评价资质行政许可事项，环评领域原来5项行政审批中，只保留了建设项目环评审批1项。2019年1月19日，生态环境部发布《关于取消建设项目环境影响评价资质行政许可事项后续相关工作要求的公告（暂行）》（生态环境部公告2019年第2号），自该公告发布之日起《建设项目环境影响评价资质管理办法》（环境保护部令第36号）和《关于发布〈建设项目环境影响评价资质管理办法〉配套文件的公告》（环境保护部公告2015年第67号）即行废止。随后，生态环境部印发了《建设项目环境影响报告书（表）编制监督管理办法》（生态环境部令第9号）以及《建设项目环境影响报告书（表）编制能力建设指南（试行）》《建设项目环境影响报告书（表）编制单位和编制人员信息公开管理规定（试行）》《建设项目环境影响报告书（表）编制单位和编制人员失信行为记分管理办法（试行）》等配套文件。随着环评审批权限的逐年下放、固定资产投资建设项目减少、环评报告类别和内容简化，环评市场持续萎缩。但是，随着环保督察力度不断加严，以"环保管家"为代表的综合性环境服务商受到地方政府部门、工业园区、企业等各方欢迎，诸多环评机构根据市场需求纷纷转型，开展环境咨询服务。

在"管"方面，强化事中、事后监管，推动环保信用评价。根据监督管理办法的要求，生态环境部建设完成全国统一的环境影响评价信用平台，并于2019年10月25日发布《关于启用环境影响评价信用平台的公告》（生态环境部公告2019年第39号），信用平台于2019年11月1日起正式启用。

4.1.5 严格限制、禁止有关产品使用及生产

为落实《关于持久性有机污染物的斯德哥尔摩公约》履约要求，生态环境部、外交部等十一部委联合发布《关于禁止生产、流通、使用和进出口林丹等持久性有机污染物的公告》（生态环境部外交部国家发展和改革委员会科学技术部工业和信息化部农业农村部商务部国家卫生健康委员会应急管理部海关总署国家市场监督管理总局公告2019年第10号），公布林丹、硫丹、全氟辛基磺酸及其盐类和全氟辛基磺酰氟等禁止生产、流通、使用等管理的有关事项。

根据《海洋环境保护法》《海洋倾废管理条例》等相关规定，生态环境部组织对全国倾倒区进行了跟踪监测和容量评估，并于2019年5月21日公布《关于发布2019年全国可继续使用倾倒区和暂停使用倾倒区名录的公告》（生态环境部公告2019年第17号），生态环境部将继续组织开展倾倒区选划和跟踪监测工作，及时公布倾倒区相关管理信息。

2019年12月30日，生态环境部、商务部及海关总署联合发布《中国严格限制的有

毒化学品名录（2020 年）》（生态环境部商务部海关总署公告 2019 年第 60 号），规定凡进口或出口名录所列有毒化学品，应向生态环境部申请办理有毒化学品进（出）口环境管理放行通知单。进出口经营者应凭有毒化学品进（出）口环境管理放行通知单向海关办理进出口手续。

4.1.6 加强报废物品及危险货物运输管理

为规范报废机动车回收活动，保护环境、促进循环经济发展、保障道路交通安全，2019 年 4 月 22 日，国务院发布《报废机动车回收管理办法》（国务院令第 715 号），并于 2019 年 6 月 1 日起施行。《报废机动车回收管理办法》适应循环经济发展需要，允许将报废机动车"五大总成"出售给再制造企业，提高回收价值。要求落实国务院"放管服"改革要求，完善资质认定制度，简化办事程序；落实生态文明建设和绿色发展要求，突出加强环境保护；创新管理方式，加强事中、事后监管；调整适应道路交通安全法等法律法规。

为了加强危险货物道路运输安全管理，预防危险货物道路运输事故，保障人民群众生命、财产安全、保护环境，2019 年 11 月 10 日，交通运输部、工业和信息化部、公安部、生态环境部、应急管理部和国家市场监督管理总局联合发布《危险货物道路运输安全管理办法》（2019 年第 29 号），对危险货物托运、承运、装卸及运输车辆管理等进行了详细规定，办法于 2020 年 1 月 1 日起施行。

4.1.7 规范民用核安全设备操作人员资格管理

为进一步加强核与辐射安全领域相关工作的规范化管理，加强民用核安全设备焊接人员的资格管理，加强民用核安全设备无损检验人员的资格管理，2019 年 6 月 12 日、13 日，生态环境部分别发布《民用核安全设备焊接人员资格管理规定》（生态环境部令第 5 号）、《民用核安全设备无损检验人员资格管理规定》（生态环境部令第 6 号），规定从事民用核安全设备焊接活动的人员及从事民用核安全设备无损检验活动的人员应获取相关资质证书。《民用核安全设备焊接人员资格管理规定》《民用核安全设备无损检验人员资格管理规定》均自 2020 年 1 月 1 日起施行。

4.2 技术规范政策

4.2.1 制定重点行业排污许可相关技术规范

2019 年，为进一步完善排污许可技术支撑体系，生态环境部颁布了家具制造工业，酒、饮料制造工业，畜禽养殖行业、乳制品制造工业，调味品、发酵制品制造工业，电子工业、人造板工业，工业固体废物和危险废物治理、废弃资源加工工业，食品制造工业—方便食品、食品及饲料添加剂制造工业，无机化学工业、聚氯乙烯工业、危险废物焚烧、生活垃圾焚烧，生物药品制品制造、化学药品制剂制造、中成药生产，制革及毛皮加工工业—毛皮加工工业，印刷工业等19项行业排污许可证申请与核发技术规范。

4.2.2 实施环境监测分析方法与技术规范

2019年，生态环境部发布关于水、大气、土壤、固体废物等领域的环境监测分析方法与技术规范59项，其中，水环境监测分析方法与技术规范26项，包括草甘膦、磺酰脲类农药、联苯胺、萘酚等污染物监测分析方法标准及氨氮、化学需氧量、六价铬等水质在线自动监测技术要求及检测方法；大气环境监测分析方法与技术规范14项，包括固定污染源废气氟化氢、甲硫醇、溴化氢、氯苯类化合物、三甲胺、油烟和油雾及环境空气NO_x、SO_2自动测定等监测方法与技术规范；土壤和固体废物环境监测分析方法19项，包括粒度、石油类、草甘膦、苯氧羧酸类农药、六价铬、石油烃、铊、铜、锌、铅、镍、铬等的测定。

4.2.3 推进环境影响评价技术标准制定

4.2.3.1 制定环境影响评价技术导则

2019年，生态环境部制定了HJ 1015.1—2019《环境影响评价技术导则铀矿冶》和HJ 1015.2—2019《环境影响评价技术导则铀矿冶退役》规范铀矿冶建设项目和铀矿冶退役项目环境影响评价工作。

4.2.3.2 完善规划环评影响评价技术标准

2019年生态环境部修订了《规划环境影响评价技术导则—总纲》，新导则于2020年3月1日起实施。2019年3月8日，为贯彻落实《环境影响评价法》和《规划环境影响评价条例》，规范并指导规划环境影响跟踪评价工作，生态环境部办公厅发布《规划环境影响跟踪评价技术指南（试行）》（环办环评〔2019〕20号）。

4.2.4 完善生态环保技术标准规范体系

4.2.4.1 发布污染防治可行技术指南4项

2019年1月2日，为防治污染，改善环境质量，推动企事业单位污染防治措施升级改造和技术进步，生态环境部印发了制糖工业、陶瓷工业、玻璃制造业和炼焦化学工业等4项污染防治可行性技术指南。

4.2.4.2 制定技术导则15项

2019年生态环境部制定了环境影响评价、规划环评、地块土壤和地下水中挥发性有机物采样、污染地块风险管控与土壤修复效果评估、污染地块地下水修复和风险管控、建设用地土壤污染状况调查、土壤污染风险评估、风险管控、修复等技术导则15项。

4.2.4.3 发布绿色技术标准规范 6 项

2019 年 12 月 13 日，生态环境部发布了吸油烟机、化妆品和吸收性卫生用品三项环境标志产品技术要求，针对产品在生产和使用过程中对环境和人体健康的影响，从产品设计、生产、使用、包装等方面提出环境保护要求。

2019 年 10 月 24 日，工业和信息化部印发《印染行业绿色发展技术指南（2019 年版）》（工信部消费〔2019〕229 号），为地方政府推动印染行业转型升级提供指导，给印染企业技术改造指引方向，切实提高印染行业绿色发展水平。为规范动力蓄电池回收利用，适应行业发展新形势，工业和信息化部对 2016 年发布的《〈新能源汽车废旧动力蓄电池综合利用行业规范条件〉和〈新能源汽车废旧动力蓄电池综合利用行业规范公告管理暂行办法〉》（工业和信息化部公告 2016 年第 6 号）进行修订，进一步加强新能源汽车废旧动力电池综合利用行业规范管理，提升行业发展水平。

4.2.5 发布行业清洁生产评价指标体系

为贯彻落实《清洁生产促进法》（2012 年），建立健全系统规范的清洁生产技术指标体系，指导和推动企业实施清洁生产，2019 年 8 月 28 日，国家发展改革委、生态环境部、工业和信息化部联合发布《关于发布煤炭采选业等 5 个行业清洁生产评价指标体系的公告》（2019 年第 8 号），公布了《煤炭采选业清洁生产评价指标体系》《硫酸锌行业清洁生产评价指标体系》《锌冶炼业清洁生产评价指标体系》《污水处理及其再生利用行业清洁生产评价指标体系》《肥料制造业（磷肥）清洁生产评价指标体系》等 5 个行业清洁生产评价指标体系。

4.3 引导示范政策

4.3.1 发布技术、产品、服务目录及清单

2019 年 1 月 23 日，生态环境部发布《关于发布〈有毒有害大气污染物名录（2018 年）〉的公告》（生态环境公告 2019 年第 4 号）；生态环境部、国家卫生健康委员会于 2019 年 7 月 23 日发布《有毒有害水污染物名录（第一批）》（生态环境公告 2019 年第 28 号）；财政部、生态环境部于 2019 年 3 月 29 日发布《关于印发环境标志产品政府采购品目清单的通知》（财库〔2019〕18 号）；2019 年 9 月 2 日，工业和信息化部发布第四批绿色制造名单；《市场准入负面清单（2019 年版）》（发改体改〔2019〕1685 号）、《国家鼓励的工业节水工艺、技术和装备目录（2019 年）》（工业和信息化部水利部公告 2019 第 51 号）、《"能效之星"产品目录（2019）》（工业和信息化部公告 2019 年第 53 号）、《国家工业节能技术装备推荐目录（2019）》（工业和信息化部公告 2019 年第 55 号）、《固定污染源排污许可分类管理名录（2019 年版）》（生态环境部

令第 11 号）等目录和清单均于 2019 年公布及印发。上述文件从市场准入、风险管控、绿色生产、污染防治的工艺技术和装备等方面引导和提高了污染防治与资源化利用技术装备水平。

4.3.2 公布生态环保领域具有引导示范作用的企业名单

2019 年 2 月 22 日，工业和信息化部公布符合《废塑料综合利用行业规范条件》企业名单（第二批）、符合《废矿物油综合利用行业规范条件》企业名单（第二批）、符合《轮胎翻新行业准入条件》《废轮胎综合利用行业准入条件》企业名单（第六批）；工业和信息化部、住房和城乡建设部于 2019 年 2 月 27 日公布符合《建筑垃圾资源化利用行业规范条件》企业名单（第二批）；第二批全国环保设施和城市污水垃圾处理设施向公众开放单位名单、符合《环保装备制造行业（污水治理）规范条件》和《环保装备制造行业（环境监测仪器）规范条件》企业名单（第一批）、2019 年重点用能行业能效"领跑者"企业名单、第三批全国环保设施和城市污水垃圾处理设施向公众开放单位名单、国家生态工业示范园区等名单也于 2019 年公布。

4.3.3 开展生态、环保、循环经济等试点示范

2019 年 6 月 25 日，生态环境部办公厅、科技部办公厅、商务部办公厅公布了 2018 年度国家生态工业示范园区复查评估结果，常州国家高新技术产业开发区等 11 家园区全部通过复查评估。

2019 年 1 月 9 日，国家发展改革委办公厅、工业和信息化部办公厅联合印发《关于推进大宗固体废弃物综合利用产业集聚发展的通知》（发改办环资〔2019〕44 号），确定了一批大宗固体废弃物综合利用基地和工业资源综合利用基地的名单。

2019 年 11 月 13 日，生态环境部发布《关于命名第三批国家生态文明建设示范市县的公告》（生态环境部公告 2019 年第 48 号）及《关于命名第三批"绿水青山就是金山银山"实践创新基地的公告》（生态环境部公告 2019 年第 49 号），对第三批国家生态文明建设示范市县和"绿水青山就是金山银山"实践创新基地进行授牌命名。第三批共计命名 84 个国家生态文明建设示范市县和 23 个"绿水青山就是金山银山"实践创新基地。

5 环保产业创新鼓励型相关政策

5.1 技术创新政策

5.1.1 推进创新示范区和创新型国家建设

建设我国可持续发展议程创新示范区是党中央、国务院统筹国内国际两个大局做出的重要决策部署。为落实联合国 2030 年可持续发展议程，国务院于 2016 年 12 月印发

《中国落实 2030 年可持续发展议程创新示范区建设方案》（国发〔2016〕69 号），就示范区建设做出了明确部署。2018 年 3 月，国务院正式批复，同意广东省深圳市、山西省太原市、广西壮族自治区桂林市建设首批国家可持续发展议程创新示范区。

2019 年 5 月，国务院分别正式批复同意湖南省郴州市、云南省临沧市、河北省承德市建设国家可持续发展议程创新示范区。其中，郴州市重点针对水资源利用效率低、重金属污染等问题，集成应用水污染源阻断、重金属污染修复与治理等技术，实施水源地生态环境保护、重金属污染及源头综合治理、城镇污水处理提质增效、生态产业发展、节水型社会和节水型城市建设、科技创新支撑等行动，统筹各类创新资源，深化体制机制改革，探索适用技术路线和系统解决方案，形成可操作、可复制、可推广的有效模式，对推动长江经济带生态优先、绿色发展发挥示范效应。

临沧市重点针对特色资源转化能力弱等瓶颈问题，集成应用绿色能源、绿色高效农业生产、林特资源高效利用、现代信息等技术，实施对接国家战略的基础设施建设提速、发展与保护并重的绿色产业推进、边境经济开放合作、脱贫攻坚与乡村振兴产业提升、民族文化传承与开发等行动，统筹各类创新资源，深化体制机制改革，探索适用技术路线和系统解决方案，形成可操作、可复制、可推广的有效模式，对边疆多民族欠发达地区实现创新驱动发展发挥示范效应。

承德市重点针对水源涵养功能不稳固、精准稳定脱贫难度大等问题，集成应用抗旱节水造林、荒漠化防治、退化草地治理、绿色农产品标准化生产加工、"互联网＋智慧旅游"等技术，实施水源涵养能力提升、绿色产业培育、精准扶贫脱贫、创新能力提升等行动，统筹各类创新资源，深化体制机制改革，探索适用技术路线和系统解决方案，形成可操作、可复制、可推广的有效模式，对我国同类的城市群生态功能区实现可持续发展发挥示范效应。已批复可持续发展议程创新示范区名单如表 1 所示。

表 1　已批复可持续发展议程创新示范区名单

批复日期	名称	主题
2018 年 2 月 13 日	太原市国家可持续发展议程创新示范区	资源型城市转型升级
2018 年 2 月 13 日	桂林市国家可持续发展议程创新示范区	景观资源可持续利用
2018 年 2 月 13 日	深圳市国家可持续发展议程创新示范区	创新引领超大型城市可持续发展
2019 年 5 月 6 日	郴州市国家可持续发展议程创新示范区	水资源可持续利用与绿色发展
2019 年 5 月 6 日	临沧市国家可持续发展议程创新示范区	边疆多民族欠发达地区创新驱动发展
2019 年 5 月 6 日	承德市国家可持续发展议程创新示范区	城市群水源涵养功能区可持续发展

党的十九大提出加快建设创新型国家的要求。创新型国家是指以科技创新作为社会发展的核心驱动力，以技术和知识作为国民财富创造的主要源泉，具有强大创新竞争优势的国家。2019年1月8日，科学技术部印发《中共科学技术部党组关于以习近平新时代中国特色社会主义思想为指导凝心聚力决胜进入创新型国家行列的意见》（国科党组发〔2019〕1号），提出要加强宏观统筹，系统谋划世界科技强国建设；狠抓改革任务落实落地，营造良好科研创新生态；深入落实全面从严治党要求，为创新驱动发展提供坚强政治保障。其中，在绿色技术创新方面，重点指出要积极建设绿色技术银行，加快推进市场导向绿色技术创新体系建设。推动固废资源化、大气、水和土壤污染防治、农业面源和重金属污染防控、脆弱生态修复、化学品风险防控等领域科技创新。

5.1.2 激发创新主体创造活力

在现代市场经济条件下，科研院所、高校、企业是科技创新的主体，激发创新主体创造活力，培育创新主体规模，提升政策服务水平，是更好地开展科技创新活动的重要保障。

2019年1月22日，为进一步引导企业参与污染防治与科技创新，生态环境部、中华全国工商业联合会联合印发《生态环境部全国工商联关于支持服务民营企业绿色发展的意见》（环综合〔2019〕6号），协同推进经济高质量发展和生态环境高水平保护，综合运用法治、市场、科技、行政等多种手段，严格监管与优化服务并重，引导激励与约束惩戒并举，鼓励民营企业积极参与污染防治攻坚战，帮助民营企业解决环境治理困难，提高绿色发展能力，营造公平竞争市场环境，提升服务保障水平，完善经济政策措施，形成支持服务民营企业绿色发展的长效机制。

2019年4月15日，国家发展改革委、科技部印发《关于构建市场导向的绿色技术创新体系的指导意见》（发改环资〔2019〕689号），该意见围绕生态文明建设，以解决资源环境生态突出问题为目标，以激发绿色技术市场需求为突破口，以壮大创新主体、增强创新活力为核心，以优化创新环境为着力点，强化产品全生命周期绿色管理，加快构建以企业为主体、产学研深度融合、基础设施和服务体系完备、资源配置高效、成果转化顺畅的绿色技术创新体系，形成研究开发、应用推广、产业发展贯通融合的绿色技术创新新局面。

2019年7月30日，科技部等六部门印发《关于扩大高校和科研院所科研相关自主权的若干意见》（国科发政〔2019〕260号），该意见立足于高校和科研院所两类重要创新主体，以充分调动积极性、提高创新绩效为目标，强化科技体制改革各方面政策的综合集成，提升政策措施的系统性、整体性、协调性，发挥高校和科研院所在政策集成落实上的重要作用，为破解政策落实难等问题进行探索尝试，进一步改革完善有关制度体系，推动扩大高校和科研院所科研相关自主权。

2019年8月5日，科技部印发《关于新时期支持科技型中小企业加快创新发展的若干政策措施》（国科发区〔2019〕268号），以培育壮大科技型中小企业主体规模、提升科技型中小企业创新能力为主要着力点，从创新主体培育、政策完善落实、财政资金支持等七个方面，进一步强化相关普惠性政策的完善与落实。

2019年9月12日，科技部印发《关于促进新型研发机构发展的指导意见》（国科发政〔2019〕313号），促进新型研发机构发展，要突出体制机制创新，强化政策引导保障，注重激励约束并举，调动社会各方参与。通过发展新型研发机构，进一步优化科研力量布局，强化产业技术供给，促进科技成果转移转化，推动科技创新和经济社会发展深度融合。

2019年9月24日，财政部、科技部印发《中央引导地方科技发展资金管理办法》（财教〔2019〕129号），支持自由探索类基础研究、科技创新基地建设和区域创新体系建设的资金，鼓励地方综合采用直接补助、后补助、以奖代补等多种投入方式。支持科技成果转移转化的资金，鼓励地方综合采用风险补偿、后补助、创投引导等财政投入方式。

5.1.3 强化促进科技成果转化

长期以来，科技成果转化中涉及的国有资产审批链条长、管理文件多等问题，困扰着不少科研从业人员。2019年9月，科技成果转化领域迎来重要政策突破，财政部发布《关于进一步加大授权力度促进科技成果转化的通知》，在原已下放科技成果使用权、处置权、收益权的基础上，进一步加大科技成果转化形成的国有股权管理授权力度，畅通与科技成果转化有关的国有资产全链条管理，支持和服务科技创新。一是加大授权力度，授权中央级研究开发机构、高等院校的主管部门办理相关事宜，缩短管理链条，提高科技成果转化工作效率。二是整合现行科技成果转化涉及的国有资产使用、处置、评估、收益等管理规定。

为深入推进生态环境科技体制改革激发科技创新活力，切实发挥科技创新在打好污染防治攻坚战和生态文明建设中的支撑与引领作用，加快推进生态环境治理体系与治理能力现代化，2019年12月5日，生态环境部印发《关于深化生态环境科技体制改革激发科技创新活力的实施意见》（环科财〔2019〕109号），提出要重点完善科技创新能力体系建设，构建支撑生态环境治理体系与治理能力现代化的科技创新格局，打造高水平科技创新平台，推进产学研用协同创新模式，优化科研立项，加大投入力度，深化科研管理"放管服"改革，加大专业领域人才培养力度，建立灵活的高层次人才引进交流机制，落实科技成果转化政策，推进实施科研人员股权激励。

为落实《关于促进生态环境科技成果转化的指导意见》（环科财函〔2018〕175号），增强技术服务能力，围绕生态环境科技成果转化的全链条，生态环境部组织建设国家生态环境科技成果转化综合服务平台。2019年7月19日，生态环境部发布《关于国家生态环境科技成果转化综合服务平台上线启用的通知》，正式上线启用一期平台。平台作为生态环境科技成果转化体系的关键载体，是支撑各级政府部门生态环境管理、企业生态环境治理和环保产业发展的技术服务平台，线上具备在线查询、需求上传与技术推荐等服务功能，线下具备定制化服务、规范技术评估、流动对接等服务内容。

5.1.4 规范和引导创新主体良性发展

优良的作风和学风是做好科技工作的"生命线"，是建设创新型国家和世界科技强国的根基，决定着科技事业的成败。2019年6月，中共中央办公厅、国务院办公厅联合印发《关于进一步弘扬科学家精神加强作风和学风建设的意见》（2019年第18号），对加强科研作风学风建设做出全面部署。该意见主要提出了要从强化服务、引导、减负和督促等方面大力弘扬新时代科学家精神，营造风清气正的科研环境，构建良好科研生态，营造尊重人才、尊崇创新的舆论氛围等任务措施。2019年9月，科技部等二十个部门联合印发《关于印发〈科研诚信案件调查处理规则（试行）〉的通知》（国科发监〔2019〕323号），对于科研不端行为在违规行为的认定、调查程序、处理标准、流程等方面进行了规定，为科学技术活动违规行为、科研诚信案件提供了更细化、更具操作性的调查处理指南。

2019年12月，科技部印发《科技企业孵化器评价指标体系的通知》（国科火字〔2019〕239号），制定科技企业孵化器评价指标体系，推动科技企业孵化器高质量发展，完善孵化服务体系，提高孵化服务水平，发挥孵化器在加速科研成果转化、加快培育新动能、促进地方经济转型升级、推动科技和经济融通发展中的重要作用，支撑国家级科技企业孵化器政策制定和调整，引导地方优化调整相关支持政策。

5.2 模式创新政策

5.2.1 加快推进环境污染第三方治理模式

环境污染第三方治理已成为污染治理的一种新模式，即由"谁污染，谁治理"转变为"谁污染，谁付费"。根据《国家发展改革委办公厅生态环境部办公厅关于深入推进园区环境污染第三方治理的通知》（发改办环资〔2019〕785号）文件的要求，经省级发展改革委、生态环境部门申报以及第三方机构组织专家评审等程序，针对广东省江门市新会区崖门定点电镀工业基地等27家符合规定的园区建设项目给予中央预算内投资支持。鼓励园区通过开展第三方治理，引导社会资本积极参与，建立按效付费、第三方治理、政府监管、社会监督的新机制；创新治理模式，规范处理处置方式，增强处理能力，实现园区环境质量持续改善；创新政策引导，探索园区污染治理的长效监管机制，促进第三方治理的"市场化、专业化、产业化"，整体提升园区污染治理水平和污染物排放管控水平，形成可复制、可推广的做法和成功经验。

治理领域上，也从"单一污染物控制"向"多领域、多要素的生态环境协同治理"转变，鼓励培育水、气、固、土多污染物综合治理服务商，推动形成多领域、多要素的生态环境协同治理共生网络，实现更加显著的环境综合治理效益和效率。2019年5月9日，生态环境部印发《关于推荐环境综合治理托管服务模式试点项目的通知》（环办科财函〔2019〕473号），开展环境综合治理托管服务模式试点。经生态环境部审核，发布《关于同意开展环境综合治理托管服务模式试点的通知》（环办科财函〔2019〕881号），同意上海化学工业区、苏州工业园区、国家东中西区域合作示范区（江苏省连云港徐圩新区）和湖北省十堰市郧阳区等4个项目开展环境综合治理托管服务模式试点工作。试点期内重点创新治理模式，探索多环境介质污染协同增效治理机制。不断创新政策引导，探索生态环境治理工程项目统筹实施与长效监管机制。着力打通实施路径，探索多元投资、环境绩效考核、按效付费共同作用的新机制。

5.2.2 持续探索环境领域污染防治模式

2019年4月29日，住房和城乡建设部、生态环境部和国家发展改革委联合发布《城镇污水处理提质增效三年行动方案（2019—2021年）》（建城〔2019〕52号），提出推进生活污水收集处理设施改造和建设，健全排水管理长效机制，完善激励支持政策，完善组织领导机制，充分发挥河长、湖长作用，切实强化责任落实，力促加快补齐城镇污水收集和处理设施短板，尽快实现污水管网全覆盖、全收集、全处理。

2019年7月12日，中央农办、农业农村部、生态环境部等九部门联合印发《关于推进农村生活污水治理的指导意见》（中农发〔2019〕14号），指出开展典型示范，培育一批农村生活污水治理示范县、示范村，总结推广一批适合不同村庄规模、不同经济条件、不同地理位置的典型模式。多方筹措资金，规范运用政府和社会资本合作模式，吸引社会资金参与农村生活污水治理项目；发挥政府投资撬动作用，采取以奖代补、先建后补、以工代赈等多种方式，吸引各方人士通过投资、捐助、认建等形式，支持农村生活污水治理项目建设和运行维护。

2019年11月，生态环境部发布《农村黑臭水体治理工作指南（试行）》（环办土壤函〔2019〕826 号，全面推动农村地区启动黑臭水体治理工作，结合农村地区自然地理、社会经济、人文风俗等，探索符合区域实际条件、体现区域特征的农村黑臭水体治理模式、方法和工艺技术路线，以及能复制、易推广的建设和运行管护模式。将农村黑臭水体治理和农业生产、农村生态建设相结合，避免由于盲目照搬城市黑臭水体治理或其他地区治理技术模式而导致的"水土不服"，促进形成一批可复制、可推广的农村黑臭水体治理模式。

6 环保产业发展展望

6.1 需求拉动型政策

6.1.1 发挥生态环境保护的引导、优化和促进作用，支持服务重大国家战略实施

推动落实京津冀协同发展生态环境保护重点任务，支持雄安新区做好生态环境保护与治理工作，制定实施粤港澳大湾区、长三角、黄河生态环境保护规划或方案，指导在成渝地区双城经济圈、海南自由贸易港建设中加强生态环境保护，推进绿色"一带一路"建设。

6.1.2 紧密围绕污染防治攻坚战阶段性目标任务，坚决打好污染防治攻坚战

在大气污染治理方面，继续狠抓重点区域秋冬季大气污染综合治理攻坚，推进我国北方地区清洁取暖，扩大钢铁行业超低排放改造规模，深化工业炉窑、重点行业挥发性有机物污染治理，推进苏皖鲁豫交界地区联防联控工作，其他非重点区域也要对标重点区域要求，进一步加大治污力度等；在水污染防治方面，继续推动农村"千吨万人"水源保护区划定。持续开展城市黑臭水体整治。推进长江入河排污口溯源整治和"三磷"专项排查整治，启动黄河入河排污口排查整治，加强工业园区污水处理设施建设与管理，统筹推进农村生活污水和黑臭水体治理；在固体废物处理处置方面，全面落实《土壤污染防治行动计划》，完成重点行业企业用地土壤污染状况调查，配合农业农村部门完成农用地土壤环境质量类别划分和安全利用工作，开展"无废城市"建设成效评估，推进生活垃圾焚烧飞灰、废铅蓄电池、废塑料、医疗废物等污染物的综合治理。加强涉重金属行业污染防控与减排，加强化学品环境风险评估和高风险化学物质环境风险管控。

6.2 激励促进型政策

6.2.1 加强生态环保专项资金管理

按照"资金跟着项目走"原则，建立中央生态环保专项资金项目储备库制度，大气、水、土壤污染防治专项资金，农村环境整治资金，海洋生态保护修复资金、林业草原生态保护恢复资金、林业改革发展资金等均纳入中央项目储备库管理范围。

6.2.2 弥补地方政府投资不足问题

扩大有效投资补短板，进一步增加地方政府专项债规模，通过加大政府基础性投资规模带动相关产业发展。

6.2.3 推动扶持政策落地见效

推进环保产业税收优惠、绿色发展基金等扶持政策落地见效，进一步促进环保产业持续发展。

6.3 规范引导型政策方面

6.3.1 持续推进"放管服"改革，优化营商环境

制定实施国企改革三年行动方案，提升国资国企改革综合成效，优化民营经济发展环境。推动实体经济发展，提升制造业水平，发展新兴产业，促进大众创业万众创新。强化民生导向，推动消费稳定增长，切实增加有效投资，释放国内市场需求潜力。从资金、政策等多方面支持和帮助民营企业渡过难关，让民营企业从高速发展向高质量发展转变，促进产业上下游协同、细化市场划分，发挥民营企业在第三方治理和环境服务上的创新作用。

6.3.2 加强监管能力建设

完善生态环境治理体系，推动落实关于构建现代环境治理体系的指导意见，推进生态环境保护综合行政执法，持续开展中央生态环境保护督察。全面完成省以下生态环境机构监测监察执法垂直管理制度改革，基本建立生态环境保护综合行政执法体制。推进生态保护红线监管平台建设，持续开展"绿盾"自然保护地强化监督工作。加快推进长江流域水环境监测体系建设，提升黄河流域生态环境监测能力。推动出台《关于推进生态环境监测体系与监测能力现代化的若干意见》。制定环境信息强制性披露等改革方案。提升危险废物环境监管、利用处置和环境风险防范能力。

6.3.3 推进技术规范标准制定

我国将发布《建设用地土壤污染责任人认定办法（试行）》《农用地土壤污染责任人认定办法（试行）》《异位热解吸技术修复污染土壤工程技术规范》《原位热脱附修复工程技术规范》等技术规范标准政策，推动行业规范管理，提升行业发展水平。

6.3.4 持续开展试点示范

开展第四批国家生态文明建设示范市县和"绿水青山就是金山银山"实践创新基地评选。深入推进土壤污染防治先行区建设，加快推进土壤污染治理与修复技术应用试点。实施地下水污染防控和修复试点。

6.4 创新鼓励型政策

推进环境技术成果转化，充分发挥国家生态环境科技成果转化综合服务平台的作用，做好环境污染治理方案和技术需求方与供给方的对接，协助环保企业优化资产配置、提升技术能力与运营水平。

推进环境治理模式创新，引导鼓励工业园区和企业推进环境污染第三方治理，推进工业园区、小城镇环境综合治理托管服务模式试点，探索生态环境导向的城市开发（EOD）模式。

2019 年中国环保产业投融资专题分析

1 环保产业投融资政策进展

1.1 宏观政策支持持续加码

2019 年，我国继续坚持节约资源和保护环境的基本国策，在可持续发展的道路上行稳致远，水、土、固废、气的大监管格局已形成，迎来了环保产业全面政策深耕的时代。在高度贯彻生态保护理念的指引下，针对环保产业，我国持续推行利好型财政货币政策和产业政策，通过减费降税、产业发展战略等综合手段撬动对环保产业的投资需求，优化环保产业的投融资环境，推动市场平稳有序释放。此外，我国对于环保节能产业的财政支持力度不断加大，2014—2019 年，我国节能环保产业财政支出呈上升趋势，2019 年，我国环保节能财政支出 7444 亿元，同比增长 17%。近期，中共中央办公厅、国务院办公厅印发的《关于构建现代环境治理体系的指导意见》（以下简称《指导意见》）首次系统地提出了构建我国现代环境治理体系的总体框架，为环保产业发展提供了规范指引，从顶层设计层面强化了环境治理对于实现国家治理体系和治理能力现代化的重要性。

1.2 进一步完善区域发展战略布局

2019 年 9 月，黄河流域生态保护和高质量发展上升为重大国家战略。习近平总书记在座谈会上表示，黄河流域是我国重要的生态屏障和重要的经济地带，是打赢脱贫攻坚战的重要区域，在我国经济社会发展和生态安全方面具有十分重要的地位。

京津冀协同发展、长江经济带发展、粤港澳大湾区建设、长三角一体化发展、黄河流域生态保护和高质量发展等五大重大国家战略的实施和有序推进，可有效提振市场需求，提升社会资本参与度，有利于提升地方对于环保产业的扶持力度，改善环保企业融资边际，加快环保企业项目落地及推进，以项目建设带动环保领域相关投资的增长。

1.3 直接支持企业纾困政策陆续出台

减税降负支持企业纾困。2019 年 3 月，国务院常务会议决定从 2019 年 1 月 1 日至 2021 年年底，对从事污染防治的第三方企业，减按 15% 税率征收企业所得税。2019 年 8 月，《资源税法》发布，资源税"由规转法"，深化了"放管服"改革要求，该法进一步规范了减免税政策，有利于优化营商环境，降低企业税负。此外，《固体废物污染环境防治法》修订草案提出，从事固体废物综合利用等固体废物污染环境防治工作的企业，依照法律、行政法规的规定，享受税收优惠。环保企业减税降费的整体安排为下一阶段打好、打赢污染防治攻坚战提供了政策支持，对第三方环境治理企业及固废企业而言，激发和助推作用较为直接和明显，有利于改善环保产业增速放缓局面，减轻企业税负，缓解资金紧张压力，亦可进一步激发环保市场活力，鼓励和支持社会力量参与，带动更多资本进入。

提升金融服务的有效性。2019年2月，国务院办公厅发布《关于加强金融服务民营企业的若干意见》，提出加大金融政策支持力度，着力提升对民营企业金融服务的针对性和有效性。并在两会中提出"着力缓解企业融资难融资贵问题""加大对中小银行定向降准力度，释放的资金全部用于民营和小微企业贷款"，适时运用存款准备金率、利率手段，引导金融机构扩大信贷投放、降低贷款成本，落实普惠金融定向降准政策，提升对民营企业金融服务的针对性和有效性，支持民营企业融资纾困。

1.4 多层次资本市场提供新供给

金融供给侧结构性改革的深化发展也为环保企业融资提供了创新工具。2019年6月，中国科创板正式开板，上交所发布《上海证券交易所科创板企业上市推荐指引》，要求保荐机构重点推荐六大领域的科技创新企业，其中包括新能源和节能环保企业，为绿色科技创新企业提供新的上市融资渠道。2019年，我国环保上市企业不断增加，其中9家环保企业登陆科创板。科创板的推行可以给予优质的小型科创企业利用资本市场迅速成长的机会，而新科技带来的经济增量也将反哺资本市场，形成良性循环，对于进一步树立环保产业领域的创新导向具有重要意义。

1.5 绿色产业标准出台提供清晰标的

分类标准是指导产业发展和引导投融资的基础。2019年3月，国家发展改革委等七部委联合发布《绿色产业指导目录（2019年版）》，将绿色产业分为节能环保、清洁生产、清洁能源、生态环境、基础设施绿色升级和绿色服务等六大类，并细化出30个二级分类和211个三级分类，其中每一个三级分类均有详细的解释说明和界定条件。通过厘清产业边界，可引导有限的政策和资金支持集中到对推动绿色发展最重要、最关键、最紧迫的产业上，为制定高水平绿色产业支持政策打下了基础。

1.6 政策激发细分领域新需求

在供给侧改革不断深化的情况下，环保产业部分细分领域在《指导意见》等政策的精准支持下迎来新的发展机遇，具体包括以下三类：

（1）生态环境监测领域。根据《生态环境监测规划纲要（2020—2035年）》，"十四五"期间我国监测能力基本上要在现有水平基础上翻番，相关监测仪器设备和社会环境监测服务市场将进一步快速释放；《指导意见》提出，要构建陆海统筹、天地一体、上下协同、信息共享的生态环境监测网络，实现环境质量、污染源和生态状况监测全覆盖。生态资源环境监测相关投资自 2018 年以来保持高速增长，快于全部投资的增长率，也吸引了包括万科物业、中国移动陕西公司、华为等企业跨界进入。此外，传统领域检测需求增速放缓，呈现向新兴领域发展的增长趋势，环境检测领域呈现市场结构逐渐优化、效率提高的良好势头。

（2）环境污染治理领域。《指导意见》指出，要积极推行环境污染第三方治理，探索统一规划、统一监测、统一治理的一体化服务体系。无论是大气污染治理、水污染治理、固废处理等传统环境污染治理，还是噪声污染治理等新兴领域的污染治理，现阶段都存在治理能力不足、治理力度不够等问题。以危险废弃物为例，据相关机构预测，2020 年的危废产量将达到 9477.71 万 t，按照 2500 元/t 的处理费保守估计，市场规模接近 2400 亿。然而现阶段危险废弃物贮存量占比仍然较高，有效综合利用和处理作为治理工业危险废弃物的主要途径，仍存在较大的市场需求缺口，这将是未来行业的重点补齐方向。

（3）环保装备领域。根据《指导意见》，应强化环保产业支撑，加强关键环保技术产品自主创新，推动环保首台（套）重大技术装备示范应用，加快提高环保产业技术装备水平，鼓励企业参与绿色"一带一路"建设，带动先进的环保技术、装备、产能走出去。可见，鼓励型的环保装备发展政策旨在推动企业特别是中小民营企业创新，将环保装备技术推向国际市场，形成新的产业增长点和竞争优势。

2 2019 年我国环保产业投融资市场发展概况

在中央和地方政策支持下，近些年绿色上市企业的数量和总体市值持续增长，但在 A 股中占比仍然较小。2019 年，A 股新增上市企业 203 家，其中没有绿色企业。120 家节能环保上市公司总市值在增加，但是总体规模仍旧较小；绿色上市公司再融资数量较 2018 年保持不变、募资额增加，绿色上市企业间募资额呈两极分化状态；并购交易数量与交易额均明显下降，绿色上市公司在并购交易中作为卖方的频次增加，并购标的集中在环保产业；银行业正推动市场化债转股在绿色领域的应用，帮助绿色企业降低杠杆率[①]。

2.1 绿色企业上市总体情况

2019 年，绿色上市企业数量无新增，为 120 家，业务领域以水污染防治为主，同时

---

① 本报告所探讨的绿色股票仅局限于节能环保企业进行上市融资和再融资形成的有价证券，节能环保上市公司范围依据：中央财经大学绿色经济与区域转型研究中心 . 2018 年度环保产业景气报告：A 股环保上市企业 . http：//www.caepi.org.cn/epasp/website/webgl/webglController/view?xh=15750132227653096083968.

涉及大气污染治理、固废处理与资源化、环境监测与检测等，总市值增至9152.4亿元，具有以下几个特点。

绿色上市企业数量及市值总体规模较小，2019年有所增加。截至2018年年底，共有120家绿色企业在A股上市，同期A股上市公司3584家，占比3%；绿色上市企业总市值8223亿元，同期A股企业总市值430300亿元，占比2%。2019年，120家绿色上市企业总市值增至9152.4亿元，同比增长11%；同期A股总市值592900亿元，占比2%；A股上市企业数量增至3777家，绿色上市企业占比3%。

绿色上市企业平均规模虽有所增长但仍较小，市场集中度较低。从120家绿色上市企业市值看，截至2018年年底，市值最大的是金隅集团，达341亿元，市值最小的是国机通用，为14亿元，平均市值69亿元，远低于A股平均水平（120亿元）；市值排名前8位的绿色上市企业市值之和为2121.8亿元[1]，占比26%，反映出绿色上市企业市场集中度较低[2]。截至2019年年底，市值最大的是中联重科，达525.6亿元，市值最小的是科林环保，为8.8亿元，平均市值76.3亿元，同比增长11%，仍低于A股平均水平（157亿元）；市值排名前8位的绿色上市企业市值之和为2463.9亿元，占比27%，同比仅上升1%，市场集中度基本保持不变，仍属于竞争型市场。

绿色上市企业以沪深主板为主。120家绿色上市公司中，沪深主板上市企业61家，占比51%；创业板上市企业39家，占比32%；中小板上市企业20家，占比17%。

2.2 绿色上市公司再融资

2019年，绿色上市企业主要通过定向增发进行再融资，增发10起，共计募集资金206.3亿元，呈现以下特点。

绿色上市企业增发募资数量不变、募资额增加，但总体规模仍旧较小。从增发募资数量看，2019年，绿色上市企业增发募资10起，与2018年一致，同期A股增发募资213起，占比5%；从增发募资金额看，绿色上市企业增发募集资金额共计206.3亿元，同比增长74%，同期A股增发募资金额为6054.4亿元，占比3%（图1）。

绿色上市企业之间增发募资额呈两极分化，大部分绿色上市企业增发募资额较小。2019年，盈峰环境定向增发募资152.5亿元，占绿色上市企业年度增发募资额的74%；其他绿色上市企业增发募资额共计53.8亿元，平均募资额6亿元，同期A股企业增发平均募资额28.4亿元，大部分绿色上市企业增发募资额远低于A股平均水平（见图2）。

---

① 引自：孙敬水. 市场结构与市场绩效的测度方法研究［J］. 统计研究，2002（05）：7-12.

② 根据美国经济学家贝恩对产业集中度的划分标准，产业市场结构分为寡占型（CR8 ≥ 40）和竞争型（CR8 < 40）两类；CR8指行业中规模最大的前8位企业的有关数值（可以是产值、产量、资产总额、市值等）占整个市场或行业的份额。

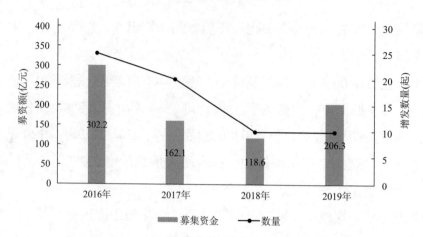

图 1　绿色上市企业增发数量及募资额（2019 年）

（数据来源：Wind 数据库）

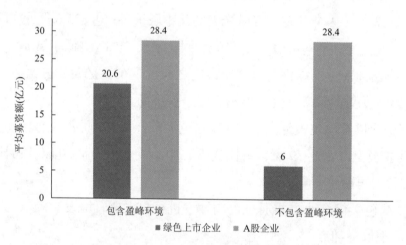

图 2　绿色上市企业与 A 股企业增发平均募资额（2019 年）

（数据来源：Wind 数据库）

绿色上市企业增发募资主要用于购买其他绿色企业股权。2019 年，进行增发募资的 10 家企业中有 5 家企业将资金用于购买其他企业股份，其中盈峰环境增发募集 152.5 亿元用于购买中联环境 100% 的股权。另外，募资资金还投向污水处理厂建设和改造、环保设备生产线改造等项目，以及用于偿还贷款、补充流动资金等。

2.3　绿色上市公司并购

2019 年，绿色上市公司发生并购事件 71 起，交易金额 237.5 亿元，呈现出以下发展特点。

（1）绿色上市公司并购数量持续减少、交易额大幅下降，总体规模进一步减小。从并购交易数量看，2019年绿色上市企业并购交易数量下降至71起，同比下降23%，同期A股并购交易数量为11 002起，占比0.6%；从并购交易金额看，绿色上市企业并购交易金额下降至237.5亿元，同比减少66%，同期A股并购交易总金额为27 262.6亿元，占比1%（见图3）。

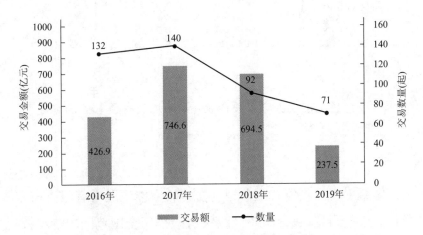

图3　绿色上市企业并购交易数量及交易金额（2019年）

（数据来源：Wind数据库）

（2）绿色上市企业并购平均交易额大幅下降，但仍高于A股平均水平。2019年，绿色上市企业并购平均交易额降至3.3亿元，同比下降60%；同期A股企业并购平均交易额下降至2.5亿元，仍低于绿色上市企业平均水平（图4）。

（3）绿色上市企业作为卖方的并购交易比例上升，并购标的集中在环保产业。2019年涉及绿色上市企业的71起并购交易中，绿色上市企业作为买方、卖方的数量分别为35起、36起，占比分别为49%、51%。并购交易标的主要集中在环境与设施服务、水务、工业机械等领域，另外部分交易标的为电子设备与仪器、家用电器、建材、农产品等。

2.4　银行推动市场化债转股在绿色领域的应用

市场化债转股可以有效降低企业杠杆率，增强企业资本实力，有利于防范企业债务风险。2018年以来，银行持续推进绿色资产市场化债转股，作为债权人与债务人在市场主导下将债权转换为对象企业股权，降低绿色企业杠杆率。2018年7月，农银金融资产投资有限公司、农业银行河北分行与国家电投集团河北电力公司在石家庄签署《债转股战略投资暨全面合作协议》并与6家新能源企业签署《增资协议》，农银金融资产投资有限公司向国家电投集团河北公司下属6家新能源企业实施10.3亿元债转股战略投资；

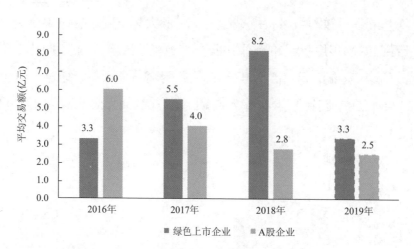

图 4　绿色上市企业与 A 股企业并购平均交易额（2019 年）

（数据来源：Wind 数据库）

2018 年 12 月，工银金融资产投资有限公司与协鑫智慧能源股份有限公司完成 4.9 亿元市场化债转股项目，该项目是工银金融资产投资有限公司全国范围内首单针对民营企业的市场化债转股项目；2019 年 12 月，工银金融资产投资有限公司与诚通通盈基金管理有限公司共同设立北京诚通工银股权投资基金，以现金方式向中节能实业公司进行增资，金额为人民币 20 亿元，专项用于债转股方式偿还存量金融负债。

2.5 混改持续提速，环保产业将迎来多元主体格局

2017 年以来，环保行业混改提速，已初步形成了政府、企业、个人和非官方机构等多元化主体并存的格局。相关资料显示，2018 年至 2019 年年底，实际转让或签署股权转让协议的民营环保公司共计 15 家，其中有 12 家实控人授权方为央企国企，占比高达 80%。此外，2019 年，陕西、广西、江苏等省（区）先后成立省（区）级环保平台，更有阿里巴巴、腾讯等民营企业巨头初探环保产业，环保产业主体多元化趋势明显。

国资入主环保产业在一段时间里将成为环保企业的主要发展趋势。一方面，国资入主符合中央经济工作会议提出的"加快国资国企改革，做强做优做大国有资本，加快实现从管企业向管资本转变"。另一方面，民营企业利润增长进一步放缓，而国资在本轮去杠杆周期中已有效降低负债率，叠加银行贷款对强担保国企的偏好，国资驰援环保行业的现象存在进一步升级的可能。但从长期来看，随着中国环保企业基础设施建设的完善和体量的增大，运营精细化、管理效率高的民营企业将重现优势，结合国企项目资源和资金上的优越性，混合所有制的商业模式有望成为环保产业的主要运行模式。

2.6 多层次资本市场利用效率增强，科创板和专项债成亮点

环保领域综合利用多层次资本市场的效率不断增强，一方面，通过发行股票的方式募集资金，获得资本市场直接融资支持的环保企业成为我国环保产业发展的重要骨干力量。2019年，上海证券交易所科创板正式开板，节能环保产业是科创板重点支持的六大领域之一，奥福环保科技、龙岩卓越新能源等9家环保企业先后过会，成功登陆科创板。另一方面，环保相关地方政府专项债的规模持续走高，2020年1—2月新增相关题材专项债券1140亿元，相比2019年同期的61.5亿元有大幅提升。

2.7 地方激励措施和配套支持政策不断完善

2019年，我国多地政府通过财政补贴、模式创新等方式，鼓励和支持绿色企业上市融资。2019年8月，江苏省发布《江苏省绿色产业企业发行上市奖励政策实施细则（试行）》，鼓励主营业务符合《绿色产业指导目录（2019年）》的绿色企业进行上市，给予成功上市的绿色企业20万～200万元的一次性资金奖励；2019年11月，吉林省发布《吉林省人民政府办公厅关于推进绿色金融发展的若干意见》，支持符合条件的绿色企业上市融资和再融资；2019年11月，兰州新区获批建设绿色金融改革创新试验区，《兰州新区建设绿色金融改革创新试验区总体方案》提出，支持符合条件的企业通过上市和挂牌等方式募集发展资金，支持各类实施机构对试验区内符合条件的优质企业和绿色项目开展债转股。

3 推动我国环保产业投融资进一步发展的建议

2019年，在经济下行压力增大的背景下，环保产业市场需求相对疲弱，融资环境虽有回暖但仍然较紧，叠加2018年因部分企业的债务问题、经营业务收窄、股权受让等问题造成了行业发展的周期性波动，环保行业市场表现低于预期，整体盈利水平下降，更有多家大型环保企业深陷资金泥沼而被迫叫停项目，环保行业仍处低谷。然而经济社会的总需求决定了环保产业作为战略性新兴产业的地位，国家先后出台多项政策，国家和社会公众的环境保护意识逐渐增长，同时，上游行业经营状况好转，环保行业的发展前景可观。

尽管环保产业运用多层次资本市场的能力有所增强，但配套投融资机制仍有待完善。如何通过政策和创新金融服务，引导市场主体有序参与环保产业投融资流程，释放市场投融资活力和资金利用效率，形成多元、绿色、市场化的机制，解决环保企业的融资困境，仍需要重点研究和考虑。宏观层面，建议着力构建更为规范的市场监管体系，给予相关政策指引和金融支持。微观层面，建议加强能力建设，帮助环保企业解决当前存在

的经营管理问题。市场层面，建议进一步拓宽环保产业投融资渠道，着力解决信用担保和评级问题造成的中小企业融资困难。

3.1 加强地方政府对于环保产业的财税、金融支持

环保产业中大量的中小微民营企业仍面临资本市场流动性分层引发的融资难、融资贵等问题，建议通过地方财税支持、金融机构定向辅导等方式，缓解对民营资本、小微企业的流动性歧视问题，减少恶性竞争，形成规范的市场秩序，形成行业、地区统一的市场，引导环保产业规范发展。此外，建议通过转移支付等手段解决因地方财政支付能力变差导致的企业应收账款高企的问题。

3.2 针对细分领域提出针对性政策指引

细分领域投资机遇显现，多领域全面发展将成为环保产业发展的重要趋势之一，建议根据细分领域市场总体特征出台政策，指引促进各领域高效发展。固废领域受益于"无废城市"建设试点，在固体废物重点领域和关键环节取得明显进展，2019年整体表现较好，建议继续推进"无废城市"建设工作，适当扩大推行范围，培育一批固体废物资源化利用的骨干企业。环境监测板块增速放缓，在新兴检测需求增长的背景下，建议有关部门在保证传统检测领域需求的同时，关注新兴领域的需求增长，将新兴领域高增速转化为环境检测领域的结构优化和升级，给该领域带来新的发展动力。

3.3 提升企业内部管理及危机应对能力

我国环保产业作为新兴产业，尚处于发展初期阶段。产业中大多为小微企业，自身经营管理能力及抗风险能力较弱，对项目、市场以及政策带来的危机应对不足，甚至造成了环保企业资不抵债，多家环保上市公司濒临破产和退市的局面。因此，企业应积极改进内部管理机制，学习和借鉴国际经验，提高应对项目危机和债务危机的能力，做好应对市场局势瞬息万变的准备。同时，建议加强现金流管理，提高自身偿债能力，降低对政府资金的依赖性，充分保障自身在市场中的竞争能力和产出效率。

3.4 完善市场融资机制，缓解企业资金困境

我国环保产业投融资规模增长迅速，但投资总量不足、融资渠道窄、投资结构不合理等问题依旧存在。市场在资源配置中具有决定性作用。建立健全社会资本市场融资机制，引导社会资金流入环保产业，有利于缓解财政压力，舒缓企业困境，为环保产业注入新活力。为全面发挥市场对环保业的推动作用，提出以下建议：

（1）创新投融资模式，拓展融资渠道，实现融资主体多元化。我国环保产业以财政投资、银行贷款为主的融资渠道较为单一，加大了财政负担且无法满足实际需求。积极寻求新的融资渠道是发展环保产业的当务之急。结合我国现状以及市场发展空间，通过

排污权交易进行"抵质押"融资具有较大潜力。开创环保产业项目融资,有利于吸引社会资本,解决资金短缺问题,实现经济与环境协同发展。

(2)优化绿色信贷授信方式。2019年绿色信贷规模已突破10万亿,但在实际授信的过程中,仍存在信贷产品不能满足企业中长期需求、授信条件不足等问题。建议相关金融机构积极推出匹配企业生产经营和回款周期的绿色信贷产品,通过纳入ESG(环境、社会和治理)指标综合进行信贷、债项评级,在不扩大信用风险敞口的前提下,考虑扩充担保授信方式,打破企业与资本市场之间的投融资壁垒。

(3)提高资本利用效率。我国环保产业在资金使用上还存在管理不当、使用不合理、技术制约等问题,导致环保资金被低效利用甚至浪费,阻碍了行业发展。因此在提高融资规模和扩宽融资渠道的同时,建议加强对资金运用的流程优化及外部监督,提高环保产业投资的利用水平。

3.5 明确创新机制目标,充分调动多元合力

目前,针对我国环保产业存在的突出问题,应明确投融资机制创新目标,建立多元、绿色、市场化的投融资机制。在政府的宏观调控和政策指引下,充分发挥多元化市场动能,为环保产业投资提供政策便利及资金支持,形成政府和市场的良性互动。通过促进投融资主体、投融资模式、绿色金融支持的多元化发展,综合改善环保产业投融资现状,突破环保产业增长乏力的困局。我国环保产业的长期稳步发展,需要社会各方力量的共同参与、协调、配合,需要形成社会、政府、市场、企业以及个人的全民行动有机整体,为我国环境建设和生态文明建设提供源源不断的动力。